Management industrieller Dienstleistungen

Günther Schuh · Gerhard Gudergan
Achim Kampker
(Hrsg.)

Management industrieller Dienstleistungen

Handbuch Produktion und Management 8

2., vollständig neu bearbeitete und erweiterte Auflage

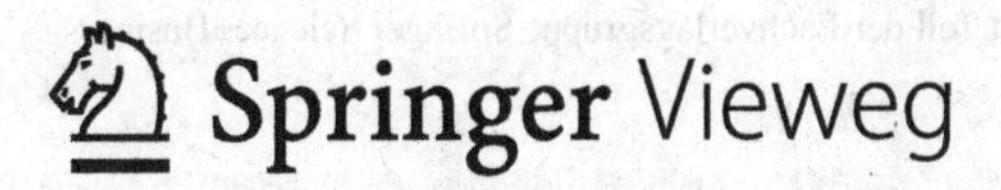

Herausgeber
Günther Schuh
FIR e.V. an der RWTH Aachen
Deutschland

Achim Kampker
FIR e.V. an der RWTH Aachen
Deutschland

Gerhard Gudergan
FIR e.V. an der RWTH Aachen
Deutschland

ISBN 978-3-662-47255-2 ISBN 978-3-662-47256-9 (eBook)
DOI 10.1007/978-3-662-47256-9

Die Deutsche Nationalbibliothek verzeichnet diese Publikation in der Deutschen Nationalbibliografie; detaillierte bibliografische Daten sind im Internet über http://dnb.d-nb.de abrufbar.

Springer Vieweg

Gedruckt auf säurefreiem und chlorfrei gebleichtem Papier

Springer Berlin Heidelberg ist Teil der Fachverlagsgruppe Springer Science+Business Media
(www.springer.com)

Vorwort

Industrielle Dienstleistungen gewinnen für produzierende Unternehmen zunehmend an Bedeutung, um sich im globalen Wettbewerb zu differenzieren. Die mit industriellen Dienstleistungen erzielbaren Margen übertreffen die des Sachgutbereichs dabei deutlich. Dienstleistungen bilden zudem die Basis für neue Geschäftsmodelle und erlauben so erst die Nutzung neuer Technologien. Sie stellen die wesentliche Grundlage einer langfristigen Kundenbindung dar. Angesichts dieser Potenziale ist es ein relevantes und aktuelles Anliegen produzierender Unternehmen, ihre materiellen Kernleistungen durch Dienstleistungen zu ergänzen, neue Kombinationen aus Sach- und Dienstleistung anzubieten und in diesem Zuge den Wandel vom produzierenden Unternehmen zum Anbieter umfassender Problemlösungen für den Kunden zu vollziehen.

Aufgrund des umfangreichen Aufgabenspektrums des Managements industrieller Dienstleistungen müssen heutige Fach- und Führungskräfte interdisziplinär qualifiziert sein und über ein ausgeprägtes Urteilsvermögen verfügen. Diese Herausforderung wird immer anspruchsvoller, je mehr Disziplinen im eigenen Aufgabenbereich hinzukommen, die man nicht gelernt oder studiert hat, über die man aber im betrieblichen Alltag dennoch mitdiskutieren und entscheiden können muss. Demzufolge kommt der typische Ingenieur in seiner Laufbahn regelmäßig an für ihn neuen Aufgabengebieten und Fachdisziplinen vorbei, die er sich kurzfristig, zielsicher und schnell aneignen muss. Das geschieht besonders an der Schnittschnelle zwischen fachlich technischen Aufgaben und der Personalführungs- und Managementverantwortung.

Für die Manager und Experten, die es mit neuen Aufgabengebieten und Disziplinen und der entsprechenden Führungsverantwortung zu tun bekommen, habe ich mit meinen Mitarbeitern dieses neue Nachschlagewerk erarbeitet. Es soll einen schnellen und unkomplizierten Zugriff zu den wichtigsten Begriffen, Zusammenhängen, Methoden und Beispielen liefern. Ich habe dazu das Themenfeld von Produktion und Management in einem generischen Ordnungsrahmen geordnet, indem wir den neun wichtigsten Themenfeldern – von der Strategie und dem Management produzierender Unternehmen, dem Technologiemanagement, dem Innovationsmanagement, dem Produktions- und Logistikmanagement, dem Qualitäts- und dem Einkaufsmanagement sowie dem Management industrieller Dienstleistungen bis zum Management des technischen Vertriebs und der Fabrikplanung – jeweils einen Band gewidmet haben.

Das neue Werk soll damit schnelle Orientierung liefern; jeweils für die technischen und betriebswirtschaftlichen Fragestellungen, die typischerweise in entwickelnden und produzierenden Unternehmen auftreten. Die einzelnen Bände wenden sich damit sowohl an Fach- und Führungskräfte aus den jeweiligen Disziplinen als auch an die entsprechenden Grenzgänger zwischen den Disziplinen. Ganz besonders sind aber auch die Studierenden der Ingenieurwissenschaften und der Betriebswirtschaftslehre angesprochen, die ihre Lerninhalte komprimiert und praxisorientiert nachlesen wollen. Die jeweiligen Bände geben den derzeitigen Stand der Wissenschaft und Praxis in den einzelnen Themengebieten in der Struktur eines Nachschlagewerks und Handbuches wieder. Gleichzeitig bietet dieses Handbuch vielfältige, weiterführende Hinweise auf die einschlägige Fachliteratur, sodass man von hier aus schnell geeignete Vertiefungsmöglichkeiten findet.

In diesem achten Band des Handbuchs „Produktion und Management" behandeln wir die wesentlichen Fragestellungen des Managements industrieller Dienstleistungen. Die Verschiebung von einem sachgutorientierten Angebot hin zu Leistungen, in denen industrielle Dienstleistungen eine wesentliche Rolle einnehmen, ist einer der dominierenden Trends der vergangenen Jahre im Industriegüterbereich. Die Herausforderungen und Potenziale, die sich aus dieser Verschiebung ergeben, werden ebenso adressiert wie die sich daraus ergebenden, spezifischen Aufgabenstellungen. Daher setzt dieser Band einen klaren Schwerpunkt auf die Kernprozesse und Methoden des Managements industrieller Dienstleistungen und ergänzt diese durch praxisnahe Fallbeispiele.

Ich bedanke mich sehr herzlich bei meinen Mitarbeitern des Bereichs Dienstleistungsmanagement des FIR an der RWTH Aachen, die es unter der Leitung meines Mitherausgebers dieses Bandes, Herrn Dr.-Ing. Gerhard Gudergan, mit ihren Ideen, ihrem Engagement und ihrer Sorgfalt ermöglicht haben, dieses Werk zu publizieren. Ebenso herzlich danke ich dem Springer Verlag, der mich unter der Führung von Herrn Thomas Lehnert nicht nur beharrlich von der Notwendigkeit dieses Handbuchs überzeugte, sondern der auch in sehr angenehmer und professioneller Form dieses Werk umgesetzt hat.

Aachen im April 2015 Günther Schuh

Inhaltsverzeichnis

Autorenverzeichnis

Dipl.-Ing. Dipl.-Wirt. Ing. Benedikt Brenken 52074 Aachen, Deutschland

Dipl.-Ing. Ralf Frombach 52074 Aachen, Deutschland

Dr.-Ing. Christian Grefrath 52074 Aachen, Deutschland

Dr.-Ing. Gerhard Gudergan 52074 Aachen, Deutschland

Dr. rer. pol. Thomas Hirsch 52074 Aachen, Deutschland

Dr. rer. pol. Christian Hoffart 52074 Aachen, Deutschland

Dr.-Ing. Gregor Klimek 52074 Aachen, Deutschland

Univ. Prof. Dr.-Ing. Dipl.-Wirt. Ing. Günther Schuh 52074 Aachen, Deutschland,

Drs. Roman Senderek 52074 Aachen, Deutschland

Dipl.-Wirt. Ing. Jan Siegers 52074 Aachen, Deutschland

Dr.-Ing. Philipp Stüer 52074 Aachen, Deutschland

Dr. rer. pol. Peter Thomassen 52074 Aachen, Deutschland

Dipl. Kfm. Jörg Trebels 52074 Aachen, Deutschland

Dipl.-Ing. Dirk Wagner 52074 Aachen, Deutschland

1 Einführung und Grundlagen des Managements industrieller Dienstleistungen

Günther Schuh und Gerhard Gudergan

Kurzüberblick
Produzierende Unternehmen in Industrienationen sehen sich einem immer stärkeren internationalen Wettbewerb ausgesetzt. Eine der entscheidenden Strategien, um diesem Wandel zu begegnen, ist die Differenzierung über industrielle Dienstleistungen.

Im folgenden Kapitel werden zunächst die Begriffe der Dienstleistungen und der industriellen Dienstleistungen inhaltlich gefasst und definiert. Danach wird die zunehmende wirtschaftliche Bedeutung industrieller Dienstleistungen für die Wirtschaft und für produzierende Unternehmen an sich aufgezeigt. Das Konzept des Leistungssystems wird vorgestellt. Abschließend werden verschiedene Perspektiven des Managements industrieller Dienstleistungen vorgestellt.

Das folgende Zitat verdeutlicht den enormen Bedeutungswandel von Dienstleistungen innerhalb der industriellen Produktion zu Beginn der 1970er Jahre:

> „There are no such things as service industries, There are only industries whose service components are greater or less than those of other industries. Everybody is in service." [1]

Ausgehend von der seit dieser Zeit zunehmenden Tertiarisierung, die zunächst maßgeblich durch die Verlagerung vom Konsumgütersektor hin zum Dienstleistungssektor geprägt war, sind innerhalb der vergangenen zwei Jahrzehnte auch industrielle Dienstleistungen verstärkt in den Fokus von Wissenschaft und Praxis gerückt. So hat sich die Wahrnehmung industrieller Dienstleistungen vom Kostentreiber oder reinem Marketinginstrument zur Unterstützung des Produktverkaufs zu einem strategischen Wettbewerbsinstrument gewandelt. Industrielle Dienstleistungen gewinnen für produzierende Unternehmen insbesondere an Bedeutung, um sich von aufstrebender Konkurrenz zu differenzieren, um ihre ange-

G. Schuh (✉) · G. Gudergan
52074 Aachen, Deutschland
E-Mail: g.schuh@wzl.rwth-aachen.de

G. Schuh et al. (Hrsg.), *Management industrieller Dienstleistungen*,
DOI 10.1007/978-3-662-47256-9_1, © Springer-Verlag Berlin Heidelberg 2016

stammte Wettbewerbsposition zu verteidigen [2, 3]. Die mit industriellen Dienstleistungen erzielbaren Margen liegen dabei mit etwa 20 % deutlich über denen des Sachgutverkaufs [4, 5].

Angesichts dieser Potenziale ist es ein relevantes und aktuelles Anliegen produzierender Unternehmen, ihre materiellen Kernleistungen zu ergänzen, neue Kombinationen aus Sach- und Dienstleistung anzubieten und in diesem Zuge den Wandel vom produzierenden Unternehmen zum Anbieter umfassender Problemlösungen zu vollziehen, die den Kunden als Ausgangspunkt der Lösungsentwicklung betrachten und dessen Nutzen in den Mittelpunkt der Lösung stellen. Grönroos beschreibt treffend den notwendigen und immer deutlicher beobachtbaren Wandel vom produzierenden Unternehmen hin zum Lösungsanbieter:

> „Customers do not look for goods or services per se; they look for solutions that serve their own value-generating processes." [6]

Dieser Wandel stellt produzierende Unternehmen vor die Herausforderungen, das Verständnis und dementsprechend auch das Management von industriellen Dienstleistungen neu auszurichten und die notwendigen Kompetenzen systematisch zu entwickeln. Der vorliegende Band „Management industrieller Dienstleistungen" liefert mögliche Lösungsansätze dafür.

1.1 Definitionen und Grundlagen

1.1.1 Dienstleistungen

1.1.1.1 Einordnung von Dienstleistungen in die Gütersystematik

In den Wirtschaftswissenschaften werden Güter als Mittel zur menschlichen Bedürfnisbefriedigung verstanden. Der Wert ergibt sich folglich aus dem Nutzen, den der Kunde aus dem Gut ziehen kann, sowie der Knappheit des Gutes auf dem Markt [7, 8]. Entsprechend ihren Eigenschaften werden Güter in Nominal- und Realgüter unterteilt. Bei den Nominalgütern handelt es sich um finanzielle Mittel, Darlehenswerte oder Beteiligungswerte. Ihnen gegenüber stehen die Realgüter, die sämtliche Güter umfassen, die das Ergebnis eines Produktionsprozesses sind. Realgüter wiederum können in materielle und immaterielle Güter differenziert werden. Materielle Sachgüter sind alle Formen physisch greifbarer Ergebnisse eines Produktionsprozesses. Bei den immateriellen Gütern handelt es sich um Dienstleistungen, Arbeitsleistungen, Informationen und Rechte. Somit sind Dienstleistungen entgegen der klassischen Nationalökonomie nach Smith [9] ebenso wie Realgüter als ökonomische Werte anzusehen, die das Ergebnis eines Produktionsprozess sind [7]. Abbildung 1.1 zeigt die Gütersystematik und die dementsprechende Einordnung von Dienstleistungen.

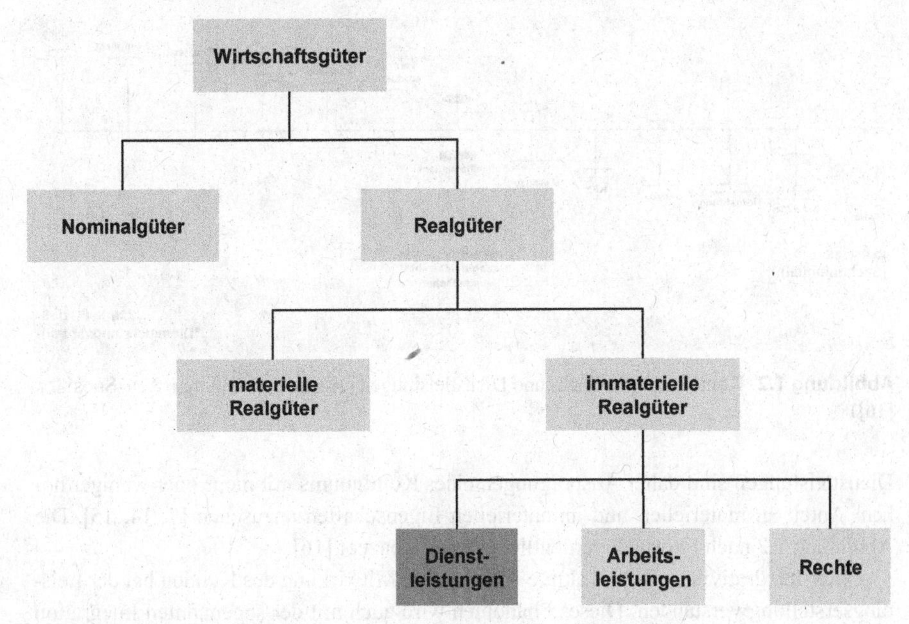

Abbildung 1.1 Gütersystematik (eigene Darstellung i. A. a. CORSTEN [7])

1.1.1.2 Konstituierende Merkmale von Dienstleistungen

Dienstleistungen unterscheiden sich in wesentlichen Merkmalen von Sachgütern. Für die Unterscheidung werden die Merkmale Immaterialität, Integrativität, Simultanität, Heterogenität und Vergänglichkeit herangezogen. Die Immaterialität und die Integrativität von Dienstleistungen haben sich als die für eine Charakterisierung von Dienstleistungen gegenüber Sachgütern am besten geeigneten Merkmale erwiesen [10, 11]. Im Folgenden sollen diese näher erläutert werden.

Die Immaterialität ist das wesentliche, charakterisierende Merkmal von Dienstleistungen. Aus der Gütersystematik in 1.1.1.1 wird deutlich, dass zwar alle Dienstleistungen zu den immateriellen Gütern gezählt werden, unter dieser Kategorie jedoch weitere Dinge wie Arbeitsleistungen und Rechte subsummieren [8]. Unter dem Begriff der Immaterialität ist zu verstehen, dass eine Dienstleistung als solche weder lagerbar noch vorgängig vorgeführt werden können. Erst mit und nach ihrer Durchführung nehmen Dienstleistungen ihre endgültige Gestalt an. Dies bedeutet, dass das Leistungsergebnis des Produktionsprozesses nicht vor der Produktion selbst erlebbar ist. Insbesondere bei der Vermarktung dieser Leistungen ist dies von zentraler Bedeutung [11, 12].

Grundsätzlich gestaltet sich eine trennscharfe Abgrenzung zwischen materiellen und immateriellen Gütern als schwierig. Nach Hilke besteht die Leistung einer Autowerkstatt nämlich nicht in dem Einbau von Ersatzteilen, sondern vielmehr darin, die Funktionsfähigkeit des Fahrzeugs wiederherzustellen [13]. Auch Meyer bestätigt, das Dienstleistungen nur bedingt über das Merkmal der Materialität gruppiert werden können, da Prozess und auch dessen Ergebnis sowohl materieller als auch immaterieller Natur sein können.

1

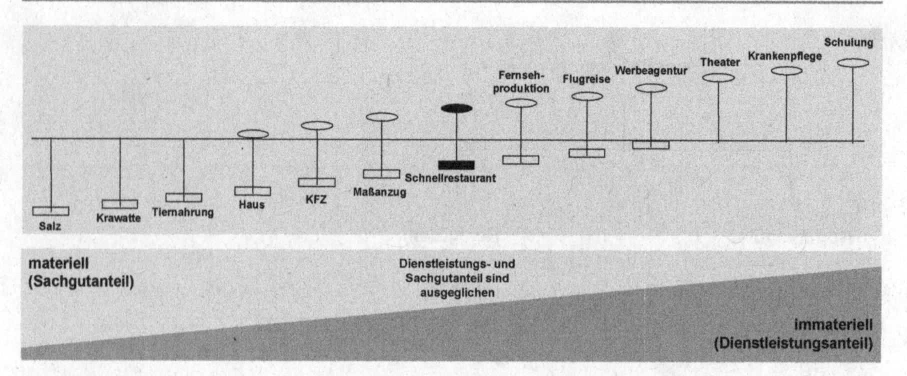

Abbildung 1.2 Kontinuum von Sach- und Dienstleistungen (eigene Darstellung i. A. a. Shostack [16])

Dienstleistungen sind daher Ausprägungen eines Kontinuums mit mehr oder weniger hohem Anteil an materiellen und immateriellen Eigenschaften anzusehen [7, 14, 15]. Die Abbildung 1.2 nach Shostack verdeutlicht dieses Konzept [16].

Unter Integrativität wird die aktive oder passive Mitwirkung des Kunden bei der Leistungserstellung verstanden. Dieses Phänomen wird auch mit der sogenannten Integration des externen Faktors beschrieben. Der externe Faktor kann dabei verschiedene Formen annehmen. So können Menschen (z. B. der Kunde selbst, Mitarbeiter des Kunden), Objekte materieller Natur (z. B. Produktionsanlagen und Transportgegenstände) oder Objekte immaterieller Natur (z. B. Nominalgüter, Rechte und Informationen) als externer Faktor in den Dienstleistungserstellungsprozess eingehen [7, 17].

Des Weiteren kann zwischen einer aktiven Integration in den Dienstleistungserstellungsprozess, der die Beteiligung von Menschen, Maschinen oder Material auf Kundenseite erfordert, und einer passiven Integration, die die Bereitstellung von Nominalgütern, Rechten und Informationen von Kundenseite vorrausetzt, unterschieden werden. Zur aktiven Integration zählt das Einbringen von physischen oder psychischen Leistungen durch den Kunden. Er kann z. B. an der äußeren Gestaltung oder Planung eines Produkts mitwirken, indem er Informationen beschafft und so dem Dienstleistungsanbieter seine kognitiven Fähigkeiten zur Verfügung stellt. Möglich ist auch die Bereitstellung von finanziellen Mitteln. Die passive Integration des Kunden besteht meistens dann, wenn die Dienstleistung unmittelbar am Kunden oder von ihm bereitgestellten Objekten vollzogen wird. Der Integrationsgrad des Kunden kann dementsprechend hoch oder niedrig bzw. aktiv oder passiv sein. Da allerdings die wenigsten Dienstleistungen sich mit den beiden genannten Extrema treffend beschreiben lassen, ist der Integrationsgrad eher als ein Kontinuum zu verstehen. Dienstleistungen variieren demnach zwischen einem hohen Integrationsgrad und einem niedrigen Integrationsgrad [15].

Die von Engelhardt et al. etablierte Leistungstypologie nimmt eine Gliederung von Leistungen in vier Segmente entlang der beiden Dimensionen *Integrationsgrad* und *Immaterialitätsgrad* vor. Der Integrationsgrad bezieht sich auf die Prozessdimension, d. h. die Ausprägung der Mitwirkung des Kunden beim Leistungserstellungsprozess. Der Immaterialitätsgrad beschreibt dagegen die Ausprägung der Materialität des Dienstleistungsergebnisses [15]. Abbildung 1.3 zeigt die von Engelhardt et al. entwickelte zweidimensionale Leistungstypologie.

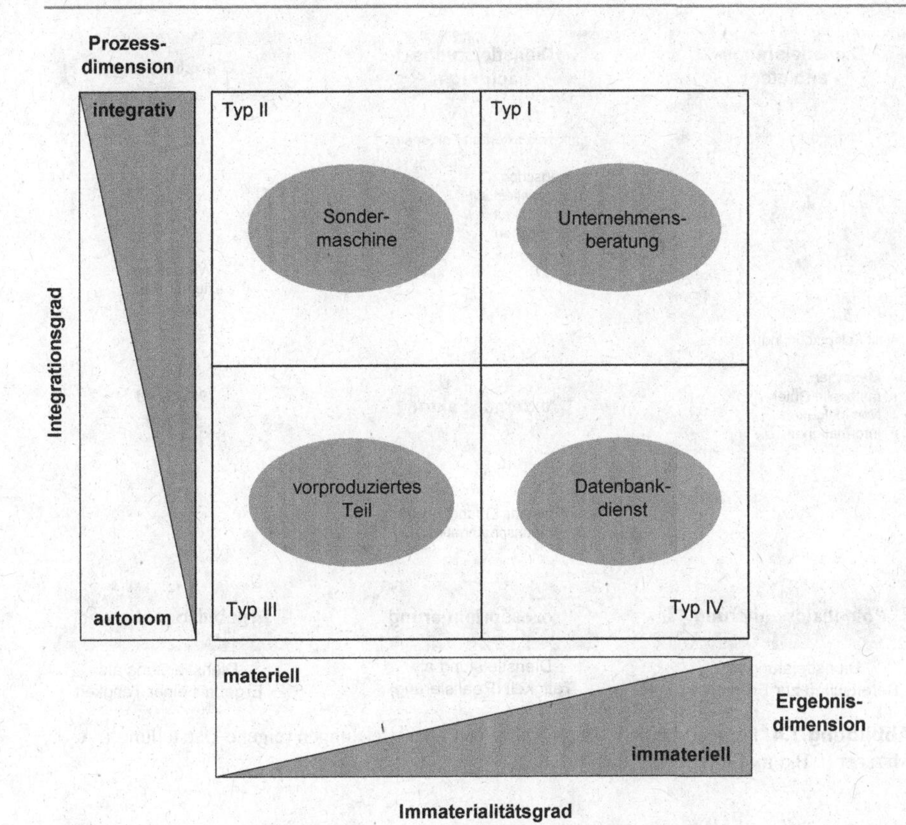

Abbildung 1.3 Leistungstypologie (eigene Darstellung i. A. a. ENGELHARDT ET AL. [15])

Das erste Segment beschreibt ein Leistungsergebnis mit einem hohen Immaterialitätsgrad bei einer hohen Integration des Kunden während der Leistungserstellung. Ein typisches Beispiel für dieses Segment sind Unternehmensberatungen. Im zweiten Segment ist die Leistungserstellung durch einen hohen Integrationsgrad gekennzeichnet. Gleichzeitig ist das Ergebnis durch einen ausgeprägten materiellen Anteil geprägt. Dies könnte z. B. eine im Kundenauftrag entwickelte Sondermaschine sein. Das dritte Segment erfasst Leistungen, die eine geringe Integrativität während der Leistungserstellung sowie einen hohen materiellen Ergebnisanteil aufweisen. Beispiele hierfür sind einfache reproduzierbare Produkte wie Konsumgüter. Abschließend finden sich im vierten Segment Leistungen, die eine geringe Integrativität erfordern und deren Ergebnis einen hohen immateriellen Anteil umfasst. Ein Beispiel für dieses Segment sind Datenbankdienste [15].

1.1.1.3 Definition von Dienstleistungen

Eine Definition für Dienstleistungen kann auf dem von Donabedian begründeten Strukturierungsansatz entwickelt werden. Dabei werden Dienstleistungen in Bezug auf ihre Potenzial-, Prozess- und Ergebnisperspektiven charakterisiert [18]. Diese integrierte

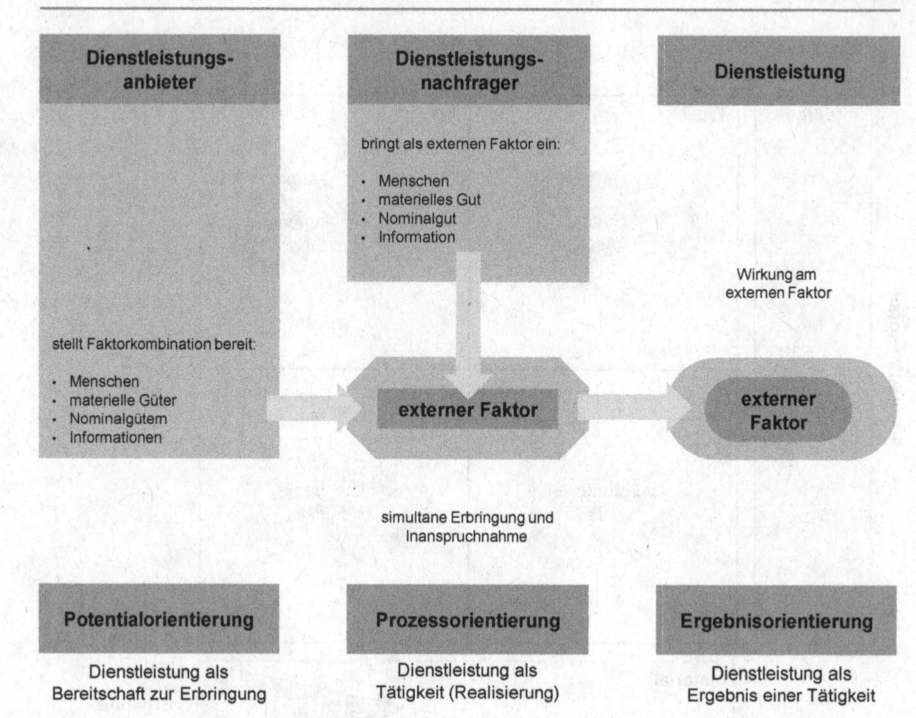

Abbildung 1.4 Phasenorientierte Betrachtung von Dienstleistungen (eigene Darstellung i. A. a. Meffert u. Bruhn [20])

Phasenbetrachtung hat sich zur Charakterisierung der Dienstleistung durchgesetzt [7, 13, 19, 20]. Demnach ergänzen sich die einzelnen Phasen zu einer umfassenden Charakterisierung von Dienstleistungen, dargestellt in Abbildung 1.4.

Die *potenzialorientierte Perspektive* beschreibt Dienstleistungen als die Fähigkeit und Bereitschaft des Anbieters in Form eines Leistungsversprechens. Dieses Leistungsversprechen kann allerdings erst durch die Nachfrage eines Abnehmers realisiert werden. Dies unterstreicht auch den Kontraktgutcharakter von Dienstleistungen, da der Absatz der Dienstleistung der eigentlichen Erstellung vorgelagert ist. Aus der potenzialorientierten Perspektive resultiert die Immaterialität als konstitutives Element, da nur die Fähigkeit zur Durchführung der Dienstleistungserbringung bereitgestellt wird [7, 20].

Die *prozessorientierte Perspektive* fokussiert die Kombination aus dem leistungsbereiten Potenzial des Anbieters und dem kundenseitig eingebrachten externen Faktor. Der externe Faktor kann dabei der Kunde selbst, vom Kunden zur Verfügung gestellte Menschen, Objekte oder Informationen sowie eine Kombination aus diesen sein. Die Realisierung der Dienstleistung, die bei der Prozessorientierung im Vordergrund steht, umfasst die simultanen Tätigkeiten der anbieterseitigen Erbringung und kundenseitigen Inanspruchnahme. Die Simultanität von Produktion und Absatz wird auch als das sogenannte „*Uno-actu-Prinzip*“ bezeichnet. Die Vergänglichkeit ist weiteres konstitutives Merkmal, das sich in der prozessorientierten Perspektive manifestiert, denn die Dienstleistung kann in den meisten Fällen weder gespeichert noch bewahrt werden [7, 20].

Schließlich erfasst die *ergebnisorientierte Perspektive* das Resultat der Dienstleistungserbringung in Form der Eigenschaftsveränderung der bei der Erbringung beteiligten Faktoren und insbesondere des externen Faktors. Dementsprechend sind Dienstleistungen das immaterielle Ergebnis des zuvor durchgeführten Kombinationsprozesses [8].

Meffert und Bruhn definieren unter Berücksichtigung der zuvor aufgeführten Charakteristika Dienstleistungen wie folgt:

> „Dienstleistungen sind selbstständige, marktfähige Leistungen, die mit der Bereitstellung und/oder dem Einsatz von Leistungsfähigkeiten verbunden sind. Während des Erstellungsprozesses werden interne und externe Faktoren so eingesetzt und kombiniert, dass an den externen Faktoren des Kunden eine nutzenstiftende Wirkung erzielt wird. Kennzeichnend für den Prozess der Dienstleistungserstellung ist zudem ein hoher immaterieller Anteil des Leistungsergebnisses." [20, 21]

1.1.2 Industrielle Dienstleistungen

Industrielle Dienstleistungen firmieren unter einer Reihe verschiedener Begrifflichkeiten, die auch mehr oder weniger inhaltliche Unterschiede aufweisen, wie z. B. industrieller Service, produktbegleitende Dienstleistungen, funktionelle Dienstleistungen, investive Dienstleistungen, Kundenservice oder produktdifferenzierende Dienstleistungen [17, 22].

Investitionsgüterhersteller entwickeln sich immer stärker zu Anbietern integrierter Lösungen. Daher werden dem Kunden heute Lösungen in Form von Leistungssystemen angeboten, die sich ihrerseits aus Sachgutanteilen und Dienstleistungen zusammensetzen (siehe dazu Kapitel 2.4). Somit verwischt die Grenzziehung zwischen Sachgütern und Dienstleistungen insbesondere im Investitionsgüterbereich immer stärker [17]. Eine integrierte Perspektive wie die des Leistungssystems gewinnt vor diesem Hintergrund zunehmend an Bedeutung (siehe Kapitel 2.4 und 5). Im Sinne einer grundsätzlichen begrifflichen Abgrenzung soll an dieser Stelle zunächst der Begriff der industriellen Dienstleistungen inhaltlich gefasst und definiert werden.

1.1.2.1 Systematisierung von industriellen Dienstleistungen

Als Grundlage dient dabei die von Homburg und Garbe entwickelte Systematik industrieller Dienstleistungen, die sich weitgehend durchgesetzt hat und in Abbildung 1.5 dargestellt ist [22].

Dieser Systematik folgend, können Dienstleistungen in Bezug auf ihre Nachfrager zunächst in zwei Gruppen gegliedert werden. Zum einen umfassen konsumentenbezogene Dienstleistungen die Dienstleistungen, die direkt dem Endverbraucher angeboten werden. Zum anderen gibt es unternehmensbezogene Dienstleistungen, die sich an Unternehmen als Nachfrager richten. Für die unternehmensbezogenen Dienstleistungen verwenden Homburg und Garbe den Begriff Investive Dienstleistungen [22]. Die unternehmensbezogenen Dienstleistungen können über den jeweiligen Anbieter in rein unternehmensbezogene oder industrielle Dienstleistungen differenziert werden. Die rein unternehmensbezogenen

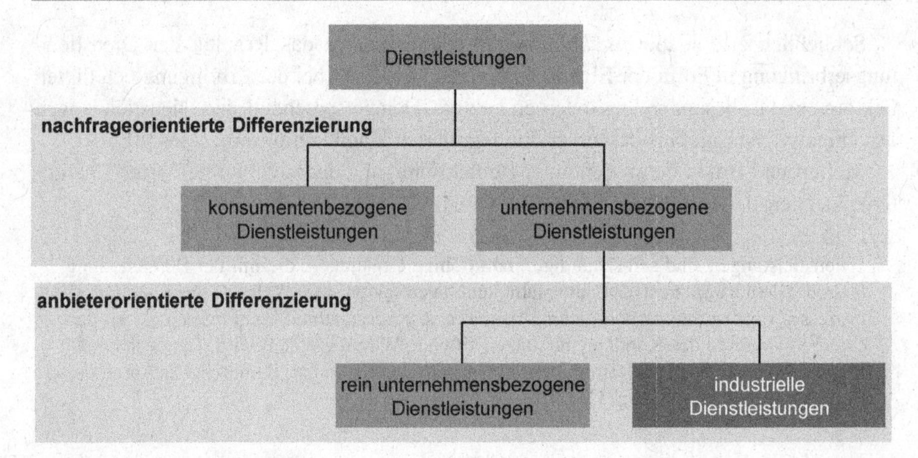

Abbildung 1.5 Systematik industrieller Dienstleistungen (eigene Darstellung i. A. a. HOMBURG u. GARBE [22])

Dienstleistungen werden nur von Institutionen des tertiären Sektors angeboten, z. B. Kreditinstituten oder Unternehmensberatungen. Damit grenzen sie sich von industriellen Dienstleistungen ab, die von Industriegüterunternehmen erbracht werden und meistens in Bezug zu Sachgütern stehen bzw. ein Teil eines kombinierten Produkts, also eines Leistungssystems sind [22]. Demnach ist bspw. die Instandhaltung und Zustandsüberwachung einer Anlage durch den Hersteller als industrielle Dienstleistung zu benennen, auch wenn sie Teilelement eines Leistungssystems wie z. B. Verfügbarkeit einer Anlage ist.

Eine weiterführende Systematisierung von industriellen Dienstleistungen kann anhand der Dimensionen der Nachfrageorientierung und des Sachbezugs vorgenommen werden. Die verschiedenen Erscheinungsformen industrieller Dienstleistungen sind in Abbildung 1.6 dargestellt.

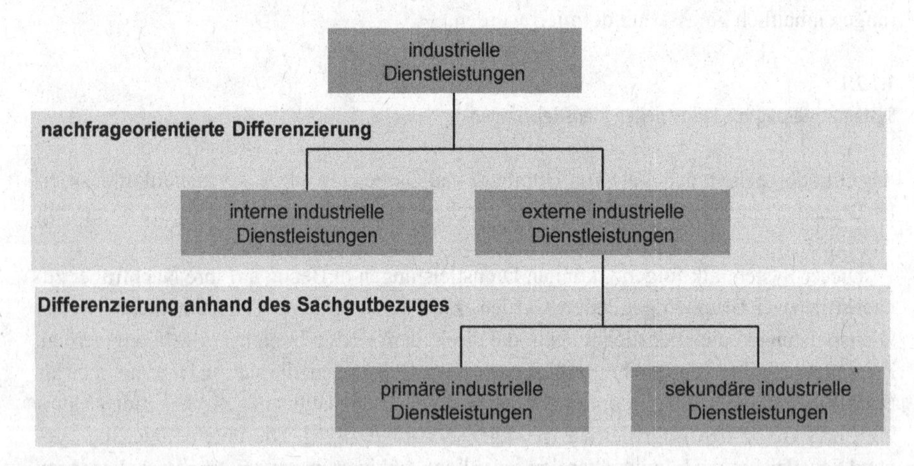

Abbildung 1.6 Arten industrieller Dienstleistungen (eigene Darstellung i. A. a. SONTOW; ENGELHARDT u. RECKENFELDERBÄUMER [17, 23])

Interne Dienstleistungen werden zwischen verschiedenen Organisationseinheiten eines Unternehmens ausgetauscht und treten somit auf Absatzmärkten nicht in Erscheinung. Externe industrielle Dienstleistungen werden marktbasiert zwischen Unternehmen ausgetauscht. Des Weiteren können externe industrielle Dienstleistungen hinsichtlich ihres Sachgutbezugs in die Bereiche Primärdienstleistungen und Sekundärdienstleistungen gegliedert werden. Unter Primärdienstleistungen sind Dienstleistungen zu verstehen, die autonom und selbständig für sich existieren und dabei nicht mit einem Sachgut in Beziehung stehen. Daher können Primärdienstleistungen auch als investiv charakterisiert werden [22]. So sind bspw. produktunabhängige Schulungen oder Beratungsdienstleistungen als industrielle Primärdienstleistungen einzuordnen. Dagegen beziehen sich Sekundärdienstleistungen unmittelbar auf ein anderes Absatzobjekt und sind dabei mit diesem untrennbar verbunden [22]. Demzufolge sind die immateriellen Anteile von Leistungssystemen auch als industrielle Sekundärdienstleistungen zu definieren [24]. Reparaturen, Wartungen und auch langfristige Serviceangebote sind Beispiele für industrielle Sekundärdienstleistungen. Allerdings wird die Unterscheidung zwischen Primärdienstleistungen und Sekundärdienstleistungen im Falle von Leistungssystemen auch erschwert, da teilweise nicht eindeutig geklärt werden kann, ob das Sachgut noch als Haupt- oder eher als Nebenprodukt zu sehen ist [17].

1.1.2.2 Definition von industriellen Dienstleistungen

Für die Definition industrieller Dienstleistungen kann auf der in Kapitel 1.1.2.1 vorgestellten Systematisierung industrieller Dienstleistungen aufgebaut werden.

Industrielle Dienstleistungen können entsprechend der im Vorangegangenen vorgenommenen Systematisierung sowohl intern als auch extern erbracht werden. Entsprechend der Präsenz eines unmittelbaren Sachgutsbezugs kann zudem die Untergliederung in primäre und sekundäre Dienstleistungen vorgenommen werden. Dabei ist festzuhalten, dass industrielle Sekundärdienstleistungen sich auch auf von fremden Herstellern produzierte Sachgüter beziehen können. So wären z. B. die Reparatur und Wartung von einem anderen Maschinen- und Anlagenhersteller auch den industriellen Dienstleistungen zuzurechnen. Aufbauend auf den vorangegangenen Erläuterungen können industrielle Dienstleistungen wie folgt definiert werden:

> „Industrielle Dienstleistungen sind von Industriegüterunternehmen für andere Unternehmen angebotene eigenständige Primärdienstleistungen als auch nicht eigenständige Sekundärdienstleistungen, die an Objekten und/oder Subjekten mit dem Ziel erbracht werden, an ihnen gewollte Wirkungen (Veränderungen oder Erhaltung bestehender Zustände) zu erreichen." [21]

1.2 Volkswirtschaftliche Bedeutung industrieller Dienstleistungen

Der Dienstleistungssektor hat in den vergangenen Jahrzehnten auf globaler Ebene stetig an Bedeutung gewonnen und dominiert in den westlichen Industriestaaten den industriellen Sektor relativ deutlich um den zwei- bis dreifachen Anteil an der Gesamtwirtschaftsleistung [25–27].

Innerhalb der Europäischen Union weisen die Staaten im Mittel einen Dienstleistungsanteil von ca. 70 % in Bezug auf die Bruttowertschöpfung und Zahl der Erwerbstätigen auf. Dies bedeutet im Vergleich zum Jahr 1970 einen Anstieg von ca. 20 %. In Deutschland generierte der tertiäre Sektor im Jahre 2008 etwa 69 % der Bruttowertschöpfung und beschäftigte rund 72 % der Erwerbstätigen [28]. Insbesondere in Zeiten wirtschaftlicher Krisen hat sich der tertiäre Sektor als stabilisierender Faktor erwiesen. So konnte während der globalen Finanz- und Wirtschaftskrise ab dem Jahr 2008 für den Dienstleistungssektor ein wesentlich geringerer Konjunktureinbruch als für die beiden anderen Wirtschaftssektoren beobachtet werden [29, 30].

Im Bereich der industriellen Dienstleistungen wird deutlich, dass Hersteller von Industriegütern zunehmend ihr Produktportfolio um Dienstleistungen erweitern. Diese Entwicklung reicht im Maschinen- und Anlagenbau von einfachen produktunterstützenden Dienstleistungen bis hin zur Produktionsübernahme in Form sogenannter Betreibermodelle. Die Verschiebung von einem sachgutorientierten Angebot hin zu Leistungssystemen, die sowohl aus Dienstleistungs- als auch Sachleistungskomponenten bestehen, ist einer der dominierenden Trends der vergangenen Jahre im Industriegüterbereich. Leistungssysteme mit ihren kombinierten Bestandteilen lassen dabei die Grenzen zwischen Sachgut und Dienstleistung immer stärker verwischen. Des Weiteren spiegelt diese Verschiebung den Wandel im Investitionsgüterbereich von einer angebotsbezogenen zu einer nachfragebezogenen Marktorientierung wider. Aus strategischer Sicht ist dieser zu beobachtende Wandel darin begründet, dass industrielle Dienstleistungen Industrieunternehmen die Möglichkeit bieten, sich von ihren Wettbewerbern zu differenzieren und zugleich Kunden stärker binden zu können [11, 31]. Weitere beeinflussende Faktoren sind der höhere Gewinnbeitrag sowie der Stabilisierungseffekt, die durch die Erweiterung des Angebots um industrielle Dienstleistungen erreicht werden können [5, 29]. Diese vier strategischen Aspekte industrieller Dienstleistungen werden in Kapitel 1.3 näher erläutert.

Eine genaue Einschätzung des Wertschöpfungsbeitrags von industriellen Dienstleistungen ist aus verschiedenen Gründen nur begrenzt möglich. Die Gründe hierfür sind eine mangelnde Differenzierung der Dienstleistungsarten in volkswirtschaftlichen Erhebungen sowie eine unzureichende Datengrundlage über intern erbrachte industrielle Dienstleistungen. Des Weiteren werden Wertbeiträge von Dienstleistungen im industriellen Kontext bisher selten separiert vom Sachgut betrachtet oder sogar immer noch als kostenlose Marketingbeigabe angesehen. Daher ist davon auszugehen, dass die im Folgenden beschriebenen Schätzungen den Wertschöpfungsanteil und den Gewinnbeitrag von industriellen Dienstleistungen eher unterbewerten.

Eine der möglichen Approximierungen basiert auf unternehmensnahen Dienstleistungen, d. h. sämtlichen Dienstleistungen, die zwischen Unternehmen ausgetauscht werden. Dabei ist allerdings zu beachten, dass einerseits vornehmlich klassische Dienstleister in der Statistik enthalten sind und andererseits produktbegleitende und interne Dienstleistungen häufig nicht berücksichtigt werden. Das Statistische Amt der Europäischen Union Eurostat ermittelte 2006 europaweit für unternehmensnahe Dienstleistungen einen Anteil von 7,9 % an der Bruttowertschöpfung, einen Gewinnbeitrag von 15,9 % und einen Beschäftigungsanteil von 17,1 % innerhalb des nichtfinanziellen Bereichs der gewerblichen Wirtschaft. Während unternehmensnahe Dienstleistungen umsatzbezogen hinter den Sektoren Großhandel und Einzelhandel zurückliegen, nehmen sie in Bezug auf die Beschäftigungszahl sowie den Gewinnbeitrag die Spitzenposition unter den Sektoren ein.

Insgesamt entfallen 1,763 Billionen auf 4,4 Mio. Dienstleistungsunternehmen bei einer Beschäftigungszahl von 22,2 Mio. innerhalb der Europäischen Union [32]. Auch wenn die Zahlen für unternehmensnahe Dienstleistungen nur begrenzt eine Übertragung auf industrielle Dienstleistungen zulassen, geben sie doch Hinweise auf die wachsende Bedeutung und den höheren Gewinnanteil, die mit industriellen Dienstleistungen generierbar sind.

Die Organisation for Economic Cooperation and Development (OECD) konnte innerhalb der letzten 25 Jahre eine Verdopplung des Anteils von Unternehmensdienstleistungen an der Bruttowertschöpfung feststellen. Allerdings beschränkt sich die zeitreihenbasierte Untersuchung auf die Länder Deutschland, Dänemark, Finnland, Frankreich, Norwegen und Österreich. In den westlichen Industriestaaten wird laut OECD ein Anteil an der Bruttowertschöpfung von ca. 13 % ermittelt. Für die Zukunft prognostiziert die OECD Wachstum im Sektor der Unternehmensdienstleistungen als wichtigen Treiber für zukünftige Produktivitätssteigerungen und Innovationsentwicklung [33]. Ähnlich wie bei den von Eurostat ermittelten Zahlen können die von der OECD definierten Unternehmensdienstleistungen allerdings nur als Richtwert für industrielle Dienstleistungen dienen, da u. a. intern erbrachte industrielle Dienstleistungen nicht erfasst werden [33].

Die Unternehmensberatung Roland Berger schätzt in einer Untersuchung aus dem Jahr 2010 für Deutschland das Marktvolumen der Dienstleistungsbereiche Instandhaltung, Technische Reinigung, Innerbetriebliche Logistik, Produktionsunterstützung sowie Industriemontagen, welche als sogenannte Industrieservices zusammengefasst werden, auf ca. 29 Mrd. Somit ist der Anteil dieser Industrieservices an der industriellen Wertschöpfung zwischen 3 und 7 % zu tarieren. Neben einer weiteren steigenden Bedeutung der unter Industrieservices zusammengefassten industriellen Dienstleistungen, insbesondere vor dem Hintergrund weiterer Effizienzoptimierungen im industriellen Sektor, sehen die in der Studie befragten Experten die weitere Auslagerung bzw. die Angebotsausweitung im Bereich der externen Dienstleistungen als wesentlichen Grund für das zukünftige Wachstum [34].

Der Verband Deutscher Maschinen- und Anlagenbau (VDMA) konnte in verschiedenen Befragungen seiner Mitgliedsunternehmen zwischen 1997 und 2010 eine Verdopplung des Dienstleistungsanteils am Gesamtumsatz auf 20 % konstatieren. Dabei konnte zudem beobachtet werden, dass die Serviceabteilungen zusehends an Verantwortung und Bedeutung innerhalb der befragten Unternehmen gewonnen haben, da verstärkt eine rechnerische Abgrenzung durch die Führung der Serviceabteilungen als Profit-Center oder eigenes Unternehmen sowie eine höhere hierarchische Einordnung der Serviceabteilung zu beobachten ist [35–37].

Basierend auf den vorgestellten Zahlen kann die volkswirtschaftliche Bedeutung industrieller Dienstleistungen nur näherungsweise dargestellt werden, da bisher eine gesamtwirtschaftliche Erhebung fehlt, die eine statistische Aufschlüsselung des Dienstleistungssektors beinhaltet. Dies wird insbesondere dadurch erschwert, dass industrielle Dienstleistungen häufig intern erbracht oder auch nur unzureichend verrechnet werden. Schätzungen gehen allerdings davon aus, dass die Aufwendungen für interne und externe Dienstleistungen wie Konstruktion, Entwicklung, Installation, Überwachung und Instandhaltung häufig über 50 % der Herstellerkosten im Maschinen- und Anlagenbau ausmachen [38].

Anhand der ausgewählten Erhebungen und Analysen lässt sich zusammenfassend festhalten, dass die Bedeutung von Dienstleistungen und insbesondere von industriellen Dienstleistungen in den westlichen Industriestaaten aufgrund der internationalen Wettbewerbssituation auch in Zukunft weiter zunehmen wird. Industrielle Dienstleistungen bieten Industrieunternehmen die Möglichkeit, Wettbewerbsvorteile zu generieren, die auch angesichts einer technologisch rasch aufholenden und mit wesentlich geringeren Lohnkosten produzierenden Konkurrenz aufrecht zu erhalten sind. Des Weiteren sind aus einer gesamtwirtschaftlichen Perspektive aufgrund der verstärkten Integration innerhalb der Wertschöpfung Produktivitätsvorteile zu erwarten. Dies ist darauf zurückzuführen, dass Industrieunternehmen sich verstärkt auf ihre Kernkompetenzen konzentrieren können, da sie einerseits in ihren Kernbereichen ihr Produktportfolio mit industriellen Dienstleistungen erweitern können und andererseits in weniger zentralen Bereichen als Kunde vom Angebot industrieller Dienstleistungen profitieren können.

1.3 Strategische Bedeutung industrieller Dienstleistungen

Industrielle Dienstleistungen haben für viele Industrieunternehmen an Bedeutung gewonnen, was sich auch im vorhergehenden Abschnitt über die volkswirtschaftliche Bedeutung industrieller Dienstleistungen widerspiegelt. Im Folgenden sollen die wesentlichen strategischen Motivationen produzierender Unternehmen hinter dieser Entwicklung näher beleuchtet werden. Diese sind insbesondere in den über das Angebot industrieller Dienstleistungen erzielbaren Beiträgen zu einer *Differenzierung* zur *Kundenbindung und Gewinnerwirtschaftung* begründet.

1.3.1 Differenzierung

Die wachsende Bedeutung industrieller Dienstleistungen wird insbesondere bei näherer Betrachtung ihrer Rolle in einer Differenzierungsstrategie produzierender Unternehmen deutlich. Der steigende nationale und internationale Wettbewerbsdruck zwingt die Unternehmen der produzierenden Industrie, sich zunehmend wirkungsvoller gegenüber Konkurrenten durch für den Kunden einzigartige Leistungen zu differenzieren. Da sich die auf dem Markt angebotenen Produkte hinsichtlich ihrer technischen Leistungsfähigkeit immer mehr angleichen, bieten sich dazu insbesondere industrielle Dienstleistungen an [11, 39].

Neben der Strategie der Kostenführerschaft stellt die Differenzierungsstrategie eine der beiden grundlegenden Optionen der Wettbewerbsstrategie dar. Gegenstand der Differenzierungsstrategie ist, einen Wettbewerbsvorteil gegenüber der Konkurrenz dadurch zu erlangen, dass die angebotene Leistung einen Einzigartigkeitscharakter erhält. Dies kann durch besonderen Service, herausragende Qualität oder durch ein besonderes Image geschehen. Mit der Differenzierung wird verfolgt, die Preiselastizität zu senken, um sich so einen quasi monopolistischen Preisspielraum zu schaffen. Ziel ist, selbst bei starken Preisunterbietungen der Konkurrenz die Nachfrage zu halten, weil die Nachfrager in gewissen Grenzen den höheren Preis wegen der Einmaligkeit des Produkts in Kauf nehmen. Die Differenzierungsstrategie erweist sich insbesondere dann als erfolgreich, wenn in reiferen Märkten das Produktinnovationspotenzial weitgehend ausgeschöpft ist [40].

Bezüglich einer Differenzierungsstrategie sind generell zwei Ansatzpunkte zu unterscheiden. Dies sind erstens die Senkung der Nutzungskosten und bzw. oder zweitens die Steigerung des Nutzungswerts [41]. Im ersten Fall wird eine Differenzierung und die damit einhergehende Einmaligkeit des Produkts dadurch realisiert, dass das Produkt trotz eines höheren Preises in einer ökonomischen Gesamtbetrachtung über einen Nutzungszeitraum hinweg dazu geeignet ist, die Nutzungskosten des Abnehmers zu senken. Dies ist bspw. im Falle der Senkung der Anlaufkosten durch hochwertige technische Beratung der Fall. Im zweiten Fall wird die Differenzierung bzw. Einmaligkeit durch die Schaffung eines Zusatznutzens für den Abnehmer erreicht. Realisierbar ist dies bspw. durch die Qualität, das Design oder eine durch Dienstleistungen gesteigerte Verfügbarkeit. Beide Variationen werden dann als erfolgversprechend angesehen, wenn der zusätzlich angebotene Nutzen für den Kunden wichtig ist und dieser vom Kunden auch tatsächlich als solcher wahrgenommen wird [42]. Der Aspekt des Nutzens für den Kunden spielt im Zusammenhang mit einer Differenzierungsstrategie somit eine zentrale Rolle.

1.3.2 Kundenbindung

Eine weitere und wesentliche strategische Bedeutung industrieller Dienstleistungen stellt die durch deren Angebot erzielbare Kundenbindung dar. Industrielle Dienstleistungen bieten die Möglichkeit, Kunden sowohl langfristiger als auch enger an das Unternehmen zu binden. Durch die Ergänzung der angebotenen Produkte mit industriellen Dienstleistungen kann die Kundenzufriedenheit verbessert werden. Des Weiteren kann durch After-Sales-Dienstleistungen eine engere und anhaltende Bindung zwischen Unternehmen und Kunden hergestellt werden. Durch die Konfiguration maßgeschneiderter Lösungen während des gesamten Produktlebenszyklus kann eine ausgesprochen langfristige Geschäftsbeziehung entstehen [17].

Zu beachten ist, dass einfache, produktunterstützende Dienstleistungen mittlerweile nur noch bedingt eine Differenzierung vom Wettbewerb darstellen, da sie bereits in vielen Branchen zu Standarddienstleistungen geworden sind [11]. So ermöglichen heutzutage einfache produktunterstützende Dienstleistungen wie z. B. Installationen, Dokumentationen und Reparatur nur noch bedingt einen nachhaltigen Wettbewerbsvorteil. Eine wirkliche Profilierung gegenüber den Wettbewerbern bietet daher eher das Angebot von sogenannten kundenunterstützenden Dienstleistungen. Kundenunterstützende Dienstleistungen umfassen z. B. auf den Kunden abgestimmte Engineering-Leistungen, Bedarfs- und Marktanalysen oder auch die Übernahme ganzer Produktionsprozesse des Kunden durch Generalunternehmerschaft oder Betreibermodelle [11]. Bei kundenunterstützenden Dienstleistungen ist von einer noch engeren Bindung zwischen Anbieter und Kunde auszugehen, da der Kunde bereits während der Dienstleistungsentwicklung einbezogen wird und an der Dienstleistungserstellung unmittelbar beteiligt wird. Somit kann dieser auch als Co-Produzent angesehen werden [11]. Eine solche vertiefte Kundenbeziehung wird möglich, wenn von der Entwicklung bis zur Erstellung das angebotene individuelle Lösungspotenzial und damit der aus Perspektive des Kunden wahrgenommene Nutzen im Vordergrund steht [43].

Gelingt es durch eine Erweiterung des Produktportfolios um industrielle Dienstleistungen, eine einzigartige Lösung für Kundenprobleme anzubieten, lassen sich zusätzliche

Umsätze generieren, die auch häufig mit höheren Gewinnmargen verbunden sind. Des Weiteren tragen industrielle Dienstleistungen dazu bei, dass konjunkturbedingte Schwankungen leichter ausgeglichen werden können, da während des gesamten Produktlebenszyklus des Kernprodukts Einnahmen generiert werden können. Gerade klassische industrielle Dienstleistungen wie z. B. Instandhaltung, Überholung und Ersatzteilbereitstellung ersetzen in wirtschaftlich schwierigen Zeiten teilweise Neuinvestitionen auf Kundenseite. Gut aufgestellte industrielle Dienstleister können deswegen, in Zeiten, in denen sich Kunden Neuinvestitionen nicht leisten können oder wollen, mit industriellen Dienstleistungen Ausfälle im Produktgeschäft zumindest teilweise kompensieren [29]. Investitionsgüterhersteller mit einem Dienstleistungsumsatzanteil von mehr als 30 % konnten sich im Gegensatz zu Investitionsgüterherstellern mit einem geringeren Dienstleistungsumsatzanteil während des Konjunktureinbruchs gegen Ende des Jahres 2009 als wesentlich krisenresistenter erwiesen [44].

1.3.3 Gewinnbeitrag

Im Gegensatz zu stagnierenden oder rückläufigen Margen im reinen Produktgeschäft versprechen industrielle Dienstleistungen einen wesentlich höheren Gewinnbeitrag. Industrielle Dienstleistungen leisten bei Umsatzanteilen zwischen 24 und 28 % einen Beitrag zwischen 42 und 46 % zum Gewinn des Unternehmens. Dabei erreichen erfolgreiche Unternehmen mit industriellen Dienstleistungen eine dreimal höhere Profitabilität als mit ihren anderen Geschäftsabteilungen [4, 5]. Den relativ geringen Margen im Produktgeschäft von ca. 5 % stehen Margen im Dienstleistungsbereich von ca. 20 % gegenüber [44].

Eine exakte Einschätzung des Gewinnbeitrags industrieller Dienstleistungen ist in vielen Unternehmen allerdings nur bedingt möglich, da viele Industrieunternehmen aufgrund fehlender Verrechnungsmodelle den wirklichen Wertbeitrag der angebotenen Dienstleistungen nicht beziffern können.

1.4 Perspektiven des Managements industrieller Dienstleistungen

Der erfolgreiche Wandel vom Produzenten zum produzierenden Dienstleister ist die Voraussetzung für das Erreichen der in Kapitel 1.3 vorgestellten strategischen Zielsetzungen. Wesentlicher Bestandteil in diesem Wandel ist die Entwicklung von Leistungssystemen und den zu deren Bereitstellung und Erbringung notwendigen Strukturen und Prozessen.

Leistungssysteme sind integrierte Problemlösungen für spezifische Wünsche und Bedürfnisse von Kundengruppen. Zielsetzung von Leistungssystemen ist es, die individuellen Probleme der Kunden umfassender und/oder wirtschaftlicher als vergleichbare Angebote zu lösen. Dabei werden Teilleistungen aus Sach- und Dienstleistungen so integriert, dass dem Kunden eine Systemlösung für sein zugrundeliegendes Problem offeriert werden kann [45]. Das in Abbildung 1.7 dargestellte Konzept des Leistungssystems wird in Kapitel 5 umfassend erläutert.

Bei der Entwicklung von Leistungssystemen können grundsätzlich zwei Perspektiven des Managements industrieller Dienstleistungen eingenommen werden. Die Wahl der

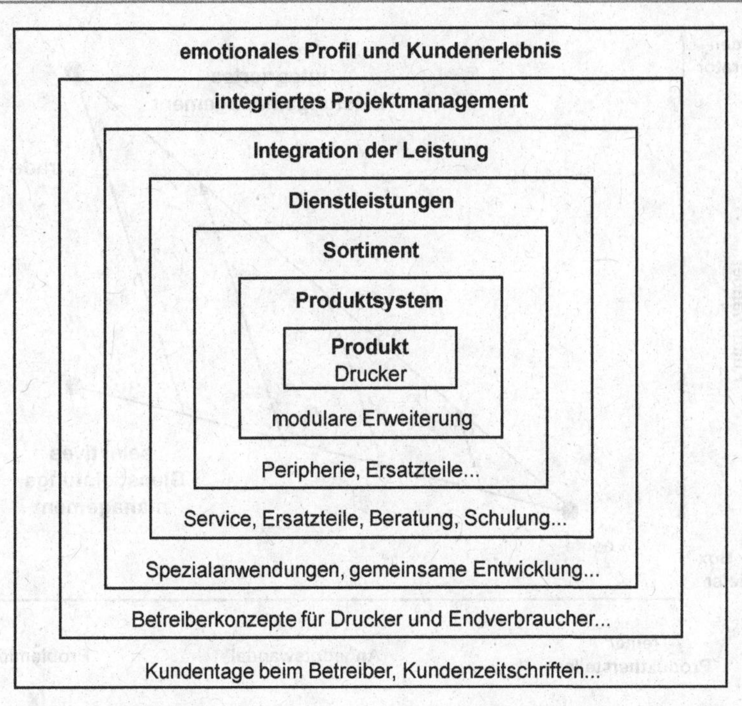

Abbildung 1.7 Leistungssystem (eigene Darstellung i. A. a. BELZ [45])

Perspektive hängt davon ab, inwieweit der Kunde an der Entwicklung der verschiedenen angebotenen Leistungssysteme beteiligt ist. So können die Perspektiven des *selektiven Dienstleistungsmanagements* und des *integrierten Leistungsmanagements* in Bezug auf die Kundennähe unterschieden werden.

Das *selektive Dienstleistungsmanagement* fokussiert die Gestaltung von Dienstleistungen in Form von Problemlösungen für den Kunden, wobei die unmittelbare Kundenintegration zunächst auf die Leistungserstellung beschränkt bleibt. Dagegen erfordert das *integrierte Leistungsmanagement* eine intensivere Kundenintegration, die sich von der Leistungsgestaltung über die Leistungsvermarktung bis hin zur Leistungserstellung erstreckt [46, 47]. Abbildung 1.8 stellt die beiden verschiedenen Perspektiven des industriellen Dienstleistungsmanagements anhand der Faktoren *Problemlösung* und *Kundenintegration* gegenüber.

Während die Kundenproblemlösung sich im Wandel des Leistungsangebots realisiert, beschreibt die Kundenintegration den Wandel des Verhaltens und der Dienstleistungskultur. Diese beiden Faktoren stehen in Wechselwirkung zueinander, da eine individuell auf die Kundenbedürfnisse abgestimmte Problemlösung die Integration des Kunden erfordert. Anhand dieser beiden Faktoren können die beiden Perspektiven im Folgenden näher erläutert werden [46]:

Das *selektive Dienstleistungsmanagement* ermöglicht den Angebotswandel vom reinen Produkthersteller zum Problemlöser für den Kunden, wobei die Professionalisierung und die auf die Kundenbedürfnisse ausgerichtete Adaption der angebotenen industriellen Dienstleistungen im Vordergrund stehen. Aus der selektiven Perspektive werden die

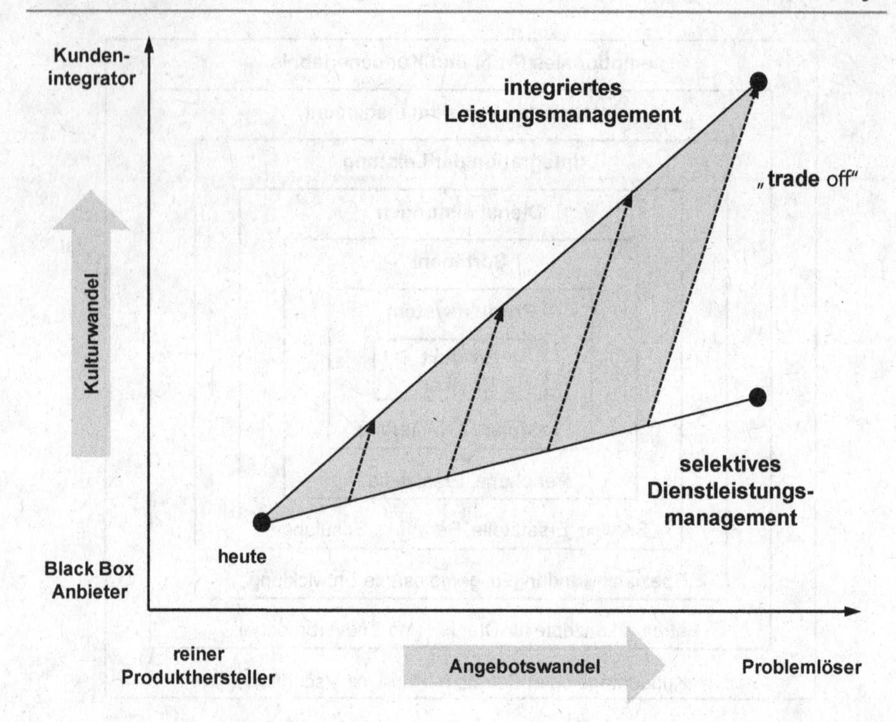

Abbildung 1.8 Perspektiven des industriellen Dienstleistungsmanagements (eigene Darstellung i. A. a. Boutellier [47])

angebotenen Dienstleistungen einzeln betrachtet und darauf ausgerichtet, für die potenziellen Kunden einen Nutzenbeitrag zu liefern. Allerdings bleibt die Integration des Kunden zunächst auf die Dienstleistungserbringung beschränkt [46, 47].

Das *integrierte Leistungsmanagement* impliziert nicht nur einen Angebotswandel, sondern stellt auch einen Ansatz zur Unternehmungsentwicklung dar, der Veränderungen in Kultur und Verhalten des Unternehmens erfordert. Dabei wird das Anbieterunternehmen zum Kundenintegrator, wobei die Kundenbedürfnisse den internen Möglichkeiten gegenübergestellt werden. Zielsetzung ist es, Leistungssysteme zu entwickeln, die individuell auf die Bedürfnisse und Anforderungen von Kunden ausgerichtet sind. Daher ist es auch notwendig, den Kunden in Leistungsgestaltung, Leistungsvermarktung und Leistungserstellung miteinzubeziehen. Die Leistungsprozesse, die für den Kunden wertschöpfend sind, werden dabei auch über Bereichsgrenzen hinaus, innerhalb und außerhalb des Unternehmens, miteinander verknüpft. Somit kann gemeinsam mit dem Kunden eine ganzheitliche Problemlösung entwickelt und umgesetzt werden. Im Gegensatz zu der Betrachtung einzelner Dienstleistungen aus der selektiven Perspektive erfasst das integrierte Leistungsmanagement Bedürfnisse und Strategien von Kunden(-gruppen), unter der Prämisse der Kundenintegration von der Leistungsgestaltung über die Leistungsvermarktung bis hin zur Leistungserstellung. Zielsetzung ist es, die Passung des Angebots im Hinblick auf die Kundenbedürfnisse so zu optimieren, dass eine nachhaltige Differenzierung gegenüber den Wettbewerbern am Markt erreicht wird [46, 47].

Literatur

1. Levitt, T. (1972). Production-line approach to service. *Harvard Business Review* (9). S. 41–52.
2. Schenk, M., Reh, D. & von Garrel, J. (2009). Fabrikplanung. In: Schenk, M. & Schlick, C. M. (Hrsg.). *Industrielle Dienstleistungen und Internationalisierung – One-Stop Services als erfolgreiches Konzept* (1. Aufl.). Wiesbaden: Betriebswirtschaftlicher Verlag Dr. Th. Gabler in GWV Fachverlage GmbH. S. 11–27.
3. Busse, D. (2005). *Innovationsmanagement industrieller Dienstleistungen – theoretische Grundlagen und praktische Gestaltungsmöglichkeiten*. Dissertation Ruhr-Universität Bochum. Wiesbaden: Deutscher Universitäts-Verlag.
4. Deloitte (Hrsg.). (2006). The service revolution in global manufacturing industries. http://www.google.de/url?sa=t&rct=j&q=&esrc=s&source=web&cd=1&cad=rja&uact=8&ved=0CCYQFjAA&url=http%3A%2F%2F www.apec.org.au%2Fdocs%2F2011-11_training%2Fdeloitte2006.pdf&ei=wOETVa-UPIK_ywOxxoDoDw&usg=AFQjCNGtee7eO8_PZAnfv-Phtmumpc5m5Uw&bvm=bv.89217033,d.bGQ. Zugegriffen: 26. März 2015.
5. Glueck, J. J., Koudal, P. & Vaessen, W. (2007). The service revolution – Manufacturing's missing crown jewel. *Deloitte Review* (8). S. 26–33.
6. Grönroos, C. (2000). *Service management and marketing – A customer relationship management approach* (2. Aufl.). Chichester: Wiley.
7. Corsten, H. & Gössinger, R. (2007). *Dienstleistungsmanagement* (5., vollst. überarb. und wes. erw. Aufl.). München: Oldenbourg.
8. Maleri, R. & Frietzsche, U. (2008). *Grundlagen der Dienstleistungsproduktion* (5., vollst. überarb. Aufl.). Berlin: Springer.
9. Smith, A. (2009). *An inquiry into the nature and causes of the wealth of nations* (Nachdruck 1776). Lawrence: Digireads.com Publishing.
10. Fliess, S. (2009). *Dienstleistungsmanagement - Kundenintegration gestalten und steuern*. Wiesbaden: Gabler.
11. Schuh, G., Friedli, T. & Gebauer, H. (2004). *Fit for Service – Industrie als Dienstleister*. München: Hanser.
12. Haller, S. (2005). *Dienstleistungsmanagement – Grundlagen – Konzepte – Instrumente* (3., aktualis. und erw. Aufl.). Wiesbaden: Gabler.
13. Hilke, W. (1989). Grundprobleme und Entwicklungstendenzen des Dienstleistungs-Marketing. In: W. Hilke (Hrsg.). *Schriften zur Unternehmensführung. Band 35*. Wiesbaden: Gabler.
14. Meyer, A. (1983). *Dienstleistungs-Marketing: Erkenntnisse und praktische Beispiele*. Augsburg: FGM-Verlag.
15. Engelhardt, W. H., Kleinaltenkamp, M. & Reckenfelderbäumer, M. (1993). Leistungsbündel als Absatzobjekte – Ein Ansatz zur Überwindung der Dichotomie von Sach- und Dienstleistungen. *Zeitschrift für betriebswirtschaftliche Forschung. 45* (5). S. 395–426.
16. Shostack, G. L. (1982). How to design a service. *In: Eurpean Journal of Marketing*. Vol. *16*(1). S. 49–63.
17. Engelhardt, W. H. & Reckenfelderbäumer, M. (2006). Industrielles Service-Management. In: Kleinaltenkamp, M., Plinke, W., Jacob, F. & Söllner, A. (Hrsg.). *Markt- und Produktmanagement: die Instrumente des Business-to-Business-Marketing*. Wiesbaden: Gabler. S. 209-316.
18. Donabedian, A. (1980). *Explorations in quality assessment and monitoring*. Ann Arbor: Health Administration Press.
19. Hentschel, B. (1992). *Dienstleistungsqualität aus Kundensicht – vom merkmals- zum ereignisorientierten Ansatz*. Wiesbaden: Deutscher Universitäts-Verlag.
20. Meffert, H. & Bruhn, M. (2009). *Dienstleistungsmarketing: – Grundlagen – Konzepte – Methoden* (6., vollst. neu bearb. Aufl.). Wiesbaden: Gabler.
21. Gudergan, G. (2008). Erfolg und Wirkungsmodell von Koordinationsinstrumenten für industrielle Dienstleistungen. In: Schuh, G. (Hrsg.). *Schriftenreihe Rationalisierung und Humanisierung (Bd. 91)*. Aachen: Shaker. Zugl.: Aachen, Techn. Hochsch., Diss., 2000.

22. Homburg, C. & Garbe, B. (1996). Industrielle Dienstleistungen – Bestandsaufnahme und Entwicklungsrichtungen. *ZfB. Vol. 66*(3). S. 253–282.
23. Sontow, K. (2000). Dienstleistungsplanung in Unternehmen des Maschinen- und Anlagenbaus. In: Schuh, G. (Hrsg.). *Schriftenreihe Rationalisierung und Humanisierung. Bd. 29*. Aachen: Shaker. Zugl.: Aachen, Techn. Hochsch., Diss., 2000.
24. Forschner, G. (1989). *Investitionsgüter-Marketing mit funktionellen Dienstleistungen: die Gestaltung immaterieller Produktbestandteile im Leistungsangebot industrieller Unternehmen*. Berlin: Duncker & Humblot.
25. Russell, R. S. (2009). Collaborative research in service science – Quality and innovation. *Journal of Service Science*. Vol. *2*(2). S. 1–7.
26. Metters, R., & Marucheck, A. (2007). Service management – Academic issues and scholarly reflections from operations management researchers. *Decision Sciences*. Vol. *38*(2). S. 195–214.
27. Central Intelligence Agency (Hrsg.). (2013). The world factbook. GDP – Composition, by sector of origin. https://www.cia.gov/library/publications/resources/the-world-factbook/geos/xx.html. Online unter: https://www.cia.gov/library/publications/the-world-factbook/fields/2012.html. Zugegriffen: 25. März 2015.
28. Statistisches Bundesamt (Hrsg.). (2009). Der Dienstleistungssektor – Wirtschaftsmotor in Deutschland. Ausgewählte Ergebnisse von 2003 bis 2008. https://www.google.de/?gws_rd=ssl#q=statistisches+bundesamt+der+dienstleistungssektor+2009. Zugegriffen: 26. März 2015.
29. Schuh, G. (2009). *Mit Dienstleistungen in die Zukunft – Liquidität sichern, Wert erzeugen und Märkte entwickeln [Vortragsfolien]*. Conference Proceedings: 12. Aachener Dienstleistungsforum. FIR e. V., Aachen, 2009.
30. Deutscher Industrie- und Handelskammertag e. V. (Hrsg.). (2009). Dienstleistungsreport - Ergebnisse der DIHK-Umfrage bei den Industrie- und Handelskammern Frühjahr 2009. http://www.google.de/url?sa=t&rct=j&q=&esrc=s&source=web&cd=2&ved=0CCcQFjAB&url=http%3A%2F%2F www.dihk.de%2Fressourcen%2Fdownloads%2Fdienstleistungsreport_fruehjahr_2009.pdf&ei=xuUTVcLmFcH8ygOagIHYDA&v6u=https%3A%2F%2Fs-v6exp1-ds.metric.gstatic.com%2Fgen_204%3Fip%3D137.226.151.82%26ts%3D142736735553570 8%26auth%3Dc2bbzlss475rtt35z6ozmjwi5ivbsdk6%26rndm%3D0.817865446873219 7&v6s=2&v6t=10560&usg=AFQjCNF8b06D6C6eo4hEqvSSe2aiOPvp-g&bvm=bv.89217033,d.bGQ & cad=rja. Zugegriffen: 26. März1015.
31. Anderson, J. C., Narus, J. A. & Narayandas, D. (2009). *Business market management: Understanding, creating and delivering value*. Harlow: Pearson Education.
32. Eurostat. (Hrsg.). (2009). European business - Facts and figures – 2009 edition. http://ec.europa.eu/eurostat/en/web/products-statistical-books/-/KS-BW-09-001-25. http://epp.eurostat.ec.europa.eu/cache/ITY_OFFPUB/KS-SF-08-101/EN/KS-SF-08-101-EN.PDF. Zugegriffen: 26. März 2015.
33. OECD (Hrsg.). (2007). Globalisation and structural adjustment. Summary report of the study on globalisation and innovation in the business services sector. http://www.google.de/url?sa=t&rct=j&q=&esrc=s&source=web&cd=1&ved=0CCYQFjAA&url=http%3A%2F%2F www.oecd.org%2Fsti%2F38619867.pdf&ei=WOkTVfaGB6L7ywPq0IHIAg&usg=AFQjCNHWwGedGyeECQ7t_6EJe_geuK4ecg&bvm=bv.89217033,d.bGQ&cad=rja. Zugegriffen: 26. März 2015.
34. Roland Berger (Hrsg.). (2010). Industrieservices in Deutschland. http://www.rolandberger.com/media. http://www.rolandberger.com/media/publications/2010-04-15-rbsc-pub-Industrial_services_in_Germany.html. Zugegriffen: 26. März 2015.
35. Seegy, U. (2008). Dienstleistungskompetenz im Maschinen- und Anlagenbau. In: Gleich, R., Seegy, U., Friedrich, W. & Tilebein, M. (Hrsg.). *Dienstleistungsmanagement in der Investitionsgüterindustrie: Services erfolgreich entwickeln, steuern und vertreiben*. Frankfurt a. M.: VDMA-Verlag.
36. VDMA e. V. (Hrsg.). (2011). VDMA-Kennzahlen Kundendienst 2010. http://www.vdma.org/article/-/articleview/563438. Zugegriffen: 26. März 2015.

37. VDMA e. V. (Hrsg.). (2001). *Produktbezogene Dienstleistungen im Maschinen und Anlagenbau*. Frankfurt a. M.: VDMA.
38. Gienke, H. & Kämpf, R. (2007). *Handbuch Produktion – Innovatives Produktionsmanagement - Organisation, Konzepte, Controlling*. München: Hanser.
39. Anderson, J. C. & Narus, J. A. (1995). Capturing the value of supplementary services. *Harvard Business Review*. Vol. *73*(1). S. 75–83.
40. Backhaus, K., & Voeth, M. (2010). *Industriegütermarketing* (9., überarb. Aufl.). München: Vahlen.
41. Porter, M. E. (1999). *Wettbewerbsstrategie – Methoden zur Analyse von Branchen und Konkurrenten* (10., durchgesehene und erweiterte Aufl.). Frankfurt a. M.: Campus Verlag.
42. Steinmann, H. & Schreyögg, G. (2005). *Management – Grundlagen der Unternehmensführung. Konzepte – Funktionen – Fallstudien* (6. Aufl.). Wiesbaden: Gabler.
43. Benkenstein, M. & Stenglin, A. (2006). Innovationsmanagement im Service-Marketing – Neue Geschäfte für den Service erschließen. In: Bullinger, H.-J., Scheer, A.-W. (Hrsg.). *Service Engineering Entwicklung und Gestaltung innovativer Dienstleistungen* (2., vollst. überarb. und erw. Aufl.). Berlin: Springer. S. 271–298.
44. Schmiedeberg, A., Strähle, O. & Bendig, O. (2010). *Wachstumsmotor Service*. Wolznach: Bain & Company, Germany/Switzerland, Inc.
45. Belz, C., Schuh, G., Groos, S. A. & Reinecke, S. (1997). Erfolgreiche Leistungssysteme in der Industrie. In: Belz, C., Tomczak, T. & Weinhold-Stünzi, H. (Hrsg.). *Industrie als Dienstleister*. St. Gallen: Thexis Verlag. S. 14–109.
46. Boutellier, R., Schuh, G. & Seghezzi, H. D. (1997). Industrielle Produktion und Kundennähe - Ein Widerspruch! In: Schuh, G. & Wiendahl, H.-P. (Hrsg.). *Komplexität und Agilität – steckt die Produktion in der Sackgasse?* Berlin: Springer. S. XII, 340.
47. Belz, C., Tomczak, T. & Weinhold-Stünzi, H. (Hrsg.). (1997). *Industrie als Dienstleister*. St. Gallen: Thexis Verlag.

Ordnungsrahmen für das Management industrieller Dienstleistungen

2

Günther Schuh und Gerhard Gudergan

Kurzüberblick

Mit der steigenden Bedeutung von industriellen Dienstleistungen und den damit verbundenen Herausforderungen der Unternehmensführung bedarf es eines Bezugsrahmens für das Management industrieller Dienstleistungen. Ein solcher Ansatz, der eine umfassende Beschreibung der Aufgaben des Managements darlegt, wurde von Schuh und Gudergan entwickelt [1]. Ziel des Ordnungsrahmens ist es, dem Management eine grundlegende Orientierung zu geben und dabei die relevanten Gestaltungsbereiche zu betrachten. Es wird in Anlehnung an das St. Galler Management-Modell [2] zwischen einer internen und einer externen Perspektive unterschieden.

Der in dem folgenden Kapitel vorgestellte Ordnungsrahmen beschreibt den Betrachtungsbereich sowie Inhalte und Aufgaben, die für das Management Industrieller Dienstleistungen von Relevanz sind. Gleichzeitig ermöglicht der vorgestellte Ordnungsrahmen die Strukturierung und Einordnung der verschiedenen Themenfelder. Der Ordnungsrahmen gliedert dabei das Management industrieller Dienstleistungen in die Teilbereiche *Unternehmensstruktur*, *Unternehmensprozesse* und *Unternehmensentwicklung*. Diese innerbetrieblichen Aspekte werden in den Kontext der für das Unternehmen relevanten Umweltsphären und Anspruchsgruppen gesetzt.

G. Schuh (✉) · G. Gudergan
52074 Aachen, Deutschland
E-Mail: g.schuh@wzl.rwth-aachen.de

G. Schuh et al. (Hrsg.), *Management industrieller Dienstleistungen*,
DOI 10.1007/978-3-662-47256-9_2, © Springer-Verlag Berlin Heidelberg 2016

2.1 Konzeptioneller Ansatz

Das St. Galler Management-Konzept stellt einen ganzheitlichen Managementansatz dar und bietet in der von Knut Bleicher erweiterten Version eine mögliche Dimensionierung der Managementtätigkeiten. Dabei werden die drei Managementebenen *normatives*, *strategisches* und *operatives Management* unterschieden, deren Beiträge zur Unternehmensentwicklung sich jeweils in Aktivitäten, Strukturen und Verhalten aufteilen (siehe Abbildung 2.1). Dieser Ansatz ermöglicht es, strategische Aufgabenstellungen in eine sinnvolle Ordnung zu bringen bzw. ihnen Dimensionen zu verleihen. Der bewusste Wandel vom traditionellen Produzenten zum Lösungsanbieter stellt eine solche strategische Aufgabe dar, da dieser Wandel eine Neuausrichtung des Unternehmens erfordert und aufgrund des langfristigen Charakters großen Einfluss auf die Unternehmenspolitik sowie die innerbetrieblichen Abläufe hat [3].

Ähnlich wie auch das von Rüegg-Stürm entwickelte neue St. Galler Management-Modell begreift der in diesem Buch verwendete Ordnungsrahmen für das Management industrieller Dienstleistungen ein Unternehmen als ein System von Prozessen. Die Prozesse eines Unternehmens umfassen die aktiven und unterstützenden Wertschöpfungsaktivitäten in Form von *Geschäftsprozessen* und *Unterstützungsprozessen* sowie die dafür notwendigen Führungsprozesse, die auch als *Managementprozesse* bezeichnet werden. Die überlegene Beherrschung und wechselseitige Abstimmung dieser verschiedenen Prozessebenen schafft eine wichtige Voraussetzung für unternehmerischen Erfolg [4].

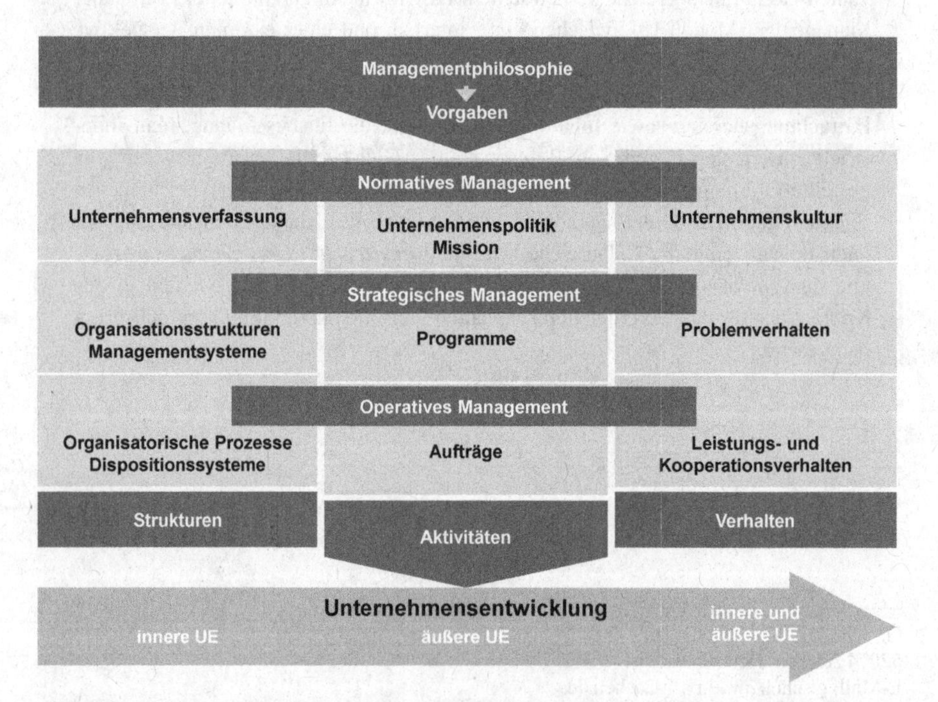

Abbildung 2.1 Normatives, strategisches und operatives Management im St. Galler Management-Konzept (eigene Darstellung i. A. a. BLEICHER [3])

Managementprozesse umfassen dabei alle grundlegenden Aufgaben, die mit der Gestaltung, Lenkung und Entwicklung von Unternehmen im Sinne zweckorientierter soziotechnischer Systeme in Zusammenhang stehen [5]. Managementprozesse werden dabei in drei Ebenen untergliedert. Auf der *normativen Ebene* steht insbesondere die ethische Legitimation der unternehmerischen Tätigkeiten im Vordergrund. Dies bedeutet, dass das Unternehmen unter Berücksichtigung der geltenden gesellschaftlichen Wertorientierungen ein eigenes moralisches Wertesystem ausbildet. Auf der *strategischen Ebene* steht die wettbewerbsbezogene, langfristige Zukunftssicherung eines Unternehmens im Mittelpunkt. Bei dieser strategischen Ausrichtung werden insbesondere Marktsignale und wettbewerbsrelevante Trends in der Unternehmensumwelt einbezogen. Managementprozesse auf der *operativen Ebene* beziehen sich auf Aufgaben der unmittelbaren Bewältigung des Alltagsgeschäfts und dabei insbesondere auf die Effizienz im Umgang mit knappen Ressourcen [4]. Das aufgezeigte Managementkonzept nach Bleicher [3] dient als übergeordnetes Strukturierungs- und Erklärungsmuster für den im Folgenden vorgestellten Ordnungsrahmen für das Management industrieller Dienstleistungen.

2.2 Ordnungsrahmen

In Analogie zum neuen St. Galler Management-Modell [2] werden eine externe und eine interne Perspektive unterschieden. Die externe Perspektive umfasst die Kategorien *Umweltsphären, Anspruchsgruppen* und *Interaktionsthemen*, die sich auf das gesellschaftliche und natürliche Umfeld beziehen. Die interne Perspektive umfasst die Kategorien *Ordnungsmomente* und *Ressourcen* sowie *IT-Systeme*, *Prozesse* und *Entwicklungsmodi*, die sich auf die Innensicht der Organisation beziehen (Abbildung 2.2).

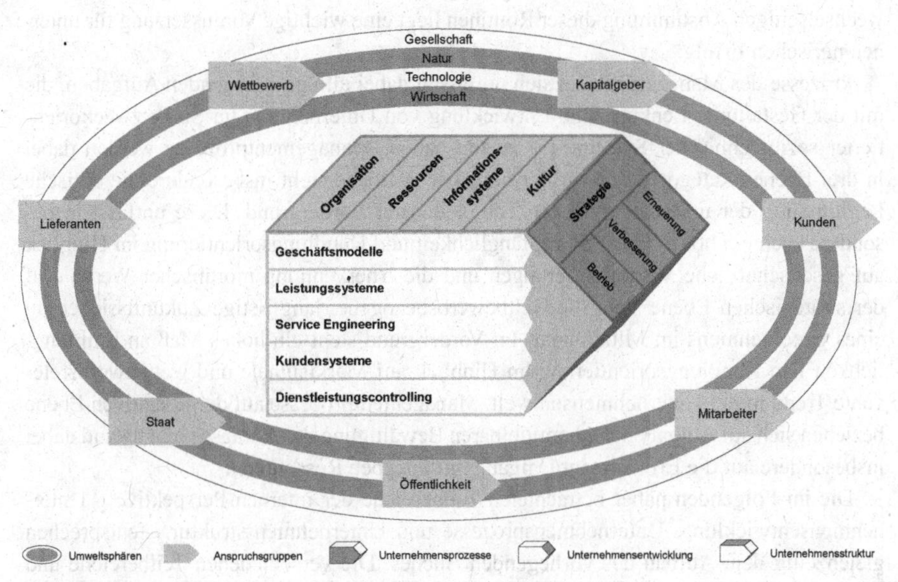

Abbildung 2.2 Struktur des Ordnungsrahmens für das Management industrieller Dienstleistungen (eigene Darstellung)

2.2.1 Externe Elemente

Umweltsphären sind als zentrale Kontexte eines Unternehmens zu verstehen, mit denen ein Unternehmen ständig in Wechselwirkung steht. Die Umweltsphären sind daher auf ihre Veränderungen hin zu analysieren. Die durch einen zunehmenden Trend zur Tertiärisierung gekennzeichnete Gesellschaft stellt die umfassendste dieser Sphären dar. Wichtig sind jedoch auch die Technologie, die Wirtschaft und die Ökologie.

Anspruchsgruppen sind als organisierte oder nichtorganisierte Gruppen von Menschen oder Institutionen zu verstehen, die von den unternehmerischen Wertschöpfungsprozessen betroffen sind. Der Wertbeitrag für die Anspruchsgruppen begründet erst den Zweck eines Unternehmens. Die Interaktionsthemen umfassen die „Gegenstände" der Austauschbeziehungen zwischen den Anspruchsgruppen und dem Unternehmen, um die sich die Kommunikation zwischen Unternehmen und Anspruchsgruppen dreht. Dabei handelt es sich um Normen und Werte sowie Anliegen und Interessen. Werte bezeichnen grundlegende Ansichten über ein erstrebenswertes Leben, Normen bauen darauf auf und bezeichnen explizite Gesetze und Regelungen. Interessen bezeichnen den unmittelbaren Eigennutz, Anliegen hingegen verallgemeinerungsfähige Ziele.

2.2.2 Interne Perspektive

In Analogie zum St. Galler Management-Modell nach Rüegg-Stürm begreift der dargestellte Ordnungsrahmen für das Management industrieller Dienstleistungen ein Unternehmen als ein System von Prozessen. Prozesse bezeichnen routinierte Abläufe, die das Alltagsgeschehen einer Unternehmung prägen. In der überlegenen Beherrschung und wechselseitigen Abstimmung dieser Routinen liegt eine wichtige Voraussetzung für unternehmerischen Erfolg.

Prozesse des Managements an sich umfassen dabei alle grundlegenden Aufgaben, die mit der Gestaltung, Lenkung und Entwicklung von Unternehmen im Sinne zweckorientierter soziotechnischer Systeme [5] zu tun haben. Managementprozesse werden dabei in drei Ebenen kategorisiert: Auf der normativen Ebene steht insbesondere die ethische Legitimation der unternehmerischen Tätigkeiten im Vordergrund. Diese umfasst insbesondere auch ein hohes Maß an Empfänglichkeit und Handlungsorientierung im Hinblick auf gesellschaftliche Wertorientierungen und die Anerkennung moralischer Werte. Auf der strategischen Ebene steht die wettbewerbsbezogene, langfristige Zukunftssicherung eines Unternehmens im Mittelpunkt. Im Vordergrund steht ein hohes Maß an Empfänglichkeit und Handlungsorientierung im Hinblick auf Marktsignale und wettbewerbsrelevante Trend in der Unternehmensumwelt. Managementprozesse auf der operativen Ebene beziehen sich auf Aufgaben der unmittelbaren Bewältigung des Alltagsgeschäfts und dabei insbesondere auf die Effizienz im Umgang mit knappen Ressourcen.

Die im Folgenden näher betrachteten Teilbereiche der internen Perspektive – Unternehmensentwicklung, Unternehmensprozesse und Unternehmensstruktur – entsprechen gleichzeitig dem Aufbau des vorliegenden Buches. Die verschiedenen Teilbereiche und deren Elemente sind in Abbildung 2.3 dargestellt.

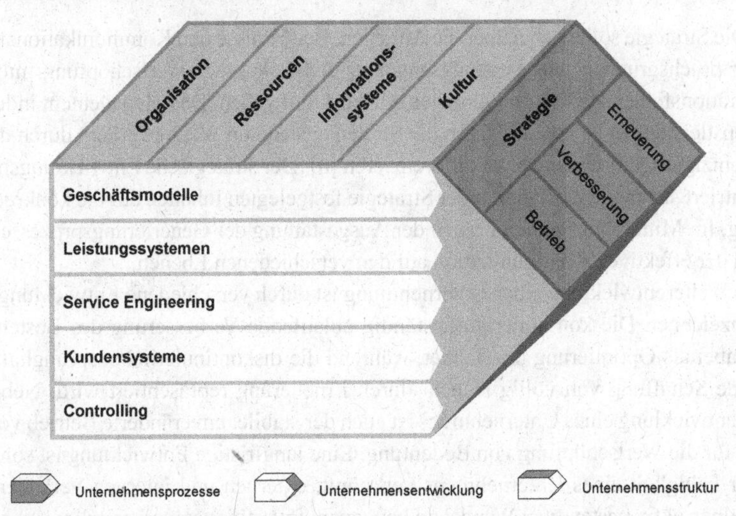

Abbildung 2.3 Interne Perspektive des Ordnungsrahmens für das Management industrieller Dienstleistungen (eigene Darstellung)

Der erste Teilbereich ist der der Unternehmensentwicklung. Er beinhaltet das strategische Management industrieller Dienstleistungen. Der zweite Teilbereich umfasst die Unternehmensprozesse. Die Unternehmensprozesse, die die Entwicklung, Gestaltung und Vermarktung von Dienstleistungen betreffen, sind die Entwicklung von *Geschäftsmodellen*, die Gestaltung von *Leistungssystemen* sowie das *Service Engineering*. Einen weiteren Unternehmensprozess des Managements industrieller Dienstleistungen stellt die Gestaltung von *Kundensystemen* dar, die Aufbau und Erhalt von nachhaltigen Kundenbeziehungen und Markenführung beinhaltet. Das *Dienstleistungscontrolling* ergänzt die für das Management industrieller Dienstleistungen relevanten Prozesse. Die für die Bewältigung der Managementaufgaben in den einzelnen Prozessen notwendigen Methoden und Werkzeuge werden in den einzelnen Kapiteln dargestellt.

Der Teilbereich der Unternehmensstruktur besteht aus verschiedenen Themenfeldern, die für ein Unternehmen von grundlegender Bedeutung sind. *Organisation*, *Ressourcen*, *Unternehmenskultur* und *Informationssysteme* sind die Themenfelder, die im Rahmen dieses Buches betrachtet werden. Die für die Gestaltung dieser Themenfelder im Management industrieller Dienstleistungen relevanten Methoden und Werkzeuge werden in den einzelnen Kapiteln dargestellt.

2.2.2.1 Unternehmensentwicklung

Strategie

Die Strategie beschreibt die langfristigen Entscheidungen eines Unternehmens, die dem Aufbau von nachhaltigen Wettbewerbsvorteilen dienen. Die Strategie als übergeordnete Dimension für den dargestellten Ordnungsrahmen beantwortet dabei die Frage nach der grundlegenden Ausrichtung des Unternehmens. Somit bildet sie auch den inhaltlichen Rahmen für alle weiteren Elemente und fügt die innerbetrieblichen Einzelfunktionen zusammen. Die Strategie sollte dabei über die Anliegen, Bedürfnisse und Kommunikationsformen der Anspruchsgruppen, das Leistungsangebot, den Fokus der Wertschöpfung, mögliche Kooperationsfelder sowie Kernkompetenzen Auskunft geben. Das Management industrieller Dienstleistungen ist geprägt durch die Strategie, sich von Wettbewerbern durch das Angebot einzigartiger Leistungen zu differenzieren [6]. Der strategische Entwicklungsprozess konzentriert sich gegenüber den in der Strategie festgelegten Inhalten auf die konkrete Umsetzung. Im Mittelpunkt stehen Fragen der Ausgestaltung der Generierungsprozesse sowie Fragen der effektiven Kommunikation auf den verschiedenen Ebenen.

Die Weiterentwicklung einer Unternehmung ist durch verschiedene Entwicklungsmodi gekennzeichnet. Die kontinuierliche, ständig ablaufende Verbesserung des Bestehenden wird dabei als Optimierung bezeichnet, während die diskontinuierliche, sprunghaft stattfindende Schaffung von völlig Neuem durch Erneuerung repräsentiert wird. Neben der Weiterentwicklung eines Unternehmens ist auch der stabile, unveränderte Betrieb von Prozessen für die Wertschöpfung von Bedeutung. Eine langfristige Entwicklung ist somit eng mit der Fähigkeit eines Unternehmens verknüpft, externen und internen Veränderungen durch einen aktiv gesteuerten Wandel zu begegnen. Investitionsgüterhersteller stehen vielfach vor dieser Herausforderung, wenn sie den Wandel vom Produzenten hin zum Anbieter integrierter Lösungen erreichen wollen. Unternehmensaktivitäten wie Marketing, Vertrieb und Personalentwicklung müssen dann in einem konsistenten Vorgehen einer neuen Orientierung hin zum Lösungsanbieter angepasst werden. Die Anpassung betrifft dabei nicht nur die unternehmerischen Aktivitäten, sondern auch die Unternehmensstrukturen wie bspw. das Verhalten von Management und Mitarbeitern.

2.2.2.2 Unternehmensprozesse

Geschäftsmodelle

Insbesondere durch den Wandel vom Produzenten zum produzierenden Dienstleistungsunternehmen gewinnen neue Formen der Wertschöpfung mit Leistungssystemen zunehmend an Bedeutung. Unter Geschäftsmodellen wird die modellhafte Darstellung eines Geschäfts verstanden. Ein Geschäftsmodell besteht aus verschiedenen Teilmodellen, die miteinander verbunden und voneinander abhängig sind. Die verschiedenen Teilmodelle berücksichtigen dabei die unterschiedlichen Perspektiven eines Geschäfts. So berücksichtigt ein Geschäftsmodell die Kunden- und Marktperspektive, indem es einen sichtbaren Kundennutzen aufzeigt, diesen beschreibt sowie nachhaltige Wettbewerbsvorteile kennzeichnet und erläutert [7]. Ein Geschäftsmodell veranschaulicht darüber hinaus die Gestaltung der Wertschöpfung und somit die Unternehmens- bzw. Anbieterperspektive, mit der der Kundennutzen generiert wird [8]. Die Kapitalisierungsperspektive beschreibt die Art und Weise, wie in dem Geschäftsmodell Erträge generiert werden [9]. Durch die Konkretisierung der strategischen Ziele und der modellhaften Umsetzung ist das Geschäftsmodell als ein Bindeglied zwischen Strategie und Businessplan zu sehen [10].

Leistungssysteme

Leistungssysteme sind kombinierte Produkte aus verschiedenen Dienstleistungs- und Sachleistungsbestandteilen, die einen höheren Nutzen für den Kunden generieren, indem sie das Problem eines Kunden oder einer Kundengruppe lösen [11]. Wesentliche Aufgabe des Unternehmens ist es, die Leistungserstellungsprozesse so zu gestalten, dass der Kunde die vereinbarte Problemlösung in der vereinbarten Qualität erhält. Wesentliche Elemente bei der Gestaltung von Leistungssystemen sind die Leistungsprogrammplanung, die Modularisierung hinsichtlich der internen Gegebenheiten bzw. Ressourcen sowie die Konfiguration in Bezug auf die Präferenzen des Kunden oder der Kundengruppe.

Service Engineering

Für die Neuentwicklung von industriellen Dienstleistungen hat sich die Disziplin Service Engineering etabliert. Service Engineering umfasst die systematische Entwicklung von Dienstleitungen mithilfe ingenieurwissenschaftlicher Methoden [12]. Auf der Basis eines mehrstufigen Vorgehensmodells werden die notwendigen Schritte bei der Dienstleistungsentwicklung durchlaufen und für die Bearbeitung der einzelnen Aufgaben notwendigen Methoden und Werkzeuge zur Verfügung gestellt [13]. Das Service Engineering ermöglicht somit die konkrete Realisierung von Teilleistungen in zuvor definierten Leistungssystemen.

Kundensysteme

Insbesondere vor dem Hintergrund des Wandels zum Lösungsanbieter gewinnen die Bedürfnisse der Kunden immer stärker an Bedeutung. Daher ist es für dienstleistungsanbietende Unternehmen unerlässlich, entsprechende Kundensysteme zu etablieren, die ein professionelles Management von Kundenkontakten und -daten ermöglichen. In Kundensystemen werden drei zentrale Prozesse zusammengefasst – *Kundenakquise*, *Kundenbindung* und *Markenführung*. Diese tragen in Verbindung mit den weiteren Kernaufgaben eines Kundensystems, dem Key-Account-Management und Customer-Relationship-Management, zu wiederholten Kaufentscheidungen und Vertragsabschlüssen bei einer langfristigen Kundenbindung bei.

Controlling

Kennzahlen und Führungssysteme sind im Sinne des Performance-Managements für die Messung und Beobachtung des Verlaufs der Aktivitäten des Managements bzw. der durch diese initiierten Maßnahmen erforderlich. Die Performancemessung bezieht sich sowohl auf strategische Aspekte wie auch auf Ergebnisse auf der operativen Ebene. Für das Management industrieller Dienstleistungen ist die Verwendung mehrperspektivischer Kennzahlen und Führungssysteme erforderlich, die neben monetären Kennzahlen auch die Erfassung und Auswertung von für Dienstleistungen spezifischen Kunden- sowie kundenprozessbezogenen Kennzahlen ermöglichen.

2.2.2.3 Unternehmensstruktur

Organisation

Organisationsstrukturen werden benötigt, um das erforderliche Maß an Arbeitsteilung zu definieren. So werden die Aufgaben bei der Entwicklung und Erbringung von Dienstleistungen verschiedenen Teilbereichen des Unternehmens zugeordnet und darauf aufbauend wird der erforderliche Koordinationsbedarf zwischen diesen definiert. Dies geschieht durch

Aufbaustrukturen und Ablaufstrukturen, in denen festgelegt wird, welche Aufgaben an welcher Stelle und in welcher Abfolge zu erledigen sind. Das Angebot von Lösungen für Kundenprobleme stellt besondere Herausforderungen an die Integration unternehmerischer Strukturen und Abläufe.

Kultur

Eine Voraussetzung für das Funktionieren moderner Organisationen ist die Schaffung von Bedingungen für kollektiv einheitliches Handeln. Dies ist insbesondere für eine Veränderung eines Unternehmens hin zum Anbieter von Problemlösungen von herausragender Bedeutung. Kollektive Überzeugungen, Werte und Normen tragen dazu bei, eine Integration im Unternehmen herbeizuführen [14]. Die Unternehmenskultur als Koordinationsmechanismus vereinfacht die Anforderungen hinsichtlich Orientierung und Koordination, indem sie eine gemeinsame Identität schafft und damit die Grundlage für die Erreichung gemeinsamer Ziele bildet. Eine dienstleistungsorientierte Kultur beeinflusst somit den Erfolg der Veränderung zu einem Lösungsanbieter maßgeblich.

Ressourcen

Unter den Ressourcen werden die verschiedenen Einsatzfaktoren eines Unternehmens zusammengefasst. Im Gegensatz zur Sachgutproduktion, bei der materielle Ressourcen wie Materialien, Maschinen oder Rohstoffe überwiegen, stehen bei der Dienstleistungsentwicklung und -erbringung die immateriellen Ressourcen wie Mitarbeiter und Wissen wesentlich stärker im Vordergrund. Hervorzuheben ist, dass die einzelnen Ressourcen für sich betrachtet von geringem Wert sind. Sie gewinnen diesen erst dadurch, dass sie effektiv und effizient eingesetzt und koordiniert werden [15].

Informationssysteme

Informationssysteme sind Systeme, die der optimalem Bereitstellung von Information und technischer Kommunikation dienen [16]. Informationssysteme sind dadurch gekennzeichnet, dass sie ein bestimmtes Informationsangebot aufgrund einer bestimmten Informationsnachfrage bereitstellen und dass sie zur Deckung der Informationsnachfrage von den Aufgabenträgern genutzt werden. Aufgrund der ausgeprägten Interaktion und Kommunikation mit dem Kunden einerseits und der oftmals räumlichen Trennung von Kunden und Anbietern andererseits kommt Informationssystemen im Management industrieller Dienstleistungen eine besondere Bedeutung zu.

Literatur

1. Schuh, G. & Gudergan, G. (2011). Bezugsrahmen für das Managen industrieller Dienstleistungen. *Service Today. 2011*(4). S. 26–30.
2. Rüegg-Stürm, J. (2003). *Das neue St. Galler Management-Modell: Grundkategorien einer integrierten Managementlehre: Der HSG-Ansatz.* (2., durchgesehene Aufl.). Bern: Verlag Paul Haupt.

3. Bleicher, K. (2004). *Das Konzept Integriertes Management – Visionen – Missionen – Programme*. In: St. Galler Management-Konzept (Bd. 1., 7., überarbeitete und erweiterte Aufl.). Frankfurt a. M.: Campus.
4. Rüegg-Stürm, J. (2003). *Das neue St. Galler Management-Modell – Grundkategorien einer integrierten Managementlehre* (2. Aufl.). Bern: Haupt.
5. Ulrich, H. (1970). *Die Unternehmung als produktives soziales System* (2. Aufl.). Bern: Paul Haupt Verlag.
6. Schuh, G., Friedli, T. & Gebauer, H. (2004). *Fit for Service – Industrie als Dienstleister*. München: Hanser.
7. zu Knyphausen-Aufseß, D. & Meinhard, Y. (2002). Revisiting Strategy: Ein Ansatz zur Systematisierung von Geschäftsmodellen. In: Bieger, T., Bickhoff, N., Caspers, R., zu Knyphausen-Aufseß, D. & Reding, K. (Hrsg.). *Zukünftige Geschäftsmodelle: Konzept und Anwendung in der Netzökonomie*. Berlin: Springer. S. 63–90.
8. Stähler, P. (2002). Geschäftsmodelle in der digitalen Ökonomie: Merkmale, Strategien und Auswirkungen. Szyperski, N., Schmidt, B. F., Scheer, A.-W., Pernul, G. & Klein, S. (Hrsg.). Dissertation Universität St. Gallen. Zugl. *Electronic Commerce* (Bd. 7). Lohmar; Köln: Josef Eul Verlag.
9. Simchi-Levi, D., Kaminsky, P. & Simchi-Levi, E. (2008). *Designing and managing the supply chain: Concepts, strategies, and case studies* (3 Aufl.). Boston: McGraw-Hill.
10. Müller-Stewens, G. & Lechner, C. (2005). *Strategisches Management: Wie strategische Initiativen zum Wandel führen* (3., aktualis. Aufl.). Stuttgart: Schäffer-Poeschel.
11. Belz, C., Schuh, G., Groos, S. A. & Reinecke, S. (1997). Erfolgreiche Leistungssysteme in der Industrie. In: Belz, C., Tomczak, T. & Weinhold-Stünzi, H. (Hrsg.). *Industrie als Dienstleister*. St. Gallen: Thexis Verlag. S. 14–109.
12. Luczak, H., Reichwald, R. & Spath, D. (Hrsg.). (2004). *Service Engineering in Wissenschaft und Praxis – die ganzheitliche Entwicklung von Dienstleistungen*. Wiesbaden: Deutscher Universitäts-Verlag.
13. Gill, C. (2004). Architektur für das Service Engineering zur Entwicklung von technischen Dienstleistungen. In: Lucak, H. & Eversheim, W. (Hrsg.). *Schriftenreihe Rationalisierung und Humanisierung* (Bd. 59). Aachen: Shaker – Zugl. Dissertation Techn. Hochsch. Aachen.
14. Schreyögg, G. (1989). Zu den problematischen Konsequenzen starker Unternehmenskulturen. *Zeitschrift für betriebswirtschaftliche Forschung. 41*(2). S. 94–114.
15. Sanchez, R., Heene, A. & Thomas, H. (1996). Introduction – Towards the theory and practice of competence-based competition. In: Sanchez, R., Heene, A. & Thomas, H. (Hrsg.). *Dynamics of competence-based competition – Theory and practice in the new strategic management* (1. Aufl.). Oxford: Pergamon. S. 1–35.
16. Krcmar, H. (2005). *Informationsmanagement*. Berlin: Springer.

Strategisches Management industrieller Dienstleistungen

3

Günther Schuh, Gerhard Gudergan, Peter Thomassen und Benedikt Brenken

Kurzüberblick
Die Frage nach der strategischen Einbindung des Dienstleistungsgeschäfts in den Kontext des Gesamtunternehmens wird angesichts globalisierter Märkte mit hohem Wettbewerbsdruck zunehmend wichtiger. Die Wahl des richtigen Umfangs des Dienstleistungsangebots unter Berücksichtigung der Gesamtunternehmensstrategie ist erfolgsentscheidend für die richtige Positionierung eines Industrieunternehmens im Markt. Daher wird in diesem Kapitel der Begriff *Strategisches Management industrieller Dienstleistungen* anwendungsnah beschrieben. Hierauf aufbauend wird ein Prozess zum strategischen Management industrieller Dienstleistungen vorgestellt, der Dienstleistungs- und Gesamtunternehmensstrategie integriert betrachtet. Zur operativen Umsetzung der Inhalte der einzelnen Prozessphasen werden abschließend ausgewählte Methoden und Werkzeuge vorgestellt.

3.1 Grundlagen des strategischen Managements industrieller Dienstleistungen

3.1.1 Definitionen

In Anlehnung an Bea und Haas [1] sowie Welge und Al Laham [2] wird das strategische Management wie folgt definiert:

> „Strategisches Management ist ein Prozess, der sich durch Formulierung und Umsetzung von Strategien mit der zielorientierten Gestaltung unter strategischen, d. h. langfristigen, globalen, umweltbezogenen und entwicklungsorientierten Aspekten befasst."

G. Schuh (✉) · G. Gudergan · P. Thomassen · B. Brenken
52074 Aachen, Deutschland
E-Mail: g.schuh@wzl.rwth-aachen.de

G. Schuh et al. (Hrsg.), *Management industrieller Dienstleistungen*,
DOI 10.1007/978-3-662-47256-9_3, © Springer-Verlag Berlin Heidelberg 2016

Der Begriff *Prozess* bezeichnet einen sachlogischen Zusammenhang und eine bestimmte Reihenfolge von vielfältigen Aktivitäten der Strategieformulierung und -umsetzung [2].

Mithilfe einer Strategie verfolgt ein Unternehmen die Zielsetzung, die gewonnene Leistungsfähigkeit nicht nur konstant zu halten, sondern kontinuierlich zu verbessern und bei Notwendigkeit auch radikal zu erneuern. Vor dem Hintergrund des Ordnungsrahmens für den vorliegenden Buchband ist die Strategie damit zentraler Bestandteil der Unternehmensentwicklung eines produzierenden Unternehmens, das sich durch das Angebot industrieller Dienstleistungen in Bezug auf seine Leistungsfähigkeit verbessern und erneuern kann.

Strategische Entscheidungen zeichnen sich durch eine hohe Komplexität aus, da sie dynamischen Veränderungen mit einer Vielzahl von Interdependenzen unterliegen. Im Sinne des Ordnungsrahmens existieren diese Interdependenzen zwischen sämtlichen Elementen. In einer unternehmensinternen Sichtweise müssen strategische Entscheidungen sowohl die Prozesse als auch die Strukturen des eigenen Unternehmens berücksichtigen, um die sich hieraus ergebenden Potenziale sinnvoll ausschöpfen zu können. So muss die Strategie (Entwicklungsebene) für den Bereich industrieller Dienstleistungen einhergehen mit den möglichen dienstleistungsbasierten Geschäftsmodellen, die auf den avisierten Zielmärkten entwickelt und angeboten werden können (Prozessebene). Daneben dürfen strategische Vorgaben auch nicht im Widerspruch zu den Querschnittsthemen der Unternehmensstruktur stehen bzw. müssen den ggf. erforderlichen strukturellen Änderungsbedarf hinreichend berücksichtigen.

Nur wenige Beiträge zum strategischen Management berücksichtigen die Besonderheiten des Managements von Dienstleistungen. Beachtung haben hier insbesondere die Ansätze von Haller, Hempe und Hildenbrand zum strategischen Dienstleistungsmanagement gefunden, die im Folgenden kurz vorgestellt werden:

Haller [3] betrachtet in ihrem Ansatz maßgeblich die Problemstellung des Managements von Dienstleistungsunternehmen. In diesem Kontext sieht Haller das Management von Dienstleistungsunternehmen generell mit spezifischen Problemen behaftet, die sich aus den besonderen Eigenschaften von Dienstleistungen ergeben, insbesondere aus der Immaterialität sowie aus der Integration des externen Faktors. Unterschiede im strategischen Management zwischen Industrieunternehmen und Dienstleistungsunternehmen werden allerdings nicht näher untersucht.

Hempe definiert das strategische Dienstleistungsmanagement als die „antizipative und gezielte Steuerung der langfristigen Evolution des Unternehmens, die auf einer konzeptionellen Gesamtsicht der Unternehmung beruht, mit dem Ziel, Erfolgspotenziale sowohl zu schaffen als auch zu erhalten“ [4]. Insbesondere die aufgeführten Merkmale der Branchenstrukturanalyse, die Diskussion von relevanten Erfolgsfaktoren sowie die Ableitung von Besonderheiten für die Formulierung einer Dienstleistungsstrategie zeigen Unterschiede zwischen produzierenden Unternehmen und Dienstleistungsunternehmen auf, die es zu berücksichtigen gilt. Allerdings werden bei Hempe die Phasen der strategischen Analyse und der Strategieformulierung in den Vordergrund gestellt. Somit wird kein vollständiger Ansatz geschaffen, der durchgängig alle Phasen eines strategischen Managements bezüglich möglicher Differenzen und spezieller Merkmale des Dienstleistungsbereichs beleuchtet.

Hildenbrand geht der Frage nach, wie produzierende Unternehmen durch ein strategisches Dienstleistungsmanagement ihren Unternehmenserfolg optimieren können, und entwickelt dazu ein Modell, das es ermöglicht, den „richtigen Umfang an Dienstleistungen, in Abstimmung mit der Unternehmensstrategie, zu finden und zu implementieren" [5]. Hildenbrand hat damit den umfassendsten Ansatz zum strategischen Management industrieller Dienstleistungen erstellt, der die wesentlichen Elemente eines strategischen Managements enthält und ausführlich die Besonderheiten von industriellen Dienstleistungen berücksichtigt. Der von Hildenbrand entwickelte Prozess für das Management industrieller Dienstleistungen wird daher im Folgenden ausführlicher vorgestellt.

3.1.2 Zielsetzung des strategischen Managements industrieller Dienstleistungen

Im Hinblick auf das strategische Management industrieller Dienstleistungen besteht die übergeordnete Zielsetzung in der Erschließung der Nutzenpotenziale, die industrielle Dienstleistungen bieten [6]. Nutzenpotenziale werden in Anlehnung an Pümpin definiert als „eine in der Umwelt, im Markt oder Unternehmen latent oder effektiv vorhandene Konstellation, die durch Aktivitäten des Unternehmens zum Vorteil aller Bezugsgruppen erschlossen werden kann" [7]. Abbildung 3.1 gibt einen Überblick über mögliche Nutzenpotenziale.

Im Folgenden werden die möglichen Nutzenpotenziale industrieller Dienstleistungen, die in Abb. 3.1 dargestellt sind, kurz näher erläutert.

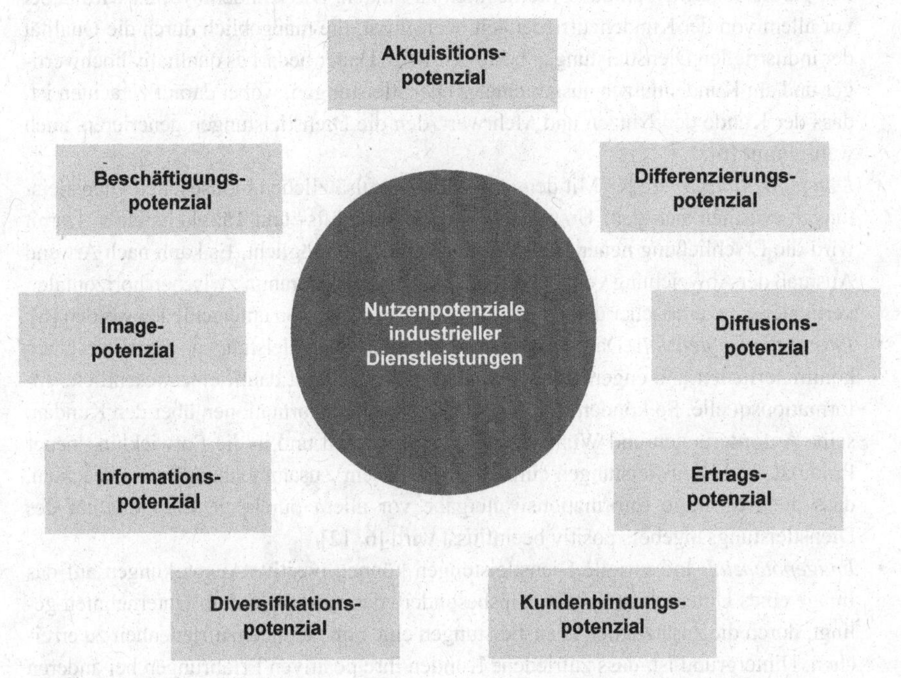

Abbildung 3.1 Nutzenpotenziale industrieller Dienstleistungen (eigene Darstellung i. A. a. BAUMBACH; FRIEDLI [8, 9])

- *Akquisitionspotenzial:* Industrielle Dienstleistungen anzubieten ist ein Instrument zur Verkaufsförderung des Primärprodukts. Dienstleistungen können als (versteckte) Rabatte zur Absatzförderung des Sachguts und zur Unterstützung eines direkten und regelmäßigen Kundenkontakts dienen. Insbesondere bei Investitionsgüteranbietern schafft dies Anknüpfungspunkte für Informations- und Akquisitionsgespräche über die langfristige Verwendungsdauer der Investitionsgüter [6].
- *Differenzierungspotenzial*: Das Angebot industrieller Dienstleistungen als Ergänzung zum Kernprodukt ermöglicht es dem Unternehmen, die zunehmende Indifferenz der Produkte zu überwinden, indem dem Kunden zum Produkt ein zusätzlicher Mehrwert geboten wird. Der Mehrwert gründet dabei auf der Kombination von Produkt und Dienstleistungen zu einem problemadäquaten Leistungssystem [6, 10, 11].
- *Diffusionspotenzial*: Das Diffusionspotenzial bietet sich vor allem in jungen Wachstumsmärkten, in denen der Anbieter durch den gezielten Einsatz von Dienstleistungsangeboten bei potenziellen Abnehmern vorhandene Unsicherheiten oder Kenntnislücken bzgl. der Einsatzmöglichkeiten der neuen Technologien abbauen kann [6].
- *Ertragspotenzial*: Das Angebot industrieller Dienstleistungen bietet ein erhebliches Potenzial zur Generierung von zusätzlichem Ertrag und kann einen wesentlichen Beitrag zum finanziellen Erfolg eines Unternehmens leisten. Dabei ist entscheidend, dass die Dienstleistungen aktiv vermarktet und auch entsprechend verrechnet werden. Zu beachten sind auch die Cross-Selling-Effekte industrieller Dienstleistungen, die zu Umsatzsteigerungen führen können [6].
- *Kundenbindungspotenzial*: Ein professionelles Dienstleistungsmanagement ist die Grundlage, um langfristige, profitable Kundenbeziehungen aufzubauen und den Kunden partnerschaftlich an das Unternehmen zu binden. Die Kundenloyalität wird dabei vor allem von der Kundenzufriedenheit beeinflusst, die maßgeblich durch die Qualität der industriellen Dienstleistungen bestimmt wird. Daher bedarf es qualitativ hochwertiger und am Kundennutzen ausgerichteter Dienstleistungen, wobei darauf zu achten ist, dass der Kunde den Nutzen und Mehrwert, den die Dienstleistungen generieren, auch wahrnimmt [6].
- *Diversifikationspotenzial*: Mit dem Angebot von zusätzlichen industriellen Dienstleistungen eröffnen sich dem Unternehmen neue Geschäfts- und Tätigkeitsfelder. Damit wird die Erschließung neuer Dienstleistungsmärkte ermöglicht. Es kann nach Art und Ausmaß der Abweichung vom bestehenden Leistungsprogramm zwischen horizontaler, vertikaler, konzentrischer und konglomerater Diversifikation unterschieden werden [6].
- *Informationspotenzial*: Das Angebot industrieller Dienstleistungen garantiert einen kontinuierlichen und engen Kundenkontakt und erschließt damit eine wesentliche Informationsquelle. So können nützliche und wertvolle Informationen über den Kunden, seine Anforderungen und Wünsche gesammelt werden und in die Entwicklung neuer Produkte und Dienstleistungen einfließen. In diesem Zusammenhang ist zu beachten, dass die freiwillige Informationsweitergabe vor allem durch die Individualität des Dienstleistungsangebots positiv beeinflusst wird [6, 12].
- *Imagepotenzial*: Industrielle Dienstleistungen können positive Auswirkungen auf das Image eines Unternehmens haben, insbesondere dann, wenn es dem Unternehmen gelingt, durch die zusätzlichen Dienstleistungen eine hohe Kundenzufriedenheit zu erreichen. Hintergrund ist, dass zufriedene Kunden ihre positiven Erfahrungen bei anderen

potenziellen Kunden verbreiten und neben der Verbreitung eines positiven Images auch die Neukundenakquisition unterstützt wird [6].

- *Beschäftigungspotenzial*: Auf einigen Märkten kommt es bei langen Produktnutzungsdauern zu Sättigungserscheinungen. Einhergehend mit steigendem Wettbewerbs- und Rationalisierungsdruck erfordert dies häufig den Abbau von Arbeitsplätzen. Mithilfe des Ausbaus des Dienstleistungsgeschäfts können Unternehmen diese Situation entschärfen und den Beschäftigungsrückgang ausgleichen, indem frei gewordene Arbeitskräfte für die Erstellung der industriellen Dienstleistungen eingesetzt werden [6].

Um die übergeordnete Zielsetzung der Erschließung von Nutzenpotenzialen realisieren zu können, werden zwei Unterziele definiert, die von zentraler Bedeutung sind: die wettbewerbsstrategische Positionierung mit dem Dienstleistungsangebot sowie der Grad der Dienstleistungsorientierung.

Die Positionierung als Anbieter industrieller Dienstleistungen bringt eine Vielzahl an Herausforderungen mit sich; beispielhaft seien hier die Definition der Branchenwettbewerber, Veränderungen in den Wertschöpfungsabläufen und sich hieraus ergebende Anpassungen der Organisationsstruktur [13] genannt. Dem Aufbau des Dienstleistungsgeschäfts und der Frage der wettbewerbsstrategischen Positionierung kommt somit eine zentrale Bedeutung im Rahmen des strategischen Managements zu.

Die von Porter begründeten Grundoptionen der strategischen Positionierung lassen sich in Kostenführerschaft, Fokussierung und Differenzierung unterscheiden [14, 15]. Abbildung 3.2 zeigt die verschiedenen Grundoptionen, zusammengefasst in der Wettbewerbsmatrix nach Porter.

Mit der *Kostenführerschaft* versucht ein Unternehmen, durch geeignete Maßnahmen einen Kostenvorteil gegenüber den Mitbewerbern aufzubauen. Die Strategie der Kostenführerschaft findet insbesondere in homogenen Massenmärkten mit einem wenig individualisierten Leistungsangebot Anwendung [15–17]. Für das Geschäft mit industriellen Dienstleistungen, die kleine Losgrößen und einen hohen Individualisierungsgrad aufweisen, erscheint diese Strategie daher wenig geeignet [17, 18].

		Schwerpunkt des Wettbewerbs	
		niedrige Kosten	Differenzierung
Ort des Wettbewerbs	branchenweit	**Kostenführerschaft** • Preis/Kosten • Standardprodukt	**Differenzierung** • Leistung/Qualität • Einzigartigkeit
	nischenorientiert	**Kostenfokus** • begrenztes Bedürfnis • preiselastisch	**Differenzierungsfokus** • spezifisches Bedürfnis • preisunelastisch

Abbildung 3.2 Wettbewerbsmatrix nach Porter (eigene Darstellung i. A. a. Porter [15])

Mithilfe der *Differenzierungsstrategie* versuchen Unternehmen, sich eine Sonderstellung innerhalb der jeweiligen Branche zu schaffen, indem sie sich über ein einzigartiges Leistungsangebot vom Wettbewerb abheben [15, 19]. Die Differenzierung erfolgt hierbei also vorrangig über den Kundennutzen und nicht den Verkaufspreis der Leistungen. Durch das Angebot industrieller Dienstleistungen werden Investitionsgüterhersteller folglich in die Lage versetzt, sich dem hohen Wettbewerbsdruck im Produktgeschäft zu entziehen und sich über das Angebot einzigartiger und kundenspezifischer Produktdienstleistungskombinationen zu differenzieren [18, 20–23]. Die Differenzierungsstrategie kann somit als grundsätzlich geeignete Positionierung für das Angebot industrieller Dienstleistungen betrachtet werden und bildet daher den Ausgangspunkt für die weiteren Überlegungen in diesem Kapitel.

Bei der Fokussierungsstrategie, auch *Nischenstrategie* genannt, konzentriert sich ein Unternehmen auf ein spezifisches oder wenige spezifische Marktsegmente [14, 15]. Innerhalb dieser gesonderten Marktbearbeitung kann dann wieder in *Kostenfokus* oder *Differenzierungsfokus* unterschieden werden. Wie oben erläutert, sollte im Falle des Angebots industrieller Dienstleistungen im Rahmen einer Nischenstrategie ein Differenzierungsfokus gewählt werden.

Fallbeispiel: Technologieeinsatz in der Landwirtschaft

Die CLAAS KGaA mbH produziert Landtechnik für den weltweiten Einsatz. Zum Produktportfolio des Unternehmens gehören u. a. Mähdrescher, Traktoren und Quaderballpressen. Daneben verfügt CLAAS über ein umfangreiches Dienstleistungsportfolio.

Mit dem Angebot dieser Leistungen verfolgt das Unternehmen die Strategie der Differenzierung, um sich vom Wettbewerb durch Qualität und Einzigartigkeit abzuheben. Dabei nimmt CLAAS die Perspektive eines Lösungsanbieters ein und will den Kunden dabei unterstützen, seine Ernteleistung zu maximieren. Abgeleitet aus dieser Perspektive plant und entwickelt der Landtechnikhersteller kontinuierlich auf die Produkte passgenau abgestimmte Dienstleistungen mithilfe standardisierter Prozesse.

Um sich vom Wettbewerb abzuheben, hat das Unternehmen eine eigene Servicegesellschaft gegründet. Die „CLAAS Agrosystems" mit den Geschäftsfeldern *Lenksysteme*, *Precision Farming & Monitoring*, *Management Software* und *Service* bietet technologiebasierte Dienstleistungen und Dienste an.

Im Bereich Lenksysteme bietet das Unternehmen seinen Kunden hierüber bspw. eine Steuerung der Maschinen über GPS, was zu einer 5 % höheren Genauigkeit in der Bearbeitung der Ernteflächen führt und somit eine Produktionskostensenkung bewirkt. Die Kostensenkung wird durch Einsparungen von Diesel- und Maschinenkosten, Pflanzenschutz, Saatgut, Arbeitskosten und Dünger realisiert. Das Lenksystem wird in verschiedenen Ausführungen und für verschiedene Einsatzzwecke angeboten, sodass CLAAS auf individuelle Kundenwünsche eingehen kann. Durch diese Differenzierung kann sich das Unternehmen Marktanteile sichern und der Kunde profitiert von der individuellen Anpassbarkeit der Produkte.

Für den konkreten Aufbau des Leistungsprogramms industrieller Dienstleistungen ist eine Vielzahl an Varianten in Bezug auf den Leistungsumfang denkbar. Im Investitionsgütersektor lässt sich oftmals beobachten, dass Unternehmen ein möglichst umfassendes Leistungsportfolio aufbauen, ohne konkrete Aspekte der Wirtschaftlichkeit dieses Portfolios zu hinterfragen [18, 24–28]. Vor diesem Hintergrund stellt sich die Frage, inwieweit ein Optimum im Hinblick auf den Umfang des Dienstleistungsangebots existiert. Ein solches Optimum lässt sich messbar machen durch den „Grad der Dienstleistungsorientierung", in den die Anzahl der Dienstleistungen und die Intensität der Vermarktung der Dienstleistungen einfließen [29].

Der optimale Grad der Dienstleistungsorientierung unterscheidet sich von Unternehmen zu Unternehmen. Eine wichtige Zielsetzung des strategischen Managements industrieller Dienstleistungen ist es daher, diesen optimalen Grad der Dienstleistungsorientierung zu bestimmen, um die eigene Wettbewerbsposition zu sichern und strategische Erfolgspotenziale aufzubauen [5]. Die folgenden Ausführungen sollen Unternehmen hierzu in die Lage versetzen.

3.2 Der Prozess des strategischen Managements industrieller Dienstleistungen

Die Aufgabe des strategischen Managements industrieller Dienstleistungen besteht in der Formulierung und Umsetzung von Strategien mithilfe der zielorientierten Gestaltung unter langfristigen, globalen, umweltbezogenen und entwicklungsorientierten Aspekten [1]. Konkrete Aufgabenkomplexe hierbei sind die Zielbildung, die Umweltanalyse, die Unternehmensanalyse, die Strategieformulierung, die Passung der Strategie in den Kontext des Gesamtunternehmens, die Strategieimplementierung sowie die Kontrolle.

Der hier vorgestellte, von Hildenbrand [5] entwickelte Prozess zum strategischen Management industrieller Dienstleistungen basiert grundlegend auf dem Konzept des *General-Management-Navigators* von Müller-Stewens und Lechner [14] und orientiert sich an der Struktur der dort vorgestellten Arbeitsfelder und der prozessualen Betrachtungsweise des strategischen Managements (siehe Abbildung 3.3). Im Folgenden werden die Bausteine und Besonderheiten zunächst in einem Kurzüberblick vorgestellt, bevor die Aufgabenkomplexe im Einzelnen näher betrachtet werden.

Im Rahmen der Zielbildung werden strategische Initiativen entworfen, die in Zusammenhang mit dem Ausbau des industriellen Dienstleistungsgeschäfts stehen. Aufbauend hierauf werden dann entsprechende strategische Ziele formuliert, die im Rahmen des strategischen Managements industrieller Dienstleistungen mit dem Ausbau des Dienstleistungsgeschäfts erreicht werden sollen [2, 5, 14].

Die Umweltanalyse erfasst die relevanten externen Einflüsse und Rahmenbedingungen, mit denen ein Unternehmen im industriellen Dienstleistungsgeschäft konfrontiert wird. Dazu muss zunächst die relevante Umwelt des Unternehmens bestimmt werden, um aus der Fülle von Einflussfaktoren die wichtigsten herauszufiltern, damit anschließend möglichst vollständige, sichere und genaue Informationen über das betriebliche Umfeld erfasst werden können [1, 2].

Mit der Unternehmensanalyse sollen die dienstleistungsspezifischen Fähigkeiten und Ressourcen des eigenen Unternehmens betrachtet werden. Dabei soll ein möglichst objek-

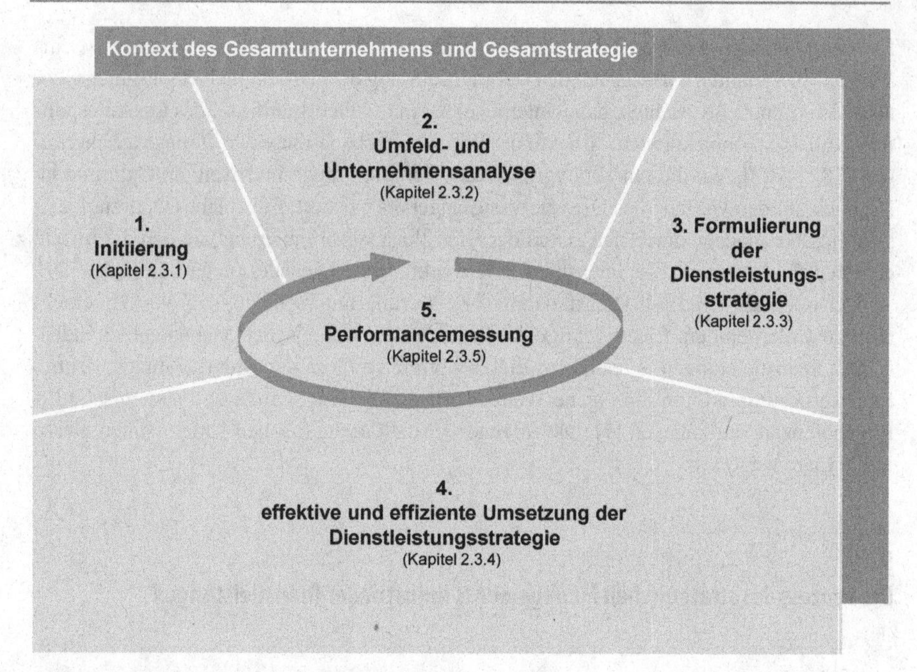

Abbildung 3.3 Strategisches Dienstleistungsmanagement in produzierenden Unternehmen (eigene Darstellung i. A. a. HILDENBRAND [5])

tives Bild der momentanen und auch zukünftigen Stärken und Schwächen des Unternehmens erzeugt werden, wobei auch hier der richtigen Auswahl der relevanten Informationen aus der Fülle der verfügbaren Informationen eine hohe Bedeutung zukommt [2].

Im Rahmen der Strategieformulierung gilt es, eine Strategie zu entwickeln, mit der die zuvor für das Dienstleistungsgeschäft definierten strategischen Ziele erreicht werden können. Zudem sollte die Gestaltung der Außenverhältnisse zur Unternehmensumwelt sowie auch die interne Unternehmensgestaltung formuliert werden [2, 5]. Mit der Strategieformulierung muss auch festgelegt werden, welche Nutzenpotenziale (siehe Kapitel 3.1.2) durch das Angebot industrieller Dienstleistungen adressiert werden sollen.

Bei der Formulierung der Strategie besteht zudem die Aufgabe, die Dienstleistungsstrategie entsprechend in den Kontext des Gesamtunternehmens einzubetten, um die richtige Passung zwischen der Dienstleistungsstrategie und der Gesamtunternehmensstrategie herzustellen [5, 6, 30]. Produzierende Unternehmen, die ein industrielles Dienstleistungsgeschäft aufbauen wollen, müssen dabei immer auch das ursprüngliche Kerngeschäft bzw. die ursprüngliche Positionierung des Gesamtunternehmens und die Konsistenz zur Dienstleistungsstrategie beachten. Für die Implementierung der Dienstleistungsstrategie müssen die relevanten Gestaltungsdimensionen des Unternehmens bestimmt und entsprechend verändert werden [14]. Des Weiteren müssen die Strategien in ein konkretes, strategiegeleitetes Handeln umgesetzt werden, also für die Veränderung notwendige Maßnahmen ausgehend von der Strategie bis auf die operative Ebene heruntergebrochen werden [2, 5].

Im Aufgabenkomplex der Kontrolle lassen sich zwei wesentliche Funktionen unterscheiden: Dies sind einerseits die strategische Überwachung sowie andererseits die Ergebniskontrolle und Überprüfung der Strategieumsetzung [1, 2, 6, 14]. Im Rahmen der strategischen Überwachung soll der Prozess des strategischen Managements im Sinne eines fortlaufenden Monitorings kritisch absichernd begleitet werden [6, 31]. Mit der Umsetzungskontrolle soll dagegen der Erfolg der eingeleiteten Maßnahmen zur Umsetzung der formulierten Strategie überprüft werden bzw. der Grad der Zielerreichung der zuvor definierten Ziele bestimmt werden [4, 5, 31] Die beschriebenen Aufgaben manifestieren sich in einem Prozess des strategischen Managements industrieller Dienstleistungen, der die Operationalisierung der Aufgaben unterstützt und sicherstellt.

3.2.1 Initiierung

In der Phase der Initiierung, die in Abbildung 3.4 dargestellt ist, werden strategische Initiativen entwickelt, um dienstleistungsbezogene Nutzenpotenziale zu identifizieren und zu erschließen (siehe Kapitel 3.1.2). Strategische Initiativen werden analog zu Müller-Stewens und Lechner [14] als Grundlage verstanden, auf der weitere Schritte zur Identifizierung eines optimalen Grads der Dienstleistungsorientierung aufbauen. Strategische Initiativen allein liefern noch keinen Hinweis auf den optimalen Grad der Dienstleistungsorientierung, sind aber für Unternehmen wichtiger Anstoß zur Veränderung [5].

Grundsätzlich können strategische Initiativen top-down- oder bottom-up-gerichtet entstehen. Top-down-Initiativen werden im Sinne einer Steuerungsidee in der Regel vom Management vorgegeben. Bottom-up-Initiativen sind das Ergebnis eines eigendynamischen, emergenten Prozesses, der von Mitarbeiter- oder auch Kundenseite angestoßen wird [5].

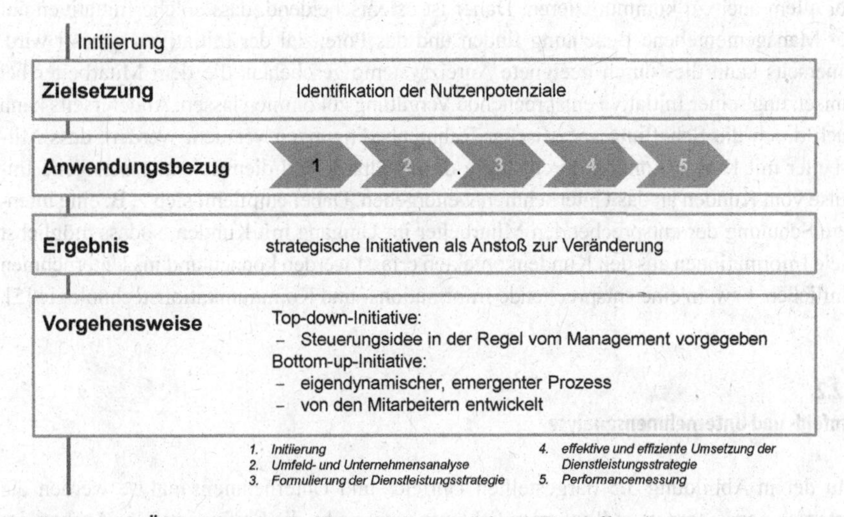

Abbildung 3.4 Übersicht über die Phase *Initiierung* (eigene Darstellung)

Trotz ihres unterschiedlichen Ursprungs haben beide Ansätze dienstleistungsorientierter strategischer Initiativen gemeinsam, dass „die momentane Situation analysiert wird und Überlegungen angestellt werden, ob und welche Veränderungen im Dienstleistungsbereich ggfs. anzustreben sind, um Nutzenpotenziale erschließen zu können" [5].

Wesentlich ist, dass in den Unternehmen das Entstehen derartiger Initiativen überhaupt ermöglicht und auch gefördert wird. Insbesondere Bottom-up-Initiativen sollten auf der Managementebene beachtet und entsprechend geprüft werden. Für Top-down-Initiativen, die auf der Managementebene entstehen, kann hingegen angenommen werden, dass dies in der Regel geschieht [5].

Zur Förderung von Top-down-Initiativen bietet sich eine Plattform im Unternehmen an, die durch das Management geschaffen wird und die „Reflexion und Diskussion über dienstleistungsbezogene Entwicklungen initiiert und fördert" [5]. So können einmalig oder auch regelmäßig offene Diskussionsrunden oder Workshops durchgeführt werden, an denen Mitarbeiter aus verschiedenen Hierarchiestufen des Unternehmens teilnehmen. Dabei werden unter der Zielsetzung, entsprechende Nutzenpotenziale zu identifizieren, die aktuelle Situation des Unternehmens sowie dienstleistungsbezogene Trends und Potenziale erörtert. Eine weitere Methodik zur Zielerreichung besteht in der Gründung interdisziplinärer, dienstleistungsorientierter Projektteams, die in einer formalen Gruppe regelmäßige Treffen abhalten, „um Möglichkeiten und Potenziale im Rahmen des Dienstleistungsgeschäfts zu diskutieren und voranzutreiben" [5].

Entscheidend für Bottom-up-Initiativen ist, dass entsprechende Rahmenbedingungen geschaffen werden, die eine Entstehung derartiger dienstleistungsbezogener strategischer Initiativen ermöglichen und fördern. Häufig entstehen diese Initiativen bei Mitarbeitern, die im direkten Kundenkontakt stehen und dort Nutzenpotenziale, Ertragspotenziale oder auch Möglichkeiten zusätzlicher Kundenbindung erkennen, die durch ein zusätzliches Dienstleistungsangebot erschlossen werden könnten. Hier muss im Unternehmen ein Klima geschaffen werden, das Mitarbeiter ermutigt, entsprechende Ideen zu entwickeln und diese vor allem auch zu kommunizieren. Daher ist es entscheidend, dass solche Initiativen auf der Managementebene Beachtung finden und das Potenzial der Initiativen geprüft wird. Einerseits kann dies durch geeignete Anreizsysteme geschehen, die dem Mitarbeiter bei Umsetzung seiner Initiative entsprechende Vergütung zukommen lassen. Andererseits kann auch durch die Schaffung spezifischer Rahmenbedingungen versucht werden, dass Mitarbeiter mit Kundenkontakt durchgängig das Feedback und dienstleistungsbezogene Impulse vom Kunden an das Unternehmen weitergeben. Dabei empfiehlt sich z. B. eine intensive Schulung der entsprechenden Mitarbeiter im Umgang mit Kunden, sodass möglichst viele Informationen aus den Kundenkontakten erfasst werden können und ins Unternehmen einfließen, bzw. in eine entsprechende Informations- und Kommunikationstechnologie [5].

3.2.2 Umfeld- und Unternehmensanalyse

Mit der in Abbildung 3.5 dargestellten Umfeld- und Unternehmensanalyse werden die unternehmensexternen und -internen Faktoren untersucht, die Einfluss auf den Ausbau des Dienstleistungsgeschäfts haben [5].

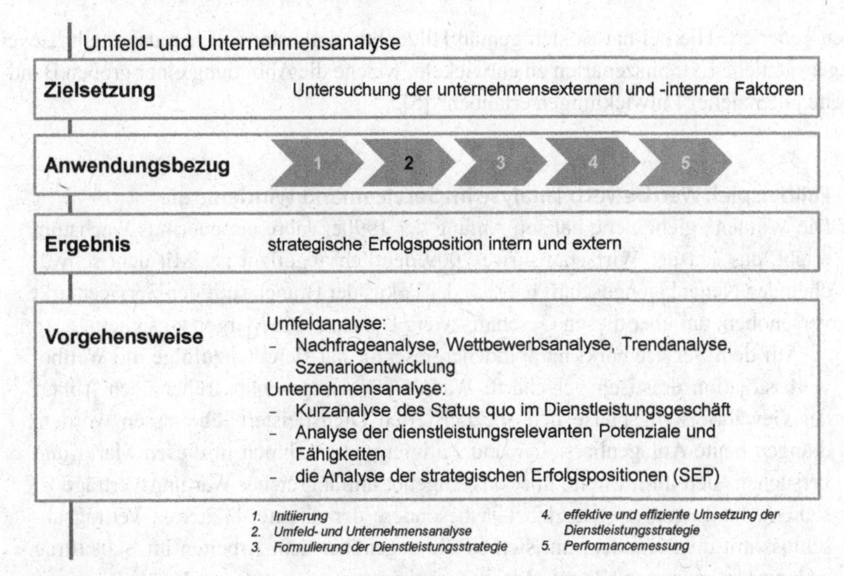

Abbildung 3.5 Übersicht über die Phase *Umfeld- und Unternehmensanalyse* (eigene Darstellung)

Umfeldanalyse

In der Umfeldanalyse werden die extern vorgegebenen Faktoren betrachtet, die das Unternehmen nicht direkt beeinflussen kann. Als Hilfsmittel können hierbei Nachfrageanalyse, Wettbewerbsanalyse, Trendanalyse und Szenarioentwicklung eingesetzt werden.

Mit der Nachfrageanalyse werden relevante Kunden für industrielle Dienstleistungen identifiziert und charakterisiert. Dabei können die Kundenbedürfnisse hinsichtlich Art und Umfang der Dienstleistungen analysiert werden, um bereits einen Überblick über den „richtigen Grad der Dienstleistungsorientierung" zu erhalten. Da das direkte Abfragen von Kundenbedürfnissen oft nicht möglich ist, erfolgt die Identifizierung der Kundenbedürfnisse durch die Aufnahme der Kundenprozesse. Als weitere Hilfsmittel eignen sich Kundenbefragungen, interne Workshops oder auch Lead-User-Konzepte. Neben den Bedürfnissen bestehender Kunden sollte auch versucht werden, die Bedürfnisse von potenziellen Kunden aufzunehmen.

Die Wettbewerbsanalyse dient zur Identifikation aller relevanten Wettbewerber sowie zum Verständnis von deren Verhalten und Strategien. Mithilfe der Ergebnisse der Wettbewerbsanalyse können die Wettbewerber und auch deren Strategien für das eigene Unternehmen antizipiert werden, um dies in die eigene Strategieformulierung einfließen zu lassen.

Für Unternehmen können Trends relevante Veränderungen bezüglich ihrer Strategieformulierung bedeuten und sollten deswegen ausreichend beachtet und berücksichtigt werden. Zur Identifikation von Trends erfolgt zunächst eine systematische Trenderfassung, die relevante Trends identifiziert und entsprechend priorisiert. Aufbauend auf der Trenderfassung erfolgt dann die Trendvernetzung, die eine detailliertere Betrachtung der Beziehungen zwischen dienstleistungsrelevanten Umfeldaspekten erlauben soll. Auf dieser Basis können dann verschiedene Szenarien entwickelt werden, die alle für möglich befundenen Umfeldentwicklungen, die Auswirkungen auf das Dienstleistungsgeschäft haben, beschreiben. Dadurch wird eine Anzahl möglicher Zukunftsbilder für das Unternehmen generiert. Hierbei hat es sich gemäß Hildenbrand als sinnvoll herausgestellt, „zwei gegensätzliche Extremszenarien zu entwickeln, welche die Abbildung einer großen Bandbreite potenzieller Entwicklungen erlauben" [5].

Fallbeispiel: Wettbewerbsanalyse im Servicemarkt Windenergie

Die Windenergiebranche hat seit Anfang der 1990er Jahre ein enormes Wachstum erlebt, das seit der Wirtschaftskrise 2009 deutlich abgeflaut ist. Mit dem schwächelnden Neuanlagengeschäft hat sich der Fokus der Branche auf den Servicemarkt verschoben, um über diesen Geschäftszweig Umsätze und Margen zu sichern.

Auf dem Servicemarkt im Windenergiesektor hat sich demzufolge die Wettbewerbssituation drastisch verschärft. War das Servicegeschäft früher nach Ablauf der Gewährleistungsphase den spezialisierten Dienstleistern überlassen worden, drängen heute Anlagenhersteller und Zuliefererunternehmen in diesen Markt und versuchen, sich ihre Anteile über das Angebot umfangreicher Wartungsverträge zu sichern. Im Interesse steht dabei insbesondere der direkte, bilaterale Vertragsabschluss mit dem Kunden, um sich so die gegenüber dem Arbeiten im Subauftrag anderer Unternehmen höheren Margen zu sichern.

Unternehmen, die diese Entwicklung der Wettbewerbssituation und des Marktes frühzeitig antizipiert haben, haben jetzt entscheidende Vorteile gegenüber ihren Marktbegleitern. Sie konnten die notwendigen strategischen und betriebsorganisatorischen Maßnahmen bereits treffen oder mindestens einleiten.

Unternehmensanalyse

In der Unternehmensanalyse stehen die unternehmensinternen Fähigkeiten und Potenziale, die direkt vom Unternehmen beeinflussbar sind, im Fokus. Ebenso sollten auch die strategischen Erfolgspositionen analysiert werden, die evtl. für die Erschließung angestrebter Nutzenpotenziale aufgebaut werden müssen [5].

In einem ersten Schritt wird eine Kurzanalyse des Status quo im Dienstleistungsgeschäft durchgeführt. Dazu kann bspw. ein von Gebauer entwickeltes Analysetool angewandt werden. Mithilfe dieses Analysetools können erste Erkenntnisse zu Aktivitäten im Dienstleistungsbereich, dienstleistungsorientierten Strukturen im Unternehmen und dienstleistungsorientiertem Verhalten von Mitarbeitern und Management erlangt werden [17]. Die Analyse des Dienstleistungsgeschäfts kann zudem um eine systematische Aufnahme des bestehenden Dienstleistungsportfolios erweitert werden. So kann eine Übersicht über das vorhandene Dienstleistungsangebot generiert werden, in der alle Dienstleistungen und Leistungssysteme gezielt erfasst werden. Anschließend erfolgt eine systematische Analyse der dienstleistungsrelevanten Potenziale und Fähigkeiten im Unternehmen. Bei dieser Analyse werden auf Basis der Endprodukte bzw. Dienstleistungen die zugrundeliegenden Kompetenzen ermittelt. Um zu erkennen, welche der Fähigkeiten echte Kernkompetenzen eines Unternehmens sein könnten, werden diese anhand verschiedener Kriterien überprüft. Dabei umfassen diese Kriterien den wahrnehmbaren Kundennutzen, die Nichtimitierbarkeit, die Nichtsubstituierbarkeit sowie die generische Einsetzbarkeit.

In einem letzten Schritt erfolgt dann die Analyse der strategischen Erfolgspositionen (SEP), bei der zuerst die wesentlichen SEP der betreffenden Branche in Bezug auf Dienstleistungen herausgearbeitet und definiert werden. Anschließend wird für jede SEP die aktuelle sowie die zukünftige Bedeutung aus der Sicht des Marktes bestimmt und die SEP werden entsprechend ihrer Bedeutung bewertet. Zusätzlich wird noch die Position des eigenen Unternehmens in Bezug auf die dienstleistungsrelevanten SEP mit der der Hauptkonkurrenten verglichen. Das Ergebnis der SEP-Analyse ist eine Übersicht, die die aktuelle und zukünftige Bedeutung dieser SEP zusammenfasst. Gleichzeitig werden dabei die Unternehmen erfasst, die derzeit über diese SEP verfügen [5].

Die Ergebnisse der Umfeld- und Unternehmensanalyse fließen in den Prozess der Entwicklung einer Dienstleistungsstrategie ein und dienen als Entscheidungsgrundlage für die Bestimmung und Bewertung des optimalen Grades der Dienstleistungsorientierung [5].

3.2.3 Formulierung der Dienstleistungsstrategie

Auf Grundlage der Umfeld- und Unternehmensanalyse sollen nun die Dienstleistungsstrategie sowie der optimale Grad der Dienstleistungsorientierung abgeleitet werden (siehe Abbildung 3.6). Anhand der in der Umfeld- und Unternehmensanalyse erlangten Erkenntnisse werden in einem ersten Schritt mehrere mögliche Dienstleistungsstrategien identifiziert und diese in einem zweiten Schritt bewertet. Anschließend sollte die am besten bewertete Strategieoption ausgewählt und als Dienstleistungsstrategie festgelegt werden. Besondere Bedeutung erhält hierbei die Berücksichtigung des Gesamtunternehmenskontexts und die Übereinstimmung von Dienstleistungs- und Unternehmensstrategie.

Ableitung und Bewertung strategischer Optionen
Zur Identifikation möglicher dienstleistungsbezogener Strategieoptionen werden zwei verschiedene Verfahren vorgestellt, die einerseits auf den strategischen Erfolgspositionen

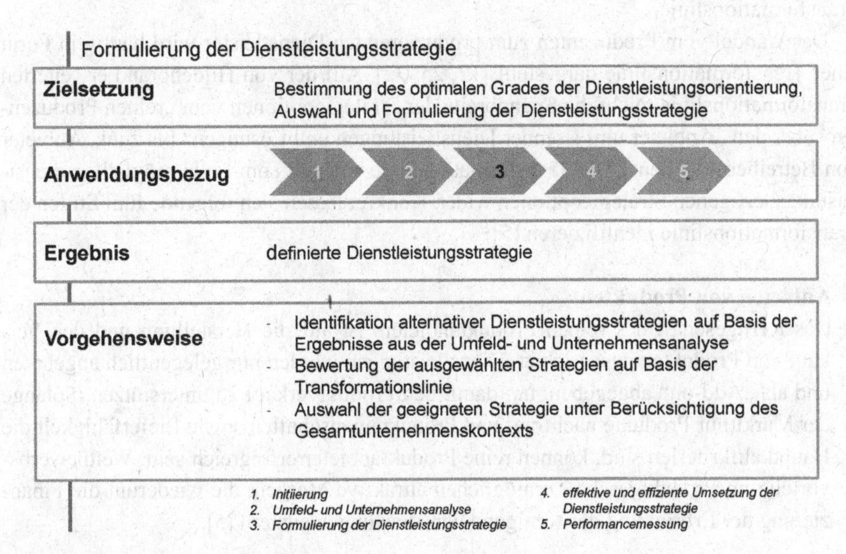

Abbildung 3.6 Übersicht über die Phase *Formulierung der Dienstleistungsstrategie* (eigene Darstellung)

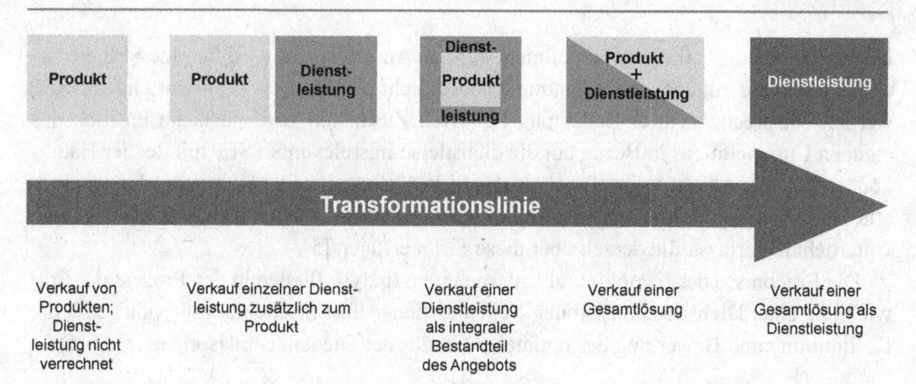

Abbildung 3.7 Transformationslinie (eigene Darstellung i. A. a. Hildenbrand [5])

sowie andererseits auf dem Umfang des Dienstleistungsangebots sowie der Integrationstiefe von Sachgütern und Dienstleistungen basieren [5].

In dem ersten Verfahren werden auf Grundlage der zuvor in der Unternehmensanalyse ermittelten strategischen Erfolgspositionen sog. Stellhebel identifiziert. Durch unterschiedliche Ausprägungen der Stellhebel bzw. Kombinationen dieser lassen sich verschiedene Strategieoptionen beschreiben.

Das zweite Verfahren basiert auf der sogenannten Transformationslinie, bei der die Positionen auf der Transformationslinie als Strategieoptionen herangezogen und an den spezifischen Unternehmenskontext angepasst werden [17, 32]. Abbildung 3.7 veranschaulicht die von Hildenbrand erweiterte Transformationslinie. Die angeführten Positionen auf der Transformationslinie spiegeln den oben beschriebenen Dienstleistungsumfang des Unternehmens wider. Der Grad der Dienstleistungsorientierung, der Beitrag der Dienstleistungen zu Umsatz und Gewinn sowie die Kundenbindung steigen mit dem Verlauf der Transformationslinie.

Der Wandel vom Produzenten zum produzierenden Dienstleister wird häufig in Form einer Transformationslinie dargestellt [17, 25, 32]. Auf der von Hildenbrand erweiterten Transformationslinie reicht die Spannbreite der Strategieoptionen vom „reinen Produzenten" über den „Anbieter umfassender Dienstleistungen und Lösungen" bis zum „Anbieter von Betreibermodellen". Die Transformationslinie spiegelt somit alle möglichen dienstleistungsbezogenen Strategieoptionen wider. Konkret lassen sich folgende fünf Stufen der Transformationslinie identifizieren [5]:

I. **Anbieten von Produkten**
Das Kerngeschäft des reinen Produktanbieters ist auf die Herstellung und den Verkauf von Produkten ausgerichtet. Dienstleistungen werden nur gelegentlich angeboten und als „Add-on" abgegeben, um damit den Produktverkauf zu unterstützen. Solange der Markt nur Produkte nachfragt und Produkteigenschaften sowie Lieferfähigkeit die Hauptkaufkriterien sind, können reine Produktanbieter erfolgreich sein. Wettbewerbsvorteile im Produktgeschäft ermöglichen attraktive Margen, die wiederum die Finanzierung der Erbringung der wenigen Dienstleistungen sichern [5].

II. **Anbieten von einzelnen Dienstleistungen zusätzlich zum Produkt**
Diese Unternehmen bieten eine breitere Auswahl an Dienstleistungen zusätzlich zum Produkt an. Sie versuchen durch das systematische Anbieten von produktunterstützenden Dienstleistungen, Nutzenpotenziale wie bspw. das Differenzierungspotenzial oder das Umsatz- und Ertragspotenzial von Dienstleistungen zu adressieren. Dabei werden die Dienstleistungen nicht mehr kostenlos als „Add-on" an den Kunden abgegeben, sondern verrechnet. Mit dem hier stattfindenden systematischen Ausbau des Dienstleistungsgeschäfts erfolgt gleichzeitig eine erste aktive Vermarktung einzelner Dienstleistungen [5].

III. **Anbieten von Dienstleistungen als integraler Bestandteil des Angebots**
Auf der dritten Stufe der Transformationslinie erfolgt eine systematische Integration der Dienstleistungen in das Gesamtangebot. Somit unterstützen die Dienstleistungen nun direkt den Kunden bzw. die Kundenprozesse und nicht mehr lediglich das Produkt. Das Unternehmen bietet also ein Leistungssystem statt einzelner Dienstleistungen, bis zu einem gewissen Grad also eine Lösung, an [33]. Für den Kunden liegt dabei der Mehrwert in der Integration der Dienstleistungen und der Produkte.

IV. **Anbieten einer Gesamtlösung**
Unternehmen bieten nun komplette Problemlösungen an und bauen Dienstleistungen zum Kerngeschäft aus. Damit wird die Rolle der Dienstleistung neu definiert und das physische Produkt wird dem Kunden noch verkauft, ist aber nicht mehr unbedingt Kernbestandteil. Die kundenindividuelle Lösung, die mehr beschreibt als ein Produkt plus zusätzliche Dienstleistung, dient nun der wirklichen Differenzierung im Markt. Die Lösungsanbieter entwickeln Dienstleistungen, „welche den Betrieb und die Effektivität des Produkts respektive der installierten Basis über deren gesamten Lebenszyklus unterstützen und verbessern" [5].

V. **Anbieten der Gesamtlösung als Dienstleistung**
Die fünfte Stufe der Transformationslinie ist auch durch einen Wandel im Geschäftsmodell des Unternehmens gekennzeichnet. Unternehmen als Lösungsanbieter verkaufen nun die Gesamtlösung als eigentliche Dienstleistung. Hierbei verbleibt das Eigentum am Produkt meist beim Unternehmen und geht nicht mehr auf den Kunden über. Damit trägt das Unternehmen neben dem operationellen Risiko auch die komplette Verantwortung für die Prozesse des Kunden. Oft ist dieser Wechsel auch mit der Einführung eines neuen, outputorientierten Verrechnungsmodells verbunden. Die angebotenen Lösungen und deren Erbringung sind sehr eng mit den Wertschöpfungsprozessen des Kunden verbunden und das Ziel des neuen Geschäftsmodells liegt in der Optimierung des Geschäfts des Kunden. Ein Beispiel für derartige Geschäftsmodelle sind sog. Betreibermodelle [5].

Für die Bewertung der dienstleistungsbezogenen Strategieoptionen empfiehlt sich der Einsatz der Strategie-Szenario-Methode. Die Strategie-Szenario-Methode vereint die im Zuge der Umfeldanalyse erstellten Szenarien mit den möglichen Dienstleistungsstrategieoptionen vor dem Hintergrund, diejenige Strategieoption herauszuarbeiten, die einerseits für das Gesamtunternehmen den größten Erfolg verspricht und zusätzlich den optimalen Grad der Dienstleistungsorientierung widerspiegelt. Es werden unternehmensspezifische Schlüsselkriterien abgeleitet, anhand derer die einzelnen Strategieoptionen vor dem Hintergrund der möglichen Szenarien bewertet werden. Als Schlüsselmerkmale können

Kriterien herangezogen werden, die ganz spezifisch das Dienstleistungsgeschäft betreffen, jedoch empfiehlt es sich, um auch den Gesamtunternehmenskontext entsprechend zu berücksichtigen, zusätzlich übergeordnete strategische Kriterien oder Ziele als Schlüsselmerkmale in die Bewertung zu integrieren [5].

Vor dem Hintergrund jedes der abgeleiteten Schlüsselkriterien wird dann jede Dienstleistungsstrategieoption in Bezug zu allen erstellten Szenarien bewertet. Anschließend werden die Bewertungen in zusammengefasster Form betrachtet und evaluiert. Es sollte dann diejenige Strategie favorisiert werden, die vor dem Hintergrund aller Szenarien und Schlüsselkriterien insgesamt als positivste bewertet werden kann [5].

Wahl der Dienstleistungsstrategie und Einbindung in den Kontext des Gesamtunternehmens

Aufbauend auf einer umfassenden Umfeld- und Unternehmensanalyse haben Unternehmen verschiedene dienstleistungsbezogene Strategieoptionen identifiziert, evaluiert und letztlich die überzeugendste Strategieoption ausgewählt. Somit kann die Dienstleistungsstrategie nun abschließend definiert werden. Dabei ist der Gesamtunternehmenskontext zu berücksichtigen und gleichzeitig die Dienstleistungs- mit der Unternehmensstrategie abzugleichen [5]. Die Lösungsanbieterstrategie wird in Abbildung 3.8 veranschaulicht. [5] Der Großteil der Lösungsanbieterstrategien, die in Abbildung 3.8 dargestellt sind, beschreibt dabei ein Intervall, das auch der in der Praxis geforderten strategischen Flexibilität entspricht [5].

Dabei existieren fünf typische Muster von Dienstleistungsstrategien, die auch als Lösungsanbieterstrategien bezeichnet werden [5]. Im Folgenden werden diese fünf Lösungsanbieterstrategien kurz erläutert und es wird dargestellt, mit welcher Gesamtunternehmensstrategie die jeweiligen Lösungsanbieterstrategien konsistent sind. Anschließend wird der Zusammenhang zwischen den Lösungsanbieterstrategien und der bereits darge-

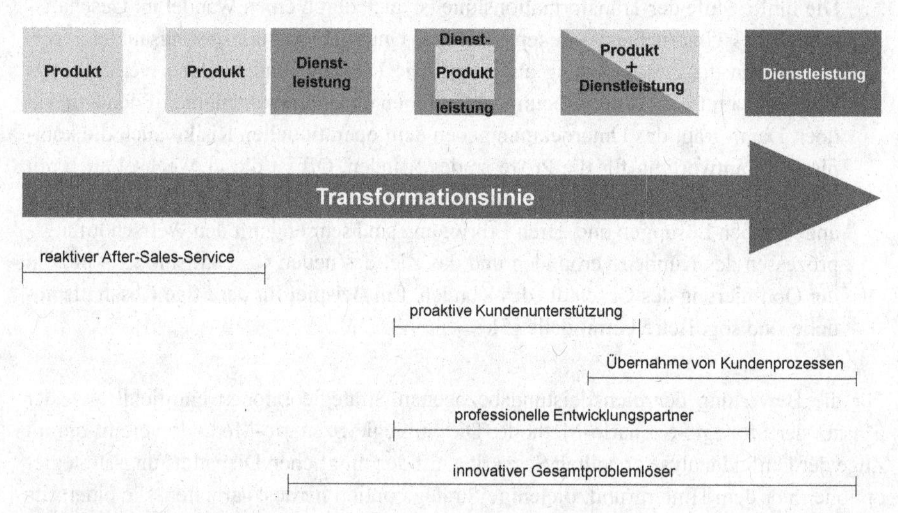

Abbildung 3.8 Zusammenhang zwischen Transformationslinie und Lösungsanbieterstrategie (eigene Darstellung i. A. a. HILDENBRAND [5])

stellten Transformationslinie verdeutlicht (siehe Abbildung 3.8). Konkret lassen sich die folgenden Dienstleistungs- bzw. Lösungsanbieterstrategien identifizieren [34, 35]:

I. **Reaktiver After-Sales-Service**
Der Fokus des reaktiven After-Sales-Services liegt auf der Sicherstellung der Funktionsfähigkeit des Produkts in der Nutzungsphase. Angebotene Dienstleistungen werden reaktiv beim Eintreten bestimmter Störungen erbracht und umfassen z. B. Reparaturen, Inspektionen, Ersatzteile. Ein Ausbau des reaktiven After-Sales-Services hat eine hohe Passung zur Strategie der Kosten- bzw. Preisführerschaft, denn Preisführer bieten ihre Produkte günstig an und erwirtschaften durch zahlreiche Reparaturen, Ersatzteile und Inspektionen den Großteil ihres Gewinns. Hingegen wirkt sich ein Ausbau des reaktiven After-Sales-Services teilweise kontraproduktiv auf eine Differenzierungsstrategie mittels Qualitätsführerschaft aus, denn das Ausbaupotenzial der oben genannten reaktiven Dienstleistungen ist beschränkt, da sonst das Produktimage an Wert verliert. Ein weiteres Problem entsteht, weil von einem Qualitätsanbieter erwartet wird, dass bestimmte Dienstleistungen im Produktpreis enthalten sind [5].

II. **Proaktive Kundenunterstützung**
Das Ziel der proaktiven Kundenunterstützung liegt in der Optimierung der Nutzungsphase des Produkts. Durch Dienstleistungen, wie z. B. Wartungsverträge, Prozessoptimierungen oder erweiterte Anwenderschulungen, soll der Einsatz des Produkts in den Kundenprozessen optimiert werden. Die proaktive Kundenunterstützung lässt sich sehr gut mit einer Qualitätsführerschaft vereinen, da Unternehmen mithilfe oben genannter Dienstleistungen die Leistung ihrer Produkte bzgl. effektiver Verfügbarkeit und Ausbeute steigern können. Dafür ist es aber notwendig, dass Unternehmen die nötige Anwendungskompetenz zur Kernfähigkeit ausbauen und diese dem Kunden auch direkten Nutzen stiftet. Um den wahren Kundennutzen zu erfassen, ist ein stärkerer Ausbau einer partnerschaftlichen Beziehung zu Kunden unumgänglich. Auf die Preisführerschaftsstrategie hat die proaktive Kundenunterstützung negative Auswirkungen, da eine eigene Wartung und Unterhaltung der preisgünstigen Produkte seitens der Unternehmen, aufgrund der geringeren Produktqualität, zu erheblichen Kosten führen würde. Die steigenden Kosten im Servicebereich könnten letztlich bis zum Verlust der Preisführerschaft führen [5].

III. **Übernehmen von Kundenprozessen**
Wenn es Unternehmen gelingt, strategische Partnerschaften mit Kunden aufzubauen und, sofern diese Kunden bereit sind, eigene Aktivitäten auszulagern und sich somit in Abhängigkeit nur eines Lieferanten zu begeben, gelangt man zur dritten Lösungsanbieterstrategie: der Übernahme von Kundenprozessen. Unternehmen können dadurch direkte Verantwortung für die Prozesse und Aktivitäten beim Kunden übernehmen. Anstelle des Produkts rückt nun das dem Kunden ermöglichte Ergebnis in den Vordergrund. Diese Lösung in Form von Betreibermodellen wurde bisher tendenziell eher bei komplexen Maschinen und Anlagen umgesetzt. Allerdings erfordert die Angebotsportfolioerweiterung um ergebnisorientierte Leistungssysteme hohe Investitionen in den Aufbau der Infrastruktur. Daher sind einfachere Kernprodukte in Form von Betreibermodellen nur vermarktbar, wenn sich ein ausreichender Absatzmarkt bietet. Die Übernahme von Kundenprozessen eignet sich daher für die angestrebte Strategie

der Qualitätsführerschaft mit Nischenkonzentration. Die Fokussierung ergebnisbasierter Verrechnungsmodelle und die damit einhergehende Übernahme von Prozessverantwortung bergen dementsprechend enorme finanzielle Risiken und bedürfen daher auch neuer rechtlicher Rahmenbedingungen. Da viele traditionell produzierende Unternehmen in diesen Bereichen Schwächen aufweisen, empfiehlt sich eine Kooperation mit Dritten, z. B. Banken oder Versicherungen [5].

IV. **Professioneller Entwicklungspartner**
Die Lösungsanbieterstrategie professioneller Entwicklungspartner empfiehlt sich dann, wenn die Kunden in der Evaluationsphase des Produkts noch keine konkreten Vorstellungen bzgl. der eigentlichen Anwendung haben. Das Ziel liegt in der professionellen Unterstützung des Kunden in der Evaluationsphase durch Anbieten von z. B. wissensintensiven Planungs- und Ingenieurleistungen. Unternehmen können so früh in den Planungs- und Entscheidungsprozess der Kunden eingreifen und diesen mitgestalten. Allerdings sind Kunden nicht immer von der Neutralität der Unternehmen überzeugt. Dementsprechend wird von Kundenseite häufig infrage gestellt, ob die anbietenden Unternehmen die beste Lösung für den Kunden entwickeln und nicht die für den Absatz der eigenen Produkte geeignetste Lösung. Deswegen wenden sich Kunden in der Evaluationsphase eher an unabhängige Ingenieurbüros, da sie von deren Unabhängigkeit und Neutralität überzeugt sind. Für Unternehmen bietet sich folglich die Möglichkeit, einerseits verstärkt Kooperationen mit Ingenieurbüros einzugehen oder andererseits die eigene Entwicklungsabteilung als separates Unternehmen auszugründen. Eine weitere Möglichkeit besteht darin, für optimale Kundenlösungen auch Konkurrenzprodukte zu verwenden. So kann dem Kunden glaubwürdig demonstriert werden, dass seine Interessen bei der Auswahl von Leistungen im Vordergrund stehen. Zusätzlich kann dies auch zur Optimierung der eigenen angebotenen Leistungen beitragen, da sich diese im Wettbewerb jederzeit behaupten müssen. Auf strategischer Ebene führt dies zu einer direkten Konkurrenz. Bei einer gleichzeitigen Kooperation in Teilanwendungen bedingt dies die sog. „Coopetition". Auf diese Weise können Unternehmen dem Kunden vorhandene Entwicklungskompetenzen anbieten, ohne dass dieser Voreingenommenheit oder Abhängigkeit befürchten muss. Die Positionierung als professioneller Entwicklungspartner ist daher nur mit der Gesamtunternehmensstrategie vereinbar, wenn diese beinhaltet, Beteiligungen an unabhängigen Ingenieurbüros auszubauen oder Teilkooperationen mit Wettbewerbern einzugehen [5].

V. **Innovativer Gesamtproblemlöser**
Der innovative Gesamtproblemlöser bietet dem Kunden Dienstleistungen, die umfassende Unterstützung in der Evaluations-, der Kauf- und der Nutzungsphase bieten. Da vor allem kundenunterstützende Dienstleistungen angeboten werden, die auf umfassende Problemlösungsbedürfnisse ausgerichtet sind, erfolgt eine Loslösung vom eigentlichen Produkt. Ausschlaggebend für den Erfolg einer Positionierung als innovativer Gesamtproblemlöser ist die Innovationskraft des Unternehmens. Somit lässt sich diese Lösungsanbieterstrategie nur umsetzen, wenn die Gesamtunternehmensstrategie in der Innovationsführerschaft liegt [5].

Fallbeispiel: Automatisierungstechnik und Serienfertigung

Die SITEC Industrietechnologie GmbH ist ein international agierender Systemlieferant für automatisierte Fertigungsanlagen zur Montage, Lasermaterialbearbeitung und elektrochemischen Metallbearbeitung.

Durch die kontinuierliche Entwicklung von Dienstleistungen für die eigenen Produkte hebt sich SITEC von seinen Konkurrenten ab. Über die Jahre hinweg verbesserte und diversifizierte das Unternehmen nicht nur sein Produktportfolio, sondern entwarf auch zusätzliche Services, um eine proaktive Kundenunterstützung anbieten zu können.

Das Leistungsspektrum umfasst dabei den gesamten Produktlebenszyklus vom Engineering, der Fertigung und Produktion bis hin zum Angebot technischer Dienstleistungen in der Nutzungsphase. SITEC bietet seinen Kunden neben den klassischen Instandhaltungsdienstleistungen auch Services wie Anlagenumsetzung, Technologieberatung und Prozesssimulationen an, die hinsichtlich ihrer wirtschaftlichen Relevanz für das Unternehmen dem Produktbereich gleichgestellt sind.

Auf der Transformationslinie lässt sich SITEC damit im Hinblick auf den angebotenen Dienstleistungsumfang auf Stufe IV „Anbieten einer Gesamtlösung" einordnen. Die von SITEC verfolgte Strategie lässt sich im Rahmen der beschriebenen Lösungsanbieterstrategien auf Stufe V, „Innovativer Gesamtproblemlöser", einordnen. Durch seine technologische Führerschaft im Produktbereich, kombiniert mit einer Vielzahl lebenszyklusorientierter Dienstleistungen, ist das Unternehmen in der Lage, seine Kunden umfassend zu unterstützen. Von den angebotenen Lösungen und Leistungen profitieren sowohl SITEC als auch die Kunden. Für die Abnehmer wird eine Verbesserung der Planungssicherheit und Kostentransparenz realisiert, während SITEC in der Lage ist, seine Kunden langfristig an sich zu binden.

3.2.4 Effektive und effiziente Umsetzung der Dienstleistungsstrategie

Im Schritt nach der Positionierung erfolgt das Festlegen von Maßnahmen, welche die notwendigen Veränderungen im Unternehmen anstoßen, um die zuvor festgelegte Positionierung zu realisieren. Abbildung 3.9 gibt einen Überblick über die Phase der effektiven und effizienten Umsetzung der Dienstleistungsstrategie [5, 14].

Ableitung und Veränderung der Gestaltungsdimensionen

Um den zuvor identifizierten optimalen Grad der Dienstleistungsorientierung zu implementieren und die definierten Ziele und angestrebten Wettbewerbsvorteile zu realisieren, müssen die dafür im Unternehmen existierenden Gestaltungsbereiche gezielt angepasst und verändert werden. Diese wesentlichen Gestaltungsbereiche sind die Entwicklung der Leistungen, der Aufbau der für die Erbringung der Leistungen notwendigen Fähigkeiten und Ressourcen, die Anpassung der Organisationsstrukturen, die Anpassung der Unternehmenskultur, die Kommerzialisierung der Leistungen sowie die Industrialisierung des Leistungsangebots.

Im Folgenden werden diese wesentlichen Gestaltungsdimensionen und mögliche Ausprägungen im Hinblick auf die zuvor beschriebenen Lösungsanbieterstrategien dargestellt.

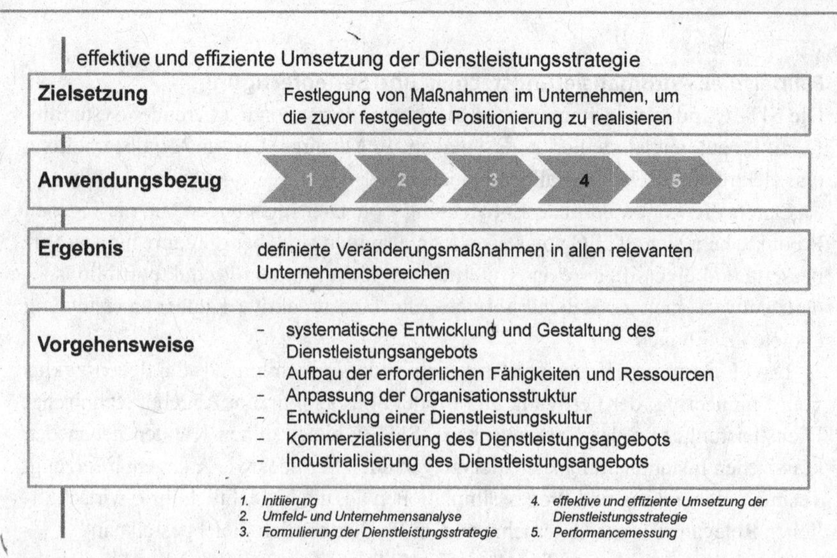

Abbildung 3.9 Übersicht über die Phase *effektive und effiziente Umsetzung der Dienstleistungsstrategie* (eigene Darstellung)

- **Systematische Entwicklung und Gestaltung des Dienstleistungs- bzw. Lösungsangebots**

Für die systematische Entwicklung von Dienstleistungen empfiehlt sich ein vierphasiger Prozess [18]. In einer ersten Phase werden mögliche Dienstleistungsideen generiert. Neben den Erkenntnissen aus der Nachfrageanalyse können bspw. durch systematische Reklamationsanalysen, Kundenbefragungen, Lead-User-Konzepte oder Konkurrenzanalysen neue Ideen generiert werden. In einem zweiten Schritt werden die Dienstleistungsideen in einem Grobkonzept beschrieben, das Ziele, Module und Konformität der Dienstleistungen mit der Unternehmensstrategie erfasst. Im Zuge einer Bewertung werden diejenigen Grobkonzepte identifiziert, die erfolgreiche und attraktive Ideen versprechen und weiter detailliert werden sollen. Im dritten Schritt werden die identifizierten Grobkonzepte weiter ausgearbeitet und Detailkonzepte, im Sinne eines Geschäftsmodells, erstellt. Der vierte Schritt ist dementsprechend die Umsetzung am Markt [5].

Da es sich bei der Lösungsanbieterstrategie des reaktiven After-Sales-Services meist um von individuellen Kundenwünschen losgelöste Standarddienstleistungen handelt, ist eine Kundeneinbindung in die Dienstleistungsentwicklung nicht zwingend erforderlich. Für die übrigen Lösungsanbieterstrategien, die mit einer relativ hohen Individualisierung verbunden sind, ist eine enge Kundeneinbindung in die Gestaltung der Dienstleistungen außerordentlich wichtig, da die Kundenbedürfnisse und -wünsche exakt erfasst werden müssen [5] (siehe auch Kapitel 5 und 7).

- **Aufbau der erforderlichen Fähigkeiten und Ressourcen**

Auf Grundlage der Dienstleistungsstrategie und des definierten Dienstleistungsangebots lassen sich die Kompetenzen ableiten, die hierfür intensiviert bzw. neu im Unternehmen aufgebaut werden müssen. Ein Neuaufbau von Kompetenzen ist insbesondere oft dann notwendig, wenn der Wandel zum Dienstleister verfolgt wird bzw. neue Stufen auf der Transformationslinie erreicht werden sollen [5].

Bei der Lösungsanbieterstrategie des reaktiven After-Sales-Services sind primär fachliche Kompetenzen erforderlich. Bei den übrigen Lösungsanbieterstrategien müssen hingegen zusätzlich auch dienstleistungsbezogene Kompetenzen auf Mitarbeiterebene entwickelt werden, neben technologischen insbesondere auch kundenorientierte Fähigkeiten. Bei der Lösungsanbieterstrategie der proaktiven Kundenunterstützung und der Übernahme von Kundenprozessen ist, um Dienstleistungen wie Prozessoptimierungen und Betreibermodelle realisieren zu können, der Aufbau von Anwendungskompetenzen und Prozess-Know-how notwendig. Bei der vierten und fünften Lösungsanbieterstrategie ist neben der eigentlichen Kernkompetenz, dem Entwicklungs-Know-how, auch eine Kooperationskompetenz aufzubauen, um im Falle des professionellen Entwicklungspartners z. B. die Zusammenarbeit mit Ingenieurbüros umsetzen zu können und im Falle des innovativen Gesamtproblemlösers mit einem Dritten den Innovationsprozess gestalten und gemeinsam eine innovative Lösung entwickeln zu können [5] (siehe Kapitel 10).

- **Systematische Organisationsentwicklung**

In produzierenden Unternehmen ist die Dienstleistungsorganisation sehr oft historisch gewachsen, was bedeutet, dass die Zuständigkeiten für einzelne Dienstleistungen häufig an verschiedenen Stellen im Unternehmen liegen. So sind bspw. Engineering-Leistungen typischerweise in den F&E-Abteilungen und andere Dienstleistungen in den Abteilungen von Marketing, Vertrieb oder Produktion verankert [5].

Bei der Strategie des reaktiven After-Sales-Services ist eine Veränderung der Organisationsstruktur nicht zwangsläufig erforderlich, da nur wenige reaktive Dienstleistungen mit eher geringem Umfang angeboten werden. Unternehmen, die jedoch eine der übrigen Lösungsanbieterstrategien verfolgen und den Grad der Dienstleistungsorientierung erhöhen, sehen sich der Herausforderung gegenüber, die organisatorischen Strukturen anzupassen. Studien haben gezeigt, dass Unternehmen, deren Dienstleistungsbereich als eigenständiges Profit-Center mit Kosten- und Gewinnverantwortung organisiert ist, auch einen höheren Gewinn aus Dienstleistungen generieren [18, 22]. Daher ist die Definition Verantwortlicher für einzelne Dienstleistungen sowie auch die Bildung einer separaten Dienstleistungsorganisation bei einer geplanten Neuausrichtung des Dienstleistungsgeschäfts empfehlenswert [5] (siehe Kapitel 9).

- **Verhaltensbezogene Veränderungen und Entwicklung einer dienstleistungsorientierten Kultur**

Insbesondere, wenn Unternehmen einen hohen Grad der Dienstleistungsorientierung anstreben, sollte eine verstärkte markt- und kundenorientierte Sichtweise gelebt werden. Dabei muss sowohl auf der Managementebene als auch auf der Mitarbeiterebene ein entsprechendes Dienstleistungsbewusstsein und Rollenverständnis gefördert werden [5, 17].

Problematisch ist, dass Manager und Mitarbeiter in klassischen Industriegüterunternehmen auf den ersten Blick durch den Verkauf von Produkten hohe Einnahmen erkennen, die Potenziale von Dienstleistungen allerdings nicht wahrnehmen. Deswegen müssen die Nutzenpotenziale und Chancen von Dienstleistungen stärker betont werden. Insbesondere auf der Managementebene sollte durch eine stärkere Betonung des Ertragspotenzials von Dienstleistungen ein Imagewechsel der Dienstleistung vom Kostentreiber zum Umsatz- und Margenträger initiiert werden. Auf Mitarbeiterebene muss die neue Bedeutung der Dienstleistung im Rahmen der Dienstleistungsstrategie deutlich kommuniziert werden, sodass Mitarbeiter eine Servicementalität entwickeln und erkennen, dass das Unternehmen dem Kunden nun durch das Angebot umfassender Lösungen einen Mehrwert bieten kann [5] (siehe Kapitel 12).

- **Kommerzialisierung des Dienstleistungs- bzw. Lösungsangebots**

Im Zuge der Kommerzialisierung der Dienstleistung muss einerseits ein geeignetes Verrechnungsmodell für das neue Dienstleistungsangebot entwickelt und andererseits muss das Angebot auch aktiv vermarktet werden [5].

Das Verrechnungsmodell ist abhängig vom Grad der Dienstleistungsorientierung. So empfiehlt sich für die Lösungsanbieterstrategie des reaktiven After-Sales-Services und des professionellen Entwicklungspartners eine separate Verrechnung, bei der proaktiven Kundenunterstützung ein Service-Level-Agreement mit monatlichen Fixbeträgen, bei der Übernahme von Kundenprozessen eine outputorientierte Verrechnung und beim innovativen Gesamtproblemlöser eine separate Verrechnung der gesamten Leistung (Paketpreise für Leistungen aus Dienstleistungen und Produkten). Generell empfiehlt es sich, den Kunden frühzeitig an eine Verrechnung der Dienstleistungen zu gewöhnen, sodass dieser die Dienstleistungen nicht nur als kostenlose Add-ons betrachtet [5].

Bei der Kommunikation und Vermarktung soll dem (potenziellen) Kunden der Nutzen der Dienstleistungen und Lösungen und der Mehrwert, der durch diese erzeugt wird, vermittelt werden [5]. Hauptziel der Kommunikation von Dienstleistungen ist es, „objektive Qualitätseigenschaften in subjektive, vom Kunden wahrgenommene Qualitätseigenschaften zu transferieren" [18]. Zusätzlich ist auch die Positionierung des Unternehmens im Markt zu kommunizieren, die von der jeweiligen Lösungsanbieterstrategie abhängt [5] (siehe Kapitel 4).

- **Industrialisierung**

Das Ziel der Industrialisierung liegt im Erreichen einer möglichst hohen Effizienz bei der Umsetzung der Dienstleistungsstrategie. Grundsätzlich erfolgt die Erstellung der Dienstleistungen über Prozesse, die ähnlich der Produktherstellung definiert und standardisiert werden sollten. Auf der Basis von standardisierten Prozessen können Maßnahmen zu deren Effizienz- und Effektivitätsverbesserung eingeleitet werden [5].

Konkrete Möglichkeiten, um sowohl Effizienz als auch Effektivität von Prozessen zu verbessern, stellen die Prozessportfoliomethode und die modulare Gestaltung von Dienstleistungen dar. Die modulare Gestaltung von Dienstleistungen sollte bereits im Zuge der Entwicklung des Dienstleistungsangebots berücksichtigt werden. Des Weiteren können geeignete IT-Systeme die dienstleistungsbezogenen Prozesse im Unternehmen unterstützen und so Möglichkeiten zur Effizienzsteigerung schaffen. Die Multiplikation von Lösungen ist ein weiterer Ansatz zur Effizienzsteigerung. Dabei sollte insbesondere bei einer Positionierung als professioneller Entwicklungspartner versucht werden, die gemeinsam mit dem Kunden entwickelten Lösungen auf weitere Kunden zu übertragen. Hierbei ist es seitens des Unternehmens wichtig, bereits frühzeitig eine entsprechende Rechtsgrundlage zu schaffen, um Probleme im Bereich des geistigen Eigentumsrechts zu vermeiden [5] (siehe Kapitel 7).

3.2.5 Performancemessung

Im Rahmen der Performancemessung (Abbildung 3.10) wird die Umsetzung der Dienstleistungsstrategie und die Realisierung der damit verbundenen Ziele beurteilt. Generell lässt sich die Performancemessung auf zwei Ebenen durchführen: einerseits bezüglich der konkreten Anwendung des Ansatzes für ein strategisches Dienstleistungsmanagement und andererseits bzgl. der Ergebnisse, die aus der Implementierung einer bestimmten Dienstleistungsstrategie resultieren [5].

Auf der ersten Ebene sollen die im Rahmen der einzelnen Schritte *Initiierung*, *Umfeld-* und *Unternehmensanalyse* erarbeiteten Ergebnisse bzgl. verschiedener Aspekte evaluiert werden. Ziel ist es, durch eine frühzeitige Beurteilung der einzelnen Schritte ein frühzeitiges Eingreifen und Korrigieren zu ermöglichen. Hierzu wird ein iteratives Vorgehen gewählt, bei dem nach jedem Schritt der Output auf Konsistenz überprüft und kontrolliert wird, ob die Zwischenresultate zielführend sind. Sofern eines dieser Kriterien nicht zutrifft, sollte zum vorherigen bzw. ersten Schritt zurückgegangen werden, um entsprechende Anpassungen oder Korrekturen vorzunehmen [5, 14].

Auf der zweiten Ebene, der Performancemessung der Dienstleistungsstrategie, steht hauptsächlich die Einführung eines dienstleistungsbezogenen Controllingsystems im Vordergrund. Das Ziel liegt in einer Beurteilung der tatsächlich am Markt erzielten Ergebnisse und Resultate und somit in der Untersuchung, ob die finanziellen und nichtfinanziellen

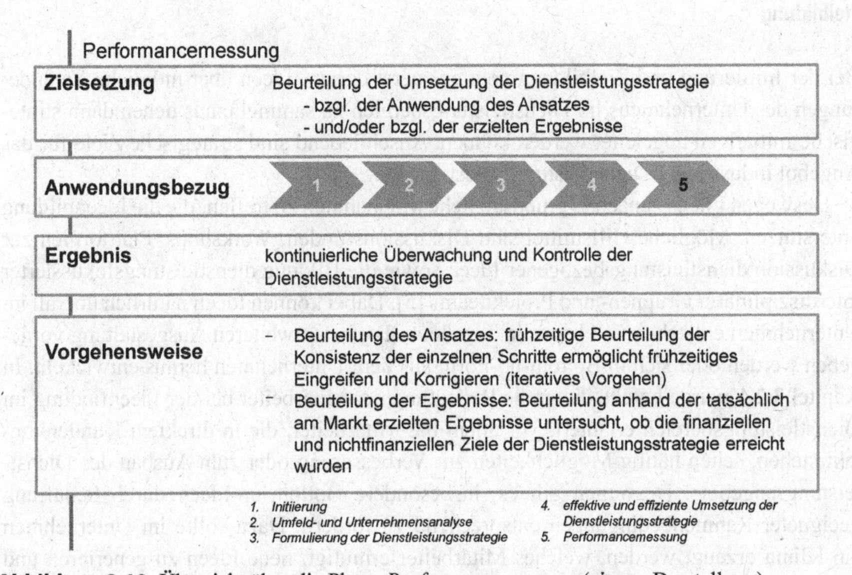

Abbildung 3.10 Übersicht über die Phase *Performancemessung* (eigene Darstellung)

Ziele der Dienstleistungsstrategie erreicht wurden. Zur Umsetzung ist der Einsatz der Balanced Scorecard (BSC) empfehlenswert. Gemäß Gebauer kann der Balanced-Scorecard-Ansatz an die spezifischen Problemkomplexe von Dienstleistungsunternehmen angepasst werden [17]. Dabei sollte eine dienstleistungsbezogene Balanced Scorecard ausgewogene mitarbeiter- und kundenbezogene sowie ökonomische Zielgrößen beinhalten. Da die BSC auf den situativen Kontext des Unternehmens angepasst werden kann, empfiehlt es sich für produzierende Unternehmen mit einem hohen Grad der Dienstleistungsorientierung, die mitarbeiter- und kundenbezogenen Kenngrößen relativ stark zu betonen, z. B. Kundenzufriedenheit, -bindung oder Mitarbeiterzufriedenheit. Als finanzielle Kenngrößen können z. B. Dienstleistungsumsatz, Dienstleistungsanteil am Gesamtumsatz und -ertrag etc. festgelegt werden. Entscheidend bei den finanziellen Kennzahlen ist eine genaue Zuordnung der Kosten zu den einzelnen Dienstleistungen, sodass eine hohe Kostentransparenz erreicht werden kann [36]. Zusätzlich ist es empfehlenswert, die in der Dienstleistungsstrategie formulierten Ziele auf einzelne Dienstleistungen zu konkretisieren und entsprechend Kennzahlen für die einzelnen Dienstleistungen zu definieren [5] (siehe Kapitel 8).

3.3 Methoden und Werkzeuge

In diesem Kapitel werden einige geeignete Instrumente für das strategische Management industrieller Dienstleistungen vorgestellt. Grundsätzlich ist anzumerken, dass es eine Vielzahl an bestehenden Hilfsmitteln und Techniken gibt. An dieser Stelle werden einige exemplarisch ausgewählt, denen besondere Bedeutung bzw. Praktikabilität beigemessen wird.

3.3.1 Zielbildung

Bei der Initiierung und Zielbildung geht es zuerst darum, Ideen über mögliche Veränderungen des Unternehmens im Dienstleistungsbereich zu sammeln, aus denen dann strategische Initiativen abgeleitet werden können. Anschließend sind strategische Ziele für das Angebot industrieller Dienstleistungen festzulegen.

Deswegen gilt es zunächst, grundsätzliche Maßnahmen zu treffen, die die Ideenbildung unterstützen. Mögliche Hilfsmittel sind Diskussionsrunden, Workshops, Plattformen zur Diskussion dienstleistungsbezogener Ideen sowie die Bildung dienstleistungsfokussierter interdisziplinärer Gruppen- und Projektteams [5]. Dabei können Ideen natürlich überall im Unternehmen entstehen und bspw. in Top-down-Form zur weiteren Ausgestaltung vorgegeben werden oder sich in Bottom-up-Form aus dem Unternehmen heraus entwickeln. In Kapitel 3.2.1 wurde bereits die große Bedeutung der Mitarbeiter bei der Ideenfindung im Dienstleistungsbereich erläutert. Vor allem die Mitarbeiter, die in direktem Kundenkontakt stehen, sehen häufig Möglichkeiten zur Verbesserung oder zum Ausbau des Dienstleistungsangebots. Deswegen gilt es, insbesondere Bottom-up-Ideen durch Schaffung geeigneter Rahmenbedingungen entsprechend zu fördern. Dazu sollte im Unternehmen ein Klima erzeugt werden, welches Mitarbeiter ermutigt, neue Ideen zu generieren und weiterzuentwickeln sowie diese letztlich auch im Unternehmen zu kommunizieren, was durch geeignete Anreizsysteme unterstützt werden kann [5]. Auch das konsequente Aufnehmen/Weiterleiten von Kundenfeedback, z. B. über Verkäufer, Servicetechniker oder von Informationen aus Reklamationen oder Beschwerden, kann entscheidende Hinweise für mögliche Dienstleistungsangebote liefern [5].

Anschließend empfiehlt sich eine konkrete Formulierung strategischer Initiativen, auf deren Grundlage sich dann Entscheidungen über konkrete strategische Ziele treffen lassen, die mit dem Angebot von industriellen Dienstleistungen verfolgt werden sollen. Um diese strategischen Ziele für den Ausbau des industriellen Dienstleistungsgeschäfts zu formulieren und festzulegen, ist der von Welge und Al Laham empfohlene Zielbildungsprozess ein geeignetes Hilfsmittel [2]. Dazu führen die Autoren ein Prozessmodell ein, das die vielfältigen Aufgaben des strategischen Managements ordnet und systematisiert [2].

In dem in Abbildung 3.11 gezeigten Prozess werden zunächst die strategischen Ziele identifiziert. Dabei werden die Erfolgspotenziale und das Anspruchsgruppenkonzept

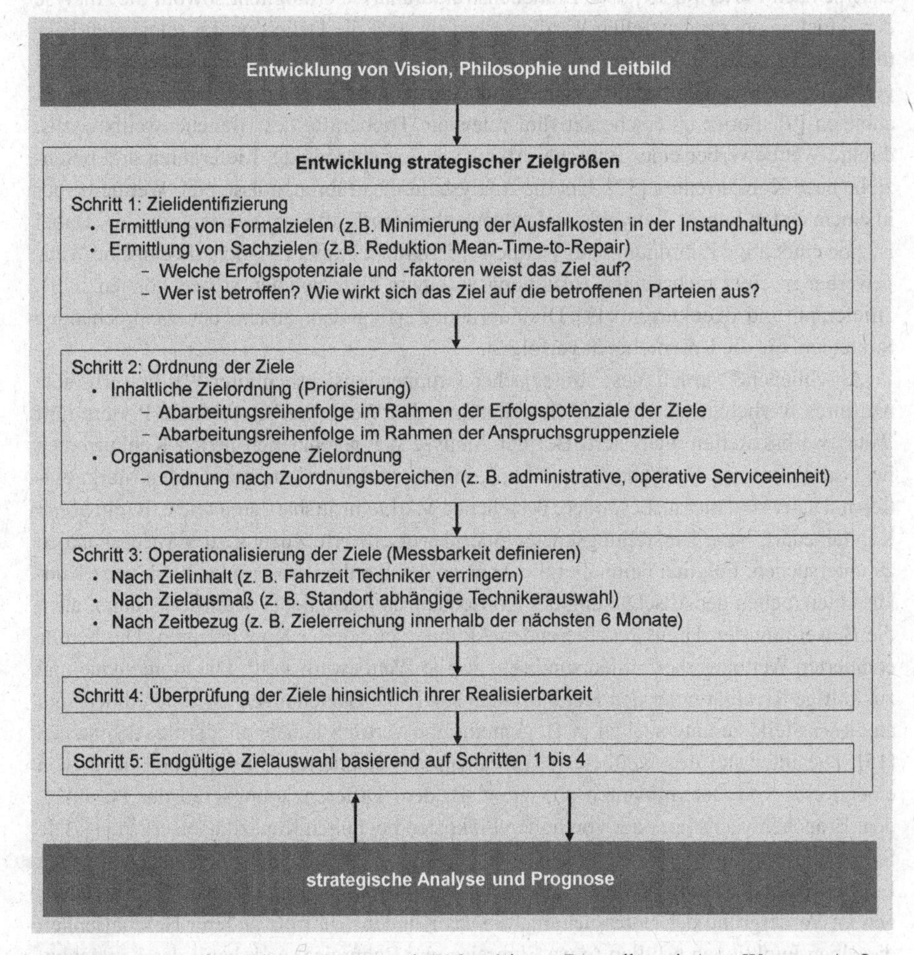

Abbildung 3.11 Zielbildungsprozess nach Welge (eigene Darstellung i. A. a. WELGE U. AL-LAHAM [2])

analysiert und mögliche strategische Ziele abgeleitet. Anschließend werden diese hinsichtlich ihrer Zuordnungsbereiche und Beziehungen zueinander geordnet. Nach der Operationalisierung der Ziele in Schritt drei werden die Ziele auf die Realisierbarkeit geprüft und die endgültige Zielauswahl getroffen.

3.3.2 Branchenstrukturanalyse nach Porter

Für den Erfolg des Angebots industrieller Dienstleistungen ist es entscheidend, besser auf die Kundenbedürfnisse und -wünsche einzugehen als die Wettbewerber. Dies erfordert den Einsatz einer systematischen Wettbewerbsanalyse, die alle relevanten Konkurrenten identifiziert. Dabei gilt es, deren Verhalten und Strategien zu verstehen und idealerweise zu antizipieren. Insbesondere bei der Bestimmung und Charakterisierung der relevanten Konkurrenten empfiehlt sich hierfür die in Abbildung 3.12 dargestellte Branchenstrukturanalyse nach Porter [6, 15]. Die Branchenstrukturanalyse ermöglicht sowohl die Analyse der aktuellen oder potenziellen Wettbewerber als auch die Definition der relevanten Faktoren, um strategische Wettbewerbsvorteile zu erlangen [37]. Der Begriff Branche umfasst gemäß Porter eine Gruppe von Unternehmen, die untereinander substituierbare Leistungen anbieten [9]. Porter unterscheidet fünf relevante Triebkräfte des Branchenwettbewerbs: direkte Wettbewerber einer Branche, Abnehmer, Ersatzprodukte, Lieferanten und potenzielle neue Konkurrenten [37]. Um die Analyse durchzuführen, müssen die Wettbewerber in einem ersten Schritt den verschiedenen Wettbewerbskräften zugeordnet werden. Dabei ist eine eindeutige Zuordnung von Wettbewerbern nicht immer möglich, da einzelne Wettbewerber in einer mehrfachen Beziehung zu einem Unternehmen stehen können, z. B. „Lieferant" und „Konkurrent" [9]. Die Zuordnung erfolgt dann anhand der entsprechenden Strategien, die die Unternehmen verfolgen.

Anschließend werden diese strategischen Gruppen hinsichtlich ihrer Wettbewerbsziele und ihres -verhaltens sowie ihrer Beziehung zu den Wettbewerbern anhand Porters fünf Wettbewerbskriterien analysiert. Bei der Analyse der potenziellen neuen Konkurrenten liegt der Fokus auf der Wahrscheinlichkeit, mit der neue Konkurrenten in den Markt eintreten. Daher sind hier insbesondere bestehende Markteintrittsbarrieren wie z. B. ein hoher Kapitalbedarf, hohe Umstellungskosten oder der erschwerte Zugang zu Vertriebskanälen zu untersuchen. Folglich beinhaltet die Analyse des Wettbewerbsdrucks durch neue Konkurrenten, neben der Abschätzung der Konsequenzen zusätzlicher Marktteilnehmer, auch die Bewertung der daraus resultierenden Aktionen etablierter Konkurrenten. Die bereits etablierten Wettbewerber bilden somit die zweite Wettbewerbskraft. Die momentane und zukünftige Rivalität unter den Konkurrenten sowie die Beziehungen zwischen ihnen sind an dieser Stelle zu untersuchen, z. B. gemeinsame Vertriebskanäle oder stille Absprachen [15]. Die Intensität des Wettbewerbsverhaltens der etablierten Unternehmen hängt von einer Reihe von Determinanten ab, wie z. B. dem Differenzierungsgrad der Produkte, dem Branchenwachstum oder von hohen Fixkosten bei hohen Kapazitätsreserven [1]. Die Substitutionsprodukte bzw. Ersatzdienstleistungen stellen ebenfalls einen entscheidenden Einflussfaktor für die Branche dar. Hierbei stehen diejenigen Produkte und Dienstleistungen im Vordergrund der Untersuchung, die aus Kundensicht trotz anderer Beschaffenheit dieselben Funktionen erfüllen (etwa Flugreise und Bahnreise) und damit das Kundenbe-

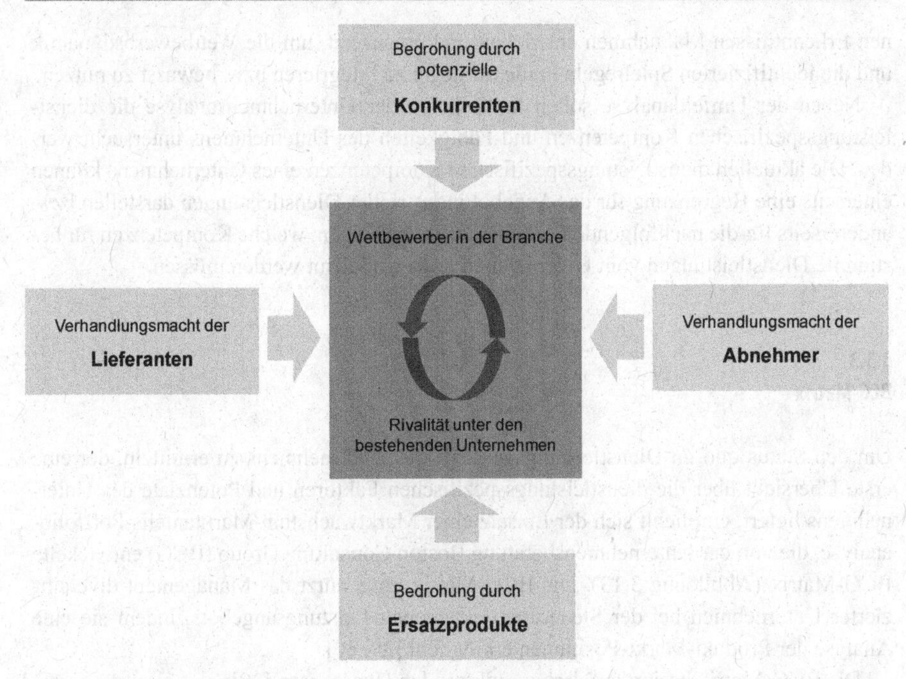

Abbildung 3.12 Branchenstrukturanalyse nach Porter (eigene Darstellung i. A. a. PORTER [15])

dürfnis mindestens im gleichen Maße befriedigen wie das eigene Produkt [15]. Der vierte Einflussfaktor auf die Branche sind sowohl die momentanen als auch die potenziellen Lieferanten. Diese sind insbesondere im Hinblick auf die Beziehung mit dem eigenen Unternehmen und der bestehenden Verhandlungsmacht zu analysieren. Je ausgeprägter die Verhandlungsmacht der Lieferanten ist, umso geringer ist der Gewinnspielraum des Abnehmers auf der Einkaufsseite. Eine große Lieferantenmacht ist z. B zu erwarten, wenn einer großen Anzahl relativ kleiner Abnehmer eine geringe Zahl von Lieferanten gegenübersteht, deren Produkte oder Dienstleistungen wichtige Ressourcen für die Abnehmerbranche darstellen und deren Ersatz hohe Umstellungskosten bei den Abnehmern verursachen würde. Die fünfte Wettbewerbskraft sind die Abnehmer der Produkte, denn eine große Verhandlungsmacht der Abnehmer reduziert die Rentabilität und damit die Attraktivität eines Marktes [1]. Hierbei müssen die momentanen und potenziellen Abnehmer hinsichtlich der Beziehung zum eigenen Unternehmen betrachtet werden. Es ist auszuwerten, auf welcher Seite die Verhandlungsstärke gegeben ist. Zu den Faktoren, welche die Verhandlungsmacht der Abnehmer erhöhen, zählen u. a. eine große Zahl alternativer Anbieter für den Käufer, Kosten- und Markttransparenz für die Abnehmer oder auch geringe Umstellungskosten und Risiken für den Abnehmer beim Wechsel des Lieferanten [15].

Im Anschluss an die Analyse der Branchenstruktur hinsichtlich der Wettbewerbskräfte gilt es, die Ergebnisse in die Beschreibung des Wettbewerbs zu überführen. Dies schließt auch eine Analyse der Gesetzmäßigkeiten der Branche ein [38]. Die identifizierten Gesetzmäßigkeiten und die resultierenden Wettbewerbskräfte werden dabei auf Chancen und Risiken für das eigene Unternehmen untersucht. Abschließend werden aus den gewonnenen Erkenntnissen Maßnahmen entwickelt und umgesetzt, um die Wettbewerbsdynamik und die identifizierten Spielregeln in die Strategie zu integrieren bzw. bewusst zu nutzen.

Neben der Umfeldanalyse sollen im Rahmen der Unternehmensanalyse die dienstleistungsspezifischen Kompetenzen und Fähigkeiten des Unternehmens untersucht werden. Die aktuellen dienstleistungsspezifischen Kompetenzen eines Unternehmens können einerseits eine Begrenzung für das Angebot industrieller Dienstleistungen darstellen bzw. andererseits für die nachfolgenden Arbeitsschritte aufzeigen, welche Kompetenzen für bestimmte Dienstleistungen vom Unternehmen noch aufgebaut werden müssen.

3.3.3 BCG-Matrix

Um den Status quo im Dienstleistungsgeschäft des Unternehmens zu ermitteln, der eine erste Übersicht über die dienstleistungsspezifischen Faktoren und Potenziale des Unternehmens liefert, empfiehlt sich der Einsatz einer Marktwachstum-Marktanteils-Portfolioanalyse, die von der Unternehmensberatung Boston Consulting Group (BCG) entwickelte BCG-Matrix (Abbildung 3.13). Die BCG-Matrix unterstützt das Management diversifizierter Unternehmen bei der Steuerung des eigenen Leistungsangebots, indem sie eine Analyse der Produkt-Markt-Positionen ermöglicht [39, 40].

Die BCG-Matrix basiert auf drei grundlegenden Hypothesen [39]:

- Gewinn und Cashflow steigen mit zunehmendem Marktanteil durch die Wirksamkeit des Erfahrungskurveneffektes
- Das Wachstum auf einem Produkt-Markt-Segment folgt weitestgehend der für das Produktfeld geltenden Lebenszykluskurve
- Umsatzwachstum ist mit Kapitalbedarf verbunden

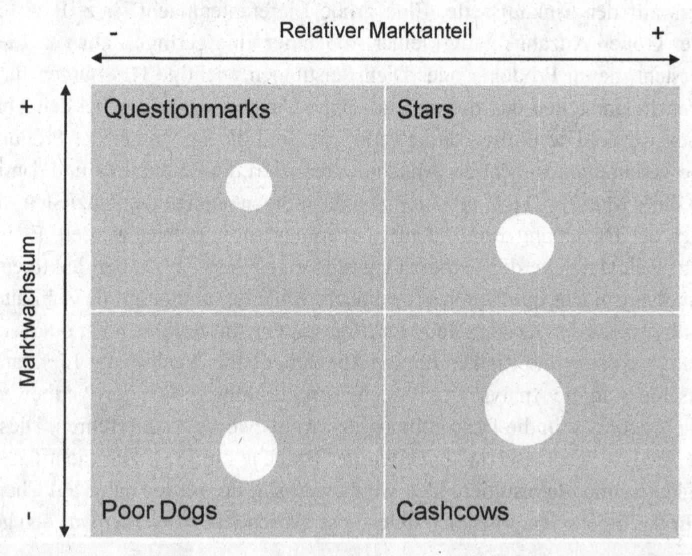

Abbildung 3.13 BCG-Matrix (eigene Darstellung i. A. a. Hedley; Stern u. Deimler [39, 40])

Vor dem Hintergrund dieser Hypothesen gliedert der BCG-Ansatz die Geschäftsbereiche mittels einer Umwelt- und Unternehmensachse in eine zweidimensionale 4-Felder-Matrix. Die interne Unternehmenssituation wird mithilfe eines einzigen Merkmals auf der horizontalen Achse abgebildet, nämlich dem relativen Marktanteil. Die Umweltachse beinhaltet die externen, wenig beeinflussbaren Kräfte, die, über das Marktwachstum verdichtet, als zentrales Merkmal charakterisiert werden. Alle umweltrelevanten Erfolgsfaktoren werden in dieser einen Dimension aggregiert abgebildet. Der Durchmesser der Kreise, die jeweils eine Geschäftseinheit repräsentieren, ist ein Indikator für die Leistung eines strategischen Geschäftsfeldes, also für den Umsatz eines Produkts oder einer Dienstleistung. Die vier Felder der BCG-Matrix kategorisieren die Geschäftseinheiten hinsichtlich relativen Marktanteils und relativen Marktwachstums zu Questionmarks, Stars, Poor Dogs und Cashcows, die im Folgenden erklärt werden [39, 41].

Questionmarks weisen erst geringe Marktanteile auf, befinden sich aber in einem schnell wachsenden Markt. Hier steht einem niedrigem *Cashflow* ein hoher Kapitalbedarf gegenüber [14]. Die als *Stars* bezeichneten Geschäftsfelder zeichnen sich durch ein ebenso hohes Wachstumspotenzial und einen hohen Marktanteil aus. *Stars* beanspruchen in der Regel etwa gleich viel *Cashflow*, wie sie aufgrund ihrer starken Marktposition erzeugen [14]. *Cashcows* hingegen erzeugen aufgrund hoher Marktanteile in unterdurchschnittlich wachsenden Märkten einen hohen *Cashflow* [14]. *Poor Dogs* befinden sich ebenfalls in langsam wachsenden Märkten, verfügen allerdings über geringe Marktanteile. Sie werden auch als Kapitalfallen bezeichnet, da der erzielte *Cashflow* häufig gerade ausreicht, den Betrieb zu wahren [39, 41].

Wie eingangs beschrieben, konzentriert sich die BCG-Matrix für jede Dimension auf ein zentrales Merkmal. Demnach reduziert sich der für eine Analyse notwendige Input auf drei Indikatoren: Marktwachstumsdaten der Produkt-/Dienstleistungs-Markt-Segmente, Marktanteile der einzelnen Wettbewerber und deren Umsätze. Eine Grundvoraussetzung für die Anwendung der BCG-Matrix sind völlig unabhängige Geschäftsbereiche, da ansonsten der Kerngedanke einer Ausbalancierung aufgrund von gegenseitigen Abhängigkeiten nicht möglich wäre [39, 41]. Die Vorgehensweise der BCG-Matrix lässt sich in fünf Schritte gliedern [39, 41].

- 1. Abgrenzung der zu untersuchenden Geschäftseinheiten
- 2. Beurteilung der Marktattraktivität (Umweltachse)
- 3. Beurteilung des Marktwachstums (Unternehmensachse)
- 4. Berücksichtigung der Leistung der einzelnen Geschäftseinheiten
- 5. Einordnung und Analyse der Geschäftseinheiten

Die so entstandene Matrix bietet eine optimale Basis, um Normstrategien zur Steuerung des Leistungsportfolios abzuleiten [14].

3.3.4 SWOT-Analyse

Für die integrierte Betrachtung von Unternehmens- und Umfeldeinflüssen eignet sich insbesondere der SWOT-Ansatz als Analyseraster eines strategischen Dienstleistungsmanagements, um die Rahmenbedingungen für ein ebensolches zu schaffen [4]. Der Bezugsrahmen der SWOT-Analyse bietet ein Analyseraster zur Entwicklung strategischer Optionen und berücksichtigt dabei unternehmensinterne wie -externe Rahmenbedingungen. Entwickelt wurde der Ansatz in den 1960er Jahren an der Harvard Business School [42]. Dabei fußt die SWOT-Analyse auf der Vorstellung, dass die Identifikation von Chancen und Risiken aus der Unternehmensumwelt im Zusammenhang mit den Fähigkeiten eines Unternehmens, also mit den Stärken und Schwächen, gesehen werden muss [1] (Abbildung 3.14).

Der SWOT-Analyse wird besondere Praktikabilität beigemessen, da diese in relativ oberflächlicher Form ohne speziellen Input angewendet werden kann, indem erfahrene Führungskräfte oder langjährige Mitarbeiter in Workshops und Diskussionsrunden eigenständig Stärken und Schwächen sowie Chancen und Risiken einschätzen [14].

Dazu wird mithilfe einer Unternehmens- und Umweltachse zuerst eine zweidimensionale Matrix aufgespannt, wobei beide Achsen in zwei Felder unterteilt werden. Auf der Unternehmensachse sind dies *Strengths* (Stärken) sowie *Weaknesses* (Schwächen) und auf der Umweltachse sind die *Opportunities* (Chancen) und *Threats* (Risiken) dargestellt. In diese Felder sind dann die wichtigsten Einflussfaktoren, die man während der Umfeld- und Unternehmensanalyse gesammelt hat, einzutragen. Danach setzt man diese zueinander in Beziehung und generiert aus dieser Anregung strategische Optionen, welche sich in vier Gruppen einteilen lassen [14]. Bei den SO-Strategien werden die Stärken des Unternehmens verwendet, um die Chancen im Umfeld zu nutzen. ST-Strategien fokussieren den Einsatz der internen Stärken, um dadurch die externen Bedrohungen zu neutralisieren oder zu mindern. Die WO-Strategien ermöglichen, an Chancen zu partizipieren, um dadurch Schwächen einzugrenzen oder zu eliminieren. Das Ziel der WT-Strategien liegt darin, die Gefahren im Umfeld durch den Abbau interner Schwächen zu reduzieren [14].

Abbildung 3.14 SWOT-Analyse (eigene Darstellung i. A. a. Müller-Stewens u. Lechner [14])

3.3.5 Performancemessung

Die beiden Hauptaufgaben der strategischen Kontrolle sind die strategische Überwachung sowie die Überprüfung der Strategieumsetzung und Ergebniskontrolle.

Im Rahmen der strategischen Überwachung sollte die Umwelt flächendeckend auf strategiegefährdende Informationen hin überwacht werden. Als Hilfsmittel empfiehlt sich ein entsprechendes Frühaufklärungssystem. Grundsätzlich lassen sich im Rahmen eines Frühaufklärungssystems plötzlich auftretende Risiken und Chancen erkennen, da sie sich bereits frühzeitig durch schwache Signale ankündigen [43] Um diese Signale aufzudecken, werden zwei Grundmodelle der Beobachtung unterschieden, das *Environmental Scanning* und das *Environmental Monitoring*. Beim *Environmental Scanning* wird wie bei einem Radar die Umwelt kontinuierlich auf schwache Signale untersucht. Wenn eine Auffälligkeit sichtbar geworden ist, dann wird mit dem *Environmental Monitoring* eine vertiefte und dauerhafte Informationssammlung und -verdichtung durchgeführt [2].

Für die Überprüfung der Strategieumsetzung empfiehlt sich die Formulierung von Meilensteinen. In der Praxis hat sich die Erkenntnis durchgesetzt, dass Meilensteine nach einem im Voraus festgelegten Ablaufschema den Kontrollvorgang forcieren und ihm den Charakter der Beliebigkeit nehmen [1]. Dabei wird die Meilensteinkontrolle in der Regel so aufgefasst, dass sie Abweichungen des Ist- vom Soll-Zustand fortlaufend registriert, um eine rechtzeitige Anpassung des Ist- an den Soll-Zustand bewerkstelligen zu können [31].

Zur Ergebniskontrolle bzw. Überprüfung des Grades der Zielerreichung kann der Balanced-Scorecard-Ansatz eingesetzt werden [44, 45]. Die Balanced Scorecard bietet dem Management ein umfassendes Instrumentarium, um „Vision und Strategie des Unternehmens in materielle Ziele und Kennzahlen umzusetzen" [5]. Ausführliche Informationen zur Performancemessung industrieller Dienstleistungen finden sich in Kapitel 8.

Literatur

1. Bea, F. X. & Haas, J. (2005). *Strategisches Management* (4., neu bearb. Aufl.). Stuttgart: Lucius & Lucius.
2. Welge, M. K. & Al-Laham, A. (2008). *Strategisches Management – Grundlagen – Prozess – Implementierung* (5., vollst. überarb. Aufl.). Wiesbaden: Gabler.
3. Haller, S. (2005). *Dienstleistungsmanagement – Grundlagen – Konzepte – Instrumente* (3., aktualisierte und erweiterte Aufl.). Wiesbaden: Gabler.
4. Hempe, S. (1997). Grundlagen des Dienstleistungsmanagements und ihre strategischen Implikationen. In: *Beiträge zur Unternehmensführung*. Bayreuth: Verlag P.C.O.
5. Hildenbrand, K. (2006). *Strategisches Dienstleistungsmanagement in produzierenden Unternehmen*. Dissertation Universität St. Gallen. Bamberg: Difo-Druck GmbH.
6. Sanche, N. (2002). *Strategische Erfolgsposition – industrieller Service – eine empirische Untersuchung zur Entwicklung industrieller Dienstleistungsstrategien*. Dissertation Universität St. Gallen. Bamberg: Difo-Druck.
7. Pümpin, C. (1992). *Das Dynamikprinzip – Zukunftsorientierungen für Unternehmer und Manager*. Düsseldorf: ECON-Taschenbuch-Verlag.
8. Friedli, T. (2005). *Technologiemanagement – Modelle Zur Sicherung der Wettbewerbsfähigkeit*. Habilitation Universität St. Gallen. Berlin: Springer.
9. Baumbach, M. (1998). *After-sales-Management im Maschinen- und Anlagenbau*. Dissertation Universität St. Gallen. Regensburg: Transfer-Verlag.

10. Anderson, J. C. & Narus, J. A. (1995). Capturing the value of supplementary services. *Harvard Business Review. 73* (1). S. 75–83.
11. Boyt, T. & Harvey, M. (1997). Classification of industrial services – A model with strategic implications. *Industrial Marketing Management. 26* (4). S. 291–300.
12. Frazier, G. L., Gill, J. D. & Kale, S. H. (1989). Dealer dependence levels and reciprocal actions in a channel of distribution in a developing country. *The Journal of Marketing. 53*(1). S. 50–69.
13. Peschl, T. (2010). Strategisches Management hybrider Leistungsbündel. In: Bea, F. X., Kötzle, A. & Zalm, E. (Hrsg.). *Schriften zur Unternehmensplanung. Band 85*. Frankfurt a. M.: Peter Läng. Zugl. Dissertation Universität Stuttgart.
14. Müller-Stewens, G. & Lechner, C. (2005). *Strategisches Management: Wie strategische Initiativen zum Wandel führen* (3., aktualis. Aufl.). Stuttgart: Schäffer-Poeschel.
15. Porter, M. E. (1980). *Competitive strategy – Techniques for analyzing industries and competitors* (1. Aufl.). New York: Free Press.
16. Piller, F. T. (1998). *Kundenindividuelle Massenproduktion – die Wettbewerbsstrategie der Zukunft*. München: Hanser.
17. Gebauer, H. (2004). *Die Transformation vom Produzenten zum produzierenden Dienstleister*. Dissertation Universität St. Gallen. Bamberg: Difo-Druck GmbH.
18. Schuh, G., Friedli, T. & Gebauer, H. (2004). *Fit for Service – Industrie als Dienstleister*. München: Hanser.
19. Olemotz, T. (1995). Strategische Wettbewerbsvorteile durch industrielle Dienstleistungen. In: *Schriften zur Unternehmungsführung. Band 8*. Frankfurt a. M.: Peter Läng. Zugl. Dissertation Universität Gießen.
20. Spath, D. & Demuß, L. (2006). Entwicklung hybrider Produkte – Gestaltung materieller und immaterieller Leistungsbündel. In: Bullinger, H.-J. & Scheer, A.-W. (Hrsg.). *Service Engineering Entwicklung und Gestaltung innovativer Dienstleistungen* (2., vollst. überarb. u. erw. Aufl.). Berlin: Springer. S. 463–502.
21. Cohen, M. A., Agrawal, N. & Agrawal, V. (2006). Winning in the aftermarket. *Harvard Business Review. 84* (5). S. 129–138.
22. Gebauer, H., Friedli, T. & Fleisch, E. (2006). Success factors for achieving high service revenues in manufacturing companies. *Benchmarking. 13* (3). S. 374–386.
23. Burr, W. & Stephan, M. (2006). *Dienstleistungsmanagement – innovative Wertschöpfungskonzepte im Dienstleistungssektor*. Stuttgart: Kohlhammer.
24. Canton, I. D. (1984). Learning to love the service economy. *Harvard Business Review. 62* (May–June). S. 89–87.
25. Chase, R. B. & Erikson, W. J. (1989). The service factory. *The Academy of Management Executive. 2* (3). S. 191–196.
26. Quinn, J. B., Doorley, T. L. & Paquette, P. C. (1990). Beyond products – Services-based strategy. *Harvard Business Review. 68* (2). S. 58–60, 64.
27. Wise, R. & Baumgartner, P. (1999). Go downstream – The new profit imperative in manufacturing. *Harvard Business Review. 77* (September–October). S. 133–141.
28. Belz, C. (1997). Dynamische Marktsegmentierung und Kundensysteme. In: Belz, C. (Hrsg.). *Leistungs- und Kundensysteme: Kompetenz für Marketing-Innovationen. Schrift 2*. St. Gallen: Thexis Verlag. S. 94–118.
29. Homburg, C., Faßnacht, M. & Günther, C. (2002). Einflussgrößen der Dienstleistungsorientierung. *Marketing ZFP. 24*(4). S. 253–264.
30. Lorenz-Meyer, D. (2004). Management industrieller Dienstleistungen – Ein Leitfaden zur effizienten Gestaltung von industriellen Dienstleistungsangeboten. In: Schneider, H. & Haupt, R. (Hrsg.). *Schriften zum Produktionsmanagement*. Wiesbaden: Deutscher Universitäts-Verlag. Zugl. Dissertation Universität Jena.
31. Steinmann, H. & Schreyögg, G. (2005). *Management – Grundlagen der Unternehmensführung. Konzepte – Funktionen – Fallstudien* (6. Aufl.). Wiesbaden: Gabler.
32. Chase, R. B. (1991). The service factory: A future vision. *International Journal of Service Industry Management. 2* (3). S. 61–70.

33. Belz, C., Schuh, G., Groos, S. A. & Reinecke, S. (1997). Erfolgreiche Leistungssysteme in der Industrie. In: Belz, C., Tomczak, T. & Weinhold-Stünzi, H. (Hrsg.). *Industrie als Dienstleister.* St. Gallen: Thexis Verlag. S. 14–109.
34. Gebauer, H., Hildenbrand, K. & Fleisch, E. (2006). Servicestrategien für die Industrie. *Harvard Business Manager. S.* 47–55.
35. Gebauer, H., Benke, P. & Fleisch, E. (2008). Dienstleistungsstrategien in Investitionsgüterunternehmen. *Zeitschrift für wirtschaftlichen Fabrikbetrieb. 103* (12). S. 865–869.
36. Homburg, C. & Schenkel, B. (2003). Industrielle Dienstleistungen – nur durch systematisches Management ein Erfolg! *Service Today. 2003* (5). S. 11–13.
37. Porter, M. E. (2008). Die Wettbewerbskräfte – neu betrachtet. *Harvard Business Manager. 2008* (5). S. 20–26.
38. Grant, R. M. (2005). *Contemporary strategy analysis* (5. Aufl.). Malden: Blackwell.
39. Hedley, B. (1977). Strategy and the business portfolio. *Longe Range Planning. 10* (1). S. 9–15.
40. Stern, C. W. & Deimler, M. S. (Hrsg.). (2006). *The Boston consulting group on strategy.* Hoboken: Wiley.
41. de Wit, B. & Meyer, R. (2004). *Strategy – Process, content, context* (3. Aufl.). London: Thomson Learning.
42. Andrews, K. R. (1971). *The concept of corporate strategy.* Homewood: Dow Jones-Irwin.
43. Ansoff, H. I. (1975). Managing surprise and discontinuity – Strategic response to weak signals. *California Management Review. 18* (2). S. 21–34.
44. Kaplan, R. S. & Norton, D. P. (1992). The balanced scorecard – Measures that drive performance. *Harvard Business Review. 70* (1). S. 71–79.
45. Kaplan, R. S. & Norton, D. P. (1996). Using the balanced scorecard as a strategic management system. *Harvard Business Review. 74* (1). S. 75–85.

Geschäftsmodelle für industrielle Dienstleistungen

4

Günther Schuh, Gerhard Gudergan und Christian Grefrath

Kurzüberblick
Die Umsetzung einer strategischen Veränderung hin zum Lösungsanbieter besteht in weiten Teilen in der Anpassung des bestehenden Geschäftsmodells oder der Neudefinition desselben. Zunehmend werden bspw. anstelle des Verkaufs von Sachgütern und des darauffolgenden Angebots von After-Sales-Dienstleistungen Garantien über die Funktionsbereitschaft oder Verfügbarkeit angeboten. Dazu ist umfassendes Wissen über Geschäftsmodelle und deren Anpassung notwendig. Im folgenden Kapitel wird beschrieben, wie Geschäftsmodelle grundsätzlich aufgebaut sind und welche Fragestellungen bei der Entwicklung eines Geschäftsmodells beantwortet werden müssen. Es werden für das Management industrieller Dienstleistungen relevante nutzungs- und gebrauchsabhängige Geschäftsmodelle vorgestellt. Das Kapitel wird abgerundet durch eine Methode für das Management der Anpassung von Geschäftsmodellen.

4.1 Definition und Ziele von Geschäftsmodellen für industrielle Dienstleistungen

Das Geschäftsmodell stellt das Bindeglied zwischen Strategie und Geschäftsplan dar, weil hierdurch strategische Ziele konkretisiert und modellhaft umgesetzt werden. Ein Geschäftsmodell beschreibt die logische Funktionsweise eines Unternehmens und insbesondere die spezifische Art und Weise, mit der es Gewinne erwirtschaftet [1, 2]. Es besteht aus verschiedenen Teilmodellen, welche miteinander verbunden sind und dabei in einer

G. Schuh (✉) · G. Gudergan · C. Grefrath
52074 Aachen, Deutschland
E-Mail: g.schuh@wzl.rwth-aachen.de

G. Schuh et al. (Hrsg.), *Management industrieller Dienstleistungen*,
DOI 10.1007/978-3-662-47256-9_4, © Springer-Verlag Berlin Heidelberg 2016

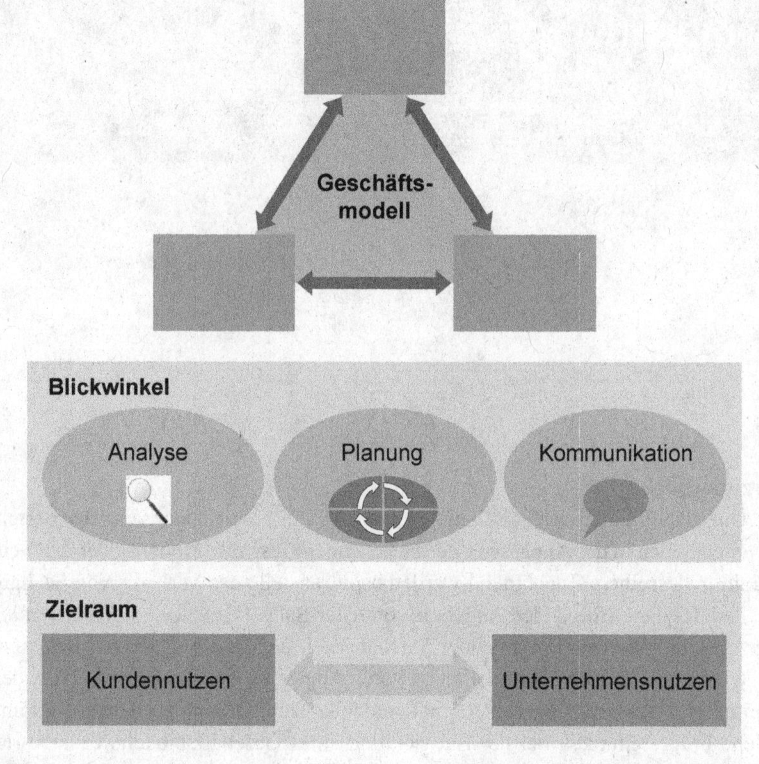

Abbildung 4.1 Blickwinkel und Zieldilemma der Geschäftsmodellentwicklung (eigene Darstellung)

gegenseitigen Abhängigkeit stehen. Die verschiedenen Teilmodelle berücksichtigen dabei die unterschiedlichen Perspektiven eines Geschäfts. So zeigt ein Geschäftsmodell aus einer Kunden- und Marktperspektive einen sichtbaren Kundennutzen auf und beschreibt diesen [3]. Der Nutzen, den andere Wertschöpfungspartner aus einer Verbindung mit dem Unternehmen ziehen können, wird ebenfalls aus einem Geschäftsmodell ersichtlich. Ein Geschäftsmodell veranschaulicht darüber hinaus die Gestaltung der Wertschöpfung und somit die Unternehmens- bzw. Anbieterperspektive, mit der der Kundennutzen generiert wird [4]. Die Kapitalisierungsperspektive beschreibt die Art und Weise, wie in dem Geschäftsmodell Erträge generiert werden [5]. Das Betrachtungsobjekt des Geschäftsmodells kann ein einzelnes Unternehmen, ein Geschäftsbereich im Unternehmen oder auch eine ganze Industrie sein [4, 6, 7].

Mit der Modellierung eines Geschäftsmodells können unterschiedliche Ziele verfolgt werden (siehe Abbildung 4.1). Bieger et al. strukturieren und beschreiben drei verschiedene Blickwinkel, aus denen sich Geschäftsmodelle nutzen lassen: als Modell zur *Analyse*, zur *Planung* und zur *Kommunikation* der Geschäftstätigkeit [8].

Aus dem *Blickwinkel der Analyse* dienen Geschäftsmodelle dazu, die wesentlichen Elemente und deren Beziehungen untereinander zu strukturieren und zu beschreiben. Analysen von bestehenden Geschäftsmodellen können dabei helfen, die Übertragbarkeit von Geschäftsmodellen aus anderen Branchen zu prüfen. Auf Basis der Analysen können bspw. in der Managementforschung bestimmte Erfolgsmuster erkannt und Empfehlungen für die Praxis abgeleitet werden [8].

Aus dem *Blickwinkel der Planung* dienen Geschäftsmodelle dazu, Unternehmen eine Hilfestellung bei der Planung von Geschäftstätigkeiten zu geben oder die Geschäftstätigkeiten weiterzuentwickeln [8]. Hierbei stellen Geschäftsmodelle eine Anleitung für das Unternehmen dar, oder sie beschreiben einen Sollzustand, wie ein Unternehmen gestaltet werden kann, um bestimmte Kundenbedürfnisse zu berücksichtigen [4].

Aus dem *Blickwinkel der Kommunikation* ermöglicht ein Geschäftsmodell eine vereinfachte Beschreibung der Grundelemente der Geschäftstätigkeit, um internen und externen Stakeholdern den Sinn der unternehmerischen Tätigkeiten zu erläutern. Es wird in der Unternehmenskommunikation genutzt, um die Unternehmensstrategien zu konkretisieren und plausibel zu machen [8].

4.2 Strukturierung von Geschäftsmodellen

In den folgenden Teilkapiteln werden die Grundstruktur von Geschäftsmodellen und deren Teilmodelle erläutert.

4.2.1 Ansätze der Geschäftsmodellierung

Es gibt zahlreiche Ansätze zur Beschreibung eines Geschäftsmodells. In Abbildung 4.2 ist eine Auswahl an Ansätzen mit unterschiedlichen Schwerpunkten dargestellt. Die Schwerpunkte liegen auf dem Wertschöpfungsmodell [1], auf der Betrachtung von Fallbeispielen und Erfahrungen [9] oder auf einem Strategiefokus [3, 4].

Der Ansatz von Bieger et al. integriert alle Teilmodelle dieser Ansätze in ein Acht-Stufen-Modell [10]. Neuere Ansätze berücksichtigen darüber hinaus die Weiterentwicklung von Geschäftsmodellen [8, 11, 12]. In der Übersicht in Abbildung 4.2 sind die unterschiedlichen Beschreibungsansätze dargestellt. Die Parallelen in den einzelnen Teilmodellen werden deutlich und erlauben, eine gemeinsame Grundstruktur von Geschäftsmodellen zu entwickeln.

4

Bieger, zu Knyphausen-Aufseß, Krys 2011	Leistungskonzept, Kanäle	Wertschöpfungskonzept, Entwicklungskonzept	Ertragsmodell, Werteverteilung
Osterwalder, Pigneur 2009	Value-Propositions, Customer-Segments, Channels, Customer-Relationships	Key-Resources, Key-Activities, Key-Partnerships	Revenue-Streams, Cost-Structure
Johnson, Christensen, Kagermann 2008	Customer-Value-Proposition	Key-Resources, Key-Processes	Profit-Formula
Müller-Stewens, Lechner 2003	Leistungsangebotsmodell und Vermarktungsmodell	Leistungserstellungs-modell	Erlösmodell
zu Knyphausen-Aufseß, Meinhardt 2002	Produkt-/ Markt Kombination	Durchführung und Konfiguration der Wert-schöpfungsaktivitäten	Ertragsmechanik
Bieger, Rüegg-Stürm, Rohr 2002	Leistungskonzept, Kommunikationskonzept	Kompetenzkonfiguration, Organisations-, Kooperations-, Koordinations-, Wachstumskonzept	Ertragskonzept
Stähler 2001	Value-Proposition	Architektur der Leistungserstellung/ Wertschöpfung	Ertragsmodell
Synthetisierte Grundstruktur eines Geschäftsmodells	**Leistungsangebots- und Marktadressierungs-modell**	**Leistungserstellungs-modell**	**Ertragsmodell**

Abbildung 4.2 Übersicht über bestehende Ansätze zu Geschäftsmodellen (eigene Darstellung)

4.2.2 Teilmodelle eines Geschäftsmodells

Aufgrund der beschriebenen Übereinstimmungen in bestehenden Ansätzen wird im Folgenden eine Grundstruktur für Geschäftsmodelle, bestehend aus dem *Leistungsangebots- und Marktadressierungsmodell*, dem *Leistungserstellungsmodell* und dem *Ertragsmodell*, weiterverfolgt (siehe auch Abbildung 4.3). Zur Beschreibung dieser drei Teilmodelle des Geschäftsmodells wird auf die in Kapitel 4.2 genannten Ansätze zurückgegriffen.

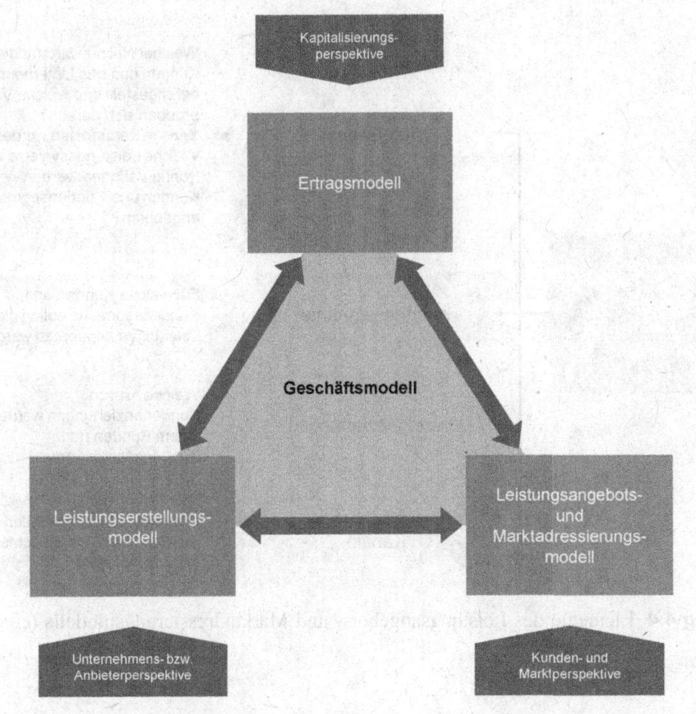

Abbildung 4.3 Teilmodelle und Perspektiven eines Geschäftsmodells (eigene Darstellung)

4.2.2.1
Leistungsangebots- und Marktadressierungsmodell

Im *Leistungsangebots- und Marktadressierungsmodell* werden unterschiedliche Elemente des Geschäftsmodells zusammengefasst, die vor allem die Kunden- und Marktperspektive auf das Geschäft abbilden. Abbildung 4.4 gibt einen Überblick über die zu gestaltenden Elemente, wie *Leistungsangebot, Kundensegmente, Kundenbeziehungen, Kommunikationskanäle* [11]. Zusammenfassend lassen sich zu den Elementen verschiedene Fragestellungen formulieren, um das Leistungsangebots- und Marktadressierungsmodell eines Geschäftsmodells zu konkretisieren.

Im Element *Leistungsangebot* (Value-Proposition) werden der Nutzen eines Geschäftsmodells und somit auch der Mehrwert für alle Beteiligten einschließlich Kunden und Partner eines Unternehmens festgelegt. Der Nutzen stellt für den Kunden die aus dessen Sicht vorhandenen Vorteile dar, wenn er das angebotene Produkt nutzt, anstatt es bei der Konkurrenz zu erwerben. Zielgruppen des *Leistungsangebots* sind alle Stakeholder (Kunden, aber auch Partner, Zulieferer etc.) bei der Wertschöpfung [4] als auch das Unternehmen selbst. Durch die bewusste Festlegung, welche Bedürfnisse befriedigt werden sollen, werden in optimaler Weise Leistungskomponenten an den Erwartungen der Leistungsempfänger ausgerichtet. Durch das *Leistungsangebot* versucht das Unternehmen nicht nur, die Kundenzufriedenheit zu erhöhen und langfristige Kundenbindungen aufzubauen, sondern eine

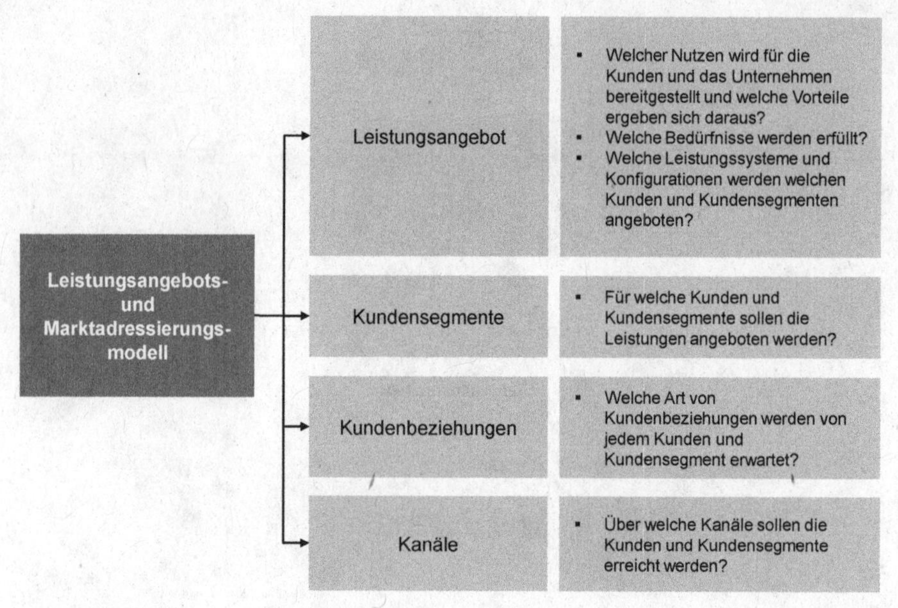

Abbildung 4.4 Elemente des Leistungsangebots- und Marktadressierungsmodells (eigene Darstellung)

hohe Qualitätseinschätzung der Leistung durch den Kunden zu erreichen und dadurch das Unternehmensimage zu steigern. Der Nutzen für das Unternehmen kann sich unterschiedlich darstellen. Dazu gehört insbesondere der finanzielle Nutzen für das Unternehmen. Mit dem Angebot industrieller Dienstleistungen stehen darüber hinaus die Kundenbindung und der Differenzierungsvorteil gegenüber dem Wettbewerb häufig im Mittelpunkt. Weiterhin definiert das Leistungsangebot die Zuordnung der möglichen Leistungsvarianten und Konfigurationen zu den jeweiligen Kunden. Somit steht die Beziehung zwischen Kunde und Unternehmen im Kern des *Leistungsangebots- und Marktadressierungsmodells* [1].

Nachdem die Kombinationen aus Leistungsangebot und Kunde festgelegt ist, stellt sich die Frage, wie die Transaktionsbeziehung vom Unternehmen zum Kunden gestaltet werden soll. Bieger et al. strukturieren diese Beziehungen mithilfe einer Matrix (siehe Abbildung 4.5) und setzen drei unterschiedliche Kundengruppen (Endkunden, Geschäftskunden und öffentliche Verwaltung) miteinander in Beziehung [3].

Zur Erschließung der Kundenpotenziale müssen Maßnahmen festgelegt werden, um die relevanten Bedürfnisse der im Leistungsangebots- und Marktadressierungsmodell definierten Zielkunden und *Kundensegmente* zu erkennen und zu bedienen. Um Kunden zu gewinnen, sind geeignete *Kommunikationskanäle* mit dem Ziel zu wählen, die Vertriebsstruktur und *Distributionskanäle* aufzubauen. So können die Kommunikationskanäle auch als Kundenberührungspunkte verstanden werden [11]. Das Geschäftsmodellelement *Kundenbeziehungen* beschreibt, welche Art von Kundenbeziehungen von jedem Kunden und Kundensegment erwartet werden [11].

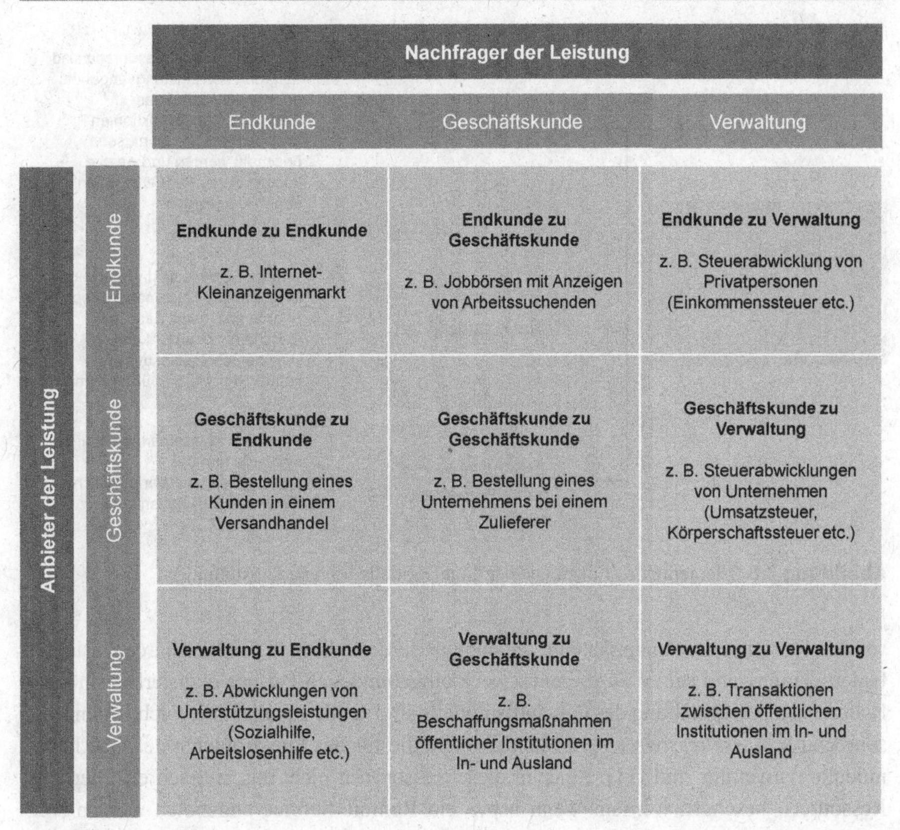

Abbildung 4.5 Transaktionsbeziehungen zwischen Anbieter und Kunde (eigene Darstellung i. A. a. ZU KNYPHAUSEN-AUFSEß [3])

4.2.2.2 Leistungserstellungsmodell

Im *Leistungserstellungsmodell* wird definiert, wie die angebotene Leistung durch das Unternehmen und die Wertschöpfungspartner erbracht wird. Der Fokus des *Leistungserstellungsmodells* liegt auf der Entwicklung und Organisation der erforderlichen Prozesse sowie den benötigten Ressourcen, Technologien und Mitarbeitern. Im Rahmen des Leistungserstellungsmodells sind die Elemente *Schlüsselressourcen, Schlüsselaktivitäten und Schlüsselpartnerschaften* [11] zu gestalten und zu koordinieren. Dies umfasst die Zuweisung von Ressourcen, das Treffen von Entscheidungen über die Vergabe von Prozessen an Partner und das Verteilen von Aufgaben entlang der Wertschöpfungskette. Zusammenfassend lassen sich die in der Abbildung 4.6 dargestellten Kernfragen zur Gestaltung des Leistungserstellungsmodells formulieren.

Die Einführung und Realisierung eines neuen Geschäftsmodells bedingen eine Analyse und Anpassung des Ressourcenpools. Unter *Ressourcen* werden in diesem Zusammenhang sowohl Maschinen und Werkzeuge als auch Verbrauchsmaterialien und vor allem auch die Mitarbeiter mit ihren Qualifikationsprofilen verstanden. Bei der Ausgestaltung des *Leistungserstellungsmodells* soll im Rahmen der Ressourcenverfügbarkeit sichergestellt

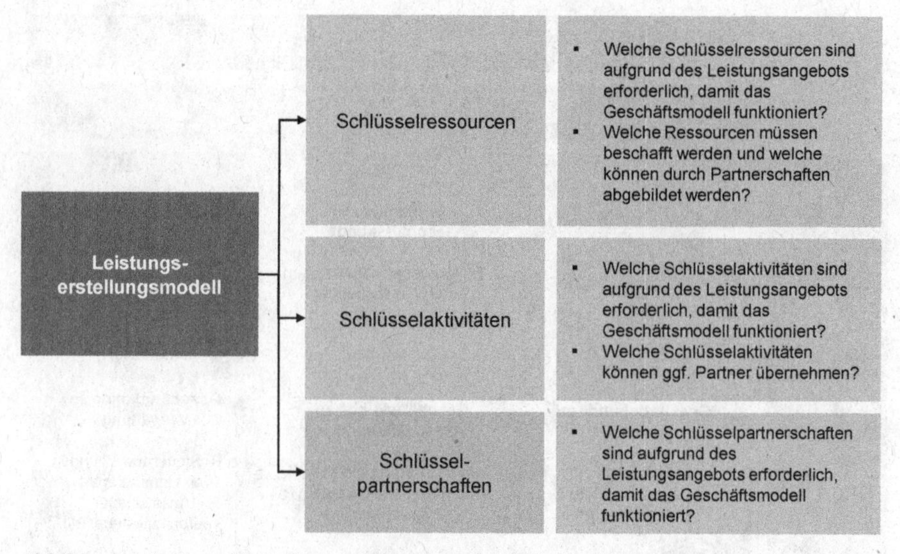

Abbildung 4.6 Elemente des Leistungserstellungsmodells (eigene Darstellung)

werden, dass nur Leistungssysteme angeboten werden, die mit der Ressourcenbasis des Unternehmens und seiner zu diesem Zweck eingebundenen Partner realisierbar sind. Im Rahmen der Ausgestaltung des Geschäftsmodells sind somit vor allem die wichtigsten Ressourcen (*Schlüsselressourcen*) zu identifizieren, die für das Funktionieren des Geschäftsmodells notwendig sind [11]. Reichen diese Ressourcen nicht aus, müssen erforderliche Ressourcen beschafft werden. Wenn bspw. ein Remote-Service angeboten werden soll, muss ggf. eine Remote-Service-IT-Infrastruktur mit Hilfe eines Partners aufgebaut werden.

Da Dienstleistungen eine ausgeprägte Prozesskomponente besitzen, ist vor allem die Betrachtung der Prozessebene bei der Umsetzung neuer Geschäftsmodelle im Rahmen der Ausgestaltung des *Leistungserstellungsmodells* von besonderer Bedeutung. Für die Geschäftsmodellentwicklung ist es wichtig, die richtigen Stellgrößen für die Leistungserstellung zu identifizieren. Das von Porter entwickelte Konzept der Wert- bzw. Wertschöpfungskette (Value-Chain) ermöglicht es, die strategisch relevanten *Schlüsselprozesse bzw. Aktivitäten* eines Unternehmens systematisch zu erfassen [13]. Um den Besonderheiten der Dienstleistungserstellung Rechnung zu tragen, haben Benkenstein und Spiegel das Modell von Porter weiterentwickelt. Sie unterteilen die primären Wertaktivitäten von Porter in zwei Phasen, wobei die erste Phase den Aufbau der Geschäftsbeziehung beschreibt und letztere die laufende Geschäftsbeziehung charakterisiert [14, 15]. Somit können die beiden Phasen auch mit der in der Dienstleistungserstellung typischen Vorkombination und Endkombination benannt werden. Fischer fasst die beiden Ansätze, wie in Abbildung 4.7 dargestellt, zusammen [16].

Die für das Geschäftsmodell erforderlichen *Schlüsselprozesse* müssen entwickelt und anschließend in einen ablauffähigen Zusammenhang gebracht werden (siehe dazu Methoden in Kapitel 7). Weiterhin muss darauf geachtet werden, dass diese Erbringungsprozesse auch in die bereits bestehende Landschaft von Geschäftsprozessen des Unternehmens und des Kunden (sowie möglicherweise auch der Wertschöpfungspartner) eingebunden werden können.

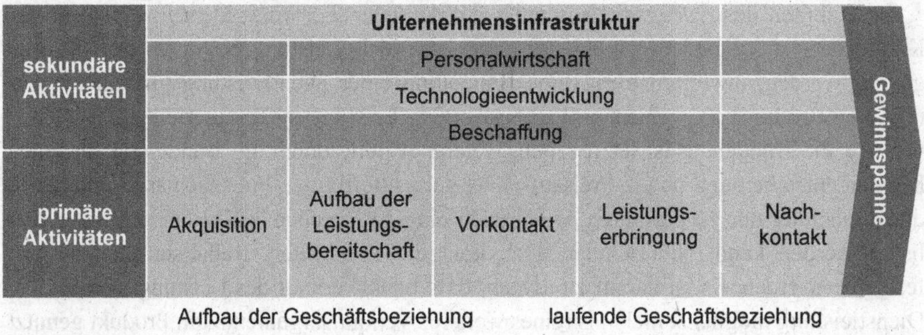

sekundäre Aktivitäten
Unternehmensinfrastruktur
Personalwirtschaft
Technologieentwicklung
Beschaffung
primäre Aktivitäten
Akquisition
Aufbau der Leistungs-bereitschaft
Vorkontakt
Leistungs-erbringung
Nach-kontakt
Gewinnspanne
Aufbau der Geschäftsbeziehung
laufende Geschäftsbeziehung

Abbildung 4.7 Wertkette eine Dienstleistungsunternehmens (eigene Darstellung i. A. a. BENKENSTEIN [14, 15])

Im *Leistungserstellungsmodell* müssen zudem die *Schlüsselpartnerschaften* identifiziert werden, die wesentlich zum Erfolg des Geschäftsmodells beitragen. Die Schlüsselpartnerschaften umfassen das gesamte Netzwerk von Partnern und Lieferanten. Dabei wird zwischen vier verschiedenen Arten von Partnerschaften unterschieden [11]: die *strategische Allianz* zwischen Nicht-Wettbewerbern, die *Coopetition* als eine strategische Partnerschaft zwischen Wettbewerbern, *Jointventures* zur Entwicklung neuer Geschäfte sowie *Käufer-Anbieter-Beziehungen* zur Sicherung zuverlässiger Versorgung. In Abhängigkeit der für das Geschäftsmodell benötigten *Schlüsselressourcen* und *Schlüsselaktivitäten*, muss das Unternehmen festlegen, ob und auf welche Art und Weise es mit anderen Unternehmen eine Partnerschaft eingehen möchte.

4.2.2.3 Ertragsmodell

In diesem Geschäftsmodellelement wird beschrieben, für welche Werte des Leistungsangebots der Kunde zahlen muss und welche Kosten auf Unternehmensseite dem gegenüberstehen. Im Kontext des Ertragsmodells sind daher die Elemente *Abrechnungs- und Erlöswege, Preismechanismen* und *Kostenstruktur* sowie die entsprechenden Fragestellungen maßgeblich, die zusammenfassend in Abbildung 4.8 dargestellt sind [11].

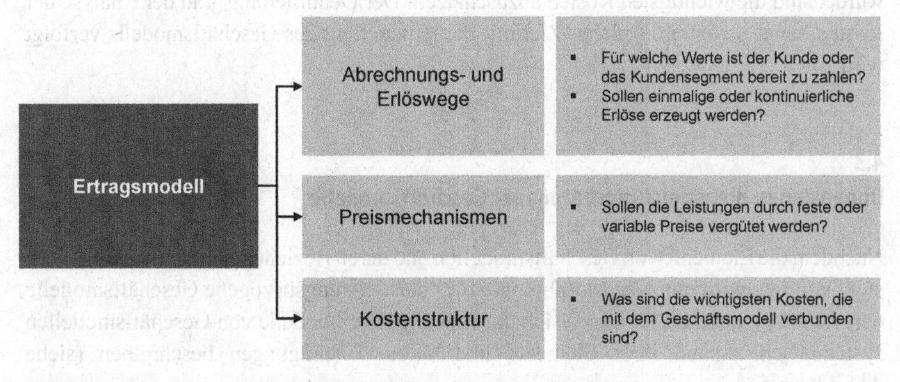

Abbildung 4.8 Elemente des Ertragsmodells (eigene Darstellung)

Im Rahmen des *Ertragsmodells* muss der Anbieter die Werte identifizieren, die der Kunde oder das Kundensegment der entsprechenden Leistung beimisst. Dabei sollte geprüft werden, inwiefern bspw. eine Bündelung einer Dienstleistung mit einer anderen Dienstleistung oder einem Sachgut zu einem Leistungssystem vorteilhaft ist. Relevant für die Bündelung ist letztendlich, welche Vorteile durch die Bündelung für einen Kunden entstehen und ob ein Preisaufschlag gerechtfertigt ist. Preisnachlässe sind durch die Bündelung nur zu gewähren, wenn auch eine entsprechende Kosteneinsparung realisiert werden kann. Hier können auch konkrete Preisstufen, Rabattstaffelungen etc. festgelegt werden. Es ist darauf zu achten, dass beim Verkauf des Leistungssystems die Dienstleistung möglichst nicht als reines weiteres Verkaufsargument zum Produkt genutzt wird. Für die konkrete Preisbestimmung der Leistung sind die Zahlungsbereitschaft des Kunden, der Preisspielraum am Markt mithilfe der Preis-Absatz-Funktion sowie die eigene Kostensituation ausschlaggebend. Zusätzlich sollte aber auch die mögliche Reaktion der Konkurrenz auf den angesetzten Preis und die Rabatte abgeschätzt und in die Betrachtung einbezogen werden. Weiterhin sind dabei auch die strategischen Ziele wie Marktpenetration oder -abschöpfung maßgeblich für die Preisbildung [17]. Letztlich sind auch die Preiswahrnehmung des Kunden sowie die Wirkung von möglichen Preisschwellen zu berücksichtigen [17].

Im Maschinen- und Anlagenbau herrscht weitgehend *Abrechnungs- und Erlösweg* der einmaligen Kundenzahlungen, bspw. durch Verkauf von Maschinen oder Anlagen, vor. Allerdings wird das Angebot von integrierten Leistungen aus Sach- und Dienstleistung in Form von Leistungssystemen in der betrieblichen Praxis immer mehr zum Erfolgsfaktor [18]. Daher spielen kontinuierliche *Abrechnungs- und Erlöswege* bei dienstleistungsorientierten Geschäftsmodellen eine immer stärker werdende Rolle (siehe Kapitel 4.3.3).

Jeder Abrechnungs- und Erlösweg kann durch unterschiedliche *Preismechanismen* gekennzeichnet sein [11]. Grundsätzlich kann hierbei zwischen Festpreisen oder variablen Preisen unterschieden werden, die für den Erfolg des Geschäftsmodells entscheidend sein können. Wenn unterschiedliche Kundensegmente definiert wurden, können Preismechanismen und Preisdifferenzierungen helfen, die je nach Segment verschiedenen Kundenpräferenzen zu adressieren und durch dementsprechende Verkaufsargumente zu unterstützen.

Im Rahmen der *Kostenstruktur* ist zu analysieren, welche Kosten durch das Geschäftsmodell entstehen werden [11] (siehe Kapitel 8). Nachdem das *Leistungserstellungsmodell* mit den Schlüsselaktivitäten, Schlüsselressourcen und Schlüsselpartnerschaften definiert wurde, sind die wichtigsten Kosten abzuschätzen. Der Detaillierungsgrad der Analyse der Kosten hängt davon ab, welches Ziel mit der Aufstellung des Geschäftsmodells verfolgt wird.

4.3 Dimensionen dienstleistungsbezogener Geschäftsmodelle

Nachdem die Elemente von Geschäftsmodellen und deren Beziehung untereinander vorgestellt wurden, wird nun eine Morphologie für dienstleistungsbezogene Geschäftsmodelle dargestellt. Anhand dieser lassen sich die benannten Teilmodelle von Geschäftsmodellen systematisch anhand ihrer Elemente und deren Ausprägungen beschreiben (siehe Abbildung 4.9).

Geschäftsmodell-Elemente	Auswahl möglicher Ausprägungen			
Leistungsangebots- und Marktadressierungsmodell				
Kundensegmente	Massenmarkt	Nischenmarkt	segmentierter Markt	diversifizierter Markt
Leistungsangebot	Neuheit	Verfügbarkeit	Individualisierung	Kostenreduktion
Kanäle	„traditionelle" Verkäufer	persönliche Beratung / Betreuung	eigene Geschäfte	
Kundenbeziehungen	persönliche Beratung / Betreuung	fest zugeordnete persönliche Beratung / Betreuung	automatisierte Dienstleistung	Netzwerk/ Community
Leistungserstellungsmodell				
Schlüsselressourcen	physische Ressourcen	intellektuelle Ressourcen	menschliche Ressourcen	
Schlüsselaktivitäten	Produktion / Dienstleistungen generieren	Problemlösung	Plattform/ Netzwerk	
Schlüsselpartnerschaften	Optimierung und Synergieeffekte	Risiko- und Unsicherheits-minimierung	Akquise bestimmter Ressourcen und Aktivitäten	
Ertragsmodell				
Abrechnungs- und Erlöswege	Verkauf von Wirtschaftsgütern – Pay-for-Equipment	gebrauchs-abhängige Erlöse – Pay-for-Availability	gebrauchs-abhängige Erlöse – Pay-for-Use	Verleih/ Vermietung/ Leasing
Preismechanismen	Festpreis – Listenpreis	Festpreis – abhängig von Produkteigenschaft	Festpreis – Kundensegment-abhängig	dynamische Preisbildung – Verhandlungs-sache
Kostenstruktur	wertebasiert	Festpreis	variable Kosten	

Abbildung 4.9 Geschäftsmodelltypologie (eigene Darstellung)

Für die Geschäftsmodellentwicklung sind zahlreiche Kombinationen von Merkmalsausprägungen möglich, aber nicht alle Kombinationen für jedes Unternehmen sinnvoll. Um eine passende Kombination zu finden, können einzelne sinnvolle Ausprägungen in der Matrix miteinander verbunden werden. Die folgenden Kapitel beschreiben wesentliche Merkmale und deren Ausprägungen der drei Kernelemente von Geschäftsmodellen. Schließlich werden exemplarische Geschäftsmodelltypen im industriellen Dienstleistungsgeschäft beschrieben, die sich aus einer Kombination der Merkmalsausprägungen abbilden lassen.

4.3.1 Leistungsangebot und Marktadressierung

Das Nutzenversprechen konkretisiert sich im Leistungsangebots- und Marktadressierungsmodell mit der Antwort auf die Fragestellung, welche Leistung bzw. welches Leistungssystem angeboten wird, ob die Leistung durch den Kunden oder das Unternehmen konfigurierbar ist und zu welchem Zeitpunkt im Lebenszyklus des Produkts welche Leistung angeboten wird. Das *Leistungsangebot* muss entsprechenden *Kundensegmenten* zugeordnet werden. Weiterhin sind dazu passende *Kommunikationskanäle* und Arten von *Kundenbeziehungen* festzulegen [11]. Für diese vier Elemente werden nun unterschiedliche Ausprägungen beschrieben.

Leistungsangebot

In Form eines Leistungsangebots wird dem Kunden ein Mehrwert offeriert, der durch eine Kombination von Produkten und Dienstleistungen in einem problemadäquaten Leistungssystem erreicht wird [19–22]. Der Leistungsumfang kann in verschiedene Stufen, die in Abbildung 4.10 dargestellt sind, unterteilt werden. In den verschiedenen Stufen ändern sich bspw. das Werteversprechen sowie die Übernahme der Anbieterrisikos [23].

Nicht nur die Kombination von Sachgutanteilen und Dienstleistungen zu Leistungssystemen spielt im Leistungsangebot eine Rolle. Im Leistungsangebot wird zudem der Kundennutzen einer Leistung konkretisiert. Im Folgenden werden zehn unterschiedliche, konkrete Arten des Leistungsangebots unterschieden, die in der unternehmerischen Praxis für die Ausgestaltung des Geschäftsmodells genutzt werden können [11].

Wird eine *Neuheit* angeboten, stellt das Nutzenversprechen hierbei völlig neue Bedürfnisse zufrieden, die die potenziellen Kunden vorher nicht empfunden haben, weil es kein ähnliches Angebot gab. Das Nutzenversprechen von Neuheiten geht häufig mit dem Einsatz neuer Technologien einher [11]. So wurde bspw. mit dem Angebot von sogenannten Apps für Smartphones ein völlig neues Geschäftsfeld in der Telekommunikationsbranche geschaffen. Wird dem Kunden eine *hohe Leistung* versprochen, so kann das Leistungsangebot darauf ausgerichtet sein, die Produktivität bzw. den Einsatz von Produkten oder Dienstleistungen zu verbessern [11].

Die Adaptierung von Produkten und Dienstleistungen auf spezifische Bedürfnisse einzelner Kunden oder Kundensegmente durch *Individualisierung* schafft höhere Werte.

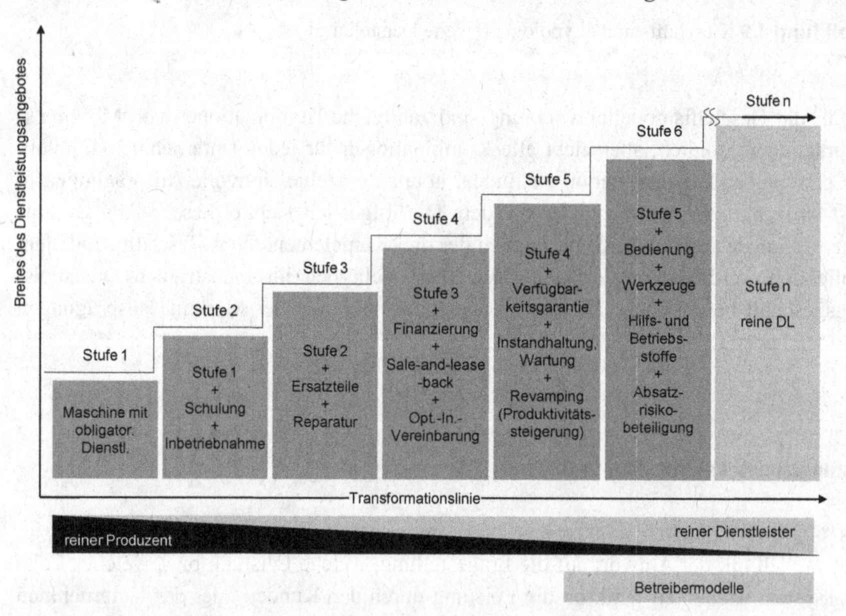

Abbildung 4.10 Stufenmodell des Angebots produktbegleitender Dienstleistungen (eigene Darstellung i. A. a. MEIER [24])

Konzepte der Individualisierung spielen im B2B-Geschäft eine große Rolle. Das Konzept hat vor allem auch durch die Konzepte der individuellen Massenproduktion und die zunehmende Integration des Kunden als Co-Produzenten im B2C-Geschäft an Bekanntheit gewonnen. Es verspricht gleichzeitig Kostenersparnis und kundenindividuelle Angebote [11].

Nutzen kann geschaffen werden, indem man einem Kunden dabei hilft, dass dieser sich maßgeblich seinen Kernprozessen widmen kann und somit seine *Arbeit erleichtert*. Rolls-Royce führt dieses Prinzip bei den Kunden seiner Flugtriebwerke durch. Rolls-Royce verkauft seine Triebwerke nicht mehr, sondern liefert dem Kunden die Triebwerke und bietet ihm auch individuell adaptierte Instandhaltungsdienstleistungen. Dieses Arrangement erlaubt es dem Kunden, seine Kernprozesse zu fokussieren, in diesem Fall den Betrieb seiner Fluglinien. Im Gegenzug zahlt der Kunde eine Gebühr, die Rolls-Royce für jede Stunde erhebt, die ein Triebwerk läuft [11]. Damit tritt Rolls-Royce im Sinne der oben erwähnten Leistungsbündelung dem Kunden gegenüber als Dienstleister auf. Häufig findet sich diese Art der Leistungsbündelung in dem Geschäftsmodelltyp „Betreibermodell" wieder.

Das *Design* ist ein wichtiges Element des Leistungsangebots, dessen Nutzen aber schwierig zu messen ist. Ein technisches Produkt kann wegen eines überlegenen Designs herausstechen [11]. Sichtbar ist dies bei immer mehr Maschinen- und Anlagenbauern, die verstärkt auch das Design als wesentliche Gestaltungsdimension ihrer Produkte erachten. Für den Kunden kann es darüber hinaus einen Wert an sich darstellen, ein Produkt oder eine Dienstleistung eines renommierten Herstellers oder einer renommierten *Marke* zu verwenden [11]. Als Beispiel können hier hochwertig gestaltete Druckmaschinen der Heidelberger Druckmaschinen AG genannt werden. In Druckereien erlauben sie dem Druckereibetreiber, den Endkunden von Printmaterialien ein Signal für Hochwertigkeit zu vermitteln und darüber die Qualitätseinschätzung und die Kaufentscheidung zu beeinflussen.

Ein am Markt verfügbares und somit vergleichbares Produkt oder eine Dienstleistung zu einem niedrigeren *Preis* anzubieten, ist ein üblicher Weg, die Bedürfnisse eines preisempfindlichen Kundensegments zufriedenzustellen. Angebote auf niedrigem Preisniveau werden häufig durch Partner, die in dem Geschäftsmodell an anderer Stelle vom Kundenzugang profitieren, oder durch Werbung finanziert. Billigfluglinien sind dafür ein Beispiel. Wichtig ist zu erwähnen, dass diese Geschäftsmodelle auch Veränderungen der jeweiligen Branche bewirken können [11]. Es kann Kundenwert dadurch generiert werden, in dem der Kunde durch den Bezug einer Leistung dabei unterstützt wird, seine *Kosten* zu *reduzieren* [11]. Durch Remote-Service-Dienstleistungen ist es bspw. möglich, Anlagenausfälle bei defekten Teilen durch Ferndiagnose vorauszusehen. Mittels präventiver Wartung oder Instandhaltung wird die Verfügbarkeit erhöht und somit durch Stillstandzeiten verursachte Kosten unmittelbar reduziert.

Durch das Angebot der *Risikoreduktion* wird das Ziel verfolgt, die Risiken des Kunden zu verringern, die sie auf sich nehmen, wenn sie Produkte oder Dienstleistungen kaufen [11]. Eine Verfügbarkeitsgarantie einer Windkraftanlage seitens der Hersteller für ihre Kunden, wie bspw. Windanlagenbetreiber, verringert das geschäftliche Risiko derselben (siehe auch Beispiele in Kapitel 4.2 und 4.3). Die *Verfügbarkeit* von Produkten und Dienstleistungen für Kunden herzustellen, die dazu vorher keinen Zugang hatten, ist ein anderer Weg, Wert zu schaffen [11]. Dieses kann aus Geschäftsmodellinnovationen, neuen Technologien oder einer Kombination von beiden resultieren. In der Agrarbranche werden Landmaschinen wie Mähdrescher schon seit langem vermietet. Somit können auch kleinere Firmen, für die sich ein Kauf einer Maschine nicht rentieren würde, vergleichsweise große Nutzflächen bewirtschaften.

Die Verwendung von Produkten bequemer oder einfacher zu machen, kann erheblichen Nutzen bzgl. *Komfort/Bedienbarkeit* kreieren. Mit „iPod" und „iTunes" bot Apple seinen Kunden einen beispiellosen Komfort beim Suchen, Kaufen, Herunterladen und Hören von digitaler Musik [11]. So bietet bspw. die Heidelberger Druckmaschinen AG ihren Kunden die Dienstleistung an, internetbasierte Services direkt an der Druckmaschine aufzurufen. Somit kann der Komfort zur Erreichung von schnellen Problemlösungen wesentlich erhöht werden.

Kundensegmente

Das Element *Kundensegmente* beschreibt, an welche Kunden ein Produkt gerichtet sein kann. Dabei können fünf unterschiedliche Arten von Kundensegmenten unterschieden werden [11]:

Geschäftsmodelle, die sich auf den *Massenmarkt* konzentrieren, richten ihr Leistungsangebot, die Vertriebswege und die Kundenbindung auf eine große Anzahl von Kunden mit weitgehend ähnlichen Bedürfnissen und Problemen aus. Diese Art des Geschäftsmodells ist häufig im Unterhaltungselektroniksektor zu finden [11]. Geschäftsmodelle, die auf *Nischenmärkte* abzielen, sind auf spezielle Kundensegmente zugeschnitten. Solche Geschäftsmodelle existieren bspw. häufig in den Lieferantenbeziehungen zwischen Autoherstellern und Autozulieferern [11]. Einige Geschäftsmodelle differenzieren zwischen *Marktsegmenten*, in denen Kunden teilweise aus unterschiedlichen Branchen weniger unterschiedliche Erwartungen an die Leistung haben. Demensprechend unterscheidet sich deren Verhalten in Bezug auf die Leistung nicht wesentlich. Mikropräzisionssystemhersteller, die sich darauf spezialisiert haben, die Entwicklung, Konstruktion und fertigungstechnische Lösungen in der Mikrotechnik anzubieten, beliefern einen segmentierten Markt. Sie dienen drei verschiedenen Kundensegmenten – der Uhrindustrie, der medizinischen Industrie und dem industriellen Automatisierungssektor – und bieten jedem Sektor ein nur geringfügig verändertes Nutzenversprechen an [11]. Geschäftsmodelle können auch *diversifizierte Märkte* und Kundensegmente mit sehr verschiedenen Bedürfnissen und Problemen adressieren, die keinen Bezug zueinander haben [11]. Ein Beispiel hierfür sind Remote-Services, durch die die Nutzer von Maschinen die Möglichkeit erhalten, Zustandsdaten an den Hersteller zur präventiven Wartung zu übermitteln. Der Maschinenhersteller kann diese Daten anonymisiert im Rahmen von Leistungsvergleichen mit anderen Kunden nutzen. *Multi-Sided-Markets* beschreiben Kundensegmente, die voneinander abhängig sind, aber bspw. erst durch eine geeignete Geschäftsplattform, welche z. B. ein angepasstes Leistungsangebot für die entsprechenden Segmente bereithält, tragbar werden [11]. Ein Beispiel für ein entsprechendes Geschäftsmodell sind Modelle, bei dem der Strom für elektrisch betriebene Fahrzeuge aus dem öffentlichen Netz bezogen, aber auch wieder durch die Fahrzeuge eingespeist werden kann. Bei diesem auch als „Vehicle-to-Grid" bezeichneten Modell müssen sowohl das Kundensegment, also der Fahrzeughalter von Elektrofahrzeugen, mit einem geeigneten Leistungsangebot angesprochen werden als auch das Kundensegment der Infrastrukturbetreiber.

Kanäle

Kommunikations-, Distributions- und Verkaufskanäle bestimmen, auf welchem Wege eine Firma mit ihren Kunden in Verbindung tritt. Im Folgenden werden fünf mögliche Kanäle in Bezug auf Geschäftsmodelle genauer betrachtet [11]:

Über *traditionelle Verkäufer* wird ein persönlicher Kontakt hergestellt. Informationen über neue Produkte oder Dienstleistungen können hier immer vom Verkäufer des Vertrauens gegeben werden und haben vor allem im B2B-Geschäft meist einen höheren Stellenwert beim Kunden als indirekte Kanäle. So können z. B. Versicherungsvertreter, wenn die Kunden zufrieden sind, auch weitere Leistungen zur Auswahl stellen.

Ein weiterer Weg zu Kommunikation, Distribution und dem Verkauf ist das *Internet*. Vorteil ist hier, dass eine unbegrenzte Erreichbarkeit gegeben ist und somit jedweder Kontakt des Kunden mit dem Unternehmen ausgewertet werden kann. Auch Verbesserungsvorschläge am Produkt oder der Dienstleistung können so aufgenommen werden. Beispiele für den Absatz über das Internet sind Internetversandhandel und Online-Verkäufe, bei denen auch Bewertungen des Services möglich sind, welche ebenso für alle anderen Kunden einsehbar sind. Mit *eigenen Geschäften* ist eine sehr direkte und spezifische Kommunikation mit und Verkauf an Kunden möglich. Hier kann auf die Bedürfnisse und Probleme des Kunden sehr intensiv eingegangen werden. Eigene Geschäfte haben den Nachteil hoher Kosten, daher bietet es sich an, Produkte oder Dienstleistungen in *Geschäften von Partnern* anzubieten, die üblicherweise ein ähnliches Kundensegment mit anderen Leistungen bedienen. Als Beispiel sei hier die Deutsche Post aufgeführt, die die Anzahl der Filialen in den letzten Jahren reduziert hat und ihre Dienstleistungen (teilweise durch Franchise-Konzepte) nun auch in anderen Geschäften anbietet.

Kundenbeziehungen

In den Kundenbeziehungen wird festgelegt, wie das Verhältnis zum Kunden aufgebaut ist und welche Möglichkeiten es für den Rückfluss von Informationen gibt. Die Kundenbeziehungen stehen in einer Abhängigkeit mit den genutzten Kanälen. Insgesamt sind sechs unterschiedliche Möglichkeiten der Kundenbeziehung im Bereich von Geschäftsmodellen zu differenzieren [11]:

Persönliche Beratung/Betreuung basiert auf menschlicher Interaktion mit einem Kundenberater, durch ein Kundencenter, per E-Mail oder durch andere Mittel vor Ort [11]. Allerdings sind die Ansprechpartner auf Anbieterseite nicht spezifisch einem Kunden zugeordnet. Beispielhaft sind hier Callcenter zu nennen, bei denen ein Anrufer meistens andere Ansprechpartner zugeteilt bekommt. Der Sinn einer *fest zugeordneten persönlichen Beratung/Betreuung* besteht darin, einen Kundenrepräsentanten einem einzelnen Klienten spezifisch zuzuordnen. Dies stellt die tiefste und vertrauensvollste Art der Beziehung zwischen Kunde und Verkäufer dar und entwickelt sich im Normalfall über eine lange Zeitspanne [11]. In vielen Branchen des B2B-Geschäfts sind mittlerweile Key-Account-Manager vorzufinden, die persönliche Beziehungen mit wichtigen Kunden unterhalten.

In einer anderen Art der Beziehung besteht keine direkte Kundenbeziehung, sondern das Unternehmen stellt dem Kunden Mittel zur *Selbstbedienung* zur Verfügung [11]. Als Beispiel seien hier über das Internet angebotene Dienstleistungen im B2B- (wie die Ersatzteilebestellung bei der ZF Friedrichshafen AG) als auch im B2C-Bereich (wie Amazon) genannt. Ferner gibt es eine Art der Kundenbeziehung, die *automatisierte Dienstleistungen* und Prozesse nutzt [11], um den Kunden schnell und durch intelligente Algorithmen zu unterstützen. Im B2C-Geschäft geben bspw. Online-Profile Kunden Zugang zu individuellen Dienstleistungen. Automatisierte Dienstleistungen können damit Kunden und bspw. ihre Kaufgewohnheiten identifizieren und bieten ihnen entsprechende Informationen oder Angebote an [11]. Im B2B-Bereich können Remote-Service-Dienstleistungen verschiedener Hersteller im Problemfall automatisiert den technischen Kundendienst informieren.

Unternehmen nutzen verstärkt *Communitys und Netzwerke*, um mit Kunden und ihren Erwartungen intensiver in Kontakt zu treten [11] sowie Kundennetzwerke an das Unternehmen zu binden. Unternehmen wie Philips Healthcare betreiben Communitys, die Benutzern untereinander erlauben, ihr Wissen auszutauschen und andere Kunden im Umgang mit deren Anlagen zu unterstützen. Diese Community hilft aber auch den Unternehmen, Kundenbedürfnisse für ihre Leistungen auf anderem Wege abzuleiten. Im B2B-Bereich verwendet das Unternehmen GEA Farm Technologies eine Communityplattform, in der, zusätzlich zu den oben aufgeführten Möglichkeiten, nicht nur aktuelle Beiträge bzgl. verschiedener Themen zu lesen sind, sondern Interessierte und Kunden sich auch an „Schnellumfragen" beteiligen können. Unternehmen nutzen Kundenbeziehungsansätze wie *Co-Creation* und *Community-Einbindung*, um zusammen mit dem Kunden neue Werte zu schaffen [11].

4.3.2 Leistungserstellung

Im Geschäftsmodellelement *Leistungserstellung* wird definiert, wie das Nutzenversprechen eines Geschäftsmodells bereitgestellt werden soll. Dabei werden sowohl wertschöpfende als auch unterstützende Prozesse betrachtet. Des Weiteren wird berücksichtigt ob, wann und in welchem Umfang Partner bei der Leistungserstellung Einfluss nehmen. Es gibt drei unterschiedliche Bausteine, die in einem Geschäftsmodell für die Leistungserstellung notwendig sind. Diese sind die Schlüsselressourcen, Schlüsselaktivitäten und Schlüsselpartnerschaften, deren unterschiedliche Ausprägungen im Folgenden näher erläutert werden [11].

Schlüsselressourcen

Hierunter sind alle Ressourcen zu sehen, die für ein bestimmtes Produkt oder eine Dienstleistung und somit für das Leistungsangebot die größte Bedeutung haben [11]. Dabei umfassen *physische Ressourcen* Sachanlagen wie Produktionsanlagen, Gebäude, Fahrzeuge, Maschinen, Systeme, Verteilungsnetze oder auch Ersatzteile [11]. *Intellektuelle Ressourcen* stehen für Marken, geheimes Wissen, Patente und Copyright, Partnerschaften und Kundendaten und sind in zunehmendem Maße wichtige Bestandteile eines starken Geschäftsmodells. Wissen als Unternehmensressource muss über eine lange Zeit aufgebaut werden und stellt damit einen hohen Unternehmenswert dar, der schwer zu kopieren ist [11]. Google bspw. setzt mit all seinen Produkten auf die Nutzung der Kundendaten, die Kunden bei der Nutzung der Google-Produkte „hinterlassen".

Jedes Unternehmen benötigt Arbeitskräfte, aber Menschen (*humane Ressourcen*) spielen vor allem in Geschäftsmodellen mit wissensintensiven Dienstleistungen eine besonders bedeutende Rolle [11]. Vor allem bei Dienstleistungen sind die handelnden Personen von zentraler Bedeutung, da bei der Dienstleistungserbringung die Interaktion mit Menschen im Vordergrund steht.

Schlüsselaktivitäten

Es lassen sich entscheidende Aktivitäten kategorisieren, die für den Erfolg eines Geschäftsmodells wichtig sind [11]. Die Tätigkeiten der *Produktion* beziehen sich auf die Kernaktivitäten eines Unternehmens, welches Produkte entwickelt, herstellt und vertreibt.

Produktionstätigkeiten beherrschen die Geschäftsmodelle von Produktionsunternehmen [11]. Aktivitäten, die den Kunden bei einer *Problemlösung* unterstützen, erfordern ein hohes Maß an Integration in die Kundenprozesse und das Wissen, die Leistungen und Aktivitäten gemäß den Kundenbedürfnissen möglichst individuell zu gestalten. Entsprechende Leistungen werden typischerweise durch Leistungssystemanbieter wie Unternehmensberatungen, Dienstleistungen in Krankenhäusern und durch den Sondermaschinenbau angeboten. Ihre Geschäftsmodelle erfordern auch ein dementsprechendes Engagement in Bereichen wie Wissensmanagement und Weiterbildung [11].

Schlüsselpartnerschaften

Auch Partnerschaften können ein Weg sein, um ein Geschäftsmodell erfolgreicher zu gestalten. Dabei gibt es unterschiedliche Motive, wie verschiedene Partner zusammenarbeiten können [11]:

Für viele Unternehmen ist es nicht vorteilhaft, nur interne Ressourcen zur Bereitstellung der Leistungen zu nutzen, sondern im Sinne einer Optimierung *Synergien* durch Mengenvorteile mit externen Partnern zu nutzen und somit Kosten zu verringern [11]. Partnerschaften können helfen, das *Risiko* in einem Umfeld zu *verringern*, welches durch Ungewissheit gekennzeichnet wird [11]. Im B2B-Bereich bspw. kann ein Anbieter von Anlagen, der Remote-Service anbieten möchte, auf externe Unterstützung zurückgreifen, die ihn bei der Entwicklung der Dienstleistung unterstützt oder bestimmte Prozesse in der Marktphase der Dienstleistung übernimmt.

Neue Geschäftsmodelle können dadurch motiviert werden, dass bestimmte Ressourcen und Aktivitäten in dem Geschäft notwendig, aber unternehmensintern nicht vorhanden sind. Somit können strategische Partnerschaften notwendig werden, um bspw. *Ressourcen und Aktivitäten*, wie Wissen, Lizenzen oder Zugang zu Kunden zu *akquirieren* [11].

4.3.3 Ertragsmechanik

In dem Ertragsmodell wird beschrieben, wie der Ertrag im Geschäftsmodell erwirtschaftet werden soll und welche Kosten dem gegenüberstehen. In diesem Kontext werden die Elemente Abrechnungs- und Erlöswege, Preismechanismen und Kostenstruktur unterschieden [11].

Abrechnungsmodelle und Erlöswege

Aufgrund der hohen Relevanz werden verschiedene Ansätze für Abrechnungsmodelle und Erlöswege in dienstleistungsbezogenen Geschäftsmodellen aufgezeigt. Es gibt verschiedene Möglichkeiten, die Art der Leistungsabrechnung zu gestalten. Anstelle des klassischen Verkaufs eines Investitionsguts können andere Arten der Leistungsverrechnung zum Tragen kommen, welche sich vor allem in dem Grad des zusätzlichen, finanziellen Risikos für den Anbieter unterscheiden. Unterschiede bestehen besonders in der Übernahme von Risiken durch den Hersteller und der Schonung der Liquidität der Kunden. In der Folge werden die wichtigsten Abrechnungsmodelle und Erlöswege kurz erläutert:

Der in den meisten Fällen traditionell genutzte Erlösweg ist der *Verkauf von physischen Produkten* [11]. Maschinen- und Anlagenbauer verkaufen ihre Produkte in diesem Modell als Ganzes. Mit dem sogenannten *„Pay-for-Equipment"(PfE)-Modell* wird der klassische Verkauf eines Investitionsguts beschrieben. Dabei sind zwei grundlegende Varianten denkbar: Zum einen kann der Hersteller durch einen einmaligen Verkaufspreis sofort einen bestimmten, kalkulierten Betrag einnehmen, der die Kosten der Herstellung und aller damit verknüpften Tätigkeiten deckt. Der Hersteller kann so seinen Gewinn unmittelbar realisieren und sein finanzielles Risiko im Rahmen des Verkaufsgeschäfts minimieren. Zum anderen ist die Bezahlung der Anlage in festgeschriebenen Raten in Form einer Finanzierung möglich. Der Anbieter muss in seinem Geschäftsmodell abwägen, ob er seine Absatzchancen durch Ratenzahlungen erhöhen möchte und das Risiko möglicher Zahlungsausfälle in Kauf nehmen kann.

Über *gebrauchsabhängige Nutzungsgebühren* werden Erlöse dadurch erzeugt, dass ein bestimmter Service oder die Bereitstellung eines Produkts genutzt wird. Je öfter diese Dienstleistung in Anspruch genommen wird, desto mehr zahlt der Kunde [11]. Es gibt verschiedene Formen der gebrauchsabhängigen Nutzungsgebühren, die im Folgenden näher erläutert werden:

- Nutzungsgebühren können in Form eines sogenannten *„Pay-for-Availability"(PfA)*-Modells erhoben werden. Hier wird der Hersteller in Abhängigkeit von der technischen Verfügbarkeit der Anlage bezahlt. Dabei trägt der Hersteller das Risiko eines Ausfalls der Anlage, in welchem Fall kein Umsatz generiert werden kann. Aufgrund dessen hat der Hersteller ein großes Interesse an einer funktionsbereiten Anlage. Der Kunde hat den Vorteil, dass er die Verfügbarkeit seiner Anlage kalkulierbar einschätzen kann. In diesem Modell kann der Kunde seinerseits existierende Budgetbarrieren überwinden, da er keinen einmaligen Kaufpreis entrichten muss. Mit diesem Modell geht das Risiko ausfallender Zahlungen für den Hersteller einher.
- Als *„Pay-for-Use"(PfU)*-Modell wird der Erlösweg bezeichnet, in dem die tatsächliche Nutzung bezahlt wird. Häufig übernimmt der Hersteller der Anlage hierbei zusätzlich das Ausfallrisiko und das Risiko einer Reduzierung der Anlagenauslastung seitens des Kunden bspw. in Folge von Absatzschwankungen und nimmt dem Kunden somit einen großen Teil der wirtschaftlichen Unsicherheit bzw. des Marktrisikos ab. Bei dem PfA- und dem PfU-Modell begibt sich der Hersteller in Abhängigkeit zum Kunden, da dieser die Produktionsdauer und -menge kontrolliert und der Hersteller lediglich nur noch einen geringen Einfluss auf seinen eigenen Umsatz in dieser Transaktion hat.
- Mit dem *„Pay-on-Production"(PoP)*-Modell wird die Abrechnung von der Anlage getrennt, der Kunde zahlt für jede produzierte Einheit einen festgelegten Betrag. Im Gegensatz zum PfU-Modell wird dieses Modell eher bei Produktionsanlagen mit stückbezogenem Produktionsgut eingesetzt. In diesem Modell kommt die Leistungsfähigkeit der Anlage besonders zur Geltung. Gelingt es dem Hersteller, diese zu optimieren, kann er einen höheren Umsatz erzielen.

Durch *Mitgliedsgebühren* werden Erlöse dadurch erzeugt, dass ein ununterbrochener Zugang zu einem Service oder einem Produkt verkauft wird [11]. Ein Beispiel aus dem B2C-Bereich wäre Apples Musikdienst „iTunes", der Anwendern den Zugriff auf eine Musikbibliothek gegen eine Gebühr zur Verfügung stellt.

Mit *Verleih/Vermietung/Leasing* wird Erlös generiert, indem das Recht bewilligt wird, ein bestimmtes Produkt während eines festgelegten Zeitraums zu benutzen. Das Unternehmen erzeugt somit ein regelmäßiges Einkommen. Mieter oder Leasingnehmer haben den Vorteil, dass sie nur während der begrenzten Zeit die Kosten für das Produkt tragen müssen und nicht die vollen Kosten, die durch das Eigentum der Anlage anfallen würden [11].

Erlös kann auch dadurch generiert werden, dass Kunden geschütztes, geistiges Eigentum gegen *Lizenzgebühren* benutzen dürfen. Somit kann der Rechteinhaber Erlöse erwirtschaften, ohne ein Produkt herzustellen oder einen Service kommerzialisieren zu müssen. In Technologiebranchen ist es üblich, dass Patentinhaber anderen Firmen das Recht zugestehen, eine Technologie gegen eine Lizenzgebühr einzusetzen [11]. *Makler-/Vermittlungs-/Transaktionsgebühren* leiten sich von Intermediationsdienstleistungen ab, die zwischen zwei oder mehr Parteien durchgeführt werden. So erhalten bspw. Vermittler und Grundstücksmakler eine Provision, wenn sie erfolgreich einen Kunden und einen Verkäufer zusammenbringen [11].

In den oben beschriebenen Abrechnungsmodellen PfA, PfU und PoP ergibt sich jeweils für den Kunden die Chance, Fixkosten in variable Kosten umzuwandeln, da die Kosten für die Anlage durch den eigenen Bedarf gesteuert werden (siehe Abbildung 4.11).

Voraussetzung ist, dass der Hersteller auch Eigentümer der Anlage bleibt, da der Fixkostenblock so um die Abschreibungskosten verkleinert wird. Diese Kosten werden dann zu produktionsabhängigen variablen Kosten, die an den Hersteller bzw. Betreiber entrichtet werden. Gerade bei Nutzung des PoP-Modells ist die Möglichkeit der Umschichtung von Fixkosten gegeben. Zudem ist es dem Kunden möglich, mit den exakten Kosten pro Einheit zu kalkulieren, losgelöst von unbekannten Kosten, bspw. für Wartung und Instandhaltung. Die Abrechnungsmodelle können den jeweils benötigten Anforderungen der Wertschöpfungspartner bspw. hinsichtlich der exakten Risikoaufteilung angepasst werden. Es können dabei u. a. Mindestabnahmemengen durch den Kunden festgelegt oder auch Abrechnungsmodelle miteinander verknüpft werden. Ein Beispiel hierfür ist eine feste Rate, kombiniert mit einer stückzahlgebundenen Zahlung. In dem Ertragsmo-

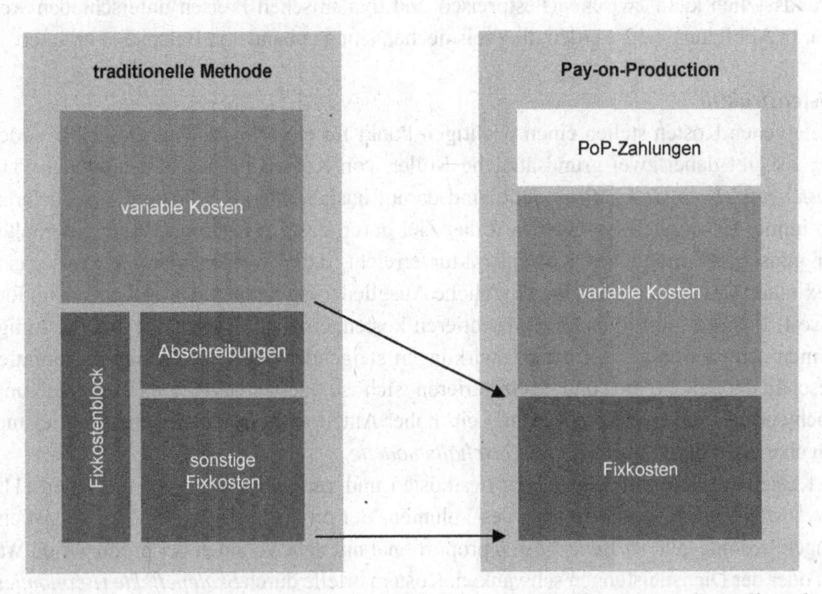

Abbildung 4.11 Kostenauswirkungen des PoP-Modells für Kunden (eigene Darstellung i. A. a. MAST [25])

Preismechanismen	Preisabhängigkeit	Erläuterung
Festpreis	feste Listenpreise	Preise für individuelle Produkte, Dienstleistungen oder andere Wertbeiträge.
	abhängig von Produkteigenschaft	Der Preis schwankt aufgrund der Anzahl oder der Qualität des Produktes oder der Serviceleistung.
	abhängig vom Kundensegment	Der Preis hängt ab von dem Typus und der Charakteristik eines Kundensegments.
	volumenabhängig	Der Preis wird festgesetzt als eine Funktion der Kaufmenge.
dynamisch	Verhandlungssache	Der Preis wird zwischen zwei oder mehr Parteien frei verhandelt.
	Ertragsmanagement	Preis ist abhängig vom Bestand und dem Zeitpunkt des Erwerbs (im Normalfall genutzt für vergängliche Ressourcen wie Hotelzimmer und Flugsitze).
	abhängig von Angebot und Nachfrage	Der Preis wird dynamisch festgelegt anhand von Angebot und Nachfrage.
	Versteigerung	Der Preis wird entschieden durch eine Versteigerung zwischen mehreren Bietern.

Abbildung 4.12 Preismechanismen (eigene Darstellung i. A. a. OSTERWALDER [11])

dell müssen weitere Elemente berücksichtigt werden [11]. Deren genaue Ausprägungen werden im Folgenden dargestellt:

Preismechanismen

Mittels der Preismechanismen werden die Preise für die angebotenen Produkte oder Dienstleistungen festgelegt [11]. Die Art des Preises kann sich bspw. je nach Kundensegment oder Zeitpunkt des Verkaufs unterscheiden. Die Preismechanismen sind stark von den Abrechnungsmodellen und Erlöswegen abhängig und werden gemeinsam festgelegt. Grundsätzlich kann zwischen Festpreisen und dynamischen Preisen unterschieden werden. In Abbildung 4.12 werden die Preismechanismen anhand von Beispielen erläutert.

Kostenstruktur

Die eigenen Kosten stellen einen wichtigen Punkt für ein erfolgreiches Geschäftsmodell dar. Es gibt dabei zwei grundsätzliche Rollen von Kosten in Geschäftsmodellen [11]. *Kostengetriebene* Geschäftsmodelle sind darauf ausgerichtet, die Kosten zu reduzieren, wo immer es möglich ist. Hier wird das Ziel durch das Gestalten und Aufrechterhalten der günstigsten möglichen Kostenstruktur erreicht, dabei werden niedrige Preise, eine maximale Automation und eine erhebliche Ausgliederung genutzt. Billigflieger wie Southwest, Easy-Jet und Ryanair repräsentieren kostengetriebene Geschäftsmodelle. Einige Firmen achten weniger auf die Auswirkungen steigender Kosten bei einem bestimmten Geschäftsmodellentwurf und konzentrieren sich stattdessen auf eine Wertsteigerung. Hochwertige Nutzenversprechen und ein hoher Anteil an personalisierten Dienstleistungen charakterisieren *wertbasierte Geschäftsmodelle*.

Kosten werden grundsätzlich in Festkosten und variable Kosten unterschieden [11]: *Festkosten* bleiben dieselben trotz des Volumens der produzierten Waren oder Dienstleistungen, wohingegen *variable Kosten* proportional mit dem Volumen der produzierten Waren oder der Dienstleistungen schwanken. Kostenvorteile durch *Skaleneffekte (Economies-of-Scale)* entstehen, wenn die Ausstoßleistung erhöht wird. Größere Firmen z. B. profitieren von niedrigerer Massenkaufrate. Dieser und andere Faktoren sind die Ursache, warum der Durchschnittspreis pro Maßeinheit sinkt, wenn die Ausstoßleistung wächst. Unter *Verbundvorteilen (Economies-of-Scope)* können Kostenvorteile entstehen, die ein Geschäft wegen einer größeren Anzahl von Tätigkeiten genießt. In einem großen Unternehmen z. B. können die gleichen Marketingtätigkeiten oder Vertriebswege viele Produkte unterstützen.

4.3.4 Ausprägungen nutzungs- und gebrauchsabhängiger Geschäftsmodelle

Der Trend von immer komplexer werdenden Produktionsabläufen und Produkten sowie die Fokussierung von Kernkompetenzen verstärkt die Tendenz bei vielen Kunden im B2B-Geschäft, das Leistungsangebot immer stärker nutzungs- und gebrauchsabhängig zu beziehen. Eine wesentliche Herausforderung für die Branche des Maschinen- und Anlagenbaus, in der produktbegleitende Dienstleistungen, die in Ergänzung zum Verkauf des Investitionsguts angeboten werden, immer noch vorherrschend sind, ist die Entwicklung geeigneter Geschäftsmodelle. Zwischen dem reinen Kauf einer Anlage bzw. eines Sachguts lassen sich verschiedene Stufen des Leistungsangebots und der Abrechnungsmodelle und Erlöswege beschreiben [24].

In Abbildung 4.13 werden die relevanten Größen von nutzungs- und gebrauchsabhängigen Geschäftsmodellen in einem morphologischen Kasten strukturiert. Dazu sind zunächst die Geschäftsmodellelemente *Leistungsangebot* und *Abrechnungs-* und *Erlöswege* zu nennen, die dienstleistungsspezifische Geschäftsmodellkombinationen beschreiben. Die resultierenden Geschäftsmodelle lassen sich weiterhin durch die Merkmale der Risikoverteilung zwischen Anbieter und Nachfrager, der Aktivität des Dienstleistungsanbieters sowie durch die Integration des Dienstleistungsanbieters in die Kundenprozesse darstellen.

Geschäftsmodellelemente		Ausprägungen		
Leistungsangebots- + Marktadressierungsmodell	...			
	Leistungsangebot	Nutzung	Produktionsleistung	Verfügbarkeit
	...			
Leistungserstellungsmodell	...			
Ertragsmodell	Abrechnungs- und Erlöswege	Pay-for-Use (Miete oder Leasing)	Pay-on-Production	Pay-per-Hour
	...			
weitere klassifizierende Merkmale		**Ausprägungen**		
Risikoverteilung		Risiko beim Nachfrager	⟷	Risiko beim Anbieter
Aktivität des Dienstleistungsanbieters		reaktiv	⟷	proaktiv
Integration in Kundenprozesse		niedrig bis mittel, vertragsabhängig	mittel	hoch

Abbildung 4.13 Klassifikation nutzungs- und gebrauchsabhängiger Geschäftsmodelle (eigene Darstellung)

4.3.4.1
Nutzungsbasierte Geschäftsmodelle

Intendiert ein Unternehmen, in seinem Leistungsangebot reine Nutzungsrechte verkaufen, können als Abrechnungswege „*Pay-for-Use*"*(PfU)*-Modelle angesetzt werden. Diese lassen sich durch Miet- und Leasingverträge abbilden.

So wird bei einem Mietvertrag eine Anlage dem Kunden überlassen und diese Nutzung finanziell in Form einer monatlichen oder jährlichen Mietzahlung kompensiert. Eigentümer der Anlage bleibt in diesem Falle der Anlagenhersteller, der das Investitionsobjekt bilanzieren muss. Eine weitere Möglichkeit des Verkaufs von Nutzung ist, den Erlösweg über Leasingverträge zu gestalten. Das Leasing ist eine Art der Finanzierung von Investitionsgütern, bei der im Gegensatz zu einem Mietvertrag ein Leasinggeber dem Kunden (Leasingnehmer) die Anlage zur Verfügung stellt. Diese Art des Leasings wird indirektes Leasing genannt, falls der Leasinggeber ein Unternehmen ist, das nicht dem Hersteller der Anlage gehört. Darüber hinaus existiert die Art des direkten Leasings, bei dem der Hersteller der Anlage über eine eigene Gesellschaft des Leasingvertrags dem Leasingnehmer die Nutzung der Anlage anbietet. Der Kunde entrichtet an den Leasinggeber die Nutzungsgebühren. Das Prinzip des Aufbaus eines Leasinggeschäfts wird in Abbildung 4.14 dargestellt.

Frink differenziert unterschiedliche Typen von Leasinggeschäften [27]. Prinzipiell lassen sich zwei verschiedene Typen unterscheiden: Bei dem Operate-Leasing bezieht der Leasingnehmer die Nutzung der Anlage nur kurzfristig. Es unterscheidet sich von

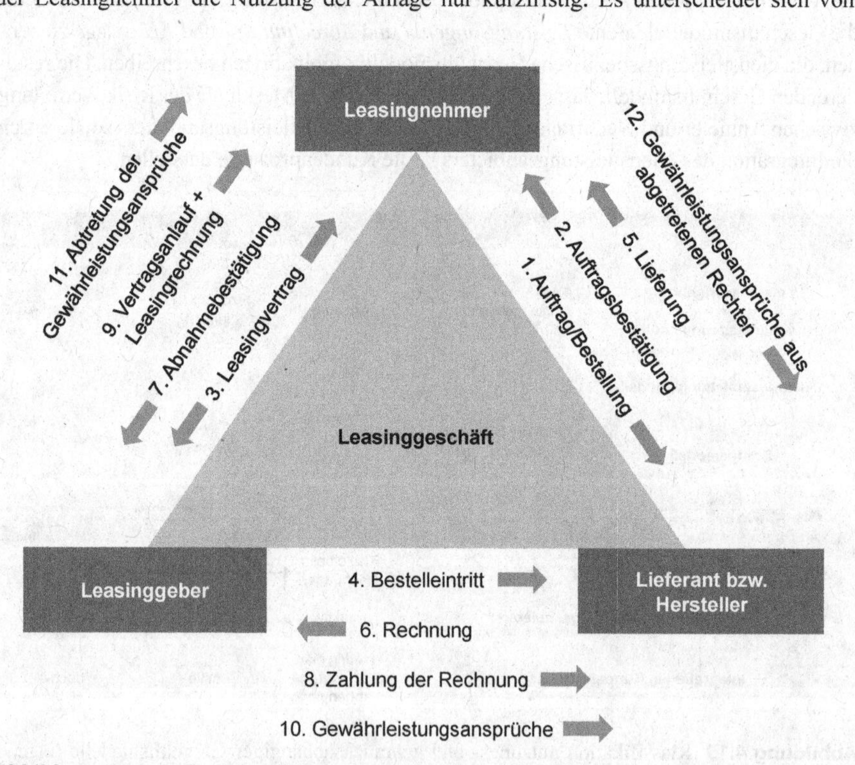

Abbildung 4.14 Aufbau eines Leasinggeschäfts (eigene Darstellung i. A. a. Deutsche Leasing [26])

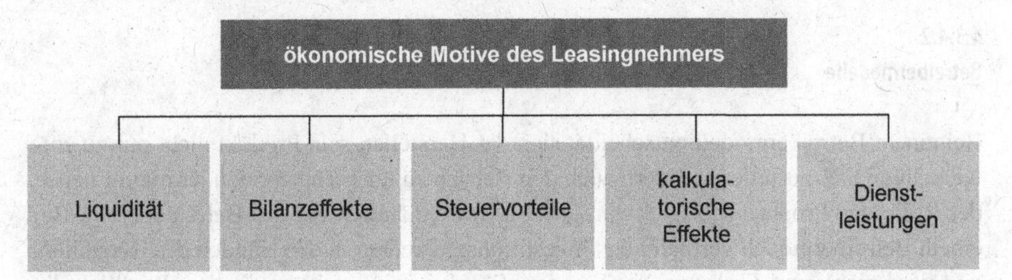

Abbildung 4.15 Aufbau eines Leasinggeschäftes (eigene Darstellung i. A. a. DEUTSCHE LEASING [26])

Mietverträgen nur in bilanzierungstechnischen Elementen. Bei dieser Art des Leasings bleibt das Investitionsrisiko beim Leasinggeber, der auch für die Instandhaltung des Investitionsobjekts zu sorgen hat. Weiterhin wird die Anlage bei dem Leasinggeber bilanziert, sodass der Kunde den Vorteil hat, zunächst keine Eigenmittel einzusetzen zu müssen und somit seine Liquidität erhalten bleibt. Bei dem Finanzierungsleasing hingegen werden das Investitionsrisiko und die Instandhaltung der Anlage vom Leasingnehmer über eine feste Grundleasingzeit übernommen [27].

Durch die beschriebenen möglichen Kombinationen des Leistungsangebotstyps „Verkauf von Nutzung" mit den Abrechnungstypen „Miete oder Leasing" können sich Hersteller von Anlagen durch die erzielbaren Nutzenvorteile für den Kunden und eigene Vorteile von Wettbewerbern differenzieren. Verlagert der Hersteller bzw. der Lieferant das geschäftliche Risiko auf den Leasinggeber, entsteht für den Hersteller bspw. der Vorteil, dass dieser den Umsatz der Anlage voll bilanzieren kann. Dennoch kann er mit dem Leasinggeber Zusatzverträge abschließen, bei dem der Leasingnehmer dazu verpflichtet wird, bspw. Wartungs- und Serviceverträge mit dem Hersteller einzugehen [27]. Generell haben diese Geschäftsmodelle mehrere Vorteile für den Hersteller und den Leasingnehmer. Für den Kunden ergeben sich daraus verschiedene ökonomische Vorteile, die in Abbildung 4.15 gezeigt werden.

Neben Liquiditätsvorteilen existieren für den Kunden bilanzielle Vorteile, da die Bilanzsumme unverändert bleibt und die Leasinggebühren in voller Höhe Betriebsausgaben sind. Gegebenenfalls können sich Vorteile aus steuerlicher Sicht ergeben, insbesondere in Bezug auf Einkommen- und Körperschaftsteuern. Kalkulatorisch können vor allem kleine Unternehmen von einer besseren Planungssicherheit und Kostentransparenz bei Leasingverträgen profitieren. Des Weiteren werden in Leasingverträgen häufig auch weitere Dienstleistungen integriert, die zu einer Reduzierung des Verwaltungsaufwands beim Leasingempfänger führen [28].

Für den Hersteller ergeben sich in diesen Geschäftsmodellen die Vorteile, dass sich die Leistungsangebote und damit die Risiken für den Hersteller sehr gut skalieren lassen. So kann das Angebot von einer Finanzierung der Anlage bis hin zu Full-Service-Verträgen je nach Kunde oder Investitionsgut variiert werden. Der Hersteller kann das Angebot stark auf die individuellen Kundenbedürfnisse ausrichten, sein Image stärken und die Kunden während der Vertragslaufzeit an sich binden [29].

4.3.4.2
Betreibermodelle

Bei einem Betreibermodell entscheidet sich der Hersteller, sein Produkt nicht nur zu entwickeln und herzustellen, sondern auch den Betrieb zu übernehmen, d. h. er nimmt neben der Rolle des Produzenten noch eine zweite Rolle, nämlich die des Betreibers, ein. Bei einem Betreibermodell verbleibt das Investitionsgut zudem in den Händen des Herstellers und wird nicht zum Eigentum des Kunden. Für den Kunden ist somit ausschließlich die Leistungsfähigkeit des Investitionsguts interessant. Dementsprechend werden leistungsbezogene Abrechnungsverfahren wie bspw. „Pay-on-Production" (PoP), „Pay-per-Hour" und verwandte Modelle realisiert [30].

Im Folgenden werden verschiedene Definitionen des Betreibermodells und ein Vergleich ihrer Inhalte und Grenzen vorgestellt. Zudem wird der Frage nachgegangen, welche Chancen und Risiken mit dem Betreibermodell einhergehen und schließlich, welche Voraussetzungen erfüllt seien sollten, um mit einem Betreibermodell erfolgreich zu sein.

> „Ein Betreibermodell charakterisiert eine Geschäftsbeziehung zwischen einem Anlagenhersteller, bzw. (einem) externen Dienstleister, und (einem) Anlagennutzer, bei der eine komplexe Produktionsanlage organisatorisch und räumlich eingebunden in die Wertschöpfungskette des Anlagennutzers betrieben wird." [31]

Die zu betreibende Anlage verbleibt als Teil der Wertschöpfungskette des Nutzers und befindet sich damit auch auf dessen Firmengelände, andernfalls handelt es sich bereits um klassisches Outsourcing. Im Falle des Outsourcings sind Maschinenhersteller und -nutzer zwei unterschiedliche Firmen. In einem Betreibermodell können Hersteller und Betreiber unisono von dem Kreislauf aus Maschinenkonstruktion, Maschinenbetrieb, Erfahrungsaufbau und anschließendem Rückfluss gewonnener Informationen in Konstruktion und Betrieb besonders profitieren [32]. Harms und Famulla definieren ein Betreibermodell auch anhand der Eigentumssituation der Anlage. Wenn die Anlage im Besitz des Herstellers verbleibt und von einem externen Unternehmen oder dem Hersteller selbst betrieben wird, sprechen die Autoren vom Betreibermodell [31, 33].

Meier definiert ein Betreibermodell als Geschäftsmodell, in dem eine große Bandbreite an Dienstleistungen zu einem Produkt angeboten wird. Mithilfe eines Stufenmodells werden die Vorstufen bis hin zum Betreibermodell aufgezeigt. In diesem Stufenmodell wird eine bestimmte Anlage mit festgelegten Leistungsmerkmalen vorausgesetzt, zu der, je nach gewählter Stufe, Dienstleistungen angeboten werden. Auf jeder Stufe steigt das entstehende und zu übernehmende wirtschaftliche Risiko auf Seiten des Betreibers respektive Herstellers [24]

Je mehr Aufgaben vom Kunden an den Betreiber übergeben werden, desto größer werden die zugehörigen wirtschaftlichen Risiken für den Betreiber. Der Hersteller wird innerhalb des Betreibermodells nach dem Produktionsergebnis der Anlage bezahlt, die er mit der Anlage erzeugt. Im Umkehrschluss kann der Hersteller nur dann Umsatz verzeichnen, wenn die Anlage produziert und der Kunde die Produkte nachfragt. Das Risiko eines Markterfolgs des Kunden wird somit zum Risiko des Herstellers. Das Betreibermodell kann allerdings in der Ausgestaltung zur Risikoverringerung mit Mindestabnahmemengen

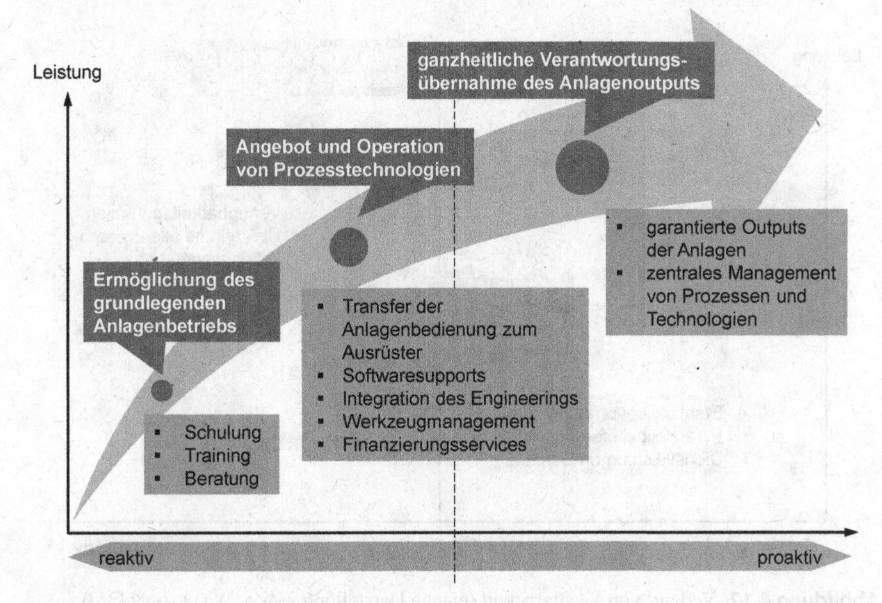

Abbildung 4.16 Verkauf von Produktionsleistung (eigene Darstellung i. A. a. WILDEMANN [35])

ausgestattet werden. Damit kann die Absatzschwankung auf mehrere Schultern verteilt werden [34]. Auch solche Risiken, die direkt mit dem Betrieb der Anlage zusammenhängen, müssen vom Hersteller getragen werden. Weitere finanzielle und organisatorische Risiken entstehen durch die Übernahme von Personalkapazitäten des Kunden oder Vergrößerung der eigenen Kapazitäten.

Kern eines Betreibermodells ist, dass für den Kunden die Leistungsfähigkeit der gefragten Anlage im Mittelpunkt steht und der Betreiber ein bestimmtes Leistungsvolumen zusagen kann. Die Bezahlung erfolgt nicht durch einen einmaligen Kaufpreis, sondern in Abhängigkeit der erbrachten Leistung [30].

Je nach Leistungsangebot eignen sich unterschiedliche Abrechnungstypen für ein Betreibermodell, die im Folgenden vorgestellt werden sollen: Generell lassen sich verschiedene Zielrichtungen der Leistungsangebote charakterisieren [35]. Eine Zielrichtung kann die Steigerung der Produktivität von Prozessen zur Erzeugung eines Endprodukts sein. Eine andere Zielrichtung kann durch die Steigerung der Verfügbarkeit einer Anlage, die ein Endprodukt erzeugt, beschrieben werden. Steht die Produktivitätsoptimierung einer Anlage im Vordergrund eines Leistungsangebots, können verschiedene Leistungen wie in Abbildung 4.16 beschrieben werden.

Reaktive Dienstleistungsangebote können den grundlegenden Betrieb einer Anlage ermöglichen. Bei reaktiven Dienstleistungen ist der Grad der Integration in die Kundenprozesse eher gering. Der Dienstleistungsanbieter bietet in diesem Falle nur bei Bedarf des Kunden Dienstleistungen an, und diese werden klassisch über eine gesonderte Rechnungsstellung verrechnet. Je proaktiver die Leistungsangebote werden, desto höher ist auch die Integration in die Kundenprozesse, sodass bei dem Leistungsangebot wie dem Betreiben von Prozesstechnologien bereits Abrechnungsmodelle wie das Pay-per-Part-

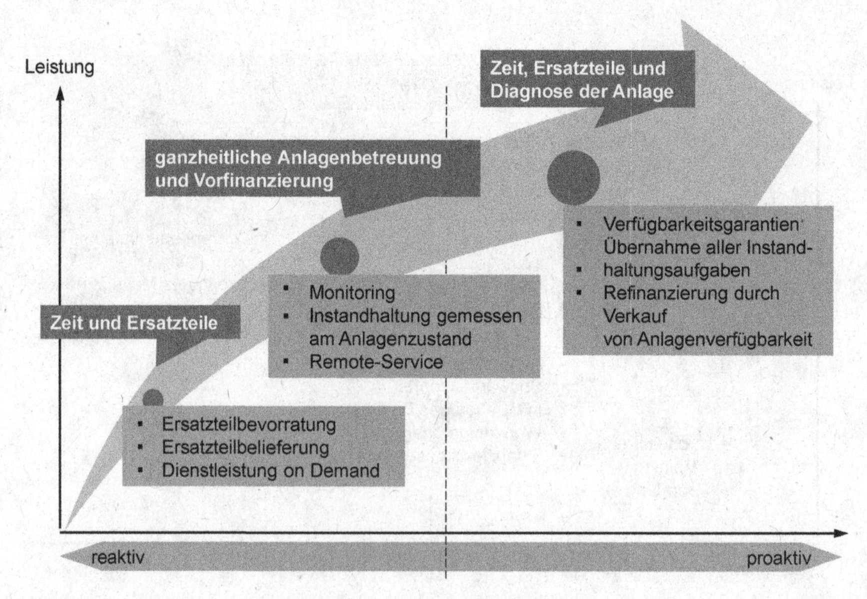

Abbildung 4.17 Verkauf von Verfügbarkeit (eigene Darstellung i. A. a. WILDEMANN [35])

Modell zum Tragen kommen. Als Beispiel sind hier Werkzeugmanagementservices zu nennen. Übernimmt der Hersteller oder Anbieter einer Anlage die Verantwortung für den Anlagenoutput, ist die Integration in die Kundenprozesse sehr hoch und Prozesse, Materialien und Technologien werden über ein zentrales Management abgewickelt. Der Abrechnungsweg ist in diesem Falle ein Pay-on-Production-Modell. Der Anlagenhersteller refinanziert die Investitionen im Falle der ganzheitlichen Verantwortungsübernahme des Anlagenoutputs somit über den Verkauf von Produktionsleistung.

Steht die Steigerung der Verfügbarkeit einer Anlage im Vordergrund eines Leistungsangebots, so lassen sich verschiedene reaktive und proaktive Leistungsangebote einordnen (siehe Abbildung 4.17).

In einem minimalen Leistungsumfang sind reaktive und damit weniger stark in die Kundenabläufe integrierte Leistungsangebote wie Ersatzteileservices von Relevanz. Um die Verfügbarkeit von Anlagen nachhaltiger zu steigern, ist allerdings ein proaktiveres Leistungsangebot unumgänglich. Dies kann erreicht werden, in dem der Umfang der Leistungen steigt und neben den Ersatzteilservices auch Leistungen angeboten werden, die bspw. eine ständige Anlagendiagnose ermöglichen. Im Sinne der Übernahme einer ganzheitlichen Anlagenbetreuung oder einer Vorfinanzierung sind schließlich Verfügbarkeitsgarantieren und Übernahme aller Instandhaltungsaufgaben anzubieten. Der Erlösweg ist in diesem Falle ein Pay-per-Hour-Modell, das eine Refinanzierung der Investitionen durch Verkauf der Verfügbarkeit der Anlage ermöglicht.

Wie die beiden Beispiele zum Verkauf von Produktionsleistung sowie von Verfügbarkeit zeigen, sind Betreibermodelle eine Form des Nutzungserwerbs und damit eine Alternative zum Kauf und Besitz von Anlagen [34]. Wie gezeigt, können Betreibermodelle unterschiedlich ausgeprägt sein. Bei allen möglichen Ausprägungen von Betreibermodellen liegen die Gemeinsamkeiten darin, die Fragen nach Eigentum der Anlage, Verantwortung des Produktionspersonals, Verfügbarkeit der Anlage und des Standorts des Betreibens zu beantworten [32, 34].

Wurden in den Abschnitten weiter oben Risiken von Betreibermodellen näher erläutert, soll nun auf Potenziale eingegangen werden, deren Hebung bei Betreibermodellen zu wirtschaftlichen Vorteilen für Hersteller und Kunden führt. Sowohl finanziell als auch in Bezug auf die Verlagerung der Geschäftsaktivitäten auf Kernkompetenzen eröffnen sich durch Betreibermodelle Potenziale. Mit der Einführung leistungs- und gebrauchsabhängiger Abrechnungsverfahren erzielt der Hersteller regelmäßige Umsatzerlöse, wodurch sich die Planbarkeit der Umsatzbasis erhöht. Weiterhin muss der Kunde nicht mehr den vollen Kaufpreis finanzieren, kann die eigene Liquidität schonen und Kapitalbeschaffungskosten einsparen. Auf diesem Weg ergibt sich die Chance, Budgetrestriktionen zu überwinden, um bspw. leistungsfähigere Anlagen zu nutzen.

Der Kunde profitiert zudem davon, dass der Hersteller aufgrund seiner Entwicklungstätigkeiten in der Lage ist, die Anlage ständig hinsichtlich ihrer technischen Leistungsfähigkeit zu optimieren. Durch schnelle, konstante und unmittelbare Rückflüsse der Prozessinformationen, die im Betrieb der Anlage gewonnen werden, kann die Entwicklung zukünftiger Anlagen verbessert werden. Schwächen können schneller und besser erkannt, beseitigt sowie Stärken ausgebaut werden, um Verfügbarkeit und Leistung der Anlagen zu verbessern. Das Know-how des Herstellers kann in einem Betreibermodell ausgebaut werden und bietet dem Hersteller ein hohes Alleinstellungsmerkmal.

4.4 Management von Geschäftsmodellen

Der Auf- und Ausbau der industriellen Dienstleistungen stellt für produzierende Unternehmen einen umfassenden Veränderungsprozess dar, in dem die Anpassung des bestehenden Geschäftsmodells eine wesentliche Rolle spielt. Dabei kann die Veränderung von einer geringeren Ausweitung des Dienstleistungsangebots bis hin zu einem radikalen Wandel reichen und entweder nur Teile der strategischen, Kunden- und Markt- oder Wertschöpfungselemente oder alle Partialmodelle gleichzeitig betreffen. Die Veränderung zu einem neuen Geschäftsmodell eröffnet Chancen, birgt aber gleichzeitig auch Gefahren. Um den Veränderungsprozess strukturiert durchführen zu können und damit die Erfolgswahrscheinlichkeit zu erhöhen, ist ein systematischer Managementansatz notwendig, der im Folgenden dargestellt wird. Die grundsätzlichen Arten der Entscheidungsfindung des Managements an sich beeinflussen den Veränderungsprozess maßgeblich. Deshalb werden diese vorab erläutert.

4.4.1 Managementarten

Der Erfolg der Veränderung des Geschäftsmodells ist von der Art der Entscheidungsfindung des Managements an sich abhängig. Grundsätzlich unterscheidet Wirtz drei verschiedene Managementmodi (siehe Abbildung 4.18), die mit unterschiedlichen Implikationen für das

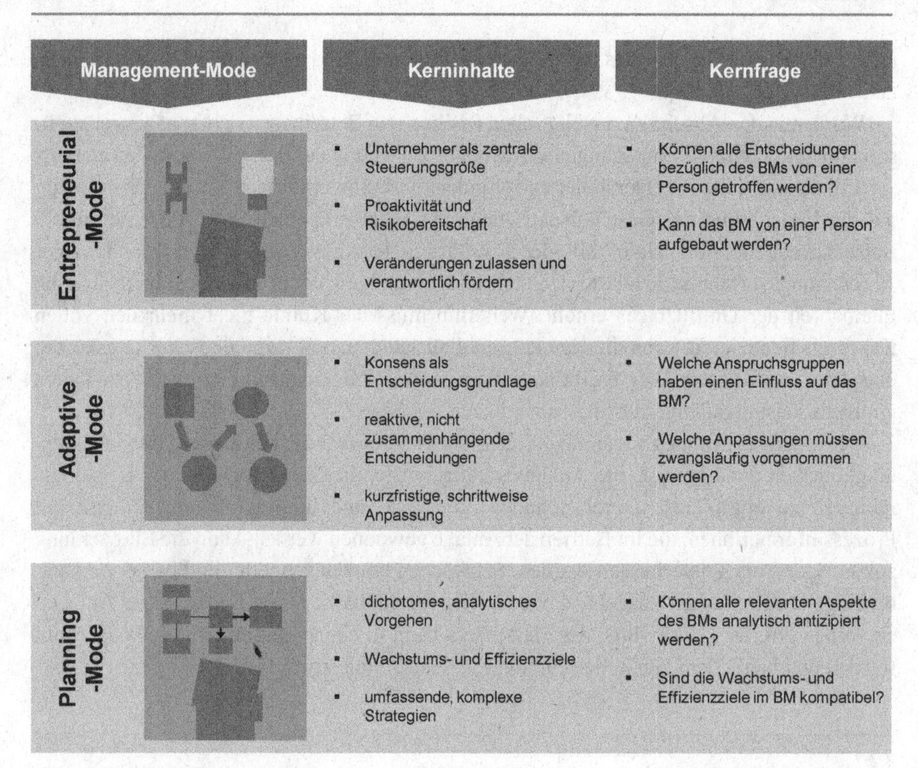

Abbildung 4.18 Charakteristika der Geschäftsmodellmanagementarten (eigene Darstellung i. A. a. Wirtz [12])

Management von Geschäftsmodellen einhergehen. Je nach Lebenszyklusphase des Geschäftsmodells sind unterschiedliche Modi oder Kombinationen dieser sinnvoll. Die drei Modi lassen sich durch die Art der Entscheidungsfindung sowie die Reichweite der Entscheidung charakterisieren [12]. Die in diesem Rahmen vorgestellten Managementarten basieren dabei auf den Arbeiten von Mintzberg [36] und Afuah [37].

Der *Entrepreneurial-Mode* ist gekennzeichnet durch das oberste Ziel des Wachstums. In einem nicht immer sehr zielgerichteten Beobachtungsprozess werden fortlaufend Umwelt und Markt nach neuen Chancen und Möglichkeiten begutachtet. Dabei ist meist ein Unternehmensinhaber die zentrale Steuerungsgröße für das Geschäftsmodell. Dies ist häufig in kleineren und mittleren Unternehmen vorzufinden. Weiterhin zeichnet sich dieser Modus dadurch aus, dass eine hohe Risikobereitschaft besteht und häufig proaktiv neue Geschäftsmodelle angegangen werden, die meist durch wenige Entscheider durchgesetzt werden. Unternehmer, die diesem Managementmodus folgen, lassen Veränderungen im Geschäftsmodell zu und fördern Verantwortlichkeiten [12].

Der *Adaptive-Mode* zeichnet sich im Gegensatz zu dem ersten Modus durch fortlaufende Anpassungsstrategien hinsichtlich der Umweltbedingungen aus. In diesem Modus sind meist wenig radikale, sondern eher inkrementelle Veränderungen zu beobachten. Die Entscheidungen, die in diesem Modus getroffen werden, werden durch Konsensbildung zwischen den verschiedenen Stakeholdern erreicht. Durch eher kurzfristige Perspektiven und die schrittweise Anpassung des Geschäftsmodells wird auf die Umweltbedingungen eher reaktiv agiert [12].

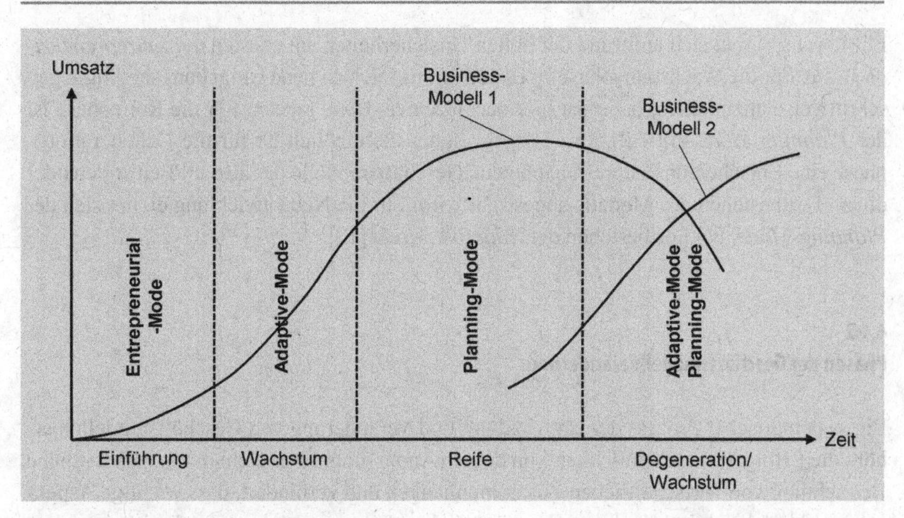

Abbildung 4.19 Modusveränderung im Laufe des Geschäftsmodelllebenszyklus (eigene Darstellung i. A. a. WIRTZ [12])

Der *Planning-Mode* steht für eine Managementart, die gleichzeitig klare Wachstums- und Effizienzziele für das Geschäftsmodell definiert. Die beiden Zielrichtungen bilden ein Spannungsfeld, in dem Unternehmensentscheidungen getroffen werden müssen. Das Wachstumsziel kann nur durch risikobehaftete Entscheidungen und Rahmenbedingungen erreicht werden, das Effizienzziel benötigt eher planbare und stabile Rahmenbedingungen, um bspw. Skaleneffekte erreichen zu können. Um den beiden Zielrichtungen gerecht zu werden, werden Umweltbedingungen regelmäßig analysiert und sowohl aktives Verhalten zur Identifikation von Wachstum und reaktives Verhalten zur Stärkung von Effizienz gefördert. Der Planungshorizont für die Strategie ist langfristig ausgelegt und ist umfänglich mit anderen Unternehmensaktivitäten abzustimmen [12].

In Unternehmen werden trotz der unterschiedlichen Merkmale der Managementarten häufig Kombinationen der Modi verwendet. So kann bspw. in großen Unternehmen beobachtet werden, dass verschiedene Abteilungen sich nach unterschiedlichen Modi richten: eine Forschungs- und Entwicklungsabteilung folgt ggf. eher einem *Entrepreneurial-Mode,* während die Marketingabteilung eher dem *Adaptive-Mode* folgt. Weiterhin kann sich der eingesetzte Modus je nach Lebenszyklusphase ändern (siehe Abbildung 4.19).

Der Lebenszyklus eines Geschäftsmodells kann in die Phasen *Einführung*, *Wachstum*, *Reife* und *Degeneration* unterteilt werden [12, 38, 39].

Zu Knyphausen-Aufseß und Zollenkopp beschreiben verschiedene Indikatoren, die je nach Lebenszyklusposition für die unterschiedlichen Geschäftsmodellelemente von Bedeutung sind und den Managementmodus bedingen [39]. Für das Geschäftsmodellelement Leistungsangebot- und Marktadressierung sind die Indikatoren *Marktpotenzial*, *Marktausschöpfungsgrad*, *Innovationsrate*, *Standardisierungsgrad von Leistungssystemen* und *Kundenadoptionsneigung* wichtig. Für das Leistungserstellungsmodell sind vor allem Technologieentwicklung sowie Determinanten der Branchenentwicklung relevant. Für das Ertragsmodell sind Kaufkriterien, Preiselastizitäten der Nachfrage und Veränderung von Zahlungsbereitschaften der Marktteilnehmer bedeutsam [39]. Für die Phase der

Einführung eignet sich aufgrund der hohen Unsicherheiten am ehesten der *Entrepreneurial-Mode*. Für die Wachstumsphase ist es notwendig, sich an neue Umgebungsbedingungen schrittweise anzupassen; daher ist hier der *Adaptive-Mode* ratsam. Für die Reifephase ist der *Planning-Mode* mit Effizienzzielen geeignet. Schließlich ist für die Degenerationsphase eine Entscheidung zu treffen, ob neue Geschäftsmodelle das alte ablösen sollen oder ob ein Fortbestehen des Modells angestrebt wird. Für die Neuentwicklung eignet sich der *Planning-Mode*, bei Fortbestehen der *Adaptive-Mode* [12].

4.4.2 Phasen der Geschäftsmodellveränderung

Ein systematischer Prozess der Entwicklung und Veränderung von Geschäftsmodellen erhöht die Erfolgswahrscheinlichkeit von dessen Anpassung. Er erleichtert die ganzheitliche Betrachtung von wirtschaftlichen Zusammenhängen und verhindert, dass wichtige Aspekte nicht berücksichtigt werden. Alle wesentlichen Faktoren können durch einen solchen Ansatz durchdacht und durch die Berücksichtigung aller Teilmodelle eines Geschäftsmodells kann die Performance des späteren Geschäftsmodells deutlich erhöht werden [12]. Im Folgenden wird ein Prozess in vier Phasen für das Management der Geschäftsmodellveränderung vorgestellt. Der Ablauf der Phasen orientiert sich dabei am typischen Verlauf von Prozessen der Veränderung von Geschäftsmodellen im Bereich industrieller Dienstleistungen und umfasst Aufgaben der Initiierung bzw. der Ideenfindung, der Konzeptentwicklung, der Umsetzung sowie der Evaluierung in der Betriebs- bzw. Marktphase eines Geschäftsmodells. Das Vorgehensmodell basiert auf dem Ansatz von Wirtz und ist in Teilen angepasst worden [12] (Abbildung 4.20).

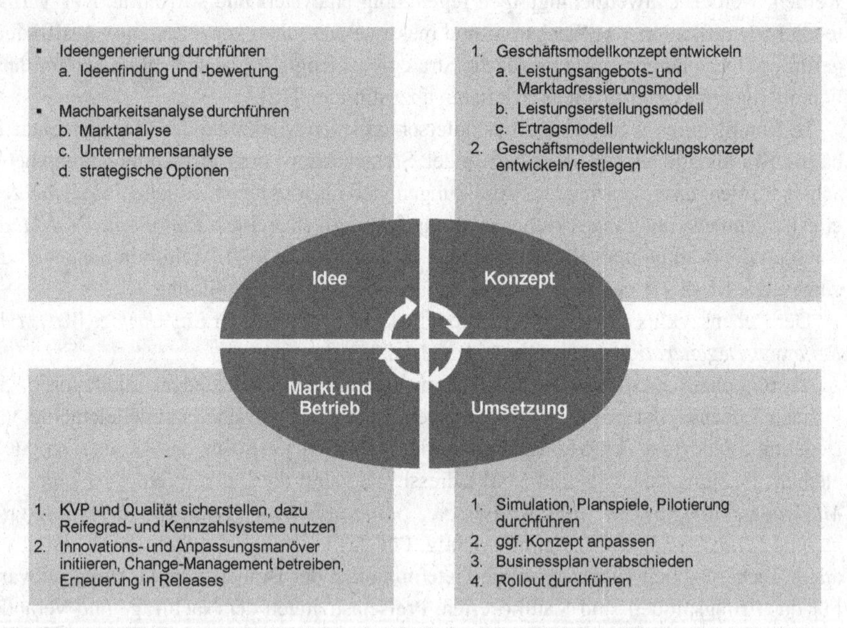

Abbildung 4.20 Phasenmodell der zum Geschäftsmodellveränderung (eigene Darstellung)

Die Initiierung einschließlich der *Ideenfindung* ist der Ausgangspunkt für die nachfolgenden Managementprozesse und stellt den konzeptionellen und vor allem strategischen Bezugsrahmen für die Entwicklung und Implementierung des Geschäftsmodells dar. In dieser Phase werden Ideen systematisch hergeleitet und anhand von Machbarkeitsanalysen bewertet.

In der *Konzeptphase* wird das eigentliche Geschäftsmodell erarbeitet. Dabei müssen die bereits in Kapitel 4.2 beschriebenen Teilmodelle (Leistungsangebots- und Marktadressierungsmodell, Leistungserstellungsmodell und Ertragsmodell) genauer detailliert und beschrieben werden. Weiterhin wird festgelegt, in welcher Art sich das Geschäftsmodell bspw. abhängig von dessen Lebenszyklus weiterentwickeln soll. Eine Konkretisierung des Geschäftsmodells durch Zeit- und Mengengerüste mündet am Ende der Konzeptphase in einen Geschäftsplan.

Die *Umsetzungsphase* umfasst insbesondere die für die Realisierung der einzelnen Geschäftsmodellelemente notwendigen Planungsschritte sowie die dazu erforderlichen Projektpläne einschließlich der erforderlichen Meilensteine. Die Umsetzungsphase umfasst des Weiteren Methoden der Ex-ante-Bewertung, wozu Verfahren der Risikobewertung, aber auch Simulationen für einzelne Elemente eingesetzt werden können. Je nach Änderungsumfang sind Konzeptanpassungen durchzuführen und das Geschäftsmodell schließlich in Form eines Prototyps umzusetzen.

Ist ein Geschäftsmodell vollständig umgesetzt, schließt sich der operative Betrieb im *Markt* an (siehe Kapitel 4.4.4.4). In diesem Kontext ist neben der allgemeinen Qualitätssicherung insbesondere die Beobachtung der relevanten unternehmensinternen und -externen Rahmenbedingungen sowie des wirtschaftlichen Erfolgs notwendig, um Veränderungen mittels Kennzahlen- und Reifegradsystemen zu erkennen bzw. zu antizipieren.

4.4.3 Einstiegspunkte zur Geschäftsmodellentwicklung

Das 4-Phasen-Modell umfasst logisch aufeinander aufbauende Phasen, die Einstiegspunkte für eine Entwicklung bzw. Weiterentwicklung eines Geschäftsmodells bieten. Diese sind nicht willkürlich gewählt, sondern an zwei konkreten Einstiegspunkten für unterschiedliche Anlässe, wie der Anpassung der Zielrichtung sowie dem Lebenszyklus des Geschäftsmodells, definiert. Diese werden im Folgenden beschrieben und sind zusammenfassend in Abbildung 4.21 dargestellt.

Wird ein Geschäftsmodell von Grund auf neu aufgebaut, bspw. im Rahmen der Neugründung einer Geschäftseinheit für Dienstleistungen respektive entsprechender Geschäftsmodelle, so müssen zunächst grobe Details und Rahmenbedingungen geklärt werden. Für diesen Ansatz eignet sich der *Entrepreneurial-Mode.* In der Phase „Idee“ sind zunächst Ideen zu sammeln, zu strukturieren und zu bewerten. Danach sind in dieser Phase Machbarkeitsanalysen in Form von Marktanalysen durchzuführen. Dies trifft auch dann zu, wenn in einem bereits bestehenden Unternehmen ein neues Geschäft aufgebaut werden soll. Dabei müssen die bereits erwähnten Schritte durch Unternehmensanalysen (wie bspw. Analyse der Fähigkeiten, Prozesse, Ressourcen, Unternehmensstrategie) und die Entscheidung über strategische Optionen erweitert werden. Danach kann das Geschäftsmodell in der Phase „Konzept“ detailliert und in der Phase „Umsetzung“ pilothaft

Anlass der Geschäftsmodellentwicklung **Phasen des Geschäftsmodellmanagements**

Geschäftsmodellentwicklung in einem neuen Unternehmen bzw. erstmaliger Aufbau eines neuen Geschäfts in einem bestehenden Unternehmen.

Idee

Konzept

Markt und Betrieb

Umsetzung

Anpassung bzw. Veränderung eines bestehenden Geschäftsmodells in einem Unternehmen.

Abbildung 4.21 Ansatzpunkte zur Geschäftsmodellentwicklung (eigene Darstellung)

umgesetzt werden. An dieser Stelle befindet sich das Geschäftsmodell im Lebenszyklus der Einführung. Schließlich folgt die „Marktphase", in der das Modell im Markt eingeführt wird und kontinuierlich verbessert werden sollte.

Ist das Geschäftsmodell bereits in dem Zyklus der Reife oder Degeneration, so ist ein anderer Ansatzpunkt für die Geschäftsmodellentwicklung zu wählen. Ausgehend von der Phase „Markt und Betrieb" ergibt sich hier der andere Anlass zur Geschäftsmodellentwicklung. Falls ein Geschäftsmodell grundlegend verändert werden sollte, so ist der Einstieg zur Weiterentwicklung des Geschäftsmodells mit dem hier vorgestellten Konzept in dieser Phase zu wählen.

Zunehmender Wettbewerbsdruck steigert den Druck auf Unternehmen, daher müssen sich diese wechselnden Umweltbedingungen anpassen, um langfristig in einem wettbewerbsintensiven Umfeld bestehen zu können. Dabei kann ein Veränderungsprozess sowohl aufgrund externer als auch interner Einflüsse initiiert werden, wobei in beiden Fällen die Änderungen Auswirkungen auf das Geschäftsmodell haben. Osterwalder und Pigneur beschreiben hierzu unterschiedliche „Epizentren", aus denen Geschäftsmodellinnovationen hervorgehen können. Diese lassen sich in ressourcenbedingte, finanzbedingte, angebotsbedingte und kundenbedingte Epizentren unterscheiden. Weiterhin sind auch Kombinationen aus den Epizentren möglich [11].

Die ursächlichen Treiber der Innovation lassen sich bspw. mithilfe von Managementmethoden wie der SWOT-Analyse identifizieren. Die Veränderungen des Geschäftsmodells können von einem geringen bis hin zu einem radikalen Wandel reichen und entweder nur Teile (wie Leistungsangebot oder Erlöswege) oder alle Teilmodelle des Geschäftsmodells zeitgleich betreffen. So kann die Veränderung des Geschäftsmodells für ein Unternehmen sowohl eine Gefahr als auch eine Chance darstellen, denn einerseits können Wettbewerbsvorteile durch einen Wandel reduziert werden, andererseits ermöglicht eine Veränderung des Geschäftsmodells aber auch die Generierung von neuen Wettbewerbsvorteilen.

Als Unterschied zu dem zuerst genannten Anlass der Geschäftsmodellentwicklung gilt es im Besonderen, eine SWOT-Analyse des bestehenden Modells vorzunehmen, um in der Phase „Idee" sodann wieder in einen Prozess des „Re-Engineerings" des Geschäftsmodells einsteigen zu können. Hier ist entsprechend der oben aufgeführten Managementarten der *Adaptive-Mode* zu wählen. Dabei sollten in der Phase „Idee" zunächst die Schritte der Machbarkeitsanalyse und danach die Schritte des kreativen Teils durchlaufen werden. Dies ist notwendig, da mit den bestehenden Rahmenbedingungen eine Ideenbewertung durchgeführt werden sollte. Die restlichen Schritte des Ansatzes sind dann wie im vorigen Fall zu durchlaufen und je nach Notwendigkeit unterschiedlich zu detaillieren.

4.4.4 Methoden im Management von Geschäftsmodellen

Im Folgenden werden die Schritte der einzelnen oben beschriebenen Phasen dargelegt und die entsprechenden Methoden vorgestellt. Dabei wird bei der Beschreibung des Vorgehens davon ausgegangen, dass ein Geschäftsmodell für ein bestehendes Unternehmen angepasst und entwickelt wird.

4.4.4.1 Methoden für die Ideenphase

Ziel der Phase ist es, konzeptfähige Ideen für Geschäftsmodelle zu generieren, deren Machbarkeit durch verschiedene Analysen geprüft und die mit strategischen Handlungsperspektiven abgeglichen worden sind (siehe Abbildung 4.22). Dabei sollte in dieser ersten Phase ein Team mobilisiert werden und ein Bewusstsein für die Gestaltung eines Geschäftsmodells geschaffen werden. Diese erste Phase ist vor allem unter dem Aspekt des „Verstehens" von Markt, Umwelt etc. zu verstehen [11].

Für die Generierung von Geschäftsmodellideen können verschiedene Kreativitätstechniken in Betracht gezogen werden. Für den Einsatz in der Praxis empfiehlt Wirtz die Kreativitätstechniken *Klassisches Brainstorming*, *Morphologischer Kasten* und die *Methode 635* (siehe dazu auch [12]). Diese Kreativitätstechniken sollten in einem Workshop mit geeigneten Personen aus dem Management und den betreffenden Bereichen durchgeführt werden. Dabei können die einzelnen Techniken miteinander kombiniert werden, wodurch

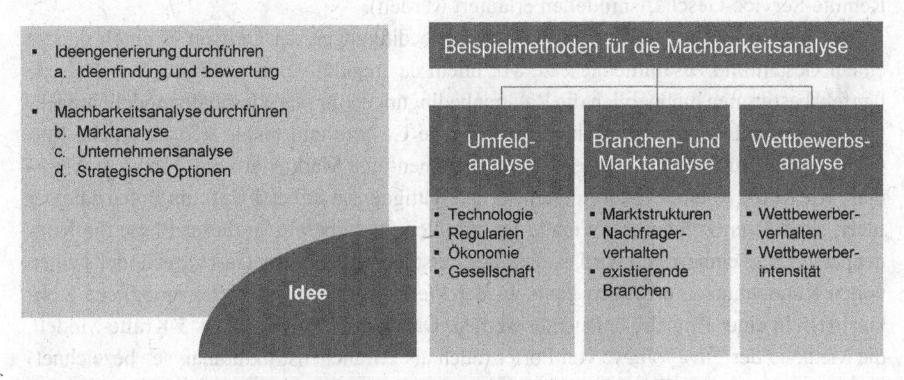

Abbildung 4.22 Machbarkeitsanalyse in der Ideenphase (eigene Darstellung)

Beispielhafte Aspekte und Merkmale einer Umweltanalyse für Remote-Service-Geschäftsmodelle

Umfeldanalyse	Branchen- und Marktanalyse	Wettbewerbsanalyse
▪ Technologie: – Welche Technologien können für Remote-Services genutzt werden? – Welche Technologien sind aktuell? – Welche Übertragungs-technologien kann man verwenden? – Sind die Anlagen/ Maschinen grundsätzlich für Remote-Services geeignet (Sensorausstattung etc.)? ▪ Regularien: – Welche Gesetze und Regularien sind bspw. für Datensicherheit einzuhalten?	▪ Marktstrukturen: – Anzahl der Anbieter – güterbezogene Klassifizierung: reiner Dienstleistungsmarkt oder Investitionsgütermarkt – räumliche Merkmale, z. B. lokaler Markt, regionaler Markt, nationaler Markt, internationaler Markt ▪ Nachfragerverhalten: – Wie verhalten sich die Kunden im Markt bezogen auf Remote-Service-Angebote? ▪ Existierende Branchen: – Maschinen- und Anlagenbau – Windenergiebranche – Medizintechnik – Softwareanbieter – Branchenverbände (VDMA etc.)	▪ Wettbewerberverhalten: – Welche Remote-Service-Leistungen bietet der Wettbewerb an? – Wie groß ist die Erfahrung des Wettbewerbs mit Remote-Services? – Welche Daten nutzt der Wettbewerb für den Remote-Service? ▪ Wettbewerberintensität: ▪ Wie viele Wettbewerber bieten Remote-Services an? ▪ Wird Remote-Service beim Wettbewerb nur vermarktet oder wirklich genutzt?

Abbildung 4.23 Umweltanalyse am Beispiel für Remote-Service-Geschäftsmodelle (eigene Darstellung)

mehr Ideen entstehen können. Weiterhin eignen sich für die Ideengenerierung auch die von Osterwalder und Pigneur identifizierten „Epizentren der Geschäftsmodellinnovation" (siehe auch Kapitel 4.4.3). Für Details zu den Methoden sei auf weiterführende Literatur wie bspw. Weidenmann [40] verwiesen.

Im nächsten Schritt werden in der Machbarkeitsanalyse die identifizierten Ideen vor dem Hintergrund der Machbarkeit bewertet. Dabei werden sowohl der Markt und das Unternehmen als auch der Wettbewerb beleuchtet, um Potenziale erkennen zu können. Ideen, die nicht den Ansprüchen genügen, sollten aussortiert werden [12].

Die Machbarkeitsanalyse kann in die Umfeldanalyse, Branchen- und Marktanalyse sowie die Wettbewerbsanalyse unterteilt werden (siehe Abbildung 4.23, in der mögliche Fragestellungen im Rahmen einer Unternehmensanalyse am Beispiel von Remote-Service-Geschäftsmodellen erläutert werden).

Bei der Umfeldanalyse werden die Rahmenbedingungen der Umwelt ermittelt und zu einem Gesamtbild zusammengesetzt. Vor allem das regulative als auch das ökonomische Umfeld bestimmen maßgeblich die Rahmenbedingungen für eine Geschäftsmodellentwicklung. Daher müssen vor allem landesspezifische Gesetze und lokale wirtschaftliche Entwicklungen berücksichtigt werden. In der Branchen- und Marktanalyse werden u. a. Merkmale wie Marktvolumen, Marktpotenzial und Sättigungsgrad bestimmt, um Potenziale der Ideen abschätzen zu können. Wichtig ist vor allem, dass bereits in dieser Phase die Kundenperspektive einbezogen wird, sodass das Leistungsangebot des Geschäftsmodells einen hohen Kundennutzen erzeugen kann. In der Wettbewerbsanalyse sollten mögliche Konkurrenten in einer Branche beleuchtet werden. Dabei kann bspw. auf das 5-Kräfte-Modell, die Methode der „*five forces*" von Porter (auch als „Branchenstrukturanalyse" bezeichnet) zurückgegriffen werden [41]. Nachfolgend werden mögliche Fragestellungen im Rahmen einer Unternehmensanalyse am Beispiel von Remote-Service-Geschäftsmodellen erläutert.

Im letzten Schritt innerhalb der Machbarkeitsanalyse sollten die Ideen im Hinblick auf die möglichen strategischen Optionen des Unternehmens geprüft werden. Damit wird sichergestellt, dass das zu entwickelnde Geschäftsmodell nicht der Unternehmensstrategie widerspricht. Vor dem Hintergrund der unterschiedlichen Schritte der Machbarkeitsanalyse müssen die Ideen bewertet werden. Dazu kann bspw. die Methode der Nutzwertanalyse herangezogen werden [42]. Anschließend ist die priorisierte Idee in ein Geschäftsmodell in die Teilmodelle zu überführen und zu konkretisieren. Dies wird in der folgenden Phase beschrieben.

4.4.4.2 Methoden für die Konzeptphase

In dieser Phase werden die einzelnen Elemente des Geschäftsmodells zu einem schlüssigen Gesamtkonzept verdichtet. Das „Verstehen" der Zusammenhänge der Geschäftsmodellelemente sowie die „Gestaltung" der einzelnen Teilmodelle steht hier im Fokus [11]. Die priorisierte und bewertete Geschäftsmodellidee aus der ersten Phase dient als Input für die Entwicklung des Geschäftsmodellkonzepts. Diese Idee ist bzgl. der anderen Geschäftsmodellelemente zu konkretisieren (siehe Abbildung 4.24). Für relevante Elemente und Fragen, auf die im Rahmen der Geschäftsmodellentwicklung zurückgegriffen werden kann, sei hier auf die Kapitel 4.2.2 und 4.3.1 verwiesen.

Die Konkretisierung kann im Rahmen von Workshops durchgeführt werden. Vor allem visuelle Methoden haben sich bei der Konzepterstellung bewährt. Diese beschreiben Osterwalder und Pigneur mit der Technik des „visuellen Denkens". In den Workshops sollten daher Werkzeuge wie Bilder, Skizzen, Diagramme und Haftnotizen genutzt werden, um die komplexen Inhalte und Zusammenhänge der unterschiedlichen Geschäftsmodellbestandteile greifbar machen zu können [11]. Weiterhin sind die klassischen Methoden aus der Produktentwicklung [siehe bspw. 42] und des Service Engineerings von Relevanz (siehe Kapitel 7), da diese grundsätzlichen Vorgehensweisen zur Lösung von Problemen folgen. Das von Osterwalder und Pigneur entwickelte Konzept des *Business-Modells*

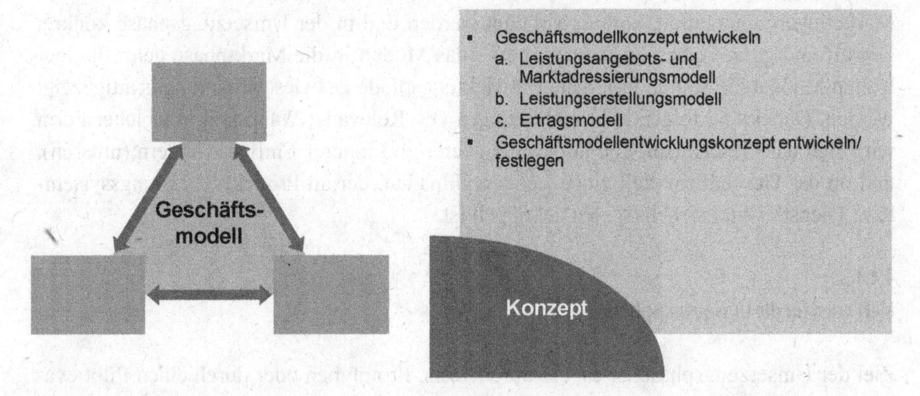

Abbildung 4.24 Konzeptphase der Geschäftsmodellentwicklung (eigene Darstellung)

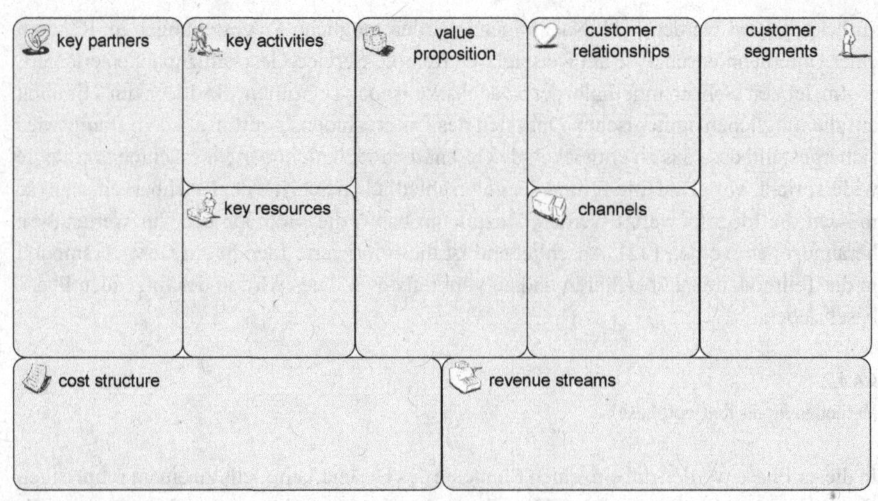

Abbildung 4.25 *Business-Modell Canvas* (eigene Darstellung i. A. a. OSTERWALDER und PIGNEUR [11])

Canvas hat sich al Quasi-Standard zur Konzeption, Strukturierung und Konkretisierung von Geschäftsmodellen entwickelt [11] (Abbildung 4.25).

Falls ein komplett neues Geschäftsmodell entwickelt werden soll, ist die größte Herausforderung während der Konzeptphase, sich an die vorher entwickelten Ideen zu halten. Dabei müssen die Teilnehmer des Workshops über den Status quo bezüglich aktueller Geschäftsmodelle und Muster hinausdenken. Es muss genug Zeit vorhanden sein, damit sich die Teammitglieder verschiedenen Ideen widmen können, die während der Ausgestaltung der Teilmodelle entwickelt werden. Dazu sollte mit verschiedenen Ausprägungen der Geschäftsmodellelemente experimentiert werden, wie bspw. unterschiedlichen Kooperationsformen, verschiedenen Erlöswegen oder Vertriebskanälen. Dabei kann es auch helfen, mögliche Geschäftsmodellszenarien als „Geschichte" zu erzählen und über die Reflexion durch andere Teilnehmer das Konzept zu verbessern [11].

Während der Konzeptphase sollten die Unsicherheiten, wie bspw. eine neue radikale Marketingargumentation, herausgearbeitet werden und in der Umsetzungsphase konkret geprüft und ggfs. verbessert werden, bevor das Modell in die Marktphase geht. In einer letzten Maßnahme sollten mögliche Entwicklungspfade des Geschäftsmodells aufgezeigt werden. Dabei sind folgende Fragestellungen von Relevanz: Wann und in welcher Form wird sich das Geschäftsmodell aufgrund äußerer und innerer Einflüsse ändern (müssen), und ob das Geschäftsmodell einen Lebenszyklus hat, der an Produkt-, Leistungssystem- bzw. Dienstleistungslebenszyklen gekoppelt ist.

4.4.4.3 Methoden für die Umsetzungsphase

Ziel der Umsetzungsphase ist es, ein durch Tests, Prototypen oder durch einen Pilot evaluiertes Geschäftsmodell im Markt einzuführen. In einem ersten Schritt sollten virtuelle

Tests mit dem Geschäftsmodell durchgeführt werden, um dessen Funktionalität und dessen Konformität auf die unterschiedlichen Anforderungen zu testen. Dazu können Planspiele durchgeführt werden oder Konzeptkunden in eine Testphase eingebunden werden. Osterwalder und Pigneur sprechen in diesem Rahmen von Prototypen, die dazu dienen sollen, ein besseres Verständnis für die Lösungen zu entwickeln und schließlich zu einer Entscheidung für die Geschäftsmodelleinführung zu kommen. Simulationen eignen sich ebenfalls, um Geschäftsprozesse oder Marktszenarien ex ante zu evaluieren. Die Prototypen werden auf verschiedenen Ebenen unterschieden. Zwei mögliche Ebenen sind bspw. das Geschäftsszenario, bei dem eine Berechnung bspw. in Form einer tabellarischen Übersicht erzeugt wird, oder der Markttest, bei dem das Geschäftsmodell im Markt getestet wird [11].

Die Ergebnisse der in der Umsetzungsphase angewandten Methoden können eine Anpassung des Konzepts nach sich ziehen. Nachdem etwaige Anpassungen an dem Konzept vorgenommen wurden, sollte das Geschäftsmodell in einem Pilot getestet werden. Für diesen Pilot sollte eine längere Zeit eingeplant werden. Bereits die Pilotierung sollte von einem angemessenen internen und externen Change-Management begleitet werden. Nur so ist sichergestellt, dass die Anspruchsgruppen bezüglich der neuen Anforderungen und der Funktion des Geschäftsmodells geschult werden und Kunden das neue Geschäftsmodell verständlich machen können. Dabei wird unter Change-Management ein bewusster Steuerungsprozess verstanden, der die Veränderungen in einer Organisation auf formaler Ebene z. B. durch Änderungen der Aufbauorganisation und auf der Prozessebene bspw. durch Workshops für Mitarbeiter initiiert und steuert. Für weiterführende Ausführungen zu Ansätzen des Change-Managements sei an dieser Stelle auf die Beiträge von Doppler und Lauterburg [43] sowie Schuh [44] verwiesen.

In einem letzten Schritt der Umsetzungsphase muss schließlich entschieden werden, ob eine Einführung des Modells auch tatsächlich erfolgen soll. Falls mehrere Geschäftsmodelle bis zu diesem Stadium alternativ betrachtet wurden, muss an dieser Stelle eine Entscheidung zwischen den Alternativen getroffen werden. Eine Entscheidung kann in der Form vorbereitet werden, indem das Geschäftsmodell bis auf den Detaillierungsgrad eines Businessplans spezifiziert wird. Im Wesentlichen umfasst der Businessplan vor allem eine Finanzplanung sowie die bisher betrachteten Aspekte des Geschäftsmodellmanagement-Ansatzes (Strategiekonformität, Markt- und Unternehmensanalysen) zusammengefasst in einem Dokument (dazu sei auch auf weiterführende Literatur verwiesen, wie bspw. Afuah [37]).

Die Businesspläne bieten somit die Möglichkeit, mehrere Geschäftsmodellalternativen in einer wirtschaftlichen Vergleichsrechnung objektiv zu evaluieren. Für den Rollout oder die Implementierung des Geschäftsmodells rät Wirtz zu folgenden Schritten [12]: Zunächst sollten in einer Planung Meilensteine, Budgetierung, Ablaufpläne, Fristen und Termine festgelegt werden. Danach sollten die Ziele des Modells sowie der Implementierungsplan kommuniziert werden. Anschließend folgen eine Auswahl geeigneter Teammitglieder nach fachlichen sowie sozialen Kompetenzen und eine angemessene Ausstattung des Teams. Die eigentliche Umsetzung des Geschäftsmodells und die ständige Überprüfung des Implementierungsfortschritts sind danach sicherzustellen. Abschließend sollte eine Überprüfung der Implementierungsziele und ggfs. Anpassungen vorgenommen werden. Lessons-learned-Workshops können diesen letzten Schritt der Implementierung des Geschäftsmodells unterstützen.

	Blockstrategie	Run-Strategie	Team-up-Strategie
Inhalt	▪ Errichtung von Barrieren ▪ Sicherung von Patienten ▪ Erzeugung von einzigartigen Fähigkeiten ▪ Durchsetzen des Copyrights	▪ Einnahme der Rolle eines Innovators (Flucht nach vorne) ▪ aufgrund begrenzter Ressourcen ggf. kooperative Entwicklung	▪ Abschluss von strategischen Partnerschaften ▪ Kompetenz- und Ressourcenaustausch ▪ Bildung eines Business-Model-Netzwerks
Vorteile	▪ Imitationen werden erschwert ▪ vorhandene Wettbewerbsvorteile können verteidigt werden	▪ hohes Markenimage als Innovator ▪ Wettbewerbsvorteile gegenüber den Mitbewerbern	▪ Skalen und Verbundvorteile ▪ Schutz vor kleineren Unternehmen
Nachteile	▪ neue Technologien können eingerichtete Barrieren obsolet werden lassen	▪ für das ständige Entwickeln von Innovationen werden viele Ressourcen benötigt ▪ Erfolg, der Innovation nicht garantiert	▪ Bildung von größeren Unternehmen/Netzwerken ▪ erhöhter Koordinationsbedarf ▪ geringe Flexibilität

Abbildung 4.26 Nachhaltigkeitsstrategien für Geschäftsmodelle (eigene Darstellung)

4.4.4.4 Methoden für Markt- und Betriebsphase

Wichtig ist für diese Phase, dass eine kontinuierliche Verbesserung des Geschäftsmodells am Markt und während des "Betriebs" erfolgt. Dazu muss das Modell ständig vor dem Hintergrund der multidimensionalen Anforderungen aus den Perspektiven der Finanzierung, des Unternehmens und der Kunden auf Aktualität geprüft werden. Dazu können bspw. mehrdimensionale Kennzahlensysteme wie die Balanced Scorecard genutzt werden (siehe hierzu Kapitel 8). Eine weitere zentrale Aufgabe in der Markt- und Betriebsphase ist das Qualitätsmanagement. Dies umfasst alle Aufgaben zur Verbesserung und Sicherstellung der Qualität von Produkten, Dienstleistungen sowie von deren Prozessen [12]. Hierzu sei auch auf das Kapitel 8 und die vorgestellten Methoden wie bspw. ServQual verwiesen.

In der Markt- und Betriebsphase wird das Geschäftsmodell die Lebenszyklen der Reife und der Degeneration durchlaufen. Im Rahmen dieser Lebenszyklusphasen ist daher das Geschäftsmodell anzupassen oder auch zu erneuern. Daher muss das Unternehmen mit Strategien versuchen, die Nachhaltigkeit des Geschäftsmodells zu sichern. Wirtz spricht in diesem Kontext auch von Nachhaltigkeitsstrategien für Geschäftsmodelle, welche es erlauben, einen eventuellen Vorsprung vor der Konkurrenz zu halten bzw. auszubauen [12]. Die dazu existierenden Strategiealternativen sind in Abbildung 4.26 dargestellt.

Literatur

1. Müller-Stewens, G. & Lechner, C. (2005). *Strategisches Management: Wie strategische Initiativen zum Wandel führen* (3., aktualis. Aufl.). Stuttgart: Schäffer-Poeschel.

2. Burkhart, T., Krumeich, J., Werth, D. & Loos, P. (2012). *Analyzing the business model concept – A comprehensive classification of literature*. Conference proceedings: ICIS 2011 proceedings. International conference on information systems. Shanghai.
3. zu Knyphausen-Aufseß, D. & Meinhard, Y. (2002). Revisiting Strategy: Ein Ansatz zur Systematisierung von Geschäftsmodellen. In: Bieger, T., Bickhoff, N., Caspers, R., zu Knyphausen-Aufseß, D. & Reding, K. (Hrsg.). *Zukünftige Geschäftsmodelle: Konzept und Anwendung in der Netzökonomie*. Berlin: Springer. S. 63–90.
4. Stähler, P. (2002). Geschäftsmodelle in der digitalen Ökonomie: Merkmale, Strategien und Auswirkungen. Szyperski, N., Schmidt, B. F., Scheer, A.-W., Pernul, G. & Klein, S. (Hrsg.). Dissertation Universität St. Gallen. Zugl. *Electronic Commerce* (Bd. 7). Lohmar; Köln: Josef Eul Verlag.
5. Simchi-Levi, D., Kaminsky, P. & Simchi-Levi, E. (2008). *Designing and managing the supply chain: concepts, strategies, and case studies* (3. Aufl.). Boston: McGraw-Hill.
6. Timmers, P. (1998). Business models for electronic markets. *International Journal of Electronic Commerce & Business Media. 8* (2). S. 3–8.
7. Timmers, P. (2000). *Electronic commerce: strategies and models for business-to-business trading*. Chichester: Wiley.
8. Bieger, T. & Reinhold, S. (2011). Das wertbasierte Geschaftsmodell – Ein aktualisierter Strukturierungsansatz. In: Bieger, T., zu Knyphausen-Aufseß, D. & Krys, C. (Hrsg.). *Innovative Geschäftsmodelle – Konzeptionelle Grundlagen, Gestaltungsfelder und unternehmerische Praxis*. Berlin: Springer. S. 13–70.
9. Johnson, M. W., Christensen, C. M. & Kagermann, H. (2008). Reinventing your business model. *Harvard Business Review. 86* (12). S. 50–59.
10. Bieger, T., Rüegg-Stürm, J. & v. Rohr, T. (2002). Strukturen und Ansätze einer Gestaltung von Beziehungskonfigurationen – Das Konzept Geschäftsmodel. In: Bieger, T., Bickhoff, N., Caspers, R., zu Knyphausen-Aufseß, D. & Reding, K. (Hrsg.). *Zukünftige Geschäftsmodelle: Konzept und Anwendung in der Netzökonomie*. Berlin: Springer. S. 35–62.
11. Osterwalder, A. & Pigneur, Y. (2010). *Business model generation: A handbook for visionaries, game changers, and challengers*. Hoboken: Wiley.
12. Wirtz, B. W. (2010). *Business Model Management Design – Instrumente – Erfolgsfaktoren von Geschaftsmodellen*. Wiesbaden: Gabler.
13. Porter, M. E. (2008). The five competitive forces that shape strategy. *Harvard Business Review. 86* (1). S. 25–40.
14. Benkenstein, M. (2001). *Strategisches Marketing: ein wettbewerbsorientierter Ansatz*. Stuttgart: Kohlhammer.
15. Spiegel, T. (2002). *Prozessanalyse in Dienstleistungsunternehmen hierarchische Integration strategischer und operativer Methoden im Dienstleistungsmanagement*. Dissertation Universität Rostock. Wiesbaden: Dt. Univ.-Verl.
16. Fischer, T. (2008). *Geschäftsmodelle in den Transportketten des europäischen Schienengüterverkehrs*. Dissertation Wirtschaftsuniversität Wien. Wien: ePubWU Institutional Repository.
17. Diller, H. (2008). *Preispolitik* (4., vollst. neu bearb. und erw. Aufl.). Stuttgart: Kohlhammer.
18. Schuh, G. & Georgi, L. (2008). Kundenorientierte Konfiguration von Leistungsbündeln. In: Keuper, F. & Hogenschurz, B. (Hrsg.). *Sales & service. Management, marketing, promotion und Performance*. Wiesbaden: Gabler. S. 61–91.
19. Belz, C. (1997). Leistungssysteme. Belz, C. (Hrsg.). *Leistungs- und Kundensysteme: Kompetenz für Marketing-Innovationen. Schrift 2.* St. Gallen: Thexis Verlag. S. 12–39.
20. Anderson, J. C. & Narus, J. A. (1995). Capturing the value of supplementary services. *Harvard Business Review. 73* (1). S. 75–83.
21. Boyt, T. & Harvey, M. (1997). Classification of industrial services – A model with strategic implications. *Industrial Marketing Management. 26* (4). S. 291–300.
22. Sanche, N. (2002). *Strategische Erfolgsposition – industrieller Service – eine empirische Untersuchung zur Entwicklung industrieller Dienstleistungsstrategien.* Dissertation Universität St. Gallen. Bamberg: Difo-Druck.
23. Meier, H. & Lanza, G. (2009). *Kooperative Geschäftsmodelle zu Integration von Sach- und Dienstleistung*. Frankfurt a. M.: VDMA-Verlag.

4

24. Meier, H. (2004). Service im globalen Umfeld – Innovative Ansätze einer zukunftsorientierten Servicegestaltung. In: Meier, H. (Hrsg.). *Dienstleistungsorientierte Geschäftsmodelle im Maschinen- und Anlagenbau: vom Basisangebot bis zum Betreibermodell.* Berlin: Springer. S. 3–14.
25. Mast, W. F. (2004). Pay on Production – langfristige Partnerschaft mit Verantwortungstransfer. In: Meier, H. (Hrsg.). *Dienstleistungsorientierte Geschäftsmodelle im Maschinen- und Anlagenbau: vom Basisangebot bis zum Betreibermodell.* Berlin: Springer. S. 15–30.
26. Deutsche Leasing (Hrsg.). (2003). *Deutsche Leasing – Basis Training Mobilien Leasing.* Bad Homburg v. d. H.: Deutsche Leasing-Verlag.
27. Frink, D. (2004). Strategisches Managementsystem zur Gestaltung von Unternehmensbeziehungen in Wertschöpfungsnetzen im Kontext nachhaltiger Nutzungskonzepte für Maschinen und Anlagen. In: Lucak, H. & Eversheim, W. (Hrsg.). *Schriftenreihe Rationalisierung und Humanisierung* (Bd. 73). Aachen: Shaker. Zugl. Dissertation Techn. Hochsch. Aachen.
28. Bender, H. J. (2001). *Kompakt-Training Leasing.* Ludwigshafen (Rhein): Kiehl.
29. Hastedt, U. P. (2001). Hersteller-Leasing – Wettbewerbsvorteile durch maßgeschneiderte Leasing und Nutzungskonzepte. *Recht der internationalen Wirtschaft. 47* (6). S. 12–16.
30. Reckenfelderbäumer, M. (2004). Die Wirtschaftlichkeitsanalyse von dienstleistungsorientierten Geschäftsmodellen als Herausforderung für das Controlling. In: Meier, H. (Hrsg.). *Dienstleistungsorientierte Geschäftsmodelle im Maschinen- und Anlagenbau: vom Basisangebot bis zum Betreibermodell.* Berlin: Springer. S. 209–242.
31. Harms, V. & Famulla, B. (2002). Betreiberservice – Ein Serviceprodukt – Teil 1. *Service Today. 16* (6). S. 5–8.
32. Lay, G. & Kinkel, S. (2007). *Betreibermodelle für Investitionsgüter Verbreitung, Chancen und Risiken, Erfolgsfaktoren.* Stuttgart: Fraunhofer-IRB-Verlag.
33. Harms, V. & Famulla, B. (2002). Betreiberservice – Ein Serviceprodukt – Teil 2. *Service Today. 16* (6). S. 13–18.
34. Lay, G., Meier, H., Schramm, J. & Werding, A. (2003). Betreiben statt Verkaufen – Stand und Perspektiven neuer Geschäftsmodelle für den Maschinen- und Anlagenbau. *Industrie Management. 19* (4). S. 9–14.
35. Wildemann, H. (2006). *Betreibermodelle: Leitfaden zur Berechnung, Konzeption und Einführung von Betreibermodellen und Pay-on-Production-Konzepten* (5. Aufl.). München: TCW, Transfer-Centrum.
36. Mintzberg, H. (1973). Strategy-making in three modes. *California Management Review, 16* (2). 44–53.
37. Afuah, A. (2004). *Business models: A strategic management approach.* New York: McGraw-Hill Education – Europe.
38. Zollenkop, M. (2006). *Geschäftsmodellinnovation: Initiierung eines systematischen Innovationsmanagements für Geschäftsmodelle auf Basis lebenszyklusorientierter Frühaufklärung.* Dissertation Universität Bamberg. Wiesbaden: Dt. Univ.-Verl.
39. zu Knyphausen-Aufseß, D. & Zollenkop, M. (2011). Transformation von Geschaftsmodellen – Treiber, Entwicklungsmuster, Innovationsmanagement. In: Bieger, T., zu Knyphausen-Aufseß, D. & Krys, C. (Hrsg.). *Innovative Geschäftsmodelle – Konzeptionelle Grundlagen, Gestaltungsfelder und unternehmerische Praxis.* Berlin: Springer. S. 111–128.
40. Weidenmann, B. (2010). *Handbuch Kreativität ein guter Einfall ist kein Zufall!* Weinheim: Beltz.
41. Porter, M. E. (1980). *Competitive strategy – Techniques for analyzing industries and competitors* (1. Aufl.). New York: Free Press.
42. Pahl, G., Beitz, W., Feldhusen, J. & Grote, K.-H. (2005). *Pahl/Beitz Konstruktionslehre. Grundlagen erfolgreicher Produktentwicklung, Methoden und Anwendung* (6. Aufl.). Berlin: Springer.
43. Doppler, K. & Lauterburg, C. (2008). *Change Management: den Unternehmenswandel gestalten* (12., aktualis. und erw. Aufl.). Frankfurt a. M.: Campus.
44. Schuh, G. (2006). *Change Management – Prozesse strategiekonform gestalten.* Berlin: Springer.

Leistungssysteme

5

Günther Schuh, Gerhard Gudergan, Roman Senderek und Dirk Wagner

Kurzüberblick
Die Gestaltung von Leistungssystemen ist ein zentraler Prozess des Managements industrieller Dienstleistungen, da die kundengerechte Entwicklung einer aus Sachgütern und Dienstleistungen bestehenden Kombination von Leistungsbestandteilen hohe methodische Anforderungen stellt. Um die erforderliche Stimmigkeit des Leistungssystems zu erreichen, werden im folgenden Kapitel zunächst die grundlegenden Charakteristika sowie Gestaltungsprinzipien von Leistungssystemen dargestellt. Um den Erfordernissen von Kunden sowie einer internen Konsistenz des Leistungssystems gleichermaßen gerecht zu werden, sind für die Gestaltung von Leistungssystemen Methoden der Leistungsprogrammplanung, der Modularisierung sowie der Konfiguration von Leistungen erforderlich. Diese werden ebenfalls dargestellt und erläutert. Das Kapitel wird durch die Darstellung eines Dienstleistungsbaukastens ergänzt.

5.1 Einführung und Definition

Die wesentlichen Entwicklungsschritte auf dem Weg zum produzierenden Dienstleister wurden in Kapitel 3 beschrieben. Dabei wurde bereits erwähnt, dass in sich stimmige Lösungsangebote, bestehend aus Dienst- und Sachleistungen, für Investitionsgüterhersteller an Bedeutung gewinnen. Diese in sich stimmigen Problemlösungen werden als Leistungssysteme bezeichnet.

G. Schuh (✉) · G. Gudergan · R. Senderek · D. Wagner
52074 Aachen, Deutschland
E-Mail: g.schuh@wzl.rwth-aachen.de

G. Schuh et al. (Hrsg.), *Management industrieller Dienstleistungen*,
DOI 10.1007/978-3-662-47256-9_5, © Springer-Verlag Berlin Heidelberg 2016

Leistungssysteme sind integrierte Problemlösungen für spezifische Wünsche und Bedürfnisse von Kundengruppen. Zielsetzung von Leistungssystemen ist es, die individuellen Probleme der Kunden umfassender und/oder wirtschaftlicher als vergleichbare Angebote zu lösen. Dabei werden Teilleistungen aus Sach- und Dienstleistungen so integriert, dass dem Kunden eine Systemlösung für sein zugrundeliegendes Problem offeriert werden kann [1].

Die hinter den im Leistungssystem zusammengefassten Teilleistungen liegenden Prozesse der Leistungserstellung umfassen alle Aktivitäten, die dazu führen, dass der Kunde die vereinbarten Leistungen bzw. die vereinbarte Problemlösung in der vereinbarten Qualität erhält. Dazu gehören auch die Teilprozesse der Herstellung der Leistungsbereitschaft (Beschaffung, Logistik) sowie der Leistungserstellung einschließlich der Integration des Kunden. So definiert Belz Leistungssysteme treffend als strukturierte Kundenlösungen, denn:

> „Das Unternehmen bietet nicht nur seine Produkte und zahlreiche Dienstleistungen an, sondern entwickelt integrierte Problemlösungen für spezifische Kundengruppen. Leistungssysteme umfassen dabei modulare Problemlösungen, die die Kunden umfassend unterstützen." [1]

Hierin werden die zentralen Charakteristika von Leistungssystemen deutlich, nämlich die Möglichkeit, Teilleistungen wie Produkte und Dienstleistungen modular zu gestalten und diese dann entsprechend den Bedürfnissen von Kundengruppen zu konfigurieren. Dieses individuell konfigurierte Angebot ist dann in der Lage, ein Kundenproblem umfassend zu lösen und so einen relevanten Mehrwert zu schaffen. Jedes Element für sich ist ein Produkt oder eine Dienstleistung, zusammen bilden sie jedoch eine Systemlösung für das zugrundeliegende Problem des Kunden.

Abbildung 5.1 zeigt den Aufbau eines umfassenden Leistungssystems. Dabei wird das Produkt nach und nach mit verschiedenen sogenannten „Schalen" umgeben. Umso weiter eine Schale vom Kern des Produkts entfernt ist, desto spezifischer ist die Leistung auf Kundengruppen und Einzelkunden zugeschnitten. Derart einzigartige Leistungsangebote ermöglichen passgenaue Kundenlösungen und erhöhen damit die Attraktivität des Angebots. Somit können Investitionsgüterhersteller sich wirksam differenzieren und eine erhöhte Zahlungsbereitschaft erreichen.

Abbildung 5.1 zeigt die Entwicklung eines Kernprodukts hin zu einem umfassenden Leistungssystem. Das hier dargestellte Schalenmodell nach Belz wurde bereits in dem einführenden Kapitel 1 erläutert. Aufgrund der Bedeutung für das vorliegende Kapitel ist an dieser Stelle eine weitergehende Betrachtung erforderlich. Daher wurden auch die Pfeile, die den steigenden Nutzenbeitrag und den zunehmenden Aufwand für die Leistungsanpassung innerhalb des Schalenmodells zeigen, ergänzt.

Ein Kernprodukt kann mit verschiedenen Schalen umgeben werden. Umso weiter eine Schale vom Kern des Produkts entfernt ist, desto spezifischer muss die Leistung auf Kundengruppen und Einzelkunden zugeschnitten sein [1]. Eine Spezifizierung auf die Kundenbedürfnisse kann grundlegend auch durch Modifikation des Kernprodukts oder Erweiterung des Sortiments in den inneren Schalen erreicht werden. Dies könnte bei dem hier aufgeführten Bespiel eines Druckers die Erweiterung um bestimmte Scanfunktionen oder eine höhere Druckqualität sein. Wie allerdings bereits an dem genannten Beispiel

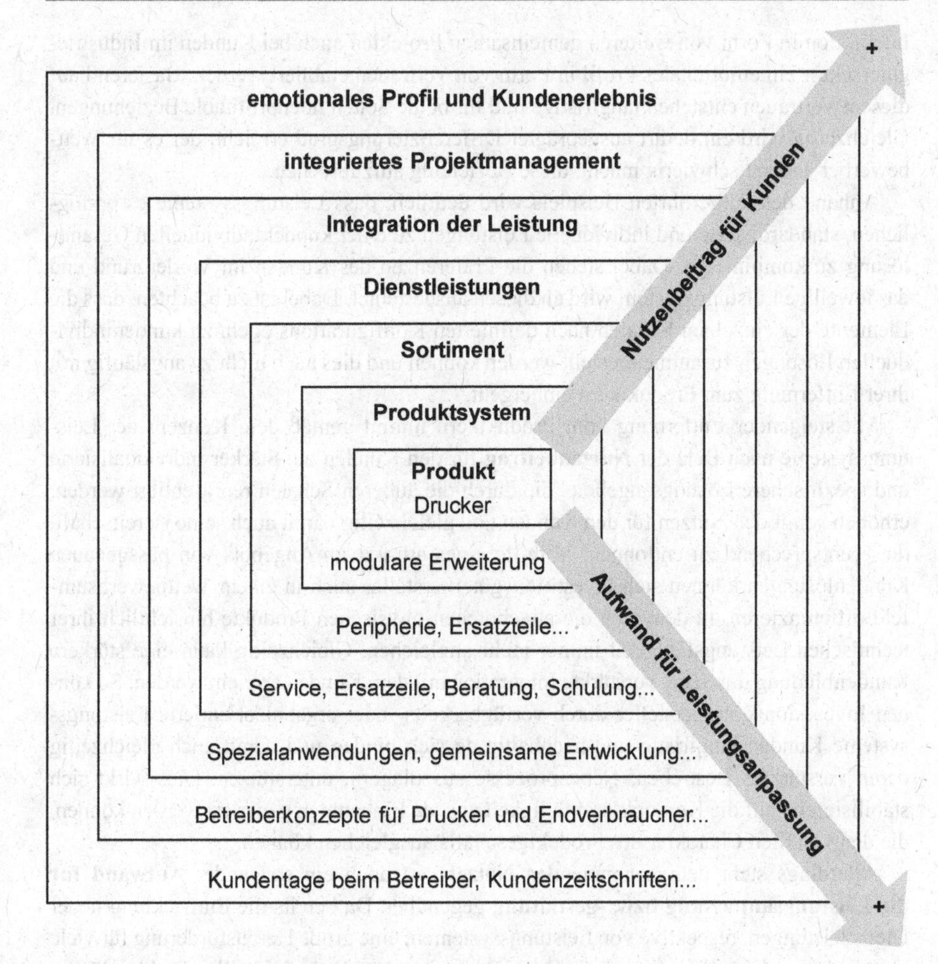

Abbildung 5.1 Leistungssystem (eigene Darstellung i. A. a. BELZ ET AL. [1])

deutlich wird, ist eine Wettbewerbsdifferenzierung über solche Spezifizierungen nur sehr eingeschränkt möglich. Wird der Kunde allerdings bereits an der Entwicklung des Druckers beteiligt und werden maßgeschneiderte Lösungen wie bspw. eine integrierte auf die Anwendungsprogramme des Kunden abgestimmte Texterkennung angeboten, wird eine ausgeprägte Wettbewerbsdifferenzierung möglich. Dies ist darauf zurückzuführen, dass verstärkt Wechselbarrieren aufgebaut werden und eine langfristige Kundenbeziehung etabliert werden kann. Die Übernahme von Kundenprozessen und das Angebot von kompletten Lösungen werden durch die nächstäußere Schale symbolisiert. Dies würde für das angeführte Beispiel bedeuten, dass der Kunde nicht mehr für den Drucker, Ersatzteile oder Serviceleistungen bezahlt, sondern für die Anzahl an gedruckten Seiten bei einer maximalen Störungsdauer von zwei Stunden. Somit wird der Druckerhersteller zum integrierten Bestandteil der Wertschöpfung des Kunden. Durch die engere Verknüpfung und langfristige Beziehung kann in der abschließenden Schale beispielweise durch eine verstärkte

Interaktion in Form von weiteren gemeinsamen Projekten auch bei Kunden im Industriegütersektor ein emotionales Profil in Form von Vertrauen etabliert werden. Basierend auf diesem Vertrauen entstehen langfristige und für beide Seiten hochprofitable Beziehungen. Gleichzeitig wird ein derart ausgeprägter Differenzierungsgrad erreicht, der es für Wettbewerber äußerst schwierig macht, diese Beziehung aufzubrechen.

Anhand des aufgeführten Beispiels wird deutlich, dass Leistungssysteme es ermöglichen, standardisierte und individuelle Leistungen zu einer kundenindividuellen Gesamtlösung zu kombinieren. Dabei stehen die Präferenzen des Kunden im Vordergrund und das jeweilige Leistungssystem wird an diesen ausgerichtet. Dabei ist zu beachten, dass die Elemente der einzelnen Schalen nach definierten Konfigurationsregeln zu kundenindividuellen Lösungen zusammengestellt werden können und dies auch nicht zwangsläufig mit ihrer Entfernung zum Produktkern einhergeht.

Mit steigender Entfernung vom Produktkern nimmt gemäß dem Konzept der Leistungssysteme nach Belz der **Nutzenbeitrag** für den Kunden zu. Stärker individualisierte und spezifischere Lösungsangebote, die durch die äußeren Schalen repräsentiert werden, erhöhen somit den Nutzen für den Kunden und gleichzeitig damit auch seine Bereitschaft, diese entsprechend zu entlohnen. Mithilfe eines attraktiven Angebots von passgenauen Kundenlösungen können sich Investitionsgüterhersteller auch in einem Wettbewerbsumfeld differenzieren, in dem sich die angebotenen physischen Produkte hinsichtlich ihrer technischen Leistungsfähigkeit immer mehr angleichen. Gleichzeitig kann eine stärkere Kundenbindung durch die verstärkte Integration mit dem Kunden erreicht werden. So können Investitionsgüterhersteller durch verfügbarkeits- oder ergebnisorientierte Leistungssysteme Kunden langfristig und nachhaltig an sich binden und damit auch gleichzeitig deren verstärktes Bestreben, Nebenprozesse auszulagern, unterstützen. Dies wirkt sich stabilisierend auf die Konjunkturanfälligkeit aus, da Einnahmen generiert werden können, die den volatilen Charakter des Produktgeschäfts ausgleichen können.

Allerdings steht dem zunehmenden Nutzenwert auch ein steigender **Aufwand für die Leistungsanpassung bzw. -gestaltung** gegenüber. Da bereits die Entwicklung neuer Dienstleistungen, respektive von Leistungssystemen, eine große Herausforderung für viele Unternehmen darstellt, erfordert die Entwicklung von kundenindividuellen Problemlösungen neben einer systematischen Vorgehensweise bei der Entwicklung und Gestaltung des Angebots auch eine ausgeprägte Dienstleistungsmentalität und Kundenorientierung. Denn die für derart komplexe Leistungssysteme notwendige Kundenintegration kann nur erreicht werden, wenn Ressourcen und Strukturen des Unternehmens dementsprechend gestaltet sind. Mit zunehmender Individualisierung und Spezialisierung der angebotenen Leistungssysteme steigen auch die Aufwände des Anbieters, wodurch die Etablierung langfristiger Kundenbeziehungen auch auf Anbieterseite zum ökonomischen Imperativ wird.

5.2 Gestaltung von Leistungssystemen

Die Gestaltung von Leistungssystemen orientiert sich an grundlegenden Prinzipien. Für die Gestaltung von Leistungssystemen sind des Weiteren die Teilbereiche der Leistungsprogrammplanung, der Modularisierung und der Konfiguration von Bedeutung. Die

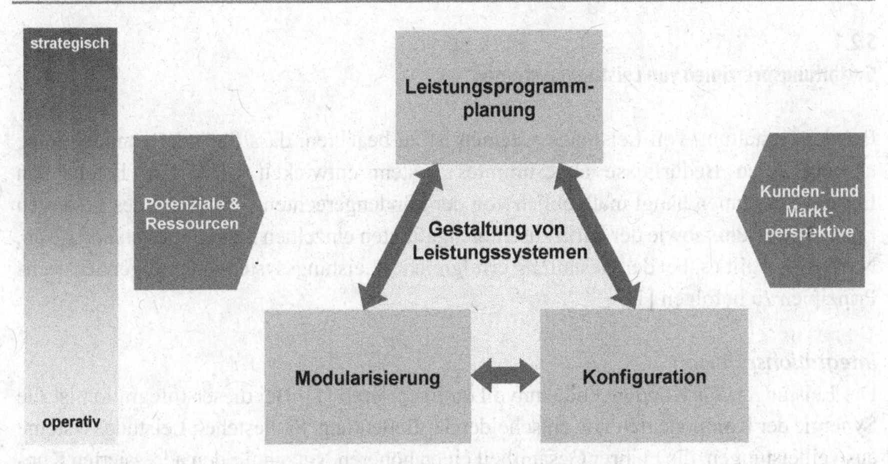

Abbildung 5.2 Leistungssystemgestaltung (eigene Darstellung)

Leistungssystemgestaltung mit ihren Teilbereichen und sowie den internen und externen Einflussfaktoren ist in Abbildung 5.2 dargestellt.

Die *Leistungsprogrammplanung* ist mittel- bis langfristig ausgelegt und somit ein Bestandteil der strategischen Planung. Das Leistungsprogramm beschreibt das Portfolio der für unterschiedliche Kundengruppen angebotenen Leistungssysteme. Die Programmplanung gibt einerseits einen generellen Rahmen, basierend auf den strategischen Vorgaben des Unternehmens, für die zu gestaltenden Leistungsprogramme vor. Sie steht zudem in Beziehung zur Modularisierung und Konfiguration von Leistungssystemen (siehe Kapitel 5.2.2).

Die *Modularisierung* dient dazu, das mögliche oder auch vorhandene Leistungsangebot so zu strukturieren, dass die Variantenvielfalt und Komplexität von Leistungssystemen beherrschbar wird. Übergeordnete Zielsetzung ist es dabei, das Leistungsangebot und die darin enthaltenen Leistungssysteme in handhabbare Module zu zerlegen, die eine möglichst geringe Anzahl an Schnittstellen zu anderen Modulen aufweisen. Das Ergebnis der Modularisierung gibt Aufschluss darüber, welche Teildienstleistungen oder Prozesse im aktuellen oder potenziellen Leistungsangebot gebildet werden können und inwiefern diese miteinander kombiniert werden können. Somit wird eine Produktstrukturierung vorgenommen. Je effizienter einzelne Komponenten zu Modulen vereint werden, desto ressourcenschonender kann das Unternehmen produzieren (siehe Kapitel 5.2.3).

Die *Konfiguration* bildet schließlich die Verbindung zum Kunden. Unter Berücksichtigung der individuellen Kundenanforderungen und der während der Modularisierung definierten Beziehungen zwischen den Teilleistungen werden in dem Schritt der Konfiguration Leistungssysteme als Lösung für spezifische Probleme des jeweiligen Kunden oder von Kundengruppen zusammengestellt. Bei der Konfiguration sind sowohl die individuellen Anforderungen der Kunden als auch die unternehmensinternen Anforderungen an eine Systematisierung und Standardisierung der sach- und dienstleistungsbezogenen Teilleistungen zu berücksichtigen (Kapitel 5.2.4).

5.2.1 Gestaltungsprinzipien von Leistungssystemen

Bei der Gestaltung von Leistungssystemen ist zu beachten, dass für jede Kundengruppe ein auf deren Bedürfnisse abgestimmtes System entwickelt wird. Der Erfolg von Leistungssystemen hängt maßgeblich von der kundengerechten Gestaltung des gesamten Leistungssystems sowie der darin zusammengefassten einzelnen Leistungsbestandteile ab. Nach BELZ gilt es, bei der Gestaltung erfolgreicher Leistungssysteme die folgenden sechs Prinzipien zu befolgen [1]:

Integrationsprinzip

Die Leistungen für Kunden sind sinnvoll zu integrieren [1]. Bei dieser Integration ist die Synergie der Komponenten von entscheidender Bedeutung. So bestehen Leistungssysteme aus Teilleistungen, die in ihrer Gesamtheit einen höheren Nutzen für den adressierten Kunden bieten als die einzelnen Leistungen für sich betrachtet.

Prinzip der Verrechnung

Das Prinzip der Verrechnung fordert, dass entweder jede zusätzlich angebotene Leistung für sich verrechnet werden kann oder für das erweiterte Leistungssystem insgesamt ein höheres Preisniveau erzielt werden kann [1]. Für den Kunden muss aus diesem Grunde unmittelbar erkennbar sein, dass die angebotene Lösung eine optimale Lösung für sein Problem darstellt. Dem Kunden muss deutlich kommuniziert werden, welchen Mehrwert das angebotene Leistungssystem bietet. Deshalb ist auf Anbieterseite ein Bewusstsein für den erzielbaren Nutzen und bei den Vertriebsmitarbeitern ein Verständnis der Kosten und Nutzen der angebotenen Leistungen zu entwickeln.

Partizipationsprinzip

Nur eine enge Zusammenarbeit mit dem Kunden oder den Vertriebspartnern ermöglicht es, Lösungen für ein Kundenproblem zu erkennen und umzusetzen [1]. Dies bedeutet, dass bereits an der Entwicklung Kunden, Vertriebspartner und Servicemitarbeiter beteiligt werden sollten. Wesentliche Voraussetzung für den Erfolg bei der Entwicklung von neuen Leistungssystemen ist eine ausgeprägte Kommunikation zwischen den genannten Gruppen und den für die Produkt- und Dienstleistungsentwicklung verantwortlichen Abteilungen. Dabei ist der Nutzen und Mehrwert neu entwickelter Leistungssysteme sowohl den Kunden als auch innerhalb des Unternehmens entsprechend darzustellen.

Evolutionsprinzip

Es muss gelingen, die angebotenen Leistungssysteme stetig weiterzuentwickeln und zu verbessern, um einen einmal erlangten Differenzierungsvorteil gegenüber den Wettbewerbern zu verteidigen. Dabei sollte die Zielsetzung verfolgt werden, die Wünsche und Bedürfnisse der Kunden genau zu analysieren und möglichst sogar zu übertreffen [1]. Das Evolutionsprinzip erlaubt in der Veränderung zu einem Lösungsanbieter die stetige Weiterentwicklung des Leistungssystems und eine zunehmende Kundenorientierung sowie gleichzeitig auch, dass nicht nachgefragte oder verrechenbare Leistungen aus dem Leistungssystem entfernt werden können.

Langfristigkeitsprinzip

Leistungssysteme sind langfristig und nachhaltig zu entwickeln, da mit ihrem Angebot eine starke Integration mit Kundenprozessen und in der Folge eine langfristige Kundenbindung angestrebt wird. Schnelle Zugeständnisse gemäß spontan geäußerten Kundenpräferenzen sind kritisch zu prüfen. Die durch aktuell bestehende Kompetenzen und Ressourcen limitierten internen Möglichkeiten sind zu beachten [1].

Relevanzprinzip

Abschließend sind die angebotenen Leistungssysteme auf für den Kunden relevante Bereiche auszurichten [1]. Dies bedingt, dass Kundenpräferenzen systematisch und regelmäßig zu erheben sind und damit eine langfristige und systematische Ausrichtung an Kundegruppen erreicht wird.

5.2.2 Leistungsprogrammplanung

5.2.2.1 Definition und Zielsetzung der Leistungsprogrammplanung

Das Leistungsprogramm umfasst die Gesamtheit aller Leistungen, die von einem Unternehmen zu einem bestimmten Zeitpunkt am Markt angeboten werden [2, 3]. Dies schließt auch Leistungen mit ein, die auf spezielle Kundenanfragen hin erstellt werden. Des Weiteren sind auch Leistungen, die von anderen Anbietern beschafft werden und somit nur weitervertrieben werden, Bestandteil des Leistungsprogramms. Gleichzeitig kann das Leistungsprogramm auch als das von den Kunden eines Unternehmens wahrgenommene Lösungsangebot definiert werden [4–6].

Das Leistungsprogramm stellt damit ein Teilergebnis des strategischen Planungsprozesses dar [3]. Es wird im Rahmen der generellen strategischen Ausrichtung des Unternehmens definiert [2]. Des Weiteren wird der Handlungsspielraum bei der Entwicklung des Leistungsprogramms von externer Seite durch die Kundenanforderungen und auf interner Seite durch die verfügbaren Potenziale und Ressourcen limitiert [7, 8].

Die übergeordnete Zielsetzung der Leistungsprogrammplanung ist es, die angebotenen Leistungssysteme in einem Gesamtportfolio so zu gestalten, dass Problemlösungen angeboten werden, die die adressierten Kunden oder Kundengruppen zu einer Nachfrage dieser motivieren. Die Planung des Leistungsprogramms geht über die klassische Produktplanung hinaus, da neben der Gestaltung der Sach- und Dienstleistungsanteile vor allem die komplexe und häufig interdependente Systementwicklung im Vordergrund steht [6].

Mit dem Leistungsprogramm werden der Umfang und der Inhalt des Leistungsangebots grundlegend für einen mittel- bis langfristigen Zeithorizont definiert. Abbildung 5.3 zeigt die wesentlichen Aspekte und Interdependenzen der Leistungsprogrammplanung.

Die Zielsetzung der häufig auch als Leistungspolitik bezeichneten Leistungsprogrammplanung kann nach Bruhn und Meffert in fünf untergeordnete Zielsetzungen gegliedert werden. Diese Subziele umfassen die Sicherstellung einer hohen Leistungsqualität, die Etablierung einer positiven Unternehmensreputation, eine gesteigerte Kundenbindung sowie die Profilierung gegenüber den Wettbewerbern [2].

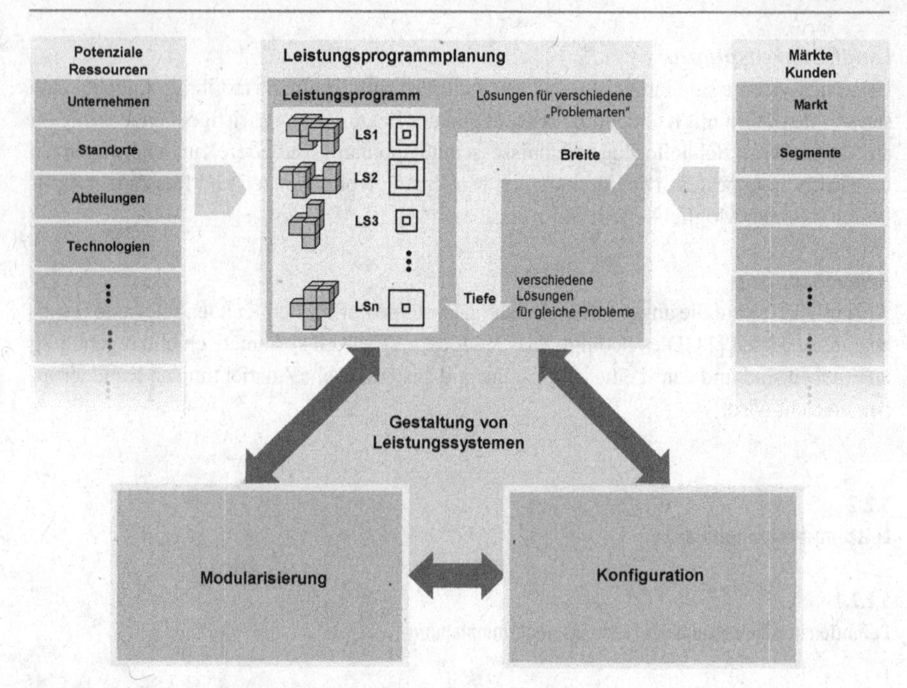

Abbildung 5.3 Leistungsprogrammplanung (eigene Darstellung)

Eine *hohe Leistungsqualität* wird erreicht, wenn die Erwartungen des Kunden erfüllt werden können [2]. Dabei ist zu berücksichtigen, dass der Kunde nicht nur Erwartungen an das Dienstleistungsergebnis stellt, sondern auch an den Erbringungsprozess. Je nach Integrativität des angebotenen Leistungssystems kann der Kunde allerdings auch bereits Erwartungen an die Dienstleistungsentwicklung und seine eigene Rolle innerhalb des Entwicklungsprozesses haben. Daher ist es eine der wichtigsten Aufgaben bei der Vermarktung des angebotenen Leistungsprogramms, sicherzustellen, dass die Erwartungen des Kunden und die versprochenen und angebotenen Leistungen möglichst übereinstimmen.

Eine *positive Unternehmensreputation* spielt im Dienstleistungsbereich eine noch größere Rolle als im reinen Produktgeschäft. Insbesondere bei der Vermarktung komplexer Leistungssysteme im Industriegütersektor kann die Unternehmensreputation wesentlich dazu beitragen, dass der Kunde Vertrauen in das anbietende Unternehmen entwickelt und damit das wahrgenommene Risiko beim Kauf des entsprechenden Leistungssystems relativieren kann. Ein strukturiertes und auf die Wünsche und Bedürfnisse des Kunden abgestimmtes Leistungsprogramm kann dabei zu einer positiven Unternehmensreputation beitragen [2].

Die *Kundenbindung* ist eine weitere Zielsetzung, die bei der Leistungsprogrammplanung zu berücksichtigen ist. Eine kundenorientierte Leistungsprogrammplanung, die auch den Kunden bei Veränderungen und Innovationen des Leistungsangebots einbezieht, kann den wahrgenommenen Wert für den Kunden und somit auch die Attraktivität des Angebots wesentlich erhöhen. Somit kann die Leistungsprogrammplanung auch die langfristige und nachhaltige Kundenbindung unterstützen.

Schließlich kann die Leistungsprogrammplanung auch zur *Profilierung* gegenüber den vorhandenen und potenziellen Wettbewerbern eingesetzt werden [2]. Ein Leistungsprogramm, bestehend aus Leistungssystemen, die hochwertige Sach- und Dienstleistungsbestandteile zu kundenindividuellen Gesamtlösungen kombinieren und zudem noch individuell auf die Wünsche der Kunden angepasst werden können, bildet die Grundlage für eine erfolgreiche Wettbewerbsdifferenzierung.

5.2.2.2 Methoden zur Leistungsprogrammplanung

Die Entscheidungen bei der Leistungsprogrammplanung sind zu differenzieren nach solchen, die bei der erstmaligen Ausgestaltung eines Leistungsprogramms zu treffen sind, wie die Definition von Leistungsprogrammbreite und -tiefe, und solchen, die im Zuge einer dynamischen Anpassung des Leistungsprogramms an sich ändernde Umweltbedingungen anfallen [4]. Es kann zwischen der nachfrageinduzierten und der angebotsinduzierten Gestaltung unterschieden werden [6, 9]. Im Allgemeinen zielt eine nachfrageinduzierte Gestaltung auf Umsatzsteigerung, eine angebotsinduzierte Gestaltung auf Kostensenkung ab [6].

Ansatzpunkte der Leistungsprogrammplanung

Unter einer *angebotsinduzierten Gestaltung* ist zu verstehen, dass das Leistungsprogramm maßgeblich unter Berücksichtigung der unternehmenseigenen Potenziale und Ressourcen entwickelt wird. Dies kann z. B. darin begründet sein, dass im Rahmen einer sogenannten Kuppelproduktion die installierte technologische Basis des Unternehmens die Herstellung bestimmter Leistungen und Leistungsbestandteile innerhalb eines Produktionsprozesses ermöglicht [6]. Allerdings kann ein Leistungsprogramm auch aufgrund vorhandener Ressourcen und Kompetenzen angebotsinduziert gestaltet werden. So kann insbesondere das Bestreben, vorhandene Kapazitäten besser auszulasten, zu einer Erweiterung des Leistungsprogramms führen [6]. Dementsprechend stehen bei der angebotsinduzierten Gestaltung die Ausschöpfung von Verbundeffekten (*Economies-of-Scope*) und eine dementsprechende Kostenreduktion im Vordergrund.

Die *nachfrageinduzierte Gestaltung* bedeutet, dass das Leistungsprogramm entsprechend dem Bedarfsverbund des Kunden entwickelt wird. Von einem Bedarfsverbund ist auszugehen, wenn die Beschaffungsentscheidungen des Kunden nicht separat voneinander getroffen werden, sondern sich gengenseitig bedingen und in Beziehung zueinander stehen. Dabei können zwei verschiedene Motive des Kunden die Erweiterung des Leistungsprogramms bedingen. So ist bei Nachfrageverbünden zwischen dem *Einkaufsverbund*, der die Beschaffung verschiedener Leistungen durch den Kunden in einem Kaufakt beschreibt, und dem *Auswahlverbund*, der sich auf die Wahlmöglichkeit zwischen verschiedenen angebotenen Leistungen bezieht, zu unterscheiden. Bei einem Einkaufsverbund entscheidet sich der Kunde dafür, gleichzeitig mehrere Leistungen, die zueinander in Beziehung stehen, zu beschaffen. Ein typisches Beispiel für einen Einkaufsverbund sind Instandhaltungsleistungen, Garantien oder Schulungen, die gleichzeitig mit dem Kernprodukt beschafft werden. Bei einem Auswahlverbund steht dagegen für den Kunden die Auswahlmöglichkeit zwischen verschiedenen Angebotskonfigurationen im Vordergrund.

Dabei will der Kunde sich nur entscheiden, wenn er zwischen verschiedenen Angeboten wählen kann. Daher ist es bei Auswahlverbünden sinnvoll, das Leistungsprogramm so zu gestalten, dass dem Kunden für ein Problem verschiedene Lösungsansätze geboten werden. Dies könnte bspw. bei dem Angebot einer Druckmaschine bedeuten, dass Konfigurationen mit unterschiedlich gestalteten Wartungsverträgen, Garantien und Schulungen angeboten werden.

5.2.2.3 Gestaltungsdimensionen bei der Leistungsprogrammplanung

Ein Leistungsprogramm umfasst alle von einem Unternehmen angebotenen Leistungssysteme. Die grundlegenden Gestaltungsdimensionen bei der Leistungsprogrammplanung sind die *Leistungsprogrammbreite* sowie die *Leistungsprogrammtiefe*.

Die Leistungsprogrammbreite beschreibt die verschiedenen Arten von Leistungssystemen, die für die Lösung unterschiedlicher Anwendungsprobleme angeboten werden. Somit definiert die Leistungsprogrammbreite, wie viele Leistungssystemlinien, -gruppen oder -kategorien angeboten werden. Ein breites Leistungsprogramm beinhaltet demnach mehrere verschiedene Problemlösungen, während ein schmales Leistungsprogramm nur wenige enthält [6, 9]. Wesentlicher Vorteil eines breiten Leistungsprogramms ist die Möglichkeit, die Bedürfnisse einzelner Kunden auch in verschiedenen Bereichen umfassend abdecken zu können. Daher ist bei einem breiten Leistungsprogramm von einer geringeren Konjunkturanfälligkeit auszugehen, da temporäre Nachfrageschwankungen besser ausgeglichen werden können [10]. Allerdings kann eine breite Programmstruktur auch Nachteile mit sich bringen, da eine Individualisierung der angebotenen Leistungssysteme die Komplexität zunehmend erhöht und insgesamt zwischen den verschiedenen Angebotsgruppen geringere Synergieeffekte zu erwarten wären.

Die Leistungsprogrammtiefe beschreibt die Auswahl unterschiedlicher Leistungen zur Lösung eines identischen Problems auf Kundenseite [6]. Demzufolge legt die Tiefe des Leistungsprogramms fest, wie viele Varianten innerhalb einer Leistungssystemlinie angeboten werden. Das heißt, ein flaches Leistungsprogramm umfasst nur wenige standardisierte Versionen von Leistungssystemen, während ein tiefes Leistungsprogramm stärker individualisierte Leistungssysteme beinhaltet [6, 9]. Die Vorteile einer geringen Leistungsprogrammtiefe sind eine geringere Komplexität und damit verbunden auch eine höhere Standardisierbarkeit. Auch können die Ressourcen und Kompetenzen des Unternehmens auf einige wenige angebotene Leistungssysteme konzentriert werden. Allerdings ist bei einer geringen Leistungsprogrammtiefe nur eine begrenzte Individualisierung der angebotenen Leistungssysteme möglich [10].

Bei der erstmaligen Gestaltung der Leistungsprogrammbreite wird die Positionierung am Markt und Wettbewerb festgelegt. Hierzu sind zuerst die zu bearbeitenden Geschäftsfelder zu definieren. Dabei sind auch die notwendigen Potenziale und Ressourcen des Unternehmens zu beachten. Anschließend ist die Leistungsprogrammtiefe festzulegen. Dabei sind einige Punkte zu beachten:

Bei einer adäquaten Leistungstiefe sollen Rationalisierungspotenziale realisiert und die Dienstleistungserstellung auf kundenspezifische Anforderungen ausgerichtet werden. Unternehmen reagieren auf intensiveren Wettbewerb und komplexer werdende

Servicemärkte, indem sie sich auf ihre Kernkompetenzen konzentrieren und andere Wertschöpfungsstufen auf Kooperationspartner verlagern. Je kundenindividueller Dienstleistungen sind, desto eher erbringt sie das Unternehmen selbst. Die Gestaltung optimaler Wertschöpfungstiefe ist jedoch keine reine Entscheidung zwischen Eigenerstellung und Fremdbezug. Entlang der Ausprägungen der erwähnten Indikatoren sind auch Kooperationslösungen zur Einlagerung und zur Auslagerung von Kompetenzen denkbar. Dies bietet einem Unternehmen den Vorteil, Kundenindividualität und Effizienz im Dienstleistungserstellungsprozess zu verbinden und Leistungsangebote anbieten zu können, die es alleine nicht realisieren könnte. Damit ist es möglich, als Full-Service-Provider im Markt zu agieren [11].

Handlungsalternativen bei der Leistungsprogrammgestaltung

Bei der Planung eines bestehenden Leistungsprogramms gibt es verschiedene Handlungsalternativen. Falls das Leistungsprogramm geändert werden soll, ist hier zwischen Strukturveränderung, Ausweitung und Einengung zu unterscheiden. Bei einer Strukturveränderung kommen die Gewichtsverlagerung von Umsatzanteilen sowie Leistungsvariation in Frage. Eine Ausweitung des Leistungsprogramms ist sowohl über die Programmtiefe als auch über die Programmbreite möglich. Bei einer Ausweitung der Programmtiefe spricht man von einer Leistungsdifferenzierung. Wird hingegen die Programmbreite erweitert, kann zwischen vertikaler, horizontaler und lateraler Diversifizierung unterschieden werden. Soll das Leistungsprogramm anstatt ausgeweitet eingeengt werden, spricht man mit Bezug auf die Programmtiefe von Leistungsstandardisierung und mit Bezug auf die Breite von Spezialisierung. Die verschiedenen Handlungsalternativen sind in Abbildung 5.4 zusammenfassend dargestellt [6, 9].

Grundsätzlich werden bei einer *Strukturveränderung* die Zahl der Leistungen und Leistungsarten nicht verändert, d. h. die bestehende Leistungsprogrammtiefe und -breite bleibt erhalten. Im Rahmen einer Gewichtsverlagerung wird die Verschiebung von Umsatzanteilen der angebotenen Leistungssysteme innerhalb des Leistungsprogramms intendiert. Bei einer *Leistungsvariation* werden die Merkmale der angebotenen Leistungssysteme so angepasst, dass die (veränderten) Kundenpräferenzen besser adressiert werden können und somit auch ein höherer Nutzwert erreicht werden kann. Die Leistungsvariation kann auch eine Um- oder Neupositionierung der angebotenen Leistungssysteme implizieren, da andere Merkmale stärker in den Vordergrund rücken [6, 9]. Ein Beispiel einer Gewichtsverlagerung wäre bei einem Instandhaltungsdienstleister für Maschinen und Anlagen zur Herstellung von Getränkekartons die intensivere Vermarktung von zuvor schon angebotenen RFID-Technologien bei gleichzeitiger Verringerung des Marketingaufwands für klassische Instandhaltungsleistungen. Würde bspw. die vertraglich zugesicherte Reaktionszeit für die Behebung von Störungen von 48 auf 24 h gesenkt werden, wäre dies als eine Leistungsvariation zu verstehen.

Die *Leistungsdifferenzierung* bedingt eine Ausweitung der Leistungsprogrammtiefe, d. h. die bestehenden Leistungssysteme werden durch weitere ähnliche ergänzt. Dabei ist auch die stärkere Individualisierung von Leistungssystemen als Leistungsdifferenzierung zu verstehen [9]. Eine Leistungsdifferenzierung ist besonders geeignet, wenn die Kunden Wert auf eine Auswahl aus verschiedenen Lösungen legen, also Kaufentscheidungen im Auswahlverbund getroffen werden. So wäre bei dem angeführten Beispiel die Hinzunahme

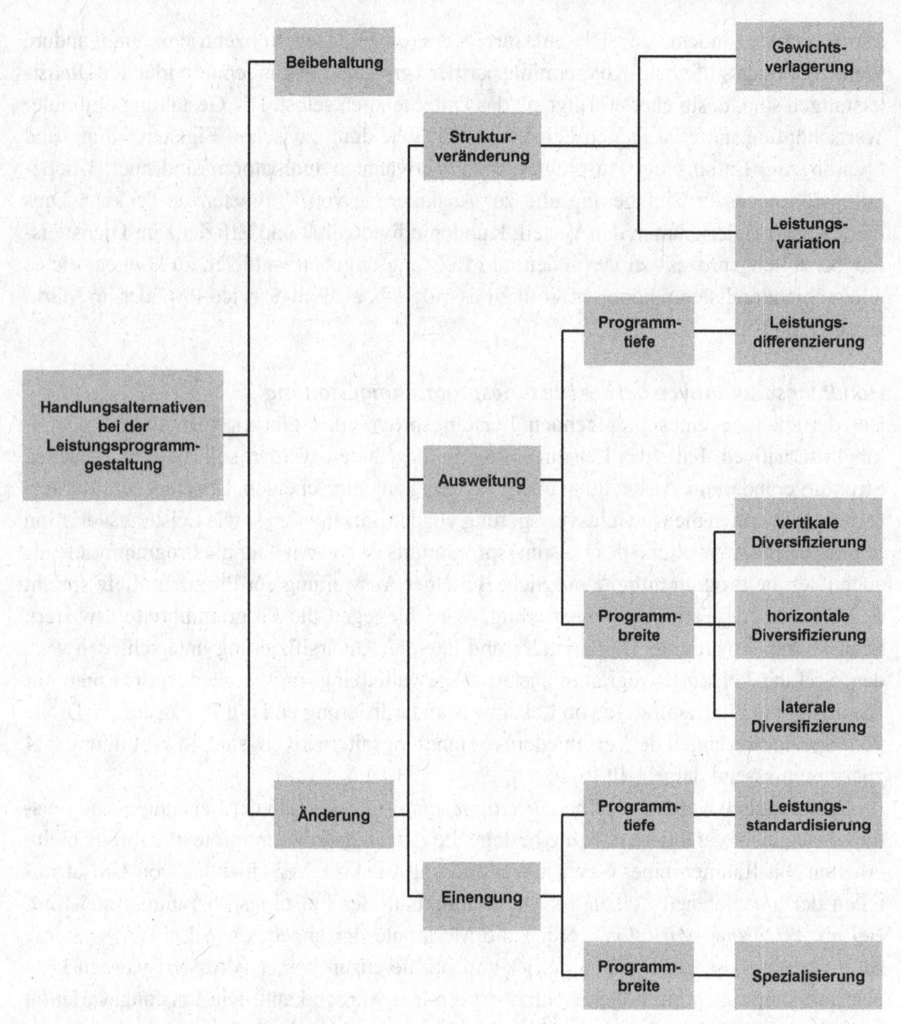

Abbildung 5.4 Programmpolitische Entscheidungsalternativen (eigene Darstellung i. A. a. Kleinaltenkamp u. Jacob [6])

eines 24-Std.-Reparaturservices bei Aufrechterhaltung des 48-Std.-Basisangebots ein Beispiel für eine Leistungsdifferenzierung. Auch die Ausgestaltung von kundenindividuellen Reparaturverträgen mit unterschiedlichen Garantien und Reaktionszeiten ist als Leistungsdifferenzierung zu verstehen, vorausgesetzt, die Reparaturleistungen waren bereits in ähnlicher Form Teil des vorherigen Leistungsprogramms.

Eine *Ausweitung des Leistungsprogramms* impliziert die Erweiterung des Leistungsprogramms um bisher nicht angebotene Leistungssysteme, die nicht in einem unmittelbaren Zusammenhang mit den bisher angebotenen Leistungssystemen stehen. In Abhängigkeit der jeweiligen Marktstufe bzw. der Stellung innerhalb der Absatzkette wird bei der Ausweitung der Leistungsprogrammbreite zwischen horizontaler, vertikaler und lateraler *Diversifikation* unterschieden. Die *horizontale Diversifikation* beschreibt die Erweiterung des Angebots, das sich aber nach wie vor an ähnliche Kundensegmente oder Kunden richtet [6, 9]. Zielsetzung der horizontalen Diversifikation ist es, Kunden, die an einem Einkaufsverbund interessiert sind, ein attraktiveres Angebot machen zu können, da verschiedene Leistungssysteme von einem Anbieter bezogen werden können. So würde bspw. die Angebotserweiterung um die Versorgung mit benötigten Betriebsmitteln wie Schmierstoffe etc. neben den bisher angebotenen Instandhaltungsdienstleistungen eine horizontale Diversifikation darstellen. Eine *vertikale Diversifikation* beschreibt die Erweiterung um vor- oder nachgelagerte Marktstufen innerhalb der Absatzkette. Entsprechend der Erweiterungsrichtung wird bei der vertikalen Diversifikation zwischen *Vorwärtsintegration* und *Rückwärtsintegration* unterschieden [6, 9]. In dem angeführten Beispiel wäre das eigenständige Angebot von Maschinen und Anlagen zur Getränkekartonherstellung demgemäß als eine Rückwärtsintegration zu verstehen. Eine denkbare Vorwärtsintegration wäre das eigenständige Angebot von Getränkekartons. Somit geht eine vertikale Diversifikation auch häufig damit einher, dass die bisherigen Partner innerhalb der Absatzkette gleichzeitig auch als Wettbewerber für das jeweilige Unternehmen zu sehen sind. Abschließend beschreibt die *laterale Diversifikation* die Erweiterung des Leistungsprogramms um Leistungssysteme, die in keinem Zusammenhang mit dem bisherigen Angebotsportfolio stehen.

Die *Einengung* des Leistungsprogramms umfasst die Optionen der Verringerung der Leistungsprogrammtiefe durch Standardisierung sowie die Reduzierung der Leistungsprogrammbreite durch Spezialisierung.

5.2.3 Modularisierung

5.2.3.1 Definition und Zielsetzung der Modularisierung

Das Thema Modularisierung erfuhr in den letzten zwei Jahrzehnten eine sehr hohe Aufmerksamkeit [12, 13]. Speziell im Sachleistungsbereich existiert eine Vielzahl von Ansätzen und Methoden der Modularisierung [12]. Unter Modularisierung versteht man die Gliederung eines Produkts, indem die Abhängigkeiten zwischen den Elementen (Modulen) verringert bzw. die Schnittstellenvarianten reduziert werden [14]. Die Modularisierung führt zu einem System aus relativ unabhängigen Subsystemen (Modulen). Im Gegensatz zu einer integralen Gestaltungsweise sind bei einer modularen Gestaltungsweise der Systeme die Beziehungen zwischen den einzelnen Subsystemen schwächer ausgeprägt [15].

Modularisierung zielt darauf ab, die Komplexität, die bei einer Variation von Leistungssystemen entsteht, beherrschbar zu machen. Für Kundengruppen individuell gestaltete Problemlösungen, die durch Leistungssysteme realisiert werden, können zu einer erheblich höheren unternehmensinternen Angebotsvielfalt führen, welche eine erhöhte Komplexität zur Folge hat [16–19]. Dadurch entstehen Komplexitätskosten [14]. Das Spannungsfeld zwischen interner und externer Vielfalt, welches einerseits der profitablen Leistungserstellung und andererseits der Positionierung am Markt dient, kann ein Unternehmen in die „Komplexitätsfalle" führen [20]. Eine Methode zur Reduzierung dieser Komplexitätskosten ist

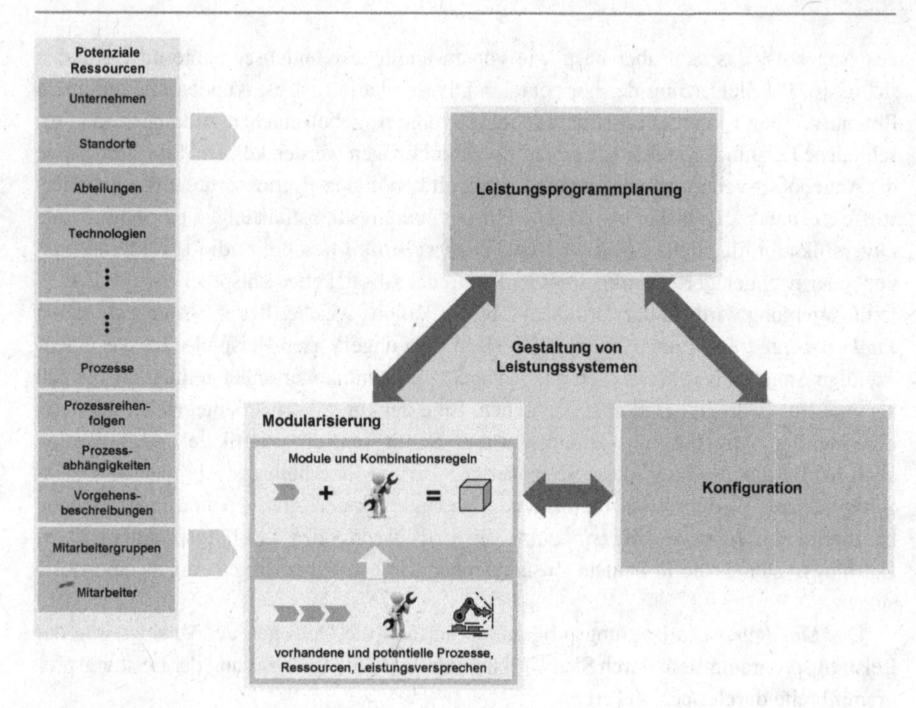

Abbildung 5.5 Modularisierung (eigene Darstellung)

die Modularisierung, deren Ansätze für Dienstleistungen im Folgenden näher beschrieben werden. Neben den durch Reduktion von Komplexitätskosten entstehenden Vorteilen ist die Modularisierung eine Möglichkeit, der markt- und technologieseitigen Dynamik zu begegnen. Dabei werden nur einzelne Module an die geänderten Anforderungen angepasst, während die anderen Bestandteile unverändert bleiben [14, 21] (Abbildung 5.5).

5.2.3.2 Modularisierung bei Dienstleistungen

Die Modularisierung von Dienstleistungen beruht auf dem Prinzip der Dekomposition [22]. Durch die Zerlegung einer komplexeren Dienstleistung, die zu einem Kundenproblem korrespondiert, in Dienstleistungsmodule, die zu Teilproblemen korrespondieren, wird eine modulare Dienstleistungsarchitektur beschreibbar. Die komplexe Dienstleistung wird nach Burr gemäß ihrem prozessualen, verrichtenden Charakter in ihre Teildienstleistungen sowie ihre Teilfunktionen und nach ihrer organisatorischen Einheit zerlegt. Zusätzlich sind die Schnittstellen zwischen diesen Dienstleistungsmodulen zu definieren [22]. Die notwendigen Schritte werden im Folgenden näher beschrieben. Die Abbildung 5.6 veranschaulicht diese wesentlichen Elemente von Dienstleistungsmodulen innerhalb einer modularen Dienstleistungsarchitektur.

Zur Identifikation und Dekomposition der Teilfunktionen einer Dienstleistung wird von Burr als Methode die 1994 von Akiyama veröffentlichte Funktionsanalyse verwendet [23]. Zur Dekomposition der Teildienstleistungen wird hingegen das Instrumentarium der

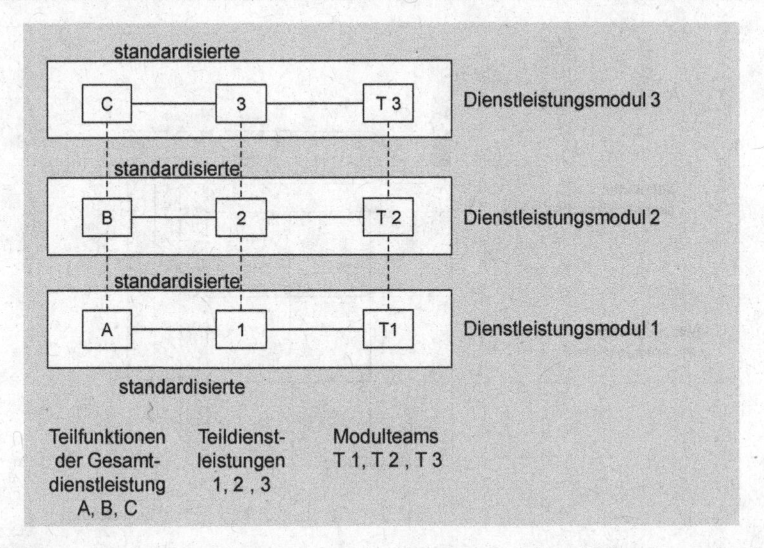

Abbildung 5.6 Wesentliche Elemente von Dienstleistungsmodulen und ihre Integration in eine modulare Dienstleistungsarchitektur mithilfe standardisierter Schnittstellen (eigene Darstellung i. A. a. Burr [22])

1976 von Kosiol entwickelten Aufgabenanalyse empfohlen [24]. Die Aufgabenzerlegung sollte derart tiefgehend geschehen, dass Elementaraufgaben entstehen, die auf einzelne Aufgabenträger verteilbar sind. Burr überträgt die Gliederungsprinzipien der Aufgabenanalyse auf Dienstleistungen [22]. Dazu unterscheidet er zwischen einer Modularisierung nach produktionsorientierten und kundenorientierten Gesichtspunkten. Zu den produktionsorientierten Gesichtspunkten zählen die folgenden Gliederungsprinzipien:

- Die Phase der Dienstleistungserstellung
- Verwendete Produktionstechnologien
- Eigenständige Produzierbarkeit der Dienstleistung
- Erzielung von Verbundvorteilen (*Economies-of-Scale*) innerhalb der Teildienstleistung
- Ähnlichkeit der auszuführenden Aktivitäten und Geschäftsprozesse
- Einfachheit und möglichst geringe Komplexität der Teildienstleistung
- Aufgabenzerlegung nach der Phase des Entscheidungsprozesses
- Aufgabenzerlegung nach der Zweckbeziehung

Zu den kundenorientierten Geschichtspunkten zählen folgende Gliederungsprinzipien:

- Eigenständige Verkaufbarkeit bzw. Beschaffbarkeit der Teildienstleistung
- Wiederverwendbarkeit der Teildienstleistung bei mehreren Kunden
- Modularisierung nach der zeitlichen Dimension der Dienstleistungserbringung beim Kunden
- Modularisierung nach der räumlichen Dimension der Dienstleistungserbringung beim Kunden
- Modularisierung nach dem vom Kunden eingebrachten Objekt [22]

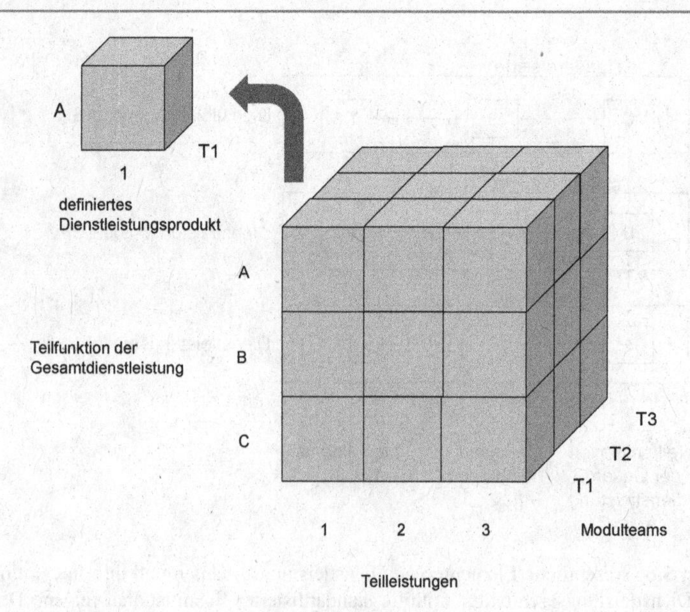

Abbildung 5.7 Definition eines Dienstleistungsmoduls (eigene Darstellung i. A. a. Burr [22])

Nach der Modularisierung in Teildienstleistungen folgt die Zuordnung zu Aufgabenträgern. Hierfür existieren zwei grundsätzliche Alternativen: Einerseits gibt es die integrale Organisationsform, bei der die Erstellung der Teildienstleistung auf verschiedene eng miteinander vernetzte organisatorische Einheiten, welche von einem übergeordneten Management koordiniert werden, aufgeteilt wird. Andererseits wird die modulare Organisationsform unterschieden, die die Teildienstleistungen einer einzigen organisatorischen Teileinheit (Modulteam) zuordnet. Das Management dieser Teileinheit ist alleine für die Erstellung und Qualität der Teildienstleistung verantwortlich. Diese Organisationsform führt zu kleinen überschaubaren Teileinheiten, die sich durch dezentrale Entscheidungskompetenz und Ergebnisverantwortung auszeichnen. Vorteile dieser Organisationsform sind u. a. die Kongruenz von Aufgaben, die Kompetenz und Verantwortung für die jeweilige Teildienstleistung, die Flexibilität und Reaktionsschnelligkeit einer weitgehend autonomen Organisationseinheit und das unternehmerische Denken und Handeln des Managements der Teileinheiten [22]. Es entsteht somit ein definiertes Dienstleistungsmodul, welches durch die zuvor beschriebenen Merkmale (Dienstleistungsfunktion, Teildienstleistung und die Zuordnung zu einem Modulteam) charakterisiert ist. Die folgende Abbildung veranschaulicht die drei Dimensionen eines Dienstleistungsmoduls nach Burr (Abbildung 5.7).

Der letzte Schritt der Modularisierung nach Burr ist die Definition von Schnittstellen zwischen den Dienstleistungsmodulen. Als wesentliche Arten der Schnittstellen zur Aufgabenabgrenzung werden folgende aufgezählt [22]:

- Unternehmensinterne Spezifikationen des Inputs und Outputs einzelner Dienstleistungsmodule
- von mehreren Dienstleistungsmodulen gemeinsam angewandte standardisierte Tools, Methoden, Prozeduren und Administrations- bzw. Controllingsysteme

- Regeln und Verhaltensnormen der gemeinsamen Aufgabenerfüllung mehrerer Dienstleistungsmodule
- Spezifikationen der Anforderungen an einzelne Dienstleistungsmodule durch den Kunden (Service-Level-Agreements als Spezifikationen der Schnittstelle zum Kunden).

Die Kommunikation und Koordination wird auf die Schnittstellenparameter ausgerichtet, routiniert und dadurch vereinfacht. Somit wird eine Entkopplung der Dienstleistungsmodule untereinander und die flexiblere Reaktion auf die marktseitige Dynamik ermöglicht. Bei der Schnittstellendefinition ist es außerordentlich wichtig, einen gewissen Spielraum für Innovationen und Veränderungen in einzelnen Dienstleistungsmodulen vorzusehen. Ohne diesen Spielraum sind Flexibilitätsvorteile nur schwer oder überhaupt nicht zu heben [22].

Zur Unterstützung der Modularisierung nennt Burr die Methode der Design-Structure-Matrix. Corsten und Gössinger sehen in diesem Ansatz eine wesentliche Methode zur Modularisierung von Dienstleistungen [25]. Dabei stellen die Design-Structure-Matrix (DSM) und die Design-Interface-Matrix den Kern dieses Ansatzes dar. Zur angestrebten Modulbildung muss eine DSM erzeugt werden, die aus den Teilprozessen der zu erbringenden Dienstleistung besteht. Zusätzlich werden die Interdependenzen zwischen den Teilprozessen anhand von vier Bindungsarten beurteilt. Die vier Bindungsarten setzen sich dabei aus Ressourcen-, Leistungs-, Erfolgs- und Verhaltensbeziehungen zusammen, die sich wie folgt definieren lassen [26]:

Ein **Leistungsverbund** ist dann vorhanden, wenn eine Dienstleistung mehrere Teildienstleistungen umfasst, die jeweils durch Teilprozesse erbracht werden und deren Ergebnisse wechselseitig voneinander abhängen. Zur Erfassung der Leistungsverbunde empfehlen Corsten und Gössinger die Verwendung der stochastischen Netzplantechnik.

Der **Ressourcenverbund** liegt dann vor, wenn mehrere Teilprozesse auf dieselben begrenzten Ressourcen zurückgreifen. Die Erfassung des Ressourcenverbunds ist sehr aufwendig, da die zeitliche und räumliche Lage, die Aktivierungswahrscheinlichkeit und die Parametrisierung der darauf zurückgreifenden Teilprozesse analysiert werden muss. Mithilfe einer Kapazitätsnachfrage- und Kapazitätsangebotsfunktion müssen die Ressourcenbedarfe derart geprüft werden, dass bei einer Gegenüberstellung der Kurven das Angebot stets größer als die Nachfrage ist.

Der **Zielverbund** oder auch Erfolgsverbund sind die zurechenbaren Beiträge zum monetären Erfolg der Dienstleistung. Diese sind wechselseitig von den jeweiligen Entscheidungen über die Parameter und die Ausführung der Teilprozesse abhängig. Die Erfassung des Zielverbunds ist über eine Variantenstückliste möglich. Dazu wird eine Basisdienstleistung (Variante 0) mit den konkreten Ablaufstrukturen und Teilprozessen definiert. Änderungen durch das Hinzufügen oder Entfernen von Teilprozessen können mithilfe der Plus-/Minusstückliste abgebildet werden. Die Veränderungen durch das Hinzufügen oder das Entfernen werden inklusive ihrer Ergebniswirkung und der Veränderung des Deckungsbeitrags erfasst.

Verhaltensbeziehungen liegen immer dann vor, wenn die Festlegung der Parameter unterschiedlicher Teilprozesse, zwischen denen Sachinterdependenzen bestehen, unterschiedlichen Entscheidungsträgern obliegt. Generell kann bei Verhaltensbeziehungen unterschieden werden, ob die Ausführung des Teilprozesses in der Verantwortung des Nachfragers (k), des Anbieters (j) oder beiden simultan liegt. Des Weiteren ist danach zu

<table>
<tr><td colspan="2" rowspan="2"></td><td colspan="3">Ausführung des Teilprozesses obliegt…</td></tr>
<tr><td>Nachfrager</td><td>Anbieter</td><td>Nachfrager und Anbieter</td></tr>
<tr><td rowspan="2">Teilprozessausführung ist direkt wahrnehmbar für…</td><td>beide Akteure</td><td>Der vom Nachfrager ausgeführte Teilprozess ist für Nachfrager und Anbieter wahrnehmbar. Symbol: (j)k</td><td>Der vom Anbieter ausgeführte Teilprozess ist für Nachfrager und Anbieter wahrnehmbar. Symbol: j(k)</td><td>Der vom Nachfrager und Anbieter ausgeführte Teilprozess ist für Nachfrager und Anbieter wahrnehmbar. Symbol: jk</td></tr>
<tr><td>einen Akteur</td><td>Der vom Nachfrager ausgeführte Teilprozess ist für den Nachfrager wahrnehmbar und für den Anbieter verborgen. Symbol: k</td><td>Der vom Anbieter ausgeführte Teilprozess ist für den Anbieter wahrnehmbar und für den Nachfrager verborgen. Symbol: j</td><td>-</td></tr>
</table>

Abbildung 5.8 Verantwortlichkeits-/Wahrnehmbarkeitskonstellationen von Teilprozessen (eigene Darstellung i. A. a. CORSTEN U. GÖSSINGER [25])

i \ i'	j	j(k)	jk	(j)k	k
j	0	1	2	3	4
j(k)	1	0	1	2	3
jk	2	1	0	1	2
(j)k	3	2	1	0	1
k	4	3	2	1	0

Abbildung 5.9 Verhaltenseinflussmatrix (eigene Darstellung i. A. a. CORSTEN U. GÖSSINGER [25])

strukturieren, ob die Teilprozessausführung für nur einen oder beide Akteure wahrnehmbar ist. Auf diese Weise ergeben sich folgende Konstellationen, die in Abbildung 5.8 dargestellt sind:

Zur Abbildung und Erfassung der Abhängigkeitsstärke zwischen einem Teilprozess i und einem anderen Teilprozess i‘ bietet sich die Verhaltenseinflussmatrix an. Die Werte innerhalb der Matrix geben die Stärke des Verhaltenseinflusses an. Dabei bedeutet die Ziffer 4 einen sehr starken Verhaltenseinfluss, Ziffer 0 gar keinen Verhaltenseinfluss. Die Annahme bei der gezeigten Bewertung in Abbildung 5.9 ist, dass kein Verhaltenseinfluss

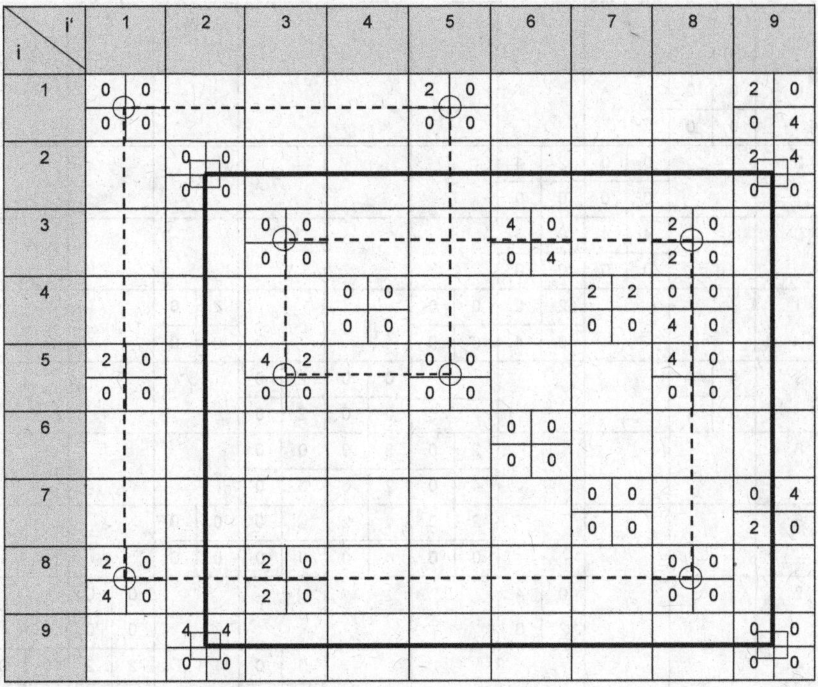

i \ i‘	1	2	3	4	5	6	7	8	9
1	0 0 / 0 0				2 0 / 0 0				2 0 / 0 4
2		0 0 / 0 0							2 4 / 0 0
3			0 0 / 0 0			4 0 / 0 4		2 0 / 2 0	
4				0 0 / 0 0			2 2 / 0 0	0 0 / 4 0	
5	2 0 / 0 0		4 2 / 0 0		0 0 / 0 0			4 0 / 0 0	
6						0 0 / 0 0			
7							0 0 / 0 0		0 4 / 2 0
8	2 0 / 4 0		2 0 / 2 0					0 0 / 0 0	
9		4 4 / 0 0							0 0 / 0 0

Abbildung 5.10 Prozessbeziehungsmatrix (DSM) für einen Dienstleistungsprozess (eigene Darstellung i. A. a. CORSTEN U. GÖSSINGER [25])

vorliegt, wenn die Verantwortlichkeit und die Wahrnehmbarkeit von zwei Teilprozessen sich nicht ändern. Das heißt, derselbe Akteur kann in beiden Teilprozessen alleine agieren und beobachten.

Die zentrale Methode der DSM verwendet nun die vier zuvor beschriebenen Bindungsarten und bildet diese ab. Die Zeilen und Spalten entsprechen, wie anfänglich erwähnt, nun den Teilprozessen i und i‘. Der Wert in der Zelle (i, i‘) gibt die Stärke der Bindungsart an und somit, wie stark der Teilprozess i von i‘ abhängt. Die Stärke der Verbindungsart wird analog der Verhaltenseinflussmatrix auf einer Skala von 0 bis 4 angegeben. Von oben links nach unten rechts werden die folgenden Bindungsarten am Beispiel eines einfachen Dienstleistungsprozesses abgebildet: Ressourcen-, Leistungs-, Erfolgs- und Verhaltensbeziehung (siehe Abbildung 5.10).

Anschließend wird die Design-Interface-Matrix mithilfe von Algorithmen derart sortiert, dass sich

- die meisten Beziehungen in der unteren Dreiecksmatrix und
- zwischen zwei interdependenten Teilprozessen möglichst wenige andere Teilprozesse befinden (Abbildung 5.11).

Anhand dieser Sortierung ist es möglich, neue Teilprozessblöcke zu definieren, die dann alle Teilprozesse enthalten, über die simultan entschieden werden müsste (zeitliche Lage,

	6		2		9		1		3		8		5		7		4	
6	0	0																
	0	0																
2			0	0	2	4												
			0	0	0	0												
9			4	4	0	0												
			0	0	0	0												
1					2	0	0	0					2	0				
					0	4	0	0					0	0				
3	4	0							0	0	2	0						
	0	4							0	0	2	0						
8							2	0	2	0	0	0						
							4	0	2	0	0	0						
5							2	0	4	2	4	0	0	0				
							0	0	0	0	0	0	0	0				
7					0	4									0	0		
					2	0									0	0		
4											0	0			2	2	0	0
											4	0			0	0	0	0

Abbildung 5.11 Prozess-Beziehungsmatrix (DSM) eines modularen Dienstleistungssystems (eigene Darstellung i. A. a. Corsten u. Gössinger [25])

Aktivierungswahrscheinlichkeit, Parameterfestlegung), wenn keine Interdependenzen zerschnitten werden sollen [26]. Auf diese Weise wird versucht, Module zu bilden, die relativ unabhängig voneinander sind. Allerdings ist die Aufhebung aller Interdependenzen in der Regel nicht möglich, sodass stets eine Koordination der Schnittstellen zwischen den Modulen notwendig ist [25].

5.2.4 Konfiguration von Leistungssystemen

5.2.4.1 Definition und Zielsetzung der Konfiguration von Leistungssystemen

Die Konfiguration von Leistungssystemen baut auf den in den vorherigen Abschnitten definierten Ansätzen zur Leistungsprogrammplanung und Modularisierung auf. Unter Berücksichtigung der individuellen Kundenanforderungen und der während der Modularisierung definierten Beziehungen zwischen den Teilleistungen werden in dem Schritt der Konfiguration Leistungssysteme als Lösung für spezifische Probleme von Kundengruppen oder des jeweiligen Kunden zusammengestellt (Abbildung 5.12).

Unter der Konfiguration wird die Zusammenstellung eines Leistungssystems durch die Auswahl und Kombination von vordefinierten Modulen innerhalb gegebener Regeln

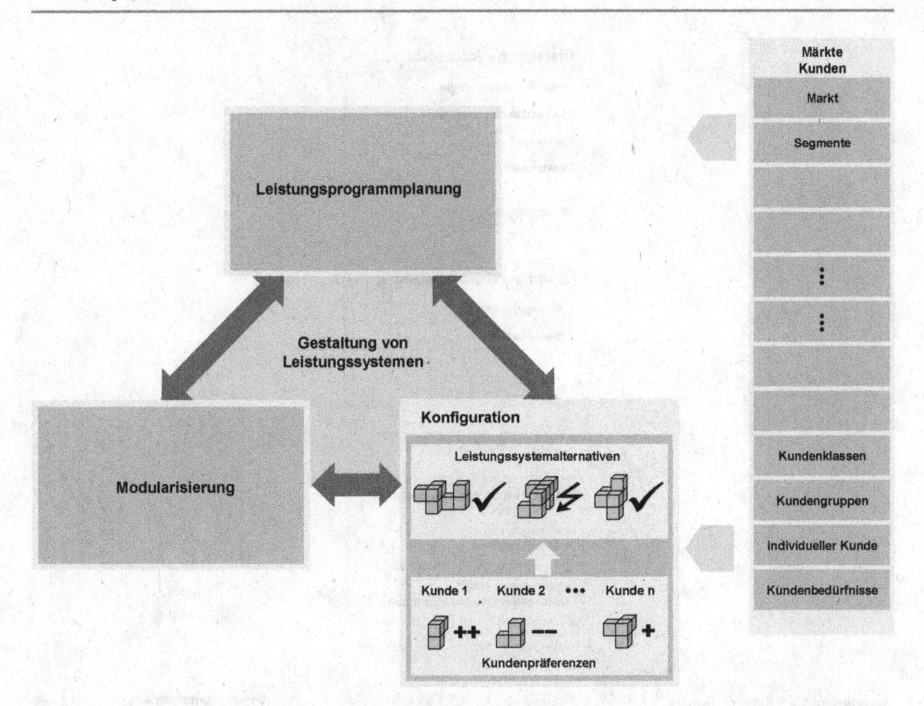

Abbildung 5.12 Konfiguration von Leistungssystemen (eigene Darstellung)

verstanden [27]. Dabei erfolgt der Transfer von Kundenwünschen in eine konkrete Produkt-/Dienstleistungsspezifikation innerhalb des unternehmensabhängigen Lösungsraums [28]. Die Konfiguration im Sinne der Zusammenstellung von Sach- und Dienstleistungsteilelementen erfolgt unter Berücksichtigung vordefinierter Konfigurationsregeln und in Zusammenarbeit mit dem Kunden [29].

Übergeordnete Zielsetzung der Konfiguration ist es, eine klare Strukturierung des Leistungsprogramms zu entwickeln, die gleichzeitig individuellen Kundenbedürfnissen und internen Ansprüchen hinsichtlich Komplexitätsbeherrschung und Entwicklungsstand des Dienstleistungsgeschäfts gerecht wird [30]. Dabei werden kundenindividuelle Leistungssysteme aus weitgehend vordefinierten und standardisierten Komponenten zusammengestellt. So soll die Angebotskomplexität verringert werden und dabei gleichzeitig ein wesentlicher Beitrag zu Umsatz- und Gewinnsteigerungen des Unternehmens geleistet werden [4, 31]. Für den Kunden ergeben sich aus einer auf seine Bedürfnisse abgestimmten Konfiguration Synergiepotenziale, Prozesskostensenkungen oder ein zusätzlicher Leistungsnutzen [30].

5.2.4.2
Methoden der Konfiguration von Leistungssystemen

Wesentliche Aufgabenbereiche der Konfiguration von Leistungssystemen umfassen die Festlegung der Angebotsvielfalt, die adäquate Standardisierung und Individualisierung der Teilleistungen von Leistungssystemen, die Definition kundenseitiger Konfigurationsregeln sowie die Gestaltung der Ertragsmodelle und Preisstruktur von Leistungssystemen mithilfe eines geeigneten Optimierungsverfahrens [4].

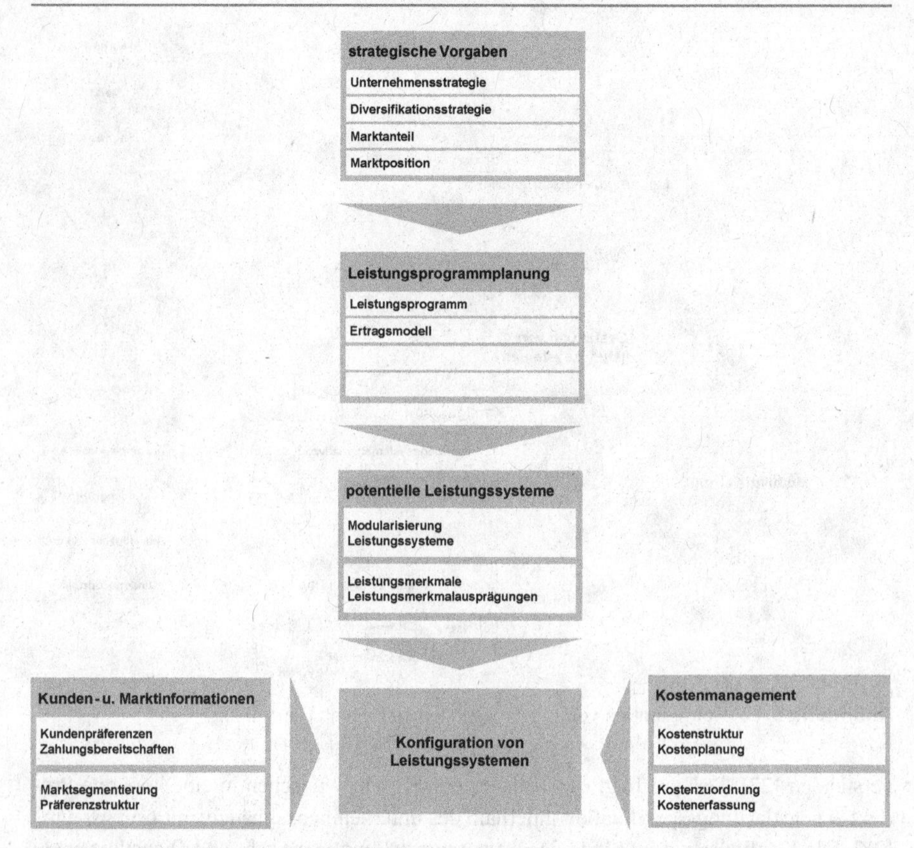

Abbildung 5.13 Spannungsfeld der Konfiguration von Leistungssystemen (eigene Darstellung)

Die wesentlichen Teilbereiche und Einflussfaktoren bei der Konfiguration von Leistungssystemen, die zusammen das Spannungsfeld der Konfiguration von Leistungssystemen definieren, können in verschiedene Bereiche gegliedert werden, die zusammenfassend in Abbildung 5.13 dargestellt sind.

Grundlegend muss sich die Konfiguration von Leistungssystemen an den **strategischen Vorgaben** des jeweiligen Unternehmens ausrichten, wobei z. B. die angestrebte Marktpositionierung sowie die gewählte Diversifikationsstrategie die Konfiguration von Leistungssystemen beeinflussen. Basierend auf den strategischen Vorgaben können dann zunächst grundlegende Leistungsprogrammalternativen, wie in Kapitel 5.2.2 beschrieben, definiert werden. Innerhalb dieser Leistungsprogrammalternativen sind dann die **potenziell konfigurierbaren Leistungssysteme** zu bestimmen. Dies erfolgt maßgeblich über die in Kapitel 5.2.3 vorgestellte Modularisierung. Dabei werden verschiedene Leistungsmerkmale identifiziert und ihre Ausprägungen dementsprechend beschrieben. Des Weiteren werden **Kunden- und Marktinformationen** benötigt, um die Kundenpräferenzen und die damit einhergehenden Zahlungsbereitschaften zu ermitteln. Dabei können auch zu adressierende Marktsegmente und Präferenzstrukturen über verschiedene Absatzmärkte erhoben werden. Dabei sind die Kosten der verschiedenen Leistungsprogrammalternativen zu berücksichtigen sowie eine Kostenzuordnung zu den einzelnen Dienstleistungsprozessen durchzuführen (siehe Kapitel 8).

		Leistungssystemvariante LSV_m				
LM_a	LMA_{ab}	LSV_1	LSV_2	LSV_3	...	LSV_M
LM_1	LMA_{11}	1	1	0	...	0
	LMA_{12}	0	0	1	...	0
	LMA_{13}	0	0	0	...	1
LM_2	LMA_{21}	1	1	0	...	0
	LMA_{22}	0	0	1	...	1
LM_3	LMA_{31}	1	0	0	...	0
	LMA_{32}	0	1	0	...	0
	LMA_{33}	0	0	0	...	0
	LMA_{34}	0	0	1	...	1
...	...	...	...	...	...	...
LM_A	...	1	1	1	...	0
	...	0	0	0	...	0
	LMA_{AB}	0	0	0	...	1

$$\overrightarrow{LSV_3} = \begin{pmatrix} 0 \\ 1 \\ 0 \\ 0 \\ 1 \\ 0 \\ 0 \\ 0 \\ 1 \\ \ldots \\ \ldots \\ \ldots \\ 0 \end{pmatrix}$$

LM_a: Leistungsmerkmal a (Merkmal einer Dienstleistung oder eines techn. Produkts)

LMA_{ab}: Leistungsmerkmalsausprägung ab

LSV_m: Leistungssystemvariante m

M: maximale Anzahl der Leistungssystemvarianten

1: Leistungsmerkmalsausprägung in Leistungssystemvarianten enthalten

0: Leistungsmerkmalsausprägung *nicht* in Leistungssystemvarianten enthalten

Abbildung 5.14 Beschreibung von Leistungssystemkonfigurationen (eigene Darstellung i. A. a. BARTOSCHECK [4])

Potenziell konfigurierbare Leistungssysteme

Ein Leistungssystem wird gemäß Kapitel 1 als die Zusammenstellung von verschiedenen Teilleistungen aus Sach- und Dienstleistungen, die eine Lösung für ein spezifisches Problem des Kunden bieten, definiert. Aus der Angebotsperspektive können Leistungssysteme auch als Leistungssystemkonfigurationen (LSK) bezeichnet werden. Während Leistungsmerkmale (LM) eine Kategorie von Teilleistungen innerhalb des Leistungssystems beschreiben, definieren Leistungsmerkmalsausprägungen (LMA) Gestaltungsoptionen der Teilleistungen innerhalb dieser Kategorien. Somit besteht jedes Leistungssystem bzw. jede Leistungssystemkonfiguration aus verschiedenen Leistungsmerkmalen in ihren jeweiligen sich gegenseitig ausschließenden Leistungsmerkmalsausprägungen. Daher kann auch immer nur eine Ausprägung für ein Leistungsmerkmal gewählt werden [4]. Die folgende Abbildung 5.14 gibt einen Überblick über die Gestaltung verschiedener Leistungssysteme bzw. Leistungssystemkonfigurationen als binär kodierte Vektoren innerhalb der vorgenannten Systematik.

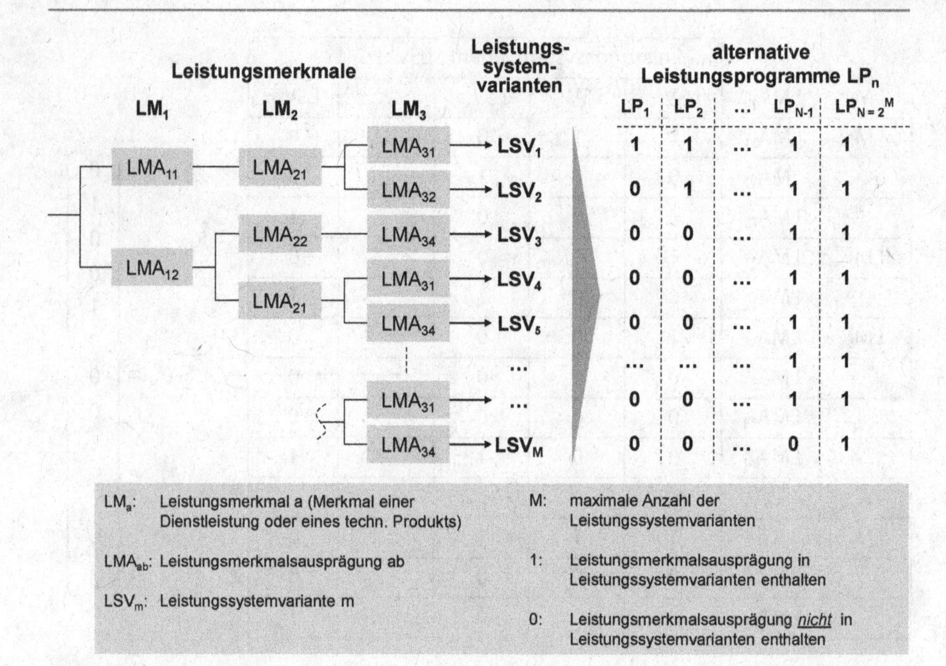

Abbildung 5.15 Beschreibung alternativer Leistungsprogramme (eigene Darstellung i. A. a. BARTOSCHECK [4])

Die Anzahl der möglichen Leistungssysteme bzw. Leistungssystemkonfigurationen ergibt sich aus der Anzahl der Leistungsmerkmale und ihrer entsprechenden Ausprägungen sowie zu ermittelnden Konfigurationsverboten und -geboten. Das gesamte Leistungsprogramm (siehe Kapitel 5.2.2) eines Unternehmens generiert sich aus den Leistungsmerkmalen und den ausgewählten Leistungssystemen bzw. Leistungssystemkonfigurationen. Somit können die verschiedenen Leistungsprogramme ebenfalls über einen binär kodierten Vektor eindeutig definiert werden [4]. Die verschiedenen alternativen Leistungsprogramme und ihre zugehörigen Leistungssysteme bzw. Leistungssystemkonfigurationen, die auf den verschiedenen Ausprägungen der Leistungsmerkmale basieren, sind schematisch in Abbildung 5.15 dargestellt.

Um die effektive Angebotsvielfalt der verschiedenen Leistungsprogramme zu bewerten, sind die erzielbaren Gewinne, Umsätze und Marktanteile für jede Alternative zu analysieren. Da allerdings die Zahl der verschiedenen Leistungssysteme bzw. Leistungssystemkonfigurationen und damit auch die Anzahl der möglichen Leistungsprogramme in Abhängigkeit von Leistungsmerkmalen und ihren Ausprägungen exponentiell ansteigen, ist eine Bewertung der unterschiedlichen Konfigurationen nur durch ein mathematisches Optimierungsmodell durchführbar. Bartoschek wählt dabei genetische Algorithmen, da die Komplexität des Gesamtmodells insbesondere bei einer hohen Vielfalt in Leistungsmerkmalen und Leistungssystemen nur durch heuristische Optimierungsverfahren lösbar bleibt [4].

Kaufdaten →	**Marktdaten –** Auswertung mithilfe ökonometrischer Modelle **Preisexperimente –** Laborexperimente oder Markttests
Kaufangebote →	**Auktionen,** z. B. Vickrey-Auktion, Höchstpreisauktion, Reverse-Pricing-Verfahren **Lotterien**
Präferenzen →	**direkte Befragung** – Preisschätzungstest – direkte Frage zur Preisbereitschaft – Preisempfindungstest (Van Westendorp) – Preiswürdigkeitstest **indirekte Befragung,** z. B. Conjoint-Analyse

Abbildung 5.16 Instrumente zur Erfassung von Zahlungsbereitschaften (eigene Darstellung i. A. a. SATTLER U. NITSCHKE [32])

Methoden zur Identifikation von Kundenpräferenzen und Marktsegmenten

Kundenpräferenzen und Zahlungsbereitschaften können auf der Basis eines deterministischen Prognosemodells für die kundenseitige Kaufauswahl, das von einer kundenseitigen Bewertung auf Basis des wirtschaftlichen Gesamtwertes ausgeht, ermittelt werden [4] (Abbildung 5.16).

Um die Zahlungsbereitschaft von Kunden zu beurteilen, stehen Verfahren auf der Grundlage von Kaufdaten, Kaufangeboten oder Präferenzen zur Verfügung.

Kaufdatenbezogene Verfahren zielen darauf ab, aus Marktdaten über vergangenes Kaufverhalten die zukünftige Zahlungsbereitschaft der Kunden vorauszusagen. Allerdings sind kaufdatenbezogene Verfahren nicht für die Bestimmung der Zahlungsbereitschaft bei Leistungssystemen geeignet, da zu Leistungssystemen verknüpfte industrielle Dienstleistungen häufig einen hohen Innovationsgehalt aufweisen und daher keine Erfahrungswerte vorhanden sind. Des Weiteren ist die Entwicklung von Leistungssystemen nicht selten Bestandteil einer Diversifikationsstrategie in neue Märkte und somit werden Marktsegmente adressiert, über die bisher keine Erkenntnisse vorliegen [33].

Kaufangebotsbezogene Verfahren ermitteln die Zahlungsbereitschaft durch reale Kaufangebote in Form von Auktionen, Vickrey-Auktionen sowie Lotterien [33]. Auch wenn kaufangebotsbezogene Verfahren ein in der Realität einfach zu überprüfendes Verfahren darstellen, sind sie für die Bewertung von verschiedenen Leistungssystemalternativen aufgrund der potenziell umfangreichen Variantenvielfalt unzweckmäßig. Des Weiteren ist insbesondere bei einem hohen innovativen Dienstleistungsanteil nicht von einer realistischen Bewertung auszugehen.

Bei **präferenzdatenbezogenen Verfahren** können direkte (kompositionelle) Verfahren, indirekte (dekompositionelle) Verfahren sowie kombinierte (hybride) Mischverfahren unterschieden werden (Abbildung 5.17).

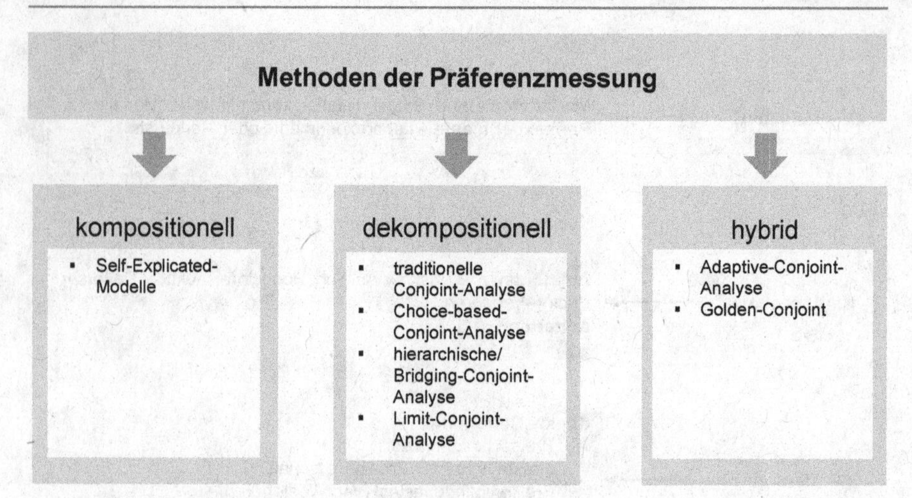

Abbildung 5.17 Präferenzmessverfahren im Überblick (eigene Darstellung i. A. a. HIMME [34])

Direkte Verfahren zielen darauf ab, die Zahlungsbereitschaft der (potenziellen) Kunden durch Erfragen des beigemessenen Wertes für verschiedene Eigenschaftsausprägungen zu evaluieren, die in einem folgenden Schritt zu einem Gesamtnutzen aggregiert werden. Weit verbreitete kompositionelle Verfahren sind die sogenannten Self-Explicated-Modelle. Dies ist auch darauf zurückzuführen, dass Self-Explicated-Modelle mit einem geringeren Aufwand als indirekte oder hybride Messverfahren angewendet werden können [34]. Da allerdings die einzelnen Eigenschaftsausprägungen getrennt voneinander betrachtet werden, ist die Übertragbarkeit auf ein reales Entscheidungsverhalten infrage zu stellen [33, 35].

Die Gruppe der **indirekten Verfahren** besteht maßgeblich aus verschiedenen Ansätzen der Conjoint-Analyse. Die klassische Conjoint-Analyse basiert auf einer Bewertung des Gesamtprodukts, die dann unter Einsatz von statistischen Verfahren auf die Bewertung der einzelnen Eigenschaftsausprägungen zurückgeführt werden kann. Der Nutzen des Gesamtprodukts wird dabei als eine lineare Kombination der Eigenschaftsausprägungen angenommen. Die Conjoint-Analyse ermöglicht so auch die Bewertung von multiattributiven Kundenpräferenzen [34]. Dabei wird auf Seiten des (potenziellen) Kunden ein intensiver kognitiver Abwägungsprozess vorausgesetzt, was auch den häufigen Einsatz der Conjoint-Analyse für die Evaluierung von Kundenpräferenzen im B2B-Bereich erklärt [33]. Bei der Kundenpräferenzevaluierung verschiedener Leistungssystemalternativen ist zudem die Möglichkeit, auch neue Produkte und Dienstleistungen bewerten zu können, ein weiteres wichtiges Argument für den Einsatz der Conjoint-Analyse [34]. Die gebräuchlichsten indirekten Präferenzmessverfahren sind neben der weit verbreiteten Choice-based-Conjoint-Analyse (Discrete-Choice-Analyse) die klassische Conjoint-Analyse, die Limit-Conjoint-Analyse sowie mit wachsender Bedeutung die hierarchische individualisierte Conjoint-Analyse.

Hybride Verfahren stellen eine Kombination aus direkten und indirekten Messverfahren dar, bei denen Teilnutzenwerte unter Einsatz von Self-Explicated-Modellen ermittelt werden und in einem darauffolgenden Schritt mit dekompositionellen Methoden weiter untersucht werden. Bekannte hybride Verfahren sind die Adaptive-Conjoint-Analyse, das Golden-Conjoint-Verfahren, die Customized-Conjoint-Analyse sowie die Computerized-Conjoint-Analyse [34–36].

Einen genaueren Überblick über die verschiedenen Verfahren zur Kundenpräferenzbeurteilung geben Baier und Brusch, Sattler und Nitschke, Heidbrink sowie Himme [32, 34, 35, 37]. Aufgrund ihrer Eignung bei der Beurteilung von Leistungssystemen des kundenseitigen Kaufverhaltens und der Zahlungsbereitschaft wird im Folgenden exemplarisch die Choice-based-Conjoint-Analyse (Discrete-Choice-Analyse) näher betrachtet. Eine vertiefende Betrachtung der traditionellen Conjoint-Analyse findet sich bei Backhaus [38]. Die hierarchische individualisierte Conjoint-Analyse wird detailliert in einem weiteren Beitrag von Backhaus behandelt [33]. Herrmann et al. geben einen Überblick über die Methodik der adaptive Conjoint-Analyse [39].

Choice-based-Conjoint-Analyse (Discrete-Choice-Analyse)

Die Choice-based-Conjoint-Analyse baut auf den von McFadden entwickelten Ansätzen und Methoden zur diskreten Wahlentscheidung auf [40]. Die befragten Personen werden gebeten, Präferenzurteile in Form von Auswahlentscheidungen innerhalb eines Alternativensets zu treffen. Dabei wird im Gegensatz zu den anderen Verfahren auch die mögliche Nichtwahl berücksichtigt [41]. Aufgrund der besseren Realitätsabbildung durch diskrete Wahlentscheidungen gegenüber Rangordnungen und auf Bewertungsskalen basierenden Conjoint-Analysen sind Choice-based-Conjoint-Analysen insbesondere im industriellen Kontext geeignet. Allerdings bedeutet die Verwendung der Choice-based-Conjoint-Analyse auch einen Informationsverlust, da nur eine Alternative gegenüber den anderen angebotenen Alternativen präferiert werden kann und somit eine Reihenfolge der Präferenzen wie bei anderen Ansätzen der Conjoint-Analyse entfällt. Daher müssen die ermittelten Nutzenschätzungen bei der Choice-based-Conjoint-Analyse häufig aggregiert erfolgen [42].

Bei der Choice-based-Conjoint-Analyse müssen im Gegensatz zu den klassischen Ansätzen der Conjoint-Analyse zwei Funktionen definiert werden: Dabei wird zum einen die Funktion der Teilnutzenwerte bzw. des Gesamtnutzens in Abhängigkeit der Nutzenbeiträge der einzelnen Eigenschaften ermittelt. Zum anderen werden mit der Funktion des Auswahlverhaltens in Abhängigkeit des Gesamtnutzens die Wahrscheinlichkeiten für Auswahlentscheidungen unmittelbar bestimmt [34, 42].

Vorgehensweise bei der Choice-based-Conjoint-Analyse

Die Vorgehensweise bei der Durchführung einer Choice-based-Conjoint-Analyse gliedert sich in die Abschnitte Erhebungsdesign, Analyseverfahren sowie Auswertung. Dabei umfasst das Erhebungsdesign neben der Festlegung von Umfang und Art der Stichprobe die Gestaltung der Stimuli sowie die Gestaltung der Auswahlsituation. Innerhalb des Analyseverfahrens sind das Nutzenmodell und Auswahlmodell zu spezifizieren. Dies ermöglicht im Folgenden die Schätzung der Nutzenwerte. Im Anschluss können in der Auswertung die gewonnenen Ergebnisse interpretiert und verwendet werden. Abschließend können die ermittelten Nutzenwerte in entsprechend segmentierte Teilnutzenschätzungen zerlegt werden. Eine Übersicht über die bei der Choice-based-Conjoint-Analyse erforderlichen Vorgehensschritte gibt Abbildung 5.18.

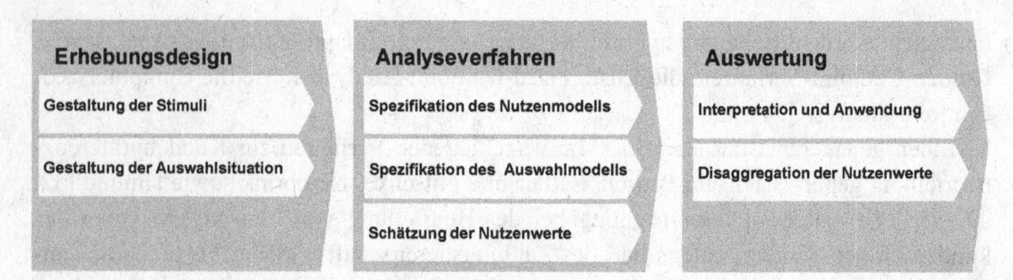

Abbildung 5.18 Vorgehensweise bei der Choice-based-Conjoint-Analyse (eigene Darstellung i. A. a. BACKHAUS [42]

5

5.2.4.3 Dienstleistungsbaukästen

Der Aufbau eines Dienstleistungsbaukastens für die kundenindividuelle Konfiguration produktnaher Dienstleistungen in der Investitionsgüterindustrie kann in die vier Teilaufgaben *Modularisierung*, *Standardisierung*, *Attributierung* und *Variantenbildung* aufgeteilt werden [43] (Abbildung 5.19).

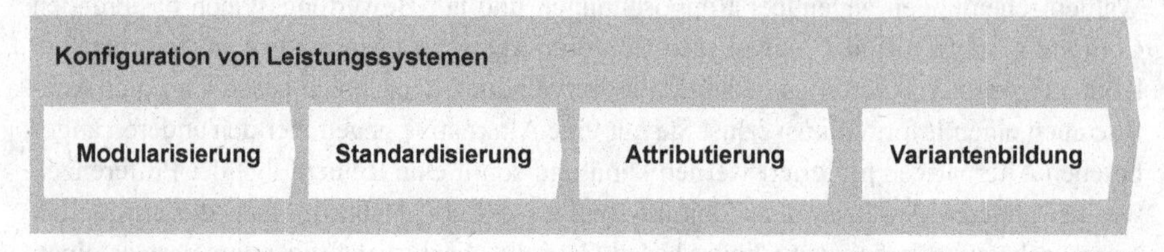

Abbildung 5.19 Konfiguration von Dienstleistungen (eigene Darstellung i. A. a. HERMSEN [43]

Modularisierung

Die Grundlage für die Entwicklung dieses Dienstleistungsbaukastens bildet eine Modularisierung entlang der drei Dimensionen der Dienstleistungserbringung *Prozess*, *Ergebnis* und *Potenzial*. Innerhalb der Modularisierung der Prozessdimension werden einzelne handhabbare Prozesselemente unter Berücksichtigung der Schnittstellen untereinander herausgearbeitet. Auf der Basis des bei der Modularisierung der Prozesselemente definierten Outputs kann die Ergebnisdimension entsprechend modularisiert werden, wobei insbesondere die Differenzierung in materielle und immaterielle Ergebnisse von Bedeutung ist. Dabei sollten die Ergebnismodule sich auf die vorher definierten Prozessmodule beziehen. Abschließend erfordert die Potenzialdimension, dass der Dienstleistungsanbieter die für die modularen Prozesselemente notwendigen Ressourcen wie Fähigkeiten, technische Hilfsmittel und eine adäquate Infrastruktur zur Verfügung stellt. Dabei dient eine Beschreibung für die qualitätsgerechte Durchführung der erforderlichen Prozesselemente der adäquaten Zuordnung von Organisationseinheiten, Mitarbeitern oder auch externen Dienstleistern sowie dem Kunden selbst [43].

Standardisierung

Im folgenden Schritt sind die zuvor identifizierten Teilprozesse bzw. ihre Prozessschritte entsprechend den verschiedenen Dimensionen zu standardisieren. Dabei werden die durchzuführenden Prozesse (Prozessdimension), der erforderliche Output (Ergebnisdimension) sowie die benötigten Ressourcen (Potenzialdimension) beschrieben.

Innerhalb der Prozessdimension ist dabei allerdings die unterschiedliche Standardisierbarkeit verschiedener Teilprozesse zu berücksichtigen, da repetitive Prozesse im Gegensatz zu individualisierten Prozessen wesentlich einfacher strukturiert werden können. Daher sollten individualisierte Teilprozesse soweit dekomponiert werden, bis für die einzelnen Prozessschritte eine Standardisierung möglich wird.

Hinsichtlich der Ergebnisdimension ist die Zielsetzung, eine auf die Wünsche und Bedürfnisse der Kunden individuell adaptierte Lösung zu entwickeln. Dabei soll durch die Standardisierung und modulare Gestaltung von standardisierten Teilprozessen und Prozessschritten eine flexible, schnelle und gezielte Anpassung der Dienstleistung an die individuellen Kundenanforderungen ermöglicht werden.

Schließlich können für die Potenzialdimension, aufbauend auf den zuvor bestimmten Prozesselementen und unter Berücksichtigung der zu erzielenden Ergebnisse, die erforderlichen Ressourcen definiert werden. Zur Erreichung einer höheren Planbarkeit werden die Ressourcen wie *Qualifikationen*, *Infrastruktur* und *Technische Hilfsmittel* den einzelnen Teilprozessen und Prozessschritten zugeordnet [43].

Attributierung

Im Anschluss an die prozess- und ergebnisorientierte Definition der Leistungsumfänge ist eine genauere Beschreibung für die einzelnen Module erforderlich. Dabei sind Attribute auszuwählen, mit denen die jeweiligen Module im Anwendungsfall genauer beschrieben werden können. Mithilfe der Attributierung ist es möglich, auf eine weitergehende Detaillierung zu verzichten und somit das Ausmaß der Objektvielfalt einzugrenzen. Einheitliche Grundmodule werden dementsprechend auf individuelle Kundenwünsche angepasst. Zunächst wird eine allgemeingültige Attributierung gewählt, um die Moduleigenschaften mit einer neutralen Beschreibung zu versehen.

Variantenbildung

Ausgehend vom Variantenmanagement in der Sachgüterproduktion, das eine Untergliederung in Grundumfang, Mussvarianten, Kannvarianten und Sonderbaugruppen vornimmt, beschreibt Hermsen einen Ansatz zur Variantenbildung bei Dienstleistungen. Bei dem Grundumfang handelt es sich um den Kern der Dienstleistung, der nur in geringem Maße durch die jeweiligen Kundenwünsche tangiert wird, da Prozess und Ergebnis unverändert bleiben. Mussvarianten beschreiben verschiedene Versionen, die für die Erbringung der Dienstleistung zwingend erforderlich sind. Kannvarianten sind als optionale Erweiterungen zu verstehen, da die Erbringung der Dienstleistung bereits durch Grundumfang und Mussvarianten sichergestellt ist. Schließlich erfordern Sonderbaugruppen die Entwicklung von Individuallösungen, die für spezifische Kundenanforderungen zu entwickeln sind [43].

Aufbau des Dienstleistungsbaukastens

Basierend auf dem sachgutorientierten Variantenmanagement entwickelte Hermsen einen Dienstleistungsbaukasten, der die flexible Integration unterschiedlicher Teilprozesse von Dienstleistungen ermöglicht. Dabei werden standardisierte Leistungsbestandteile von technischen Dienstleistungen kundenneutral vorkonfiguriert und anschließend an den jeweiligen Kunden angepasst [43].

Der Dienstleistungsbaukasten dient dazu, kundenindividuelle Leistungssysteme auf der Basis von vordefinierten Dienstleistungskomponenten in einem iterativen Vorgehen zu entwickeln. Mithilfe eines Hierarchiemodells, das zwischen den Ebenen des Leistungssystems, der Prozesse, der Teilprozesse und der Prozessschritte differenziert, können aus den einzelnen Komponenten der verschiedenen Ebenen Dienstleistungsmodule gebildet werden.

Im Anschluss können für die einzelnen Dienstleistungsmodule verschiedene Parameter definiert werden. Diese Parameter werden aus den Kriterien *Organisation*, *Informations- und Kommunikationstechnologie*, *Sachleistungsbezug* sowie *Kostencontrolling* gebildet. Die Parametergruppe *Organisation* beschreibt die Zuordnung der Dienstleistungsmodule zu den verschiedenen internen und externen Organisationseinheiten. Zudem sind innerhalb dieser Parametergruppe die Verknüpfungen zwischen den verschiedenen Dienstleistungsmodulen, die zusammen einen Dienstleistungsprozess definieren, zu berücksichtigen. Die Parametergruppe *Informations- und Kommunikationstechnologie* umfasst die Verteilung und Verarbeitung von für den Dienstleistungsprozess erforderlichen Daten. Dabei soll insbesondere der datentechnische Austausch zwischen den verschiedenen Dienstleistungsmodulen sichergestellt werden. Innerhalb der Parametergruppe *Sachleistungsbezug* soll die Beziehung zwischen dem Sachgutanteil und dem Dienstleistungsanteil erfasst werden. Dabei sind bereits in der Gestaltungsphase des Leistungssystems die Schnittstellen und Verzahnung von Sachleistungs- und Dienstleistungsanteil aufeinander abzustimmen. Schließlich soll die Parametergruppe *Kostencontrolling* die Planung und Verfolgbarkeit der bei der Dienstleistungserbringung anfallenden Kosten sicherstellen. Hierbei soll mithilfe der modellbasierten Prozesskostenrechnung eine genaue Definition der benötigten Ressourcen und die Leistungsverrechnung, auch auf Ebene der Teilprozesse, wie Prozesselementen und Prozessschritten, ermöglicht werden [43] (Abbildung 5.20).

Im folgenden Schritt definiert Hermsen [43] kausale Zusammenhänge für die Dienstleistungsmodule. Während die logischen Verknüpfungen durch die horizontale Vernetzung der Dienstleistungsmodule mithilfe eines Prozessmodells dargestellt werden, wird die Produktstruktur potenzieller Leistungssysteme durch die vertikale Struktur des Dienstleistungsbaukastens in Form eines Hierarchiemodells beschrieben.

Das Prozessmodell dient dazu, die Dienstleistungsmodule in ihrem Ablauf zu beschreiben und dabei auch die zur Dienstleistungserbringung notwendigen Ressourcen sowie Eintrittswahrscheinlichkeiten zu definieren. So können unternehmensinterne Referenzprozesse entwickelt werden, die auf die individuellen Kundenbedürfnisse abgestimmt werden.

Das Hierarchiemodell visualisiert die Funktionsstruktur der Dienstleistungsmodule in Abhängigkeit des Detaillierungsgrades auf den Ebenen *Funktionsbündel*, *Funktionen*, *Teilfunktionen* und *Elementarfunktionen*. Gleichzeitig können durch das Hierarchiemodell die Elemente in aufsteigender Reihenfolge den verschiedenen übergeordneten Funktionen zugeordnet werden.

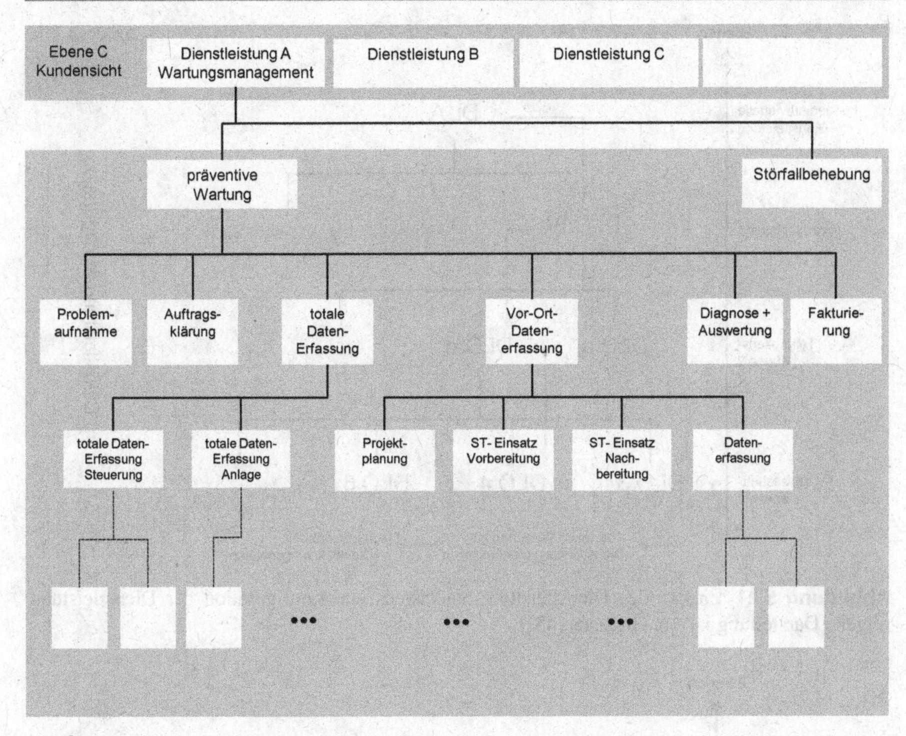

Abbildung 5.20 Beispiel der Funktionsstruktur einer Dienstleistung (eigene Darstellung i. A. a. Hermsen [43])

Einsatz des Dienstleistungsbaukastens zur Konfiguration

Hermsen beschreibt ein zweistufiges Verfahren bei der Konfiguration kundenindividueller Dienstleistungen. In einem ersten Schritt werden die Dienstleistungsmodule in Bezug zu den Kundenanforderungen vorausgewählt. Darauf aufbauend werden im folgenden Schritt die Dienstleistungsmodule kundenindividuell anhand der definierten Objektparameter angepasst [43] (Abbildung 5.21).

Auf der Grundlage der aufgenommenen Kundenanforderungen (z. B. Absatzregion, Infrastruktur des Kunden oder Servicebedarf) werden die Dienstleistungsmodule des Dienstleistungsbaukastens zu einem Leistungssystem zusammengestellt. Dabei dient das in einem Top-down-Vorgehen entwickelte Hierarchiemodell dazu, eine flexible Kombination der Dienstleistungsmodule innerhalb der vordefinierten Regeln mit verschiedenen anforderungsabhängigen Detaillierungsgraden darzustellen. Gleichzeitig werden dabei die Regeln der potenziellen Kombinationen definiert, die wiederum die Freiheitsgrade dieser Kombinationen limitieren [43] (Abbildung 5.22).

In dem anschließenden Schritt werden Aussagen über die Planung der Leistungssysteme getroffen. Dabei werden die Parameter der Dienstleistungsmodule in einem Bottom-up-Vorgehen für die Erfüllung der Zielvorgaben der verschiedenen Dimensionen festgelegt. Somit können die organisatorische Durchführung, die erforderliche Informations- und Kommunikationstechnologie (IKT), Kosten und Interdependenzen zum Verfügungsobjekt als Parameter definiert werden.

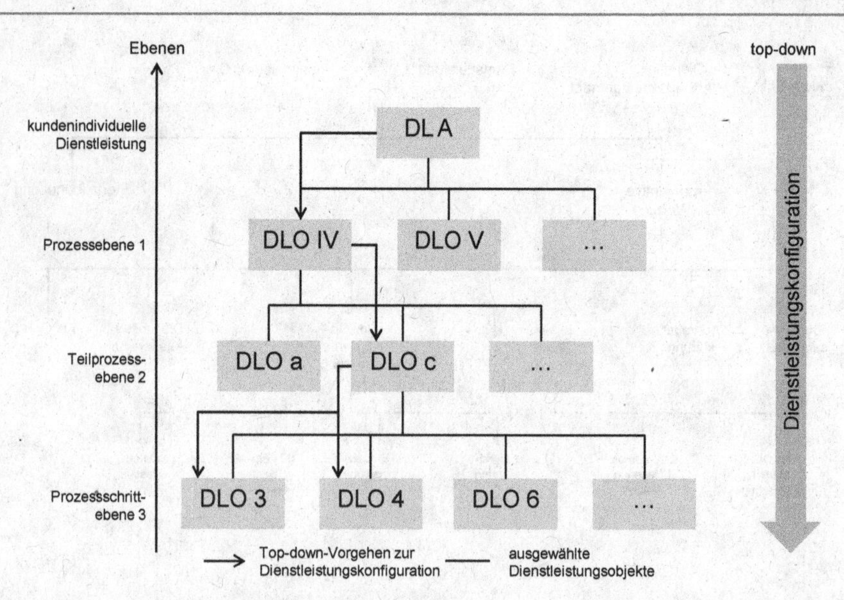

Abbildung 5.21 Einsatz des Dienstleistungsbaukastens zur Konfiguration der Dienstleistung (eigene Darstellung i. A. a. HERMSEN [43])

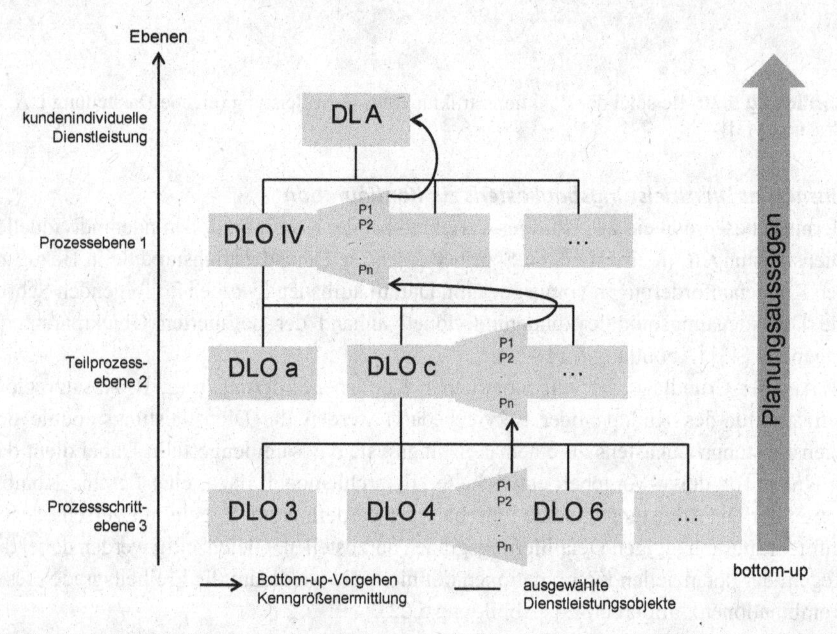

Abbildung 5.22 Ermittlung der Planungskenngrößen (eigene Darstellung i. A. a. HERMSEN [43])

Abschließend wird der entwickelte Dienstleistungsbaukasten in ein Anwendungssystem überführt und ein auf der Modellierungssprache *Unified Modeling Language (UML)* basierendes Metamodell entwickelt. Dieses Metamodell bündelt die Dienstleistungsmodule, die zugeordneten Parametergruppen sowie das Hierarchie- und Prozessmodell [43]. Für eine umfassendere Beschreibung der Modellierung mit UML sei an dieser Stelle auf die Veröffentlichungen der *Object Management Group* verwiesen [44].

Literatur

1. Belz, C., Schuh, G., Groos, S. A. & Reinecke, S. (1997). Erfolgreiche Leistungssysteme in der Industrie. In: Belz, C., Tomczak, T. & Weinhold-Stünzi, H. (Hrsg.). *Industrie als Dienstleister*. St. Gallen: Thexis Verlag. S. 14–109.
2. Meffert, H. & Bruhn, M. (2009). *Dienstleistungsmarketing: – Grundlagen – Konzepte – Methoden* (6. vollst. neu bearb. Aufl.). Wiesbaden: Gabler.
3. Meyer, A. & Dullinger, F. (1998). Leistungsprogramm von Dienstleistungs-Marketing. In: Meyer, A. (Hrsg.). *Handbuch Dienstleistungs-Marketing* (Bd. 1). Stuttgart: Schäffer-Poeschel. S. 711–735.
4. Bartoschek, M. A. (2011). Effektive Angebotsvielfalt industrieller Leistungssysteme. In: Schuh, G. (Hrsg.). *Ergebnisse aus der Produktionstechnik*. Aachen: Apprimus-Verlag. Zugl. Dissertation Techn. Hochsch. Aachen.
5. Palupski, R. (2002). *Management von Beschaffung, Produktion und Absatz: Leitfaden mit Praxisbeispielen* (2., ergänzte und durchges. Aufl.). Wiesbaden: Gabler.
6. Kleinaltenkamp, M. & Jacob, F. (2006). Grundlagen der Gestaltung des Leistungsprogr762rnms. In: Kleinaltenkamp, M., Plinke, W., Jacob, F. & Söllner, A. (Hrsg.). *Markt- und Produktmanagement: die Instrumente des Business-to-Business-Marketing* (2., überarb. und erw. Aufl.). Wiesbaden: Gabler. S. 3–82.
7. Meyer, A. (1993). Dienstleistungs-Marketing. In: Meyer, P. W. & Meyer, A. (Hrsg.). *Marketing-Systeme: Grundlagen des institutionalen Marketings* (2. Aufl.). Stuttgart: Verlag W. Kohlhammer. S. 173–220.
8. Siebiera, G. (2003). Strukturierungssystematik für technische Dienstleistungen in der strategischen Planung. In: Schuh, G. (Hrsg.). *Schriftenreihe Rationalisierung und Humanisierung. Bd. 60*. Aachen: Shaker. Zugl. Dissertation Techn. Hochsch. Aachen.
9. Fliess, S. (2009). *Dienstleistungsmanagement – Kundenintegration gestalten und steuern*. Wiesbaden: Gabler.
10. Pepels, W. (2005). *Servicemanagement* (1. Aufl.). Rinteln: Merkur-Verl.
11. Beyer, M. (2007). Servicediversifikation in Industrieunternehmen kompetenztheoretische Untersuchung der Determinanten nachhaltiger Wettbewerbsvorteile. In: *Strategisches Kompetenz-Management*. Dissertation Universität Hohenheim. 2006, Wiesbaden: Dt. Univ.-Verlag.
12. Fixson, S. K. (2007). Modularity and commonality research: past developments and future opportunities. *Concurrent Engineering, Research and Applications. 15* (2). S. 85–111.
13. Ro, Y., Fixson, S. K. & Liker, J. K. (2008). Modularity and supplier involvement in product development. In: Loch, C. H. & Kavadias, S. (Hrsg.). *Handbook of new product development Management*. Amsterdam: Elsevier/Butterworth-Heinemann. S. 217–258.
14. Schuh, G. (2005). *Produktkomplexität managen: Strategien – Methoden – Tools* (2., überarb. und erw. Aufl.). München: Hanser.
15. Göpfert, J. (1998). Modulare Produktentwicklung: zur gemeinsamen Gestaltung von Technik und Organisation. In: Picot, A., Reichwald, R. & Franck, E. (Hrsg.). *Gabler Edition Wissenschaft: Markt- und Unternehmensentwicklung*. Wiesbaden: Dt. Univ.-Verlag. Zugl. Dissertation Universität München.
16. Thomas, O., Loos, P. & Nüttgens, M. (Hrsg.). (2010). *Hybride Wertschöpfung – Mobile Anwendungssysteme für effiziente Dienstleistungsprozesse im technischen Kundendienst*. Berlin: Springer.
17. Lindemann, U., Reichwald, R. & Zäh, M. F. (2006). *Individualisierte Produkte Komplexität beherrschen in Entwicklung und Produktion*. Berlin: Springer.
18. Thomas, O. & Nüttgens, M. (Hrsg.). (2009). *Dienstleistungsmodellierung – Methoden, Werkzeuge und Branchenlösungen*. Berlin: Physica-Verl.
19. Rapp, T. (1999). *Produktstrukturierung: Komplexitätsmanagement durch modulare Produktstrukturen und -plattformen*. Dissertation Universität St. Gallen. Wiesbaden: Dt. Univ.-Verlag.
20. Feldhusen, J. & Gebhardt, B. (2008). *Product Lifecycle Management für Entscheider: ein Leitfaden zur modularen Einführung, Umsetzung und praktischen Anwendung*. Berlin: Springer.

21. Ulrich, K. T. & Tung, K. (1991). *Fundamentals of product modularity*. Conference Proceedings: ASME Winter Annual Meeting Symposium on Issues in Design/Manufacturing Integration. Atlanta, 1991.
22. Burr, W. (2002). *Service Engineering bei technischen Dienstleistungen: eine ökonomische Analyse der Modularisierung, Leistungstiefengestaltung und Systembündelung* Habilitation Universität Hohenheim. Wiesbaden: Dt. Univ.-Verlag.
23. Akiyama, K. (1994). *Funktionenanalyse: der Schlüssel zu erfolgreichen Produkten und Dienstleistungen*. Landsberg: Verlag Moderne Industrie.
24. Kosiol, E. (1976). *Organisation der Unternehmung* (2. Aufl.). Wiesbaden: Gabler.
25. Corsten, H. & Gössinger, R. (2007). *Dienstleistungsmanagement* (5., vollst. überarb. u. wes. erw. Aufl.). München: Oldenbourg.
26. Corsten, H., Dresch, K.-M. & Gössinger, R. (2008). Problemspezifische Modifikation der Design Structure Matrix im Kontext der Modularisierung von Dienstleistungen. In: Schriften zum Produktionsmanagement Nr. 87. Kaiserslautern: Universität Kaiserslautern.
27. Scheer, A.-W., Grieble, O. & Klein, R. (2006). Modellbasiertes Dienstleistungsmanagement. In: Bullinger, H.-J. & Scheer, A.-W. (Hrsg.). *Service Engineering. Entwicklung und Gestaltung innovativer Dienstleistungen* (2., vollst. überarb. u. erw. Aufl.). Berlin: Springer. S. 19–52.
28. Tseng, M. M. & Piller, F. T. (2003). *The customer centric enterprise – advances in mass customization and personalizaton*. Berlin: Springer.
29. Wolf, N., Siener, M., Clement, M. H., Jenne, F. & Fuchs, C. (2010). Konfiguration investiver Produkt-Service Systeme. In: Aurich, J. C. & Clement, M. H. (Hrsg.). *Produkt-Service Systeme – Gestaltung und Realisierung*. Berlin: Springer.
30. Niepel, P. R. (2005). Management von Kundenlösungen. Dissertation Universität St. Gallen. http://www.google.de/url?sa=t&rct=j&q=&esrc=s&source=web&cd=1&ved=0CCEQFjAA&url=http%3A%2F%2Fwww1.unisg.ch%2Fwww%2Fedis.nsf%2FSysLkpByIdentifier%2F3099%2F%24FILE%2Fdis3099.pdf&ei=kgMUVeapLcv_ywOVmgI&usg=AFQjCNGVF78fY_HV75VNVww5JegKncz77g&bvm=bv.89217033,d.bGQ. Zugegriffen: 26. März 2015.
31. Reichwald, R., Burianek, F., Bonnemeier, S. & Ihl, C. (2008). Erlösmodellgestaltung bei hybriden Produkten. *Controlling*. *20* (8/9). S. 488–496.
32. Sattler, H. & Nitschke, T. (2003). Ein empirischer Vergleich von Instrumenten zur Erhebung von Zahlungsbereitschaften. *Zeitschrift für betriebswirtschaftliche Forschung*. *55* (6). S. 364–381.
33. Backhaus, K. & Voeth, M. (2010). *Industriegütermarketing* (9., überarb. Aufl.). München: Vahlen.
34. Himme, A. (2009). Conjoint-Analysen. In: Albers, S., Klapper, D., Konradt, U. & Walter, A. (Hrsg.). *Methodik der empirischen Forschung*. Wiesbaden: Gabler. S. 283–298.
35. Heidbrink, M. (2006). *Reliabilität und Validität von Verfahren der Präferenzmessung – Ein meta-analytischer Vergleich verschiedener Verfahren der Conjoint-Analyse*. Dissertation Westfälische Wilhelms-Universität Münster. Münster: Vdm Verlag Dr. Müller.
36. Sattler, H. & Nitschke, T. (2006). Methoden zur Messung von Präferenzen für Innovationen. *Zeitschrift für betriebswirtschaftliche Forschung (zfbf)*. *54* (6). S. 154–176.
37. Baier, D. & Brusch, M. (Hrsg.). (2009). *Conjointanalyse – Methoden, Anwendungen, Praxisbeispiele*. Berlin: Springer.
38. Backhaus, K., Erichson, B., Plinke, W. & Weiber, R. (2011). *Multivariate Analysemethoden – eine anwendungsorientierte Einführung*. Berlin: Springer.
39. Herrmann, A., Huber, F. & Regier, S. (2009). Adaptive Conjointanalyse. In: Baier, D. & Brusch, M. (Hrsg.). *Conjointanalyse Methoden – Anwendungen – Praxisbeispiele*. Berlin: Springer. S. 113–128.
40. McFadden, D. (1974). Conditional logit analysis of qualitative choice behavior. In: Zarembka, P. (Hrsg.). *Frontiers of econometrics*. New York: Academic Press.
41. Temme, J. (2009). Discrete-Choice-Modelle. In: Albers, S., Klapper, D., Konradt, U. & Walter, A. (Hrsg.). *Methodik der empirischen Forschung*. Wiesbaden: Gabler. S. 299–314.

42. Backhaus, K., Erichson, B. & Weiber, R. (2011). *Fortgeschrittene multivariate Analysemethoden eine anwendungsorientiere Einführung*. Berlin: Springer.
43. Hermsen, M. E. W. (2000). *Ein Modell zur kundenindividuellen Konfiguration produktnaher Dienstleistungen – ein Ansatz auf Basis modularer Dienstleistungsobjekte*. Dissertation Ruhr-Universität Bochum. Aachen: Shaker.
44. Object Management Group. (Hrsg.). (2010). Documents associated with UML Version 2.3. Release Date: May 2010. OMG Document Number: formal/2010-05-03. Infrastructure specification. http://www.omg.org/spec/UML/2.3/. Zugegriffen: 26. März 2015.

Kundensysteme 6

Günther Schuh, Christian Hoffart, Gerhard Gudergan und Jan Siegers

Kurzüberblick
Eine Vielzahl von Unternehmen konzentriert sich in den letzten Jahren gezielt auf die Bedürfnisse der Kunden. Interessen und Wünsche der Kunden fließen mehr und mehr in die Prozesse der Unternehmen ein und es erfolgt eine Verschiebung der Verhandlungsmacht hin zum Kunden. Unternehmen müssen sich der neuen Macht des Kunden stellen, wozu es einer wohlüberlegten und strukturierten Kundenbearbeitung bedarf. Neben Fragestellungen der Kundenakquise zählen sowohl die Kundenbindung als auch die Markenführung zu den entscheidenden Aspekten, die man in der Wissenschaft unter dem Verständnis eines Kundensystems untersucht. In dem folgenden Kapitel werden diese drei Hauptprozesse näher beschrieben. Diese führen in Verbindung mit dem ebenfalls vorgestellten Key-Account-Management und Customer-Relationship-Management zu wiederholten Kaufentscheidungen und Vertragsabschlüssen.

6.1 Einführung und Definition

„*Der Kunde, die Mitarbeiter, die Gesellschaft!*“ In dieser Reihenfolge sah der ehemalige Chef der Zentis GmbH & Co. KG, Heinz-Gregor Johnen, bereits vor einiger Zeit die wirkungsvollste Priorisierung unternehmerischer Akteure. Gerade in der heutigen Zeit ist eine konsequente Fokussierung des Kunden mitsamt seinen Bedürfnissen und Wünschen eine nachhaltige Erfolgsstrategie. Dies haben jedoch nach wie vor nicht alle Unternehmen erkennen und umsetzen können.

G. Schuh (✉) · C. Hoffart · G. Gudergan · J. Siegers
52074 Aachen, Deutschland
E-Mail: g.schuh@wzl.rwth-aachen.de

G. Schuh et al. (Hrsg.), *Management industrieller Dienstleistungen*,
DOI 10.1007/978-3-662-47256-9_6, © Springer-Verlag Berlin Heidelberg 2016

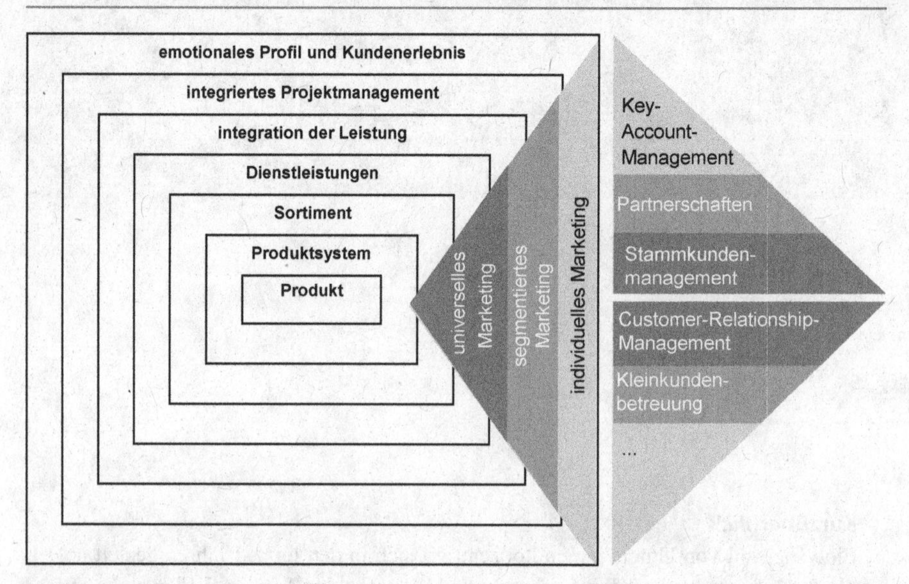

Abbildung 6.1 Interdependenz zwischen Leistungssystem und Kundensystem (eigene Darstellung i. A. a. Belz [1])

Mithilfe eines Kundensystems erfolgt die Ausrichtung der Unternehmung an den Bedürfnissen der Kunden. Kundenprozesse werden in die eigenen Abläufe integriert, um eine optimale Fokussierung der Bedürfnisse der Kunden zu erreichen. Dies sorgt einerseits für eine Sicherung der Wettbewerbsfähigkeit und führt andererseits zu Zufriedenheit auf Seiten der Kunden, sodass eine nachhaltige und langfristige Kundenbeziehung entstehen kann. Das folgende Kapitel beantwortet dem Leser umfassend die Fragestellungen, die sich bei der Gestaltung von Kundensystemen ergeben.

Kundensysteme korrespondieren dabei mit den durch das Unternehmen angebotenen Leistungssystemen. Je ausdifferenzierter die angebotenen Leistungssysteme sind, desto notwendiger wird auch eine entsprechende Ausdifferenzierung der Kundensysteme. Genügen für den Vertrieb von Produkten und einfachen, produktbegleitenden Dienstleistungen noch die Etablierung eines Customer-Relationship-Management(CRM)-Systems und eines klassischen Stammkundenmanagements mit einem dahinterliegenden relativ ungerichteten Marketing, erfordern die höheren Differenzierungsstufen von Leistungssystemen auch ein entsprechendes Key-Account-Management (KAM) und ein wesentlich stärker individualisiertes Marketing (Abbildung 6.1).

6.1.1 Zielsetzung von Kundensystemen

In einer Vielzahl von Branchen sehen sich Kunden vor einem stark wachsenden Angebot an Dienstleistungen und Produkten. Demgemäß steigen die Ansprüche an Qualität, Beratung, Preis sowie Service und Betreuung. Mit gegebenen Wechselmöglichkeiten sowie gestiegenen Kundenansprüchen hat die Wechselbereitschaft von Kunden zugenommen.

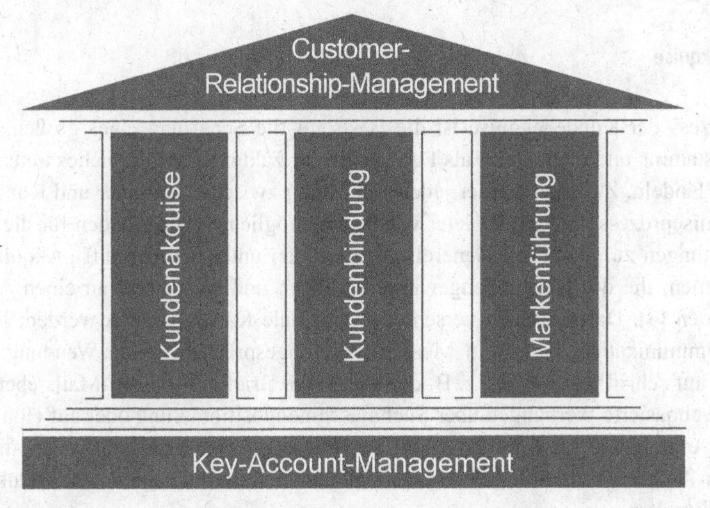

Abbildung 6.2 Merkmale eines Kundensystems (eigene Darstellung)

Eine Verschiebung der Verhandlungsmacht zugunsten des Kunden ist eindeutig erkennbar, wobei nicht zuletzt das Internet wegen seiner nahezu unbegrenzten Informationsvielfalt entscheidend dazu beigetragen hat. Zum einen haben Kunden dank des Internets eine wesentlich bessere Übersicht über verschiedene Anbieter der von ihnen gewünschten Leistung. Sie sind also informiert, auf welche Konkurrenten sie im Falle der Unzufriedenheit ausweichen können. Darüber hinaus bietet das Internet auch die Möglichkeit, durch Produkt- und Unternehmensbewertungen andere Kunden vor schlechten Leistungen zu warnen oder besonders gute zu empfehlen. Studien haben hier gezeigt, dass Kunden eher dazu neigen, ein negatives als ein positives Feedback abzugeben. Hingegen werten Leser derartiger Bewertungen negative Einträge stets höher als positive. Unzufriedenheit auf Kundenseite muss daher im Hinblick auf ein positives Image und eine gute Werbung des Unternehmens stets vermieden werden. Vor diesem Hintergrund wird eine gezielt gesteuerte Kundenorientierung künftig immer bedeutender und ein wichtiges Erfolgskriterium [2].

Unternehmen müssen sich der neuen Macht des Kunden stellen, wozu es eines wohlüberlegten und strukturierten Kundenmanagements bedarf. Dieses kann auch als Kundensystem bezeichnet werden. Es umfasst neben Fragestellungen der *Kundenakquise* sowohl die *Kundenbindung* als auch die *Markenführung* (Abbildung 6.2).

6.2 Aufgaben von Kundensystemen

Mit dem Ziel, einen Überblick über die effektive Gestaltung eines Kundensystems zu vermitteln, werden in den ersten drei Abschnitten dieses Kapitels die Hauptprozesse *Kundenakquise*, *Kundenbindung* sowie *Markenführung* thematisiert. Zu einer optimalen Bewältigung dieser Prozesse bedarf es unterstützender Maßnahmen. In erster Linie zählen hierzu ein gut organisiertes Key-Account- und Customer-Relationship-Management. In Kapitel 6.3 wird eine effektive Gestaltung dieser beiden Managementmethoden ebenfalls adressiert.

6.2.1 Kundenakquise

Der Prozess der Kundenakquise ist die Basis für die Schaffung eines großen, breiten Kundenstamms und dient somit als Fundament für zukünftig erfolgreiches unternehmerisches Handeln. Zu Beginn einer jeden Beziehung zwischen Anbieter und Kunde steht der Akquiseprozess, in dem Anbieter versuchen, möglichst viele Kunden für die erstellten Leistungen zu gewinnen. Generell versteht man unter dem Begriff „Akquise" alle Maßnahmen, die der Neukundengewinnung dienen und sich direkt an einen Adressaten wenden [3]. Dabei können verschiedene mediale Kanäle genutzt werden: Face-to-Face-Kommunikation, bspw. auf Messen; Telefongespräche; direkte Wendung an den Kunden auf schriftlichem Weg, z. B. der klassische Briefwurf oder E-Mails ebenso wie neuere webbasierte Werbungen über Suchmaschinenpositionierung oder auf Homepages sind nur eine kleine Auswahl der Möglichkeiten der Akquise. Primärziel ist die Erregung von Aufmerksamkeit für das eigene Unternehmen samt der erstellten Produkte oder Dienstleistungen.

6.2.1.1 Methoden der Kundenakquise

Unabhängig davon, welche Form der Akquise angewendet wird, ist es wichtig, strukturiert und systematisch vorzugehen und das Ziel stets zu fokussieren. Oftmals ergibt sich nur eine einzige Chance, den Kunden von seiner Lösung zu überzeugen. Die unstrukturierte und zielgruppenunabhängige Verteilung von Werbematerial ist einerseits sehr kostenintensiv und andererseits nur bedingt erfolgreich, sodass man das Ziel, möglichst viele neue Kunden zu gewinnen, oftmals nicht erreicht. In der Praxis haben sich drei unterschiedliche Arten der Kundenakquise durchgesetzt: Die Kaltakquise bzw. Push-Methode, die Warmakquise bzw. Pull-Methode sowie das Empfehlungsmarketing, die in den folgenden Absätzen näher erläutert werden.

Kaltakquise bzw. Push-Methode

Bei der Kaltakquise werden Unternehmen bzw. Institutionen schriftlich, telefonisch oder auf einem anderen Weg direkt kontaktiert, wobei das Ziel darin besteht, den jeweiligen Adressaten von seinem Angebot zu überzeugen. Dieses Vorgehen ist auch unter dem Namen Push-Methode bekannt, da der Kunde ohne seine Einwilligung bzw. eigene Handlung mit der Akquise konfrontiert wird. Die Push-Methode basiert auf der um 1900 entstandenen Marketingtheorie, die besagt, dass man zunächst die Aufmerksamkeit des Kunden erlangen (*Attraction*) und sein Interesse wecken muss (***Interest***). Im nächsten Schritt gilt es, den Wunsch nach der Leistung beim Kunden hervorzurufen (***Desire***), was letztendlich zu einer Kaufentscheidung führt (*Action*). Aus den Anfangsbuchstaben dieser Begriffe setzt sich der Name **AIDA-Theorie** zusammen, die bis heute, wenn auch in etwas abgeänderter Form, in der Literatur Beachtung findet. Heutzutage versuchen insbesondere Servicecenter, eine Professionalisierung dieser Kaltakquise zu forcieren.

Warmakquise bzw. Pull-Methode

Das Gegenstück zur Push-Methode ist die weitaus passivere Pull-Methode, bei der nur durch Plakate, Inserate in Zeitungen, Einträgen in Suchmaschinen etc. auf sich aufmerksam gemacht wird. Für eine vollständige Informationsbeschaffung ist der Kunde letztendlich selbständig verantwortlich. Er ergreift selber die Initiative, indem er aktiv den Kontakt zu dem Unternehmen sucht, sich Informationen beschafft und dadurch sein Interesse signalisiert. Dies kann durch eine selbständig initiierte Bestellung von Werbematerial, Besuch der Homepage des Unternehmens, Gespräche auf Messen, Newsletter-Abonnements etc. geschehen. Die Akquise solcher Unternehmen ist gegenüber der Kaltakquise oftmals einfacher und daher lukrativer. In diesem Zusammenhang hat sich neben dem Begriff *Pull-Methode* auch der Ausdruck *Warmakquise* etabliert. Unter einer Warmakquise wird die Akquise auf Basis von vorhandenen Schnittpunkten, gemeinsamen Interessen, gemeinsamer Zugehörigkeit zu einer Community oder Kundengruppe verstanden. Diese Verbindungen bzw. Schnittpunkte sorgen für ein hohes Maß an Vertrauen zu dem jeweiligen Unternehmen, sodass im Vergleich zur Kaltakquise ein Vertragsabschluss deutlich einfacher möglich ist.

Empfehlungsmarketing

Das Empfehlungsmarketing ist eine weitere Methode zur Neukundenakquise, die sich in den letzten Jahren als besonders effektiv herausgestellt hat. Das Unternehmen setzt dabei auf bereits bestehende Kunden und deren Weiterempfehlungen an andere Unternehmen. Eine Möglichkeit des Empfehlungsmarketings wurde bereits angesprochen. Das Internet bietet die Möglichkeit, Produkte und Dienstleistungen zu bewerten und diese Bewertungen, sog. Rezensionen, für potenzielle Neukunden zugänglich zu machen. Unternehmen setzen heutzutage gezielt Anreize, Neukunden zu werben. Dies wird bspw. in Form von Prämien oder Rabatten realisiert. Diese Maßnahmen kommen überwiegend dort zum Einsatz, wo langfristige Verträge geschlossen werden, die Bereitschaft der Kunden, den Anbieter zu wechseln, niedrig ist oder eine hohe Anzahl von Kunden von Bedeutung ist. Trotz der meist finanziellen Zuwendung ist das Empfehlungsmarketing für Unternehmen besonders ressourcensparend. In der Regel ist das Eingreifen des Anbieters nicht erforderlich, sodass kostenintensive Werbekampagnen sowie die hierzu benötigten Arbeitskräfte eingespart werden können.

Die besondere Wirksamkeit von Empfehlungsmarketing besteht im Vertrauen, dass potenzielle Neukunden bereits bestehenden Kunden entgegenbringen. Der Gedanke, dass der Empfehlungsgeber eine Leistung bereits erworben hat und zusätzlich eine Empfehlung ausspricht, gibt dem potenziellen Käufer ein hohes Maß an Sicherheit [4].

Gute Kundendatenbanken stellen eine wichtige und unterstützende Funktion für die Kundenakquise dar. Je detaillierter Kundendaten vorliegen, desto einfacher ist es, Kunden zu gewinnen, da eine individualisierte, d. h. auf den Kunden zugeschnittene Akquise möglich ist. Es ist dabei sinnvoll, ein gutes Customer-Relationship-Management (CRM) zu etablieren, um einen ganzheitlichen Blick auf den Kunden zu ermöglichen. CRM ist ein elementares Hilfsmittel bei der Realisierung eines Kundensystems und wird daher im Kapitel 6.3.2 gesondert betrachtet.

6.2.1.2
Prozess der Kundenakquise

Der Akquiseprozess gliedert sich in die drei folgenden Schritte:

- Segmentierung und Bestimmung der Zielgruppe anhand einer systematischen Analyse,
- Determinierung von Strategie und Zielen,
- Umsetzung/Durchführung der Maßnahmen.

Der erste Schritt dient einer Analysierung und Identifizierung der Zielgruppe, die im Marketingprozess angesprochen werden soll. Zielgruppen können bspw. Unternehmen mit mehr als 1000 Mitarbeitern und eigener Instandhaltung sein oder auch Serviceunternehmen mit weniger als 10 Mio. € Umsatz. Grundsätzlich gilt dabei: Je detaillierter die Präzisierung der Zielgruppe ist, desto besser kann eine entsprechende Akquisemaßnahme erfolgen. Innerhalb der Zielgruppen muss weiterhin zwischen Nicht-Verwendern, Erstkäufern, wechselwilligen Kunden und Lead-Usern differenziert werden. Nicht-Verwender sind bisherige Produktverweigerer; Erstkäufer diejenigen Kunden, bei denen der Kaufwunsch besteht, die Marke jedoch unklar ist. Als wechselwillige Kunden werden diejenigen bezeichnet, die mit dem bisherigen Anbieter unzufrieden sind oder einen Konkurrenzanbieter ausprobieren möchten. Die letzte Zielgruppe sind potenzielle Lead-User, die durch ihre Aufgeschlossenheit gegenüber Neuem eine wichtige Rolle bei der Einführung neuer Produkte spielen. Diese Trendsetter können Multiplikatoreffekte generieren, d. h. durch ihre Anschaffung andere Kunden ebenfalls zum Kauf veranlassen [5].

Im Rahmen der Bestimmung der Zielgruppe gilt es, folgende Fragestellungen im Vorfeld zu klären:

- Weshalb kaufen Kunden bei der Konkurrenz und nicht bei mir?
- Welche Kaufkraft verbirgt sich hinter den einzelnen Kundengruppen? Ist eine Kundenakquise in diesem Segment überhaupt sinnvoll?
- Was erwarten die Kunden und worauf legen sie Wert?

Mithilfe von Analysen innerhalb eines Kundensegments lassen sich diese Fragen eindeutig beantworten und ermöglichen eine Einteilung potenzieller Neukunden anhand ihrer Präferenzen. Auf diese Weise lassen sich Kunden in verschiedene Gruppen unterteilen bzw. clustern, sodass man mehrere Kunden mit ähnlichen Interessen auf dieselbe Art betreuen und ansprechen kann.

Ausgehend von dem KANO-Modell stellt jeder Kunde unterschiedliche Ansprüche an ein Produkt oder eine Leistung. Kano unterscheidet drei unterschiedliche Erfüllungsarten, die jeweils einen unterschiedlichen Einfluss auf die Kundenzufriedenheit haben. So führt eine Erfüllung der *Basisanforderungen* nicht zu Zufriedenheit beim Kunden. Es handelt sich hierbei um Leistungen, die vom Kunden vorausgesetzt werden. So erwartet der Kunde z. B. bei dem Kauf eines Autos, dass das Fahrzeug vier Räder besitzt. Werden diese Basisanforderungen nicht erfüllt, führt dies zu einer hohen Unzufriedenheit beim Kunden; eine Erfüllung hingegen nicht zu Zufriedenheit. Die *Leistungsanforderungen* sind die vom Kunden erwarteten und messbaren Leistungskomponenten, die bei einer Erfüllung

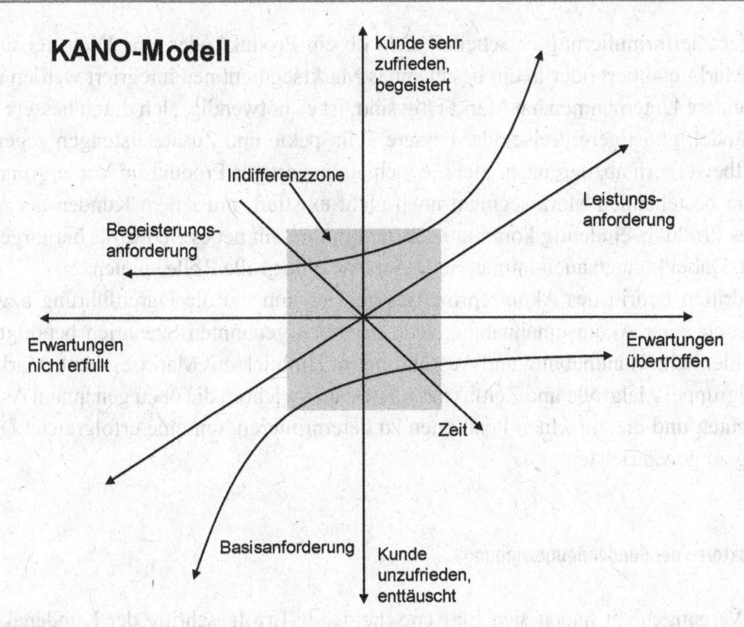

Abbildung 6.3 KANO-Modell (eigene Darstellung i. A. a. KANO [6])

ein geringes Maß an Zufriedenheit auslösen, bei Nichterfüllung jedoch zu Unzufriedenheit führen. Hierzu zählen bspw. bestimmte Fahreigenschaften des Autos. *Begeisterungsanforderungen* hingegen sind Leistungen, die der Kunde nicht erwartet, die aber für ihn einen Mehrwert darstellen und dadurch einen überproportionalen Einfluss auf die Kundenzufriedenheit haben. Werden diese Anforderungen nicht erfüllt, hat dies keinen Einfluss auf die Kundenzufriedenheit, da sie weder verlangt noch erwartet wurden. Beispiel hierfür ist eine besondere Sonderausstattung eines Autos, die dem Kunden nicht bekannt war. Was jedoch vom Kunden als Basis-, Leistungs- oder Begeisterungsanforderung betrachtet wird, hängt insbesondere von Leistungsstandards sowie den persönlichen Präferenzen ab [6]. Abbildung 6.3 veranschaulicht die Zusammenhänge der einzelnen Anforderungen:

Kunden sollten demnach anhand ihrer Erwartungen in Kundengruppen eingeteilt und die Akquise kundenspezifisch konzipiert und durchgeführt werden. Einige Kunden kann man schon durch geringen Aufwand begeistern, andere verlangen deutlich mehr Einsatz. Diese Art der Differenzierung führt beim Kunden im Vergleich zu einer unpersönlichen Marketingmaßnahme zu einer weitaus höheren Reaktion auf eine Akquiseaktion.

Im zweiten Schritt des Akquiseprozesses folgen nun die Zieldefinition und Festlegung der Strategie. Wie schon zu Beginn dieses Kapitels erwähnt wurde, sollte die Zielformulierung so detailliert wie möglich erfolgen. Es müssen die fünf Zieldimensionen hinreichend beschrieben und ausformuliert werden [7].

Ein Beispiel für eine Zielformulierung mit den fünf Dimensionen lautet: Innerhalb des ersten Quartals 2012 (Zeitbezug) sollen 35 Prozent (Zielgröße) der Servicedienstleister mit mehr als 150 Mitarbeitern (Zielgruppe) in Nordrhein-Westfalen (Zielausmaß) Kenntnis von dem neuen Instandhaltungskonzept „RFID Future“ (Zielobjekt) erlangt haben.

Nach der Zielformulierung entscheidet sich, ob ein Produkt oder eine Dienstleistung in einem Markt etabliert oder in ein bestehendes Marktsegment neu integriert werden muss. Wenn andere Unternehmen am Markt tätig sind, ist es notwendig, sich durch bessere Leistungsbündel, günstigere Preise oder bessere Teilaspekte und Zusatzleistungen gegenüber den Mitbewerbern abzugrenzen. Steht jedoch ein neuartiges Produkt im Vordergrund, das in einem bestehenden Marktsegment noch nicht existiert, muss dem Kunden der Mehrwert des Produkts eindeutig kommuniziert und in ihm ein neues Bedürfnis hervorgerufen werden. Dabei können auch immaterielle Aspekte eine große Rolle spielen.

Im dritten Schritt des Akquiseprozesses geht es nun um die Durchführung bzw. die Umsetzung einer Akquisemaßnahme. Jede der oben genannten Szenarien benötigt eine unterschiedliche Handhabung und Ausführung im Hinblick auf Marktsegment, Marktgröße, Zielgruppe, Zielgröße und Zeitfaktor. Es ist daher wichtig, die oben genannten Aspekte zu beachten und die einzelnen Positionen zu determinieren, um eine erfolgreiche Durchführung zu gewährleisten.

6.2.1.3 Erfolgsfaktoren der Kundenneugewinnung

In der Vergangenheit haben sich fünf entscheidende Erfolgsschritte der Kundenakquise herausgestellt. Unerlässlich ist zunächst eine gezielte Analyse des entsprechenden Kundenbedarfs, da festgestellt werden muss, welche Leistungen der Kunde benötigt. Im Anschluss benötigt man ein kundenorientiertes Marketingkonzept, das die Aufmerksamkeit des Kunden erregt. Danach erfolgt in einem weiteren Schritt die Erstellung eines individuellen, auf den Kunden zugeschnittenen Lösungsansatzes. Die nachfolgende Angebotsformulierung muss übersichtlich und für den Kunden nachvollziehbar gestaltet werden. Detaillierte Erläuterungen und eine Darstellung des Kundenmehrwerts müssen deutlich hervorgehen. Letztendlich sollte ein professionelles Folgegespräch, auch Follow-up genannt, vorbereitet und durchgeführt werden, um den erfolgreichen Kundenakquiseprozess abzuschließen (Abbildung 6.4).

Abbildung 6.4 Erfolgsfaktoren der Kundenakquise (eigene Darstellung)

Vor dem Hintergrund einer steigenden Wettbewerbsintensität und gleichzeitiger hoher Wechselbereitschaft der Kunden ist die Akquise von Neukunden in vielen Dienstleistungsbranchen von hoher Bedeutung. Zwar sind die Kosten für die Gewinnung eines Neukunden gegenüber eines Vertragsabschlusses mit einem Bestandskunden in der Regel höher, jedoch ist die Erzielung bzw. Aufrechterhaltung eines profitablen Kundenstammes langfristig nur über eine gut organisierte und strukturierte Akquise von Neukunden möglich.

6.2.2 Kundenbindung

Neben der Kundenakquise nimmt auch die Kundenbindung eine zentrale Rolle ein und stellt einen Hauptprozess des Kundensystems dar. Die Kundenakquise sorgt dafür, dass ein möglichst großer Kundenstamm geschaffen wird, zumal jedes Unternehmen eine gewisse Abwanderungsrate zu verzeichnen hat. Um die Abwanderung möglichst gering zu halten, müssen Anreize zum Wiederholungskauf geschaffen werden, welches das Ziel diverser Kundenbindungsaktivitäten ist. In unterschiedlichen Märkten sehen sich Unternehmen immer häufiger unkontrollierten Kundenabwanderungen ausgesetzt und stehen somit vor einer zwingend erforderlichen, jedoch kostenintensiven Neukundenakquise [2]. Eine in der Finanzwirtschaft durchgeführte Studie bestätigt, dass eine Reduktion der Kundenabwanderungsrate um 5 % eine Steigerung des Gewinns um bis zu 80 % zur Folge haben kann [8]. Auch in anderen Dienstleistungsbranchen ist dieser Zusammenhang bekannt, sodass die Kundenbindungsaktivitäten von Seiten der Unternehmen aktiv gestaltet werden sollten. Die Wettbewerbsfähigkeit eines Unternehmens wird nicht selten durch eine erfolgreiche Kundenbindung maßgeblich erhöht.

6.2.2.1 Prozess der Kundenbindung

Die Kundenbindung kann als Grad der Kundentreue beschrieben werden, die sich durch das Ausmaß von Folge- und Wiederholungskäufen bemerkbar macht und sich schließlich in einem erhöhten Umsatz niederschlägt. Der Weg zur Erreichung eines hohen Grades an Kundentreue ist ein zeitintensiver und sehr sensibler Prozess. Welche Stadien ein Unternehmen dafür durchlaufen muss, wird im Folgenden näher erläutert (Abbildung 6.5).

Wenn ein potenzieller Käufer von einer Leistung eines Anbieters überzeugt ist und sich zum Kauf entscheidet, wird er zum Kunden (Erstkontakt). Anschließend beurteilt der Kunde die Leistung, wobei sein persönliches Zufriedenheitsurteil gebildet wird (Kundenzufriedenheit). Kundenloyalität kann sich schließlich nur dann entwickeln, wenn das Urteil positiv ausfällt oder die Erwartungen übertroffen werden (Kundenloyalität). In dieser Phase zeigt der Kunde eine geringe Wechselbereitschaft, zumal ein Vertrauensverhältnis entstanden ist und eine allgemein positive Einstellung hinsichtlich der Leistungsfähigkeit des Anbieters vorliegt. Damit loyale Kunden auch langfristig an das Unternehmen gebunden werden, sind Kundenbindungsinstrumente notwendig. Der erfolgreiche Einsatz dieser Instrumente führt schließlich zum Wiederholungskauf oder Cross-Buying-Verhalten des

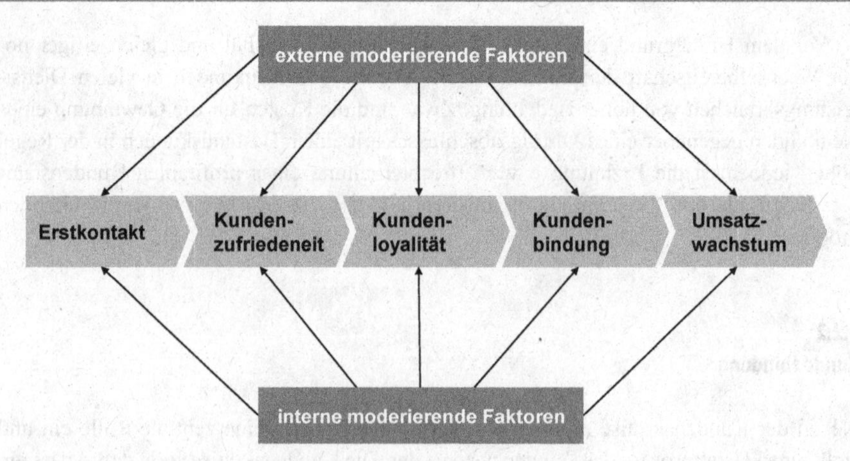

Abbildung 6.5 Wirkungskette der Kundenbindung (eigene Darstellung i. A. a. SIMAO [9])

Kunden bzw. zu Weiterempfehlungen (Kundenbindung). Letztendlich bewirken die Kundenbindungsmaßnahmen einen Anstieg des Umsatzes (Umsatzwachstum). Der gesamte Prozess wird von moderierenden externen Faktoren (z. B. Heterogenität der Kundenerwartungen, Bequemlichkeit der Kunden, Kundenfluktuation) und internen Faktoren (z. B. Individualität der Leistung, Mitarbeitermotivation, Wechselbarrieren) beeinflusst, die entweder positive oder negative Auswirkungen auf die Wirkungskette besitzen [9].

6.2.2.2 Kundenbindungsinstrumente

Zur Kundenbindung zählen sämtliche Maßnahmen, die dazu beitragen, gegenwärtiges und zukünftiges Verhalten eines Kunden so zu beeinflussen, dass eine nachhaltige und vertrauensvolle Geschäftsbeziehung entstehen kann [9]. Die Güte einer Kundenbindungsmaßnahme ist nicht nur nach der Steigerung des Kundennutzens zu beurteilen, sondern auch auf Grundlage nachhaltiger Umsatzeffekte sowie der Kundenzufriedenheit. Für die Kundenzufriedenheit gilt, dass sie lediglich eine Voraussetzung für Kundenbindung ist. Obwohl viele Unternehmen den Kausalzusammenhang „Kundenzufriedenheit = Kundenbindung" annehmen, besteht dieser in der Praxis nicht zwangsläufig. Im Rahmen des Kundenbindungsmanagements wird zwischen den folgenden Bindungsinstrumenten unterschieden:

- Instrumente zur Schaffung bzw. Sicherstellung der Kundenzufriedenheit,
- Instrumente zum Aufbau bzw. zur Festigung von Beziehungen,
- Instrumente zur Schaffung von Vorteilen für treue Kunden,
- Instrumente zum Aufbau von Wechselbarrieren.

Beschwerdemanagement als Instrument zur Sicherstellung der Kundenzufriedenheit
Kundenzufriedenheit ist ohne Zweifel die Voraussetzung zur Erreichung einer stabilen Kundenbindung. Daher bedarf es ausgewählter Maßnahmen mit dem ausdrücklichen Ziel, Zufriedenheit auf Seiten der Kunden zu schaffen. Dazu zählen insbesondere die

Etablierung gewisser Service- und Qualitätsstandards, ein besonderes Produktdesign oder etwa eine zufriedenheitsabhängige Preisgestaltung. Ein besonders hoher Effekt wird gegenwärtig dem Beschwerdemanagement zugerechnet.

Kunden nehmen ein funktionierendes Beschwerdemanagement als Ausdruck einer ehrlichen und kundenorientierten Unternehmensstrategie wahr. Gelingt es den Mitarbeitern eines Unternehmens, die Beschwerde von Kunden zügig und zufriedenstellend zu bearbeiten, so kann eine höhere Zufriedenheit als vor der Beschwerde erreicht werden [10]. Unzufriedene Kunden stellen insbesondere dann ein Problem dar, wenn diese sich nicht mit ihrer Beschwerde an das Unternehmen wenden. Es besteht in diesem Fall die Gefahr, dass die negativen Erfahrungen als letzte mentale Verbindung zum Unternehmen verbleiben und an andere potenzielle Kunden weitergegeben werden. Auf diese Weise können Kaufentscheidungen dieser potenziellen Kunden negativ beeinflusst werden. Ein professionelles Beschwerdemanagement sollte deshalb folgende Voraussetzungen erfüllen:

- **Beschwerde Eigentümer**: Verantwortlich für die schnelle und zufriedenstellende Bearbeitung der Beschwerde ist der Mitarbeiter, der die Beschwerde entgegennimmt.
- **Beschwerdekoordinator**: Bei Fragen ist ein interner Ansprechpartner für die reibungslose Abwicklung verantwortlich. Die Kontrolle einer termin- und sachgerechten Bearbeitung aller eingehenden Beschwerden ist seine Aufgabe.
- **Beschwerdestimulierung**: Es sollte eine aktive Kommunikation durch die vorhandenen Beschwerdekanäle (Internet, Hotlines, Servicenummern, Beschwerdeformulare in Verpackungen) erfolgen, um dem Kunden die Möglichkeit einer Rückmeldung zu vereinfachen.
- **Formulierung von Verhaltensgrundsätzen**: In Unternehmen sollte eine gemeinsame Fehlersuche durchgeführt werden anstelle gegenseitiger Schuldzuweisung zwischen Abteilungen. Insbesondere sollten innerbetriebliche Eskalationen vermieden werden und die Interessen des Kunden vorrangig sein. Gegenüber dem Kunden sollten verbindliche und präzise Aussagen getätigt werden.
- **Frequenz-Relevanz-Analyse**: Beschwerdeanalyse durch eine Klassifizierung der Beschwerdeursachen nach Häufigkeit (Frequenz) und Wichtigkeit (Relevanz). Es entsteht Aufschluss darüber, ob Probleme ein akutes Handeln erfordern, weil sie systematischer Natur sind oder aufgrund ihres seltenen Auftretens eher dem Zufall zugeordnet werden können.

Fallbeispiel: Beschwerdemanagement

In Deutschland spricht man von „Montagsautos", in den USA von „lemons". Gemeint sind in beiden Fällen Neufahrzeuge, die in der ersten Zeit ihrer Nutzung sehr viele Mängel aufweisen und den Kunden mehrfach zu einem Servicebesuch zwingen. In den USA hat der Kunde bei einem solchen Fall die Möglichkeit, das Auto innerhalb der ersten zwei Jahre an den Händler zurückzugeben und das Geld zurückzuverlangen.

Dieses „*Lemon Law*" war ein wesentlicher Faktor bei der Einführung eines *proaktiven Beschwerdemanagements*, das heutzutage zunehmend in Europa und auch in anderen Branchen angewandt wird. Dabei wird ein Kunde nach dem Kauf bspw. eines Autos, einer Maschine oder (Produktions-)Anlage in regelmäßigen Abständen kontaktiert und nach seiner Erfahrung und Zufriedenheit mit dem neuerworbenen Produkt befragt. Dem Kunden wird somit eine Möglichkeit eingeräumt, sich über Mängel, Probleme, Änderungswünsche etc. direkt zu äußern, ohne selbst die Initiative ergreifen zu müssen. Dies führt zu einer hohen Kundenzufriedenheit, einer Verringerung von Reklamationen und gibt den Unternehmen zukünftig die Möglichkeit, die Produkte entsprechend den Kundenwünschen zu optimieren oder abzuändern.

Unternehmen, die diese proaktive Form der Beschwerde eingeführt haben, konnten nicht nur die Zufriedenheit ihrer Kunden steigern, sondern durch diese Maßnahme zusätzlich zu der Entwicklung einer nachhaltigen Kundenbeziehung beitragen.

Instrumente zum Aufbau bzw. zur Festigung von Beziehungen

Zu den Instrumenten, die zum Aufbau bzw. zur Festigung von Kundenbeziehungen beitragen, zählen diejenigen, die den persönlichen Kundenkontakt optimieren. Dabei ist es sinnvoll, besonders wertvolle Kunden besonders gut zu betreuen und so stärker ans Unternehmen zu binden. Key-Account-Management ist das entscheidende Werkzeug für eine derartige Kategorisierung von Kunden und besitzt den größten Effekt auf die Kundenbindung. Die wichtigsten Kunden, sog. Key-Accounts, werden von Key-Account-Managern betreut, die durch eine langjährige Erfahrung im Vertrieb und umfangreiche Kompetenzen im Beziehungsmanagement überzeugt haben.

Weitere unterstützende Instrumente zum Aufbau und zur Festigung von Kundenbeziehungen sind virtuelle Communitys oder Kundenforen. Unternehmen können mit diesen beiden Instrumenten die Kundenzufriedenheit direkt beobachten. Virtuelle Communitys bestehen aus Teilnehmern mit identischen Interessen und Neigungen, die im Internet zusammenkommen und ihre Erkenntnisse und Erfahrungen austauschen. Community-Teilnehmer können z. B. auf unerkannte Mängel aufmerksam machen oder durch ihre Verhaltens- und Verwendungsweisen Aufschluss oder Hinweise über bzw. für mögliche sinnvolle Innovationen geben.

Instrumente zur Schaffung von Vorteilen für treue Kunden

Die Wahrscheinlichkeit, dass treue Kunden Wiederholungskäufe tätigen, steigt, wenn direkte ökonomische oder soziale Vorteile damit verbunden sind. Klassische Instrumente sind Rabatte oder Boni, die ab einer bestimmten Bestellmenge oder einer bestimmten Anzahl von Käufen gewährt werden. Neben monetären Vorteilen kann auch ein besonderer Status einen Beitrag zur Kundenbindung liefern. Einige Unternehmen klassifizieren ihre Kunden anhand des jährlich getätigten Umsatzes als Gold-, Silber- oder Bronze-Kunden, wenn jeweils eine bestimmte Umsatzsumme überschritten wurde. Diese verschiedenen Status führen im Nachgang zu unterschiedlichen Vorteilen, die das Unternehmen einfordern kann, wie bspw. eine vergünstigte oder kostenlose Dienstleistung im darauffolgenden Jahr.

Instrumente zum Aufbau von Wechselbarrieren

Aktivitäten wie etwa die vertragliche Bindung, technische Standards oder Inkompatibilität haben den Zweck, Wechselbarrieren aufzubauen, um Kunden daran zu hindern, sich für ein Konkurrenzprodukt zu entscheiden. Besitzt ein Lieferant besondere Kernkompetenzen, die beim Kunden den Eindruck erwecken, maßgeschneiderte und einzigartige Services zu erhalten, so kann eine Wechselbarriere errichtet werden. Man unterscheidet dabei zwischen *materiellen*, *emotionalen* bzw. *psychologischen* und *rechtlichen* bzw. *juristischen* Wechselbarrieren. *Materielle* Wechselbarrieren liegen vor, wenn der Kunde z. B. in spezielle Software investiert und eine entsprechende Schulung besucht. In diesem Fall spricht man von sog. „Sunk Costs" (versunkene Kosten), die nur in Verbindung mit dem Softwareanbieter ihren höchsten Nutzen haben. Sobald der Anbieter gewechselt wird, muss aufgrund mangelnder Kompatibilität mit einem Wertverlust in Höhe der *Sunk Costs* gerechnet werden. *Emotionale* bzw. *psychologische* Wechselbarrieren beziehen sich z. B. auf Verbundenheit, Begeisterung, Zufriedenheit oder Wertschätzung gegenüber der Leistung und/oder Mitarbeitern des Anbieters. Die Existenz von emotionalen Wechselbarrieren hat den größten Einfluss auf die Kundenbindung. *Rechtliche* bzw. *juristische* Wechselbarrieren beziehen sich auf langfristige Verträge. Beispielhaft hierfür sind Pacht- und Leasingverträge oder Festnetz- und Mobilfunkverträge. Diese Wechselbarrieren haben aufgrund des gefühlten Zwangs eine relativ schwache Wirkung auf die Kundenbindung, weshalb Kunden oft die erstbeste Gelegenheit nutzen, um sich aus der Bindung zu befreien [2].

Der Versuch, die hier genannten Wechselbarrieren zu überwinden, ist immer damit verbunden, Wechselkosten in Kauf zu nehmen. Kunden, die bspw. einen Autoleasingvertrag (rechtliche Wechselbarriere) abgeschlossen haben und vorzeitig kündigen, um ein anderes Auto zu leasen, müssen in der Regel mit zusätzlichen Kosten rechnen. Diese Strafzahlungen sind Wechselkosten, die der wechselwillige Kunde in seiner Entscheidungsfindung berücksichtigen muss. Grundsätzlich werden zwei Arten von Wechselkosten unterschieden, die *prozessbezogenen* und die *ökonomischen* Wechselkosten.

Prozessbezogene Wechselkosten lassen sich in vier Dimensionen einteilen. Unter den *Pre-switching-Search- and Evaluation-Costs* versteht man die Zeit bzw. den Aufwand, der mit der Suche nach alternativen Angeboten verbunden sind. Die Kundenbindung ist umso höher, je stärker der Anstieg der Suchkosten ist. Die *Uncertainty-Costs* beschreiben die durch einen Lieferantenwechsel ausgelöste Unsicherheit. Weiterhin schließen sie das Risiko ein, dass der neue Anbieter gegenüber dem bisherigen Anbieter eine schlechtere Leistung erbringt. Je schwerer die zu erwartende Qualität der Leistung einzuschätzen ist, desto schwerer fällt die Beurteilung über Art und Umfang möglicher Verluste. Unter *Set-up-Costs*, die auch Transaktionskosten genannt werden, versteht man diejenigen Kosten, die bei Aufnahme und Beendigung einer Geschäftsbeziehung anfallen. Dabei gilt, je individueller die Leistung, desto höher die Setup-Costs. Schließlich existieren noch *Post-switching-Behavioral-and- Cognitive-Costs*. Diese beschreiben die Lernkosten, die mit dem Erlernen von neuen Fähigkeiten verbunden sind. Aber auch der Verlust eines beim alten Anbieter angeeigneten Know-hows wird in diesem Zusammenhang als Wechselkosten aufgefasst. Deshalb sinkt selbst dann der Anreiz, den gegenwärtigen Anbieter zu wechseln, wenn der neue Anbieter keine nennenswerten Wechselkosten besitzt [11].

Bei Wechselkosten, die auf *ökonomische* Aspekte zurückzuführen sind, unterscheidet man zwischen *Lost-Performance-Costs* und *Sunk Costs.* Erstere beschreiben die Vorteile

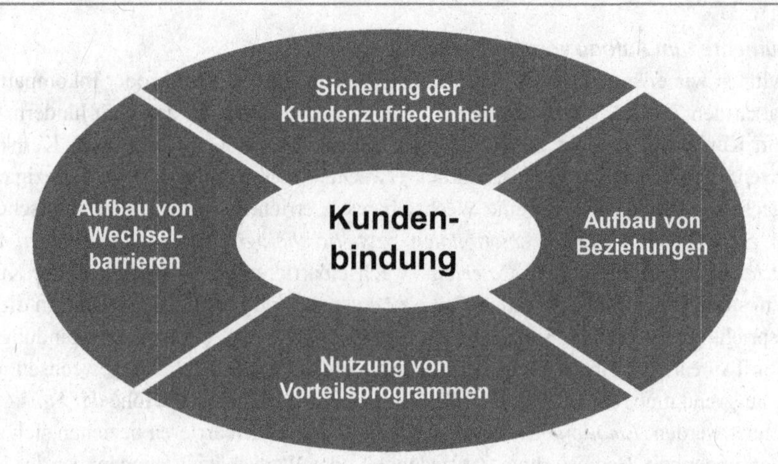

Abbildung 6.6 Zentrale Ansatzpunkte zur Schaffung von Kundenbindung (eigene Darstellung i. A. a. TOMCZAK ET AL. [10])

und Privilegien, die bei einem Wechsel nicht beibehalten werden können, z. B. Bonusprogramme oder Rabatte. Mitunter werden diese Kosten auch mit zu den Wechselbarrieren gezählt, die helfen sollen, durch den Verlust von Vorteilen die Kundenbindung zu erhöhen. Die *Sunk Costs* spiegeln die Investitionen wider, die in der Vergangenheit getätigt wurden und grundsätzlich für die Zukunft ökonomisch irrelevant sind, aber dennoch bei den Kunden während der Entscheidungsfindung eine Rolle spielen. Als Beispiel lassen sich weitere, kostenintensive Reparaturen an einer alten Maschine nennen, die einer Investition in eine neue bevorzugt werden [11]. Abbildung 6.6 fasst die Instrumente zur Kundenbindung zusammen.

Liegt das Ziel eines Unternehmens darin, seine Kunden nachhaltig zu binden, ist das gegenseitige Vertrauen entscheidend. Um dieses Vertrauen nicht zu verlieren, ist insbesondere bei rechtlichen Wechselbarrieren Vorsicht geboten. Ein effektiver Umgang mit Kundenbindungsinstrumenten zeichnet sich dadurch aus, dass erzwungene Bindung vermieden wird und der Kunde im Idealfall die Entwicklungsphasen vom „Commitment" über das „Vertrauen" hin zur „Loyalität" durchläuft. Ziel ist es, den Kunden von speziellen, zielgerichteten Bindungsinstrumenten zu überzeugen, damit eine rein emotionale Bindung entsteht, bei der ein Anbieterwechsel aufgrund persönlicher Präferenzen nicht erfolgt [12].

6.2.2.3 Voraussetzungen für ein effektives Kundenbindungsmanagement

Die Umsetzung eines professionellen Kundenbindungsmanagements kann nicht durch die bloße Durchführung einzelner Kundenbindungsinstrumente zum Erfolg führen. Vielmehr müssen Unternehmen neue Kundenbindungsmaßnahmen in ihre existierenden kundenorientierten Managementkomponenten integrieren. Grundsätzlich sind deshalb Maßnahmen zum Aufbau von *Systemen*, Optimierungsmöglichkeiten der *Strukturen* und *kulturelle* Anpassungen im Unternehmen notwendig [9].

Systemorientierte Maßnahmen

Der Aufbau eines Database-Managements ist eine wichtige Voraussetzung für den Aufbau von persönlichen Kundenbeziehungen und trägt deshalb zu einer nachhaltigen Kundenbindung bei. Die Aufgabe des Database-Managements ist die Sammlung, Speicherung und Verwaltung von Kundendaten. Ziele der darauffolgenden Datenanalyse sind u. a. die Identifizierung von Zielgruppen für die verschiedenen Leistungen des Unternehmens, die Segmentierung der Kunden nach bestimmten Merkmalen, die Erfassung der Kundenabwanderungsrate und die Berechnung von individuellen Kundenwerten [9].

Die effizienteste und systemrelevanteste Maßnahme für ein funktionierendes Kundenbindungsmanagement ist das Customer-Relationship-Management (CRM). Unternehmen, die eine CRM-Strategie verfolgen, stehen im engen, interaktiven Prozess mit den Kunden und sind in der Lage, den vollständigen Kundenlebenszyklus abzubilden. Im Mittelpunkt steht die ganzheitliche Orientierung aller Unternehmensaktivitäten an den Kundenbedürfnissen mit dem Ziel, eine langfristige Kundenbeziehung aufzubauen. Eine weitere Voraussetzung ist die kontinuierliche Auswertung der Kundenzufriedenheit [9]. Die regelmäßige Zufriedenheitsanalyse ist ein Werkzeug, mit dem die Wirkung von Kundenbindungsinstrumenten einer ständigen Kontrolle unterzogen wird. Klassischerweise werden hier direkte Kundenbefragungen durchgeführt. Jedoch können auch die eigenen Mitarbeiter im Unternehmen aufschlussreiche Informationen über die Kundenzufriedenheit liefern.

Strukturelle Maßnahmen

Unter strukturellen Maßnahmen werden alle notwendigen organisatorischen Voraussetzungen zusammengefasst, die für eine effektive Gestaltung von Kundenbindungsmanagement notwendig sind. Den Dialog und die Interaktion mit den Kunden zu optimieren, steht dabei im Vordergrund. Um professionelles Kundenmanagement zu gewährleisten, ist es notwendig, dass sämtliche Mitarbeiter, die Kontakt zu Kunden haben, alle relevanten Daten schnell abrufen können. Die Unternehmensführung muss daher sicherstellen, dass ein problemloser Zugriff auf vorhandene Kundendaten durch autorisierte Mitarbeiter jederzeit möglich ist. Ein weiterer Erfolgsfaktor ist die Verkürzung der internen Kommunikationswege [9]. Täglich entwickeln sich neue Kundenbedürfnisse, worauf nicht immer adäquat reagiert werden kann. Um den Kunden dennoch zufriedenzustellen, sind Erfahrung und Sozialkompetenz gefragt. Erfolgreiche Reaktionen auf spezielle Bedürfnisse oder Beschwerden sollten im Sinne von internen Best Practices zügig kommuniziert werden.

Kulturelle Maßnahmen

Im Vordergrund kultureller Maßnahmen steht ein kontinuierlicher Entwicklungsprozess der Mitarbeiter. Die Rolle des Mitarbeiters als direkte Schnittstelle zum Kunden ist ein entscheidender Faktor für jedes erfolgreiche Kundenbindungssystem. Im Sinne einer allgemein anerkannten Unternehmenskultur sollten Mitarbeiter in einen Kulturveränderungsprozess eingebunden werden. Dadurch steigt die Akzeptanz der Mitarbeiter, was gleichzeitig positive Auswirkungen auf die Bereitschaft zur ständigen Anpassung und Veränderung hat [13]. Kundenorientierte Schulungs- und Trainingsmaßnahmen dienen dazu, Verhaltensgrundsätze zu vermitteln, Mitarbeiter zur konstruktiven Verarbeitung negativer Erfahrungen zu befähigen oder bestimmte Persönlichkeitsmerkmale zu entwickeln (z. B. Empathie, Kontaktfreude etc.). Auch die Schaffung von klassischen kundenorientierten

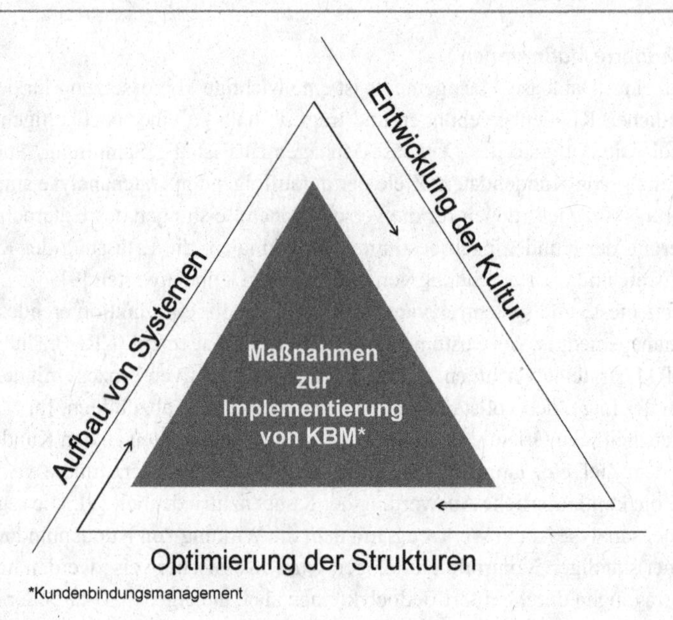

Abbildung 6.7 Maßnahmen zur Implementierung des Kundenbindungsmanagements (eigene Darstellung i. A. a. RAU [14])

Anreizsystemen, wie die Auszahlung von Prämien an Mitarbeiter, können die Unternehmenskultur positiv beeinflussen und einen messbaren Beitrag zur Kundenbindung leisten [9]. Die drei wesentlichen Maßnahmen, die bei der Implementierung eines Kundenbindungsmanagements notwendig sind, werden in Abbildung 6.7 anschaulich zusammengefasst.

Mit den Ausführungen in diesem Kapitel wurde gezeigt, dass professionelles Kundenbindungsmanagement kein in sich geschlossenes Projekt mit einem zeitlich definierbaren Ende ist. Vielmehr handelt es sich um einen langfristig angelegten Veränderungs- und Verbesserungsprozess in vielen Bereichen des Unternehmens. In einem dynamischen Wettbewerb ist es wichtig, die angewandten Kundenbindungsinstrumente neuen Ansprüchen rasch anzupassen. Nachhaltige Wettbewerbsvorteile ergeben sich aber erst dann, wenn Unternehmen die Fähigkeit besitzen, neue Herausforderungen der Kundenbindung bereits vor ihrer Entstehung zu antizipieren. Voraussetzung dafür sind vor allem motivierte und kompetente Mitarbeiter, die in der Lage sind, innovative Kundenbindungsinstrumente für veränderte Kundenbedürfnisse zu entwickeln.

6.2.3 Markenführung

Die Markenführung oder das Markenmanagement beschäftigt sich mit dem ganzheitlichen Markenführungsprozess, der sich von der Entwicklung über das Management bis hin zur

Betreuung von Marken (Produkten, Sortimenten oder gesamten Unternehmen) erstreckt. Die Markenführung ist eine elementare Herausforderung für ein erfolgreiches Kundensystem, da hierdurch umfassende und komplexe Lösungen für den Kunden vereinfacht und zugeschnitten kommuniziert werden können. Durch den Prozess der Markenführung lässt sich die Marke innerhalb des Kundensystems als ein Wiedererkennungsmerkmal einer Dienstleistung oder eines Produkts einsetzen. Erfolgreiche Markenführung zählt somit neben Kundenakquise und Kundenbindung zu den drei Hauptprozessen bei der Umsetzung der Kundenorientierung im Unternehmen und bei dem Aufbau eines funktionierenden Kundensystems.

6.2.3.1 Ziele und Nutzen der Markenführung

Die Ziele der Markenführung sind aufeinander aufbauend mit dem übergeordneten Ziel der Unternehmenswertsteigerung. Um diese Ziele zu erreichen, bedarf es der Erfüllung einiger verhaltenswissenschaftlicher und ökonomischer Ziele. Auf der untersten Ebene werden Ziele wie z. B. die Erhöhung des Bekanntheitsgrades, Pflege des Markenimages oder auch die Steigerung der Markenloyalität verfolgt. Die Erreichung dieser Ziele schafft eine Vertrauensbasis gegenüber den Kunden, die zu Wiederholungskäufen führt. Somit unterstützt eine Markenführung aktiv den Kundenbindungsprozess innerhalb des Kundensystems. Darauf aufbauend können ökonomische Ziele verfolgt werden, zumal erst durch die vorangegangenen Ziele eine Erhöhung des preispolitischen Spielraums ermöglicht wurde. Dies lässt sich sukzessive zur Erzielung höherer Margen, Umsatz- und Marktanteilssteigerung nutzen. Letztendlich kann das Globalziel, eine Steigerung des Unternehmenswertes, als Ergebnis der Markenführung realisiert werden (Abbildung 6.8).

In der Praxis existiert oft eine fehlende Messbarkeit der Subziele, was einen Fortschritt und Erfolg nur schwer quantifizierbar macht. Der Erfolg der Markenführung spiegelt sich hauptsächlich in den Köpfen der Kunden wider und ist daher nur sehr schwer messbar [15].

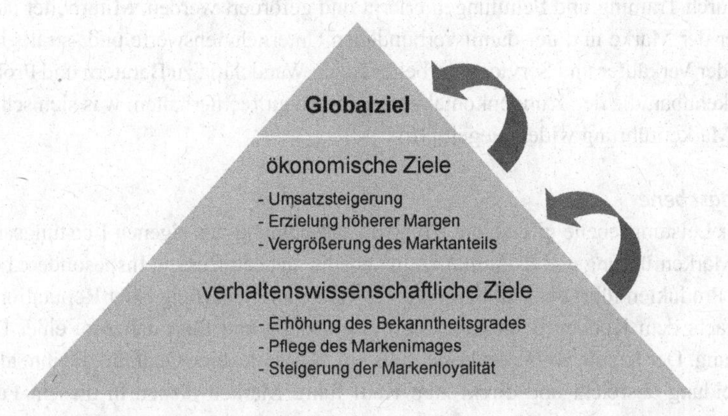

Abbildung 6.8 Zielpyramide der Markenführung (eigene Darstellung i. A. a. Sidow [15])

6.2.3.2 Die drei Ebenen der Markenführung

Markenführung ist ein fester Bestandteil in Unternehmen, die den Wandel zu einem kundenorientierten Unternehmen beabsichtigen. Es lassen sich dabei drei Ebenen unterscheiden, in denen die Markenführung Anwendung findet. Die unterschiedlichen Ansätze für die Interaktions-, Unternehmens- und die Leistungsebene müssen je nach Unternehmen mit einer unterschiedlichen Priorisierung verfolgt werden [16].

Unternehmensebene

Auf der Unternehmensebene gilt, die Marke zu etablieren und zusätzlich ein Image aufzubauen bzw. es gezielt zu verändern. Die interne Verbreitung und die Identifizierung der Mitarbeiter mit der Marke dürfen nicht unterschätzt werden, da die Werte der Marke auch innerhalb der Unternehmensgrenzen eindeutig nachvollziehbar sein müssen. Eine authentische Außendarstellung der Marke wird intern durch das Führungspersonal gewährleistet und durch Vertriebs- und Servicemitarbeiter in die Unternehmen der Kunden getragen. Die Marke symbolisiert bei weitgehend austauschbarem Produkt- und Leistungsangebot die Stabilität, Zuverlässigkeit und Zukunftssicherheit, die ein Kunde mit den Produkten verbindet und für die er bereit ist, eine Preisprämie zu zahlen [16].

Interaktionsebene

Auf der Interaktionsebene werden alle Faktoren, die den Austausch und die Beziehung zwischen Anbieter und Kunden fördern, behandelt. Die Interaktion zwischen diesen beiden Wirtschaftssubjekten ist besonders wichtig, da ihre enge Zusammenarbeit eine Grundvoraussetzung der Markenführung ist. Diese bestehende Austauschbeziehung gilt es mit der eigenen Marke zu füllen. Man spricht in diesem Zusammenhang von *Behavioral-Branding*, worunter alle Maßnahmen, die den Aufbau und die Pflege von Marken durch zielgerichtetes Verhalten und persönliche Kommunikation unterstützen, fallen [17]. In der Praxis sollte dementsprechend der Service- oder Vertriebsmitarbeiter, über den in aller Regel die Kundeninteraktion stattfindet, durch zielgerichtetes Verhalten und Auftreten die Werte und Eigenschaften der Marke widerspiegeln und unterstützen. Dieses Verhalten kann durch Training und Schulungen erlernt und gefördert werden. Mitarbeiter sind Botschafter der Marke und der damit verbundenen Unternehmenswerte und -strategien. Auf Seiten der Verkäufer und Servicemitarbeiter ist ein Wandel hin zu Beratern und Problemlösern erkennbar, die den Kundenkontakt pflegen und aufrechterhalten, was sich schließlich in der Markenführung widerspiegelt [16].

Leistungsebene

Auf der Leistungsebene gilt es, die Kundenwahrnehmung des eigenen Leistungsangebots durch Markenführung und Kommunikation positiv zu beeinflussen. Insbesondere bei komplexen Produkten führt die Etablierung einer Marke zur Schaffung einer Reputation. Diese vereinfacht dem Kunden beim Kauf die Entscheidung und führt daher zu einer Umsatzsteigerung. Der Kunde verbindet bestenfalls mit der Marke eine Qualität, die ihm als Kaufentscheidung ausreicht und direkt zum Kauf führt. Marken dienen in diesem Fall auch

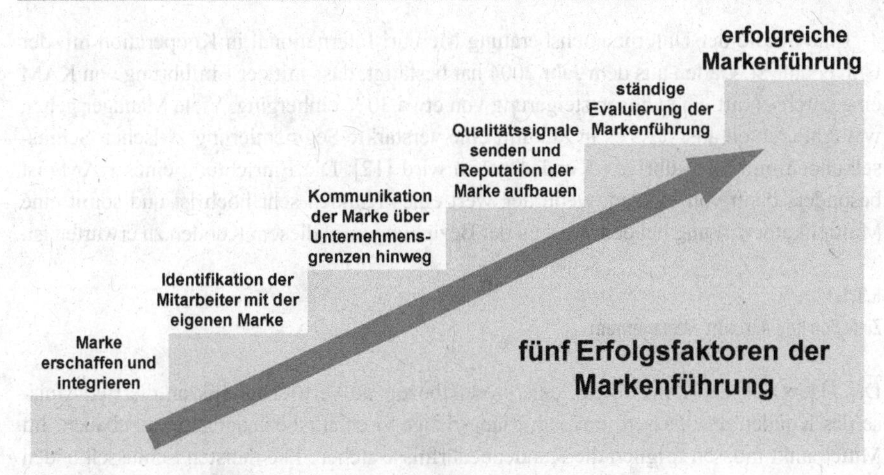

Abbildung 6.9 Erfolgsfaktoren der Markenführung (eigene Darstellung)

als Qualitätssignal, das beim Kunden die Unsicherheit vor dem Kauf auf ein Minimum reduzieren kann. Die Qualität und Zuverlässigkeit von ganzen Produktpaletten kann so durch professionelle Markenführung hervorgehoben und dem Kunden angetragen werden, sodass es zu einem entscheidenden Wettbewerbsvorteil kommen kann [16] (Abbildung 6.9).

6.3 Methoden für Kundensysteme

Im folgenden Kapitel werden Methoden für die erfolgreiche Etablierung von Kundensystemen vorgestellt. Während in Kapitel 6.3.1 das Key-Account-Management näher erläutert wird, wird in Kapitel 6.3.2 das Customer-Relationship-Management vertiefend betrachtet.

6.3.1 Key-Account-Management

In vielen Unternehmen werden heute 80 % des Umsatzes mit 20 % der Kunden gemacht (80-20-Regel). Nur die Unternehmen, die es schaffen, sich den dynamischen Märkten und Kundenbedürfnissen schnellstmöglich anzupassen, werden dauerhaft konkurrenzfähig sein. Folglich stehen kundenspezifische Lösungen und Optimierungen der Kundenbeziehungen im Mittelpunkt unternehmerischer Aktivitäten. Das Key-Account-Management (KAM) setzt genau an dieser Stelle an und befasst sich mit der Analyse, Auswahl und Bearbeitung aktuell oder potenziell bedeutender Schlüsselkunden sowie der dafür erforderlichen Implementierung einer organisatorischen Infrastruktur [18]. Im Hinblick auf Kundensysteme unterstützt KAM demzufolge Akquisemethoden, aber noch in einem höheren Maße die Bindungsstrategien von bedeutenden Kunden einer Unternehmung.

Eine Studie der Unternehmensberatung Mercuri International in Kooperation mit der Universität St. Gallen aus dem Jahr 2004 hat bestätigt, dass mit der Einführung von KAM eine durchschnittliche Umsatzsteigerung von etwa 30 % einherging. Viele Manager gehen weiterhin davon aus, dass es in Zukunft eine verstärkte Segmentierung zwischen Schlüsselkunden und allen übrigen Kunden geben wird [12]. Die Einrichtung eines KAMs ist besonders dann von Nutzen, wenn der Wert eines Kunden sehr hoch ist und somit eine Multiplikatorwirkung bei dem Ausbau der Beziehungen zu diesem Kunden zu erwarten ist.

6.3.1.1 Ziele von Key-Account-Management

Das Hauptziel des KAMs ist es, eine produktbezogene Vertriebspolitik an die Bedürfnisse des Kunden anzupassen und somit langfristige Geschäftsbeziehungen aufzubauen. Im Mittelpunkt müssen folglich die Kundenbedürfnisse stehen. Die meisten Schlüsselkunden erwarten eine individuelle und maßgeschneiderte Lösung, auf das jeweilige Unternehmen abgestimmte Prozesse und vor allem einen Ansprechpartner, der Experte für beide Unternehmen ist und somit als optimales Bindeglied fungiert [12]. Um jedoch eine Situation zu erreichen, in der beide Parteien profitieren, gilt es nicht nur, den Anforderungen des Kunden gerecht zu werden, sondern auch interne Erfolgs- und Ertragsziele zu erreichen. Ein langfristig gewonnener Schlüsselkunde kann einem Unternehmen helfen, seine Umsätze merklich zu steigern, die Marktmacht auszubauen und auf lange Sicht den Absatz zu sichern.

Weitere Aufgaben des KAMs sind die Pflege und Sicherung des Kundenkontakts durch regelmäßige Kommunikationsimpulse, die Intensivierung der Geschäftsbeziehungen sowie die Entwicklung von kundenspezifischen Marketingkonzepten und Aktionen. Hierbei steht die Reduzierung des Koordinationsaufwands im Fokus mit dem Ziel, eine effizientere Kunden-Unternehmens-Beziehung zu schaffen. Letztendlich zielt KAM auf eine Optimierung der Geschäftsbeziehung und eine Verbesserung der Wettbewerbssituation beider Unternehmen ab [14].

6.3.1.2 Prozesse des operativen Key-Account-Managements

Um KAM erfolgreich in einem Unternehmen umzusetzen, bietet sich ein vierstufiger Prozess an, beginnend mit der Identifikation und Auswahl der Schlüsselkunden, über die organisatorische Implementierung und Bearbeitung derselben bis hin zur abschließenden Evaluierung der Geschäftsbeziehung. Es gibt jedoch kein standardisiertes Vorgehen für die optimale Gestaltung des KAMs, da jedes Unternehmen anders strukturiert ist und viele Faktoren beachtet werden müssen [14]. Die einzelnen Phasen des operativen KAMs werden im Folgenden näher erläutert.

Identifikation der Key-Accounts

Eine gezielte Identifikation von Schlüsselkunden ist der erste und einer der wichtigsten Schritte eines effektiven KAMs. Kunden, die den aktuellen Ansprüchen nicht mehr genügen, können hier auch ihren Status als Schlüsselkunde verlieren. Die Marktsegmentierung zielt auf eine klare Abgrenzung der Märkte und Kundengruppen ab, um einen Überblick über die aktuellen Adressaten und zukünftigen Schlüsselkunden zu erhalten. Mögliche Kundengruppen können bspw. große Einzelkunden, internationale Kunden, Konzerne oder Verbände sein [12]. Es empfiehlt sich, die verschiedenen Kundengruppen nach unterschiedlichen Kriterien, wie z. B. Umsatzanteil, Entwicklungsfähigkeit oder auch nach Regionen zu segmentieren, um die Kundengruppe auszuwählen, bei der die Einführung eines KAMs sinnvoll ist. Die Beachtung von quantitativen als auch von qualitativen Entscheidungskriterien, wie z. B. die Zahlungsmoral eines Kunden, sind dabei von hoher Bedeutung. Als unterstützendes Tool zur Identifikation dieser Kriterien dient die Portfolioanalyse, mit der die Attraktivität eines Kunden ermittelt werden kann.

Organisatorische Implementierung

Sofern ein Unternehmen Schlüsselkunden gezielt adressiert, ist es zwingend erforderlich, das KAM in die bestehende Organisationsstruktur einer Unternehmung zu integrieren. Dabei gibt es einerseits die Möglichkeit, das KAM als eigenständig fungierende Funktionseinheit (institutionelles KAM) oder andererseits in bestehende Abteilungen wie z. B. Vertrieb, Marketing etc. einzugliedern (funktionelles KAM). Bei der Integrationsentscheidung spielen Faktoren wie die Größe und Mitarbeiteranzahl des Unternehmens, die Anzahl möglicher Schlüsselkunden, regionale bzw. globale Kundenstrukturen oder auch die bestehende Organisationsstruktur des Unternehmens eine entscheidende Rolle. KAM darf nicht zu tief in der Unternehmenshierarchie angesiedelt werden, da eine gewisse Entscheidungsmacht und Wertschätzung gegenüber dem Kunden signalisiert werden muss [12]. Bei kleinen und mittelständischen Unternehmen (KMU) ist das KAM größtenteils der Geschäftsleitung unterstellt, in einigen Unternehmen ist es auch im Vertrieb oder in der Marketingabteilung angesiedelt. Im Gegensatz zu KMU richten größere Unternehmen bzw. Konzerne eigene Abteilung mit ganzen Key-Account-Teams ein. Unabhängig von der letztendlichen Entscheidung über die organisatorische Einbettung sind Abstimmungsprozesse zwischen den verschiedenen Bereichen und Personen von großer Bedeutung [15].

Durchführung und Bearbeitung

Nachdem feststeht, welche Kunden Schlüsselkunden werden sollen und wie sich das eigene Unternehmen organisatorisch optimal auf diese einstellen soll, gilt es in einem weiteren Schritt, die ausgewählten Schlüsselkunden über ihre neue Situation zu informieren und hierbei im Besonderen den Mehrwert bzw. Kundennutzen hervorzuheben. Um jedoch einen Kundennutzen und auch einen Vorteil für das eigene Unternehmen generieren zu können, bedarf es einer intensiven Beschäftigung mit den Schlüsselkunden. Hierbei sollten Informationen über die Arbeitsweise, Kundenanforderungen oder auch über die Geschäftspolitik der Schlüsselkunden gesammelt und daraus resultierende Effizienzsteigerungspotenziale identifiziert werden. In der Praxis bedeutet dies, dass Key-Account-Manager oftmals logistische oder produktbezogene Probleme erkennen und lösen müssen, die erst bei vollständiger Information über das eigene Unternehmen und den Schlüsselkunden ersichtlich sind. Das KAM zielt in seiner operativen Durchführung demnach auf eine

Prozessoptimierung sowohl für den Kunden als auch für das eigene Unternehmen ab, die idealerweise eine langfristige Geschäftsbeziehung nach sich zieht. Abschließend kann ein Kundenentwicklungsplan erstellt werden, in dem Vereinbarungen über Produkte, Mengen, Preise, anzuwendende Methoden und ein Zeithorizont festgelegt werden. Dieser wird vom Key-Account-Manager erstellt, in Rahmenvereinbarungen eingebunden und von beiden Parteien unterzeichnet. Kontinuierliche Anpassungen und Korrekturen von Abweichungen müssen durch eine enge Zusammenarbeit zwischen Key-Account-Management und den Schlüsselkunden durchgeführt werden [15].

Evaluierung und kontinuierliche Optimierung

Bei der internen Überprüfung und Evaluierung steht die kontinuierliche Verbesserung im Vordergrund. Im Fokus können hier Punkte wie die Heraufstufung von Bestandskunden bzw. die Herabsetzung von Schlüsselkunden sein. Aber auch interne Abläufe des KAMs und aktuell ablaufende Prozesse müssen evaluiert werden. Weiterhin besteht die Möglichkeit, Geschäftsbeziehungen zu Schlüsselkunden gezielt zu überprüfen, um Stärken und Schwächen zu analysieren, zukünftige Chancen zu erkennen und offensichtliche Probleme zu identifizieren. Zusätzlich können auch externe Evaluierungen einen zusätzlichen Mehrwert liefern. Mithilfe von Kundenworkshops oder Kundenbefragungen werden Neuigkeiten und Veränderungen auf Seiten der Schlüsselkunden aufgedeckt. Weiterhin hat der Kunde die Möglichkeit, konstruktive Kritik zu üben und Verbesserungsvorschläge zu kommunizieren. Ziel und Zweck der regelmäßigen Evaluierung ist es, eine Übersicht über die Kundenzufriedenheit zu gewinnen, neue Potenziale oder Veränderungen beim Kunden zu erkennen und einen Abgleich zwischen Fremd- und Eigenbild zu erlangen [12].

6.3.1.3 Erfolgsfaktoren

Für die erfolgreiche Implementierung eines KAMs haben sich im Laufe der Zeit fünf Erfolgsfaktoren herauskristallisiert: Unabhängig von der jeweiligen organisatorischen Einbettung ist es sehr wichtig, ein qualifiziertes Team an Key-Account-Managern auszuwählen. Da der Erfolg hierbei nur von wenigen Personen abhängt, ist vor allem die Professionalität der Verantwortlichen sehr bedeutend. Weiterhin muss dieses Team ausgeprägte Kenntnisse über die eigene Branche ebenso wie über Schlüsselkunden haben, um die Rolle von Intermediären zwischen den beiden Unternehmen wahrnehmen zu können. Bei der letztendlichen Umsetzung und Prozessoptimierung in beiden Unternehmen müssen die Key-Account-Manager Methoden, Instrumente und Techniken des KAMs perfekt beherrschen. Falls alle diese Faktoren berücksichtigt wurden, ist der Erfolg jedoch erst dann garantiert, wenn die Key-Account-Manager die jeweiligen Aufgaben gewissenhaft umsetzen [15]. Eine systematische Befolgung der in Kapitel 6.3.1.2 dargestellten Prozesse des operativen Key-Account-Managements erweist sich in jedem Fall als sinnvoll (Abbildung 6.10).

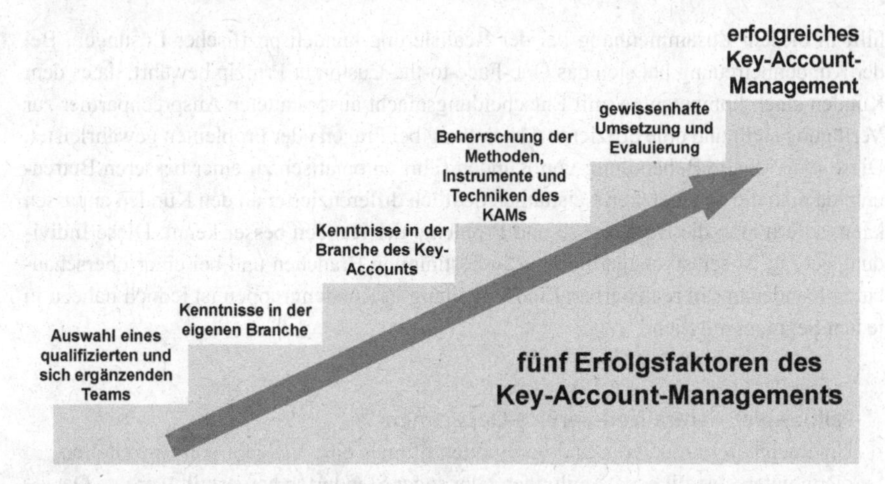

Abbildung 6.10 Erfolgsfaktoren des Key Account Managements (eigene Darstellung)

6.3.2 Customer-Relationship-Management

In Kapitel 6.2.2.3 wurde das Thema Customer-Relationship-Management (CRM) im IT-Kontext bereits erläutert, jedoch nicht explizit auf die Rolle innerhalb des Kundensystems eingegangen. CRM dient im Wesentlichen zur Unterstützung des Aufbaus und der Festigung profitabler Kundenbeziehungen durch ganzheitliche und differenzierte Marketing-, Vertriebs- sowie Servicekonzepte und unterstützt somit die Hauptprozesse Kundenakquise und -bindung [19].

6.3.2.1 Ziele des CRMs

Die strategischen Ziele, die mit einer Einführung von CRM verfolgt werden, sind eine Erhöhung der Profitabilität, eine Differenzierung der Kunden, Ereichung von langfristigen Kundenbeziehungen und eine Integration des Kunden in die Prozesse des eigenen Unternehmens. Diese Ziele führen zu einer kontinuierlichen Verbesserung der Kundenbeziehungen, vereinfachen den Akquiseprozess und führen schlussendlich zu einer hohen Kundenbindung. In den folgenden Abschnitten werden die einzelnen Ziele näher beschrieben.

Die Praxis zeigt, dass eine Steigerung der Profitabilität einzelner Kunden eine hohe Wirkung auf den Ertrag hat, zumal viele Unternehmen einen hohen Anteil ihres Gewinns mit nur wenigen Kunden erzielen. Ein Beispiel hierfür ist der Bankensektor, wo einzelne Kunden einen negativen Gewinnbeitrag (junge Menschen, Studenten etc.) und einige wenige Kunden (vermögende Privat- oder Geschäftskunden) den entscheidenden Beitrag zum Gesamtergebnis der Bank liefern. Letztere Kunden sollten an das Unternehmen gebunden werden und unprofitable in profitable umgewandelt oder abgestoßen werden.

Ein weiteres wichtiges Ziel von CRM ist die differenzierte Behandlung der unterschiedlichen Kundengruppen. CRM unterstützt die Bildung von Kundengruppen und hilft in diesem Zusammenhang bei der Realisierung kundenspezifischer Lösungen. Bei der Kundenbetreuung hat sich das One-Face-to-the-Customer Prinzip bewährt, da es dem Kunden einen kompetenten, mit Entscheidungsmacht ausgestatteten Ansprechpartner zur Verfügung stellt und eine effiziente Abhandlung bei Fragen oder Problemen gewährleistet. Diese individuelle Behandlung von Kunden führt automatisch zu einer besseren Betreuung, da man die angebotenen Leistungen deutlich differenzierter an den Kunden anpassen kann, sofern man die Bedürfnisse und Probleme der Kunden besser kennt. Diese Individualisierung ist selbstverständlich nur in bestimmten Branchen und bei einer überschaubaren Kundenanzahl realisierbar. Eine Einteilung in Kundengruppen ist jedoch nahezu in jedem Segment möglich.

Fallbeispiel: Centralized-Service-Department

Unternehmen produzieren und vermarkten oftmals eine Vielzahl von Einzelteilen, die in unterschiedlichen Abteilungen oder sogar Standorten hergestellt werden. Der Kunde, der zu diesen Produkten einen Serviceleistung benötigt, ist bei der Suche der richtigen Serviceadresse und Kontaktperson oftmals überfordert und wird im Zweifel mehrfach weitergeleitet, bis eine geeignete Ansprechperson gefunden wurde.

Um dieses Szenario zu vermeiden, führen Unternehmen Centralized-Service-Departments ein, die alle Kundenanfragen zentral entgegennehmen und von dort aus an die richtige Abteilung im Unternehmen leiten. Die Kommunikation läuft somit über eine zentrale Schnittstelle des Unternehmens, die sicherstellt, dass Kunden zeitnah und insbesondere von den richtigen Fachabteilungen eine Antwort erhalten. Oftmals ist auch der Vertriebsmitarbeiter die Kontaktperson, die von den Kunden zunächst angesprochen wird. Die auf diesem Weg eingehenden Fragen oder Problemstellungen sollten ebenfalls an das Centralized-Service-Department weitergeleitet und von dort weiter bearbeitet werden.

Für die Kunden ergibt sich auf diese Weise eine einfache Möglichkeit der Kontaktaufnahme mit dem Unternehmen. Zusätzlich trägt die zeitnahe und kompetente Abwicklung der Serviceanfrage zu einer hohen Kundenzufriedenheit bei.

Weiterhin kann durch ein ausgereiftes CRM die Langfristigkeit einer Kundenbeziehung deutlich gesteigert werden. Durch das gewonnene Know-how ist man in der Lage, Kunden besser zu befriedigen und steigert die Wahrscheinlichkeit eines Wiederholungskaufs. Im Vergleich zu Kundenneugewinnung ist das Halten bestehender Kunden erheblich preiswerter und birgt darüber hinaus zusätzliche Potenziale für das Unternehmen [16]. Zufriedene Kunden, die einem Unternehmen lange treu bleiben, entwickeln sich oftmals auch zu Empfehlungskunden, die Dritte zum Kauf der Produkte und Dienstleistungen anregen.

Schließlich spielt auch die Integration der einzelnen Abteilungen Marketing, Vertrieb, Service etc. eine entscheidende Rolle. Nur wenn eine Bereitstellung der Kundeninformationen über Abteilungsgrenzen hinweg gewährleistet ist, kann innerhalb kürzester Zeit und standortunabhängig auf Kundenwünsche reagiert werden. Um dies zu vereinfachen, bietet sich ein Customer-Data-Warehouse an, das alle kundenspezifischen Daten vereint und unternehmensübergreifend bereitstellt [19].

6.3.2.2
Komponenten des CRMs

Im Bereich des CRMs gibt es unterschiedliche Komponenten. Das analytische CRM dient zur Kundensegmentierung und -bewertung, das operative CRM zur Automatisierung von Prozessen und das kommunikative CRM zur Organisation aller Kontaktkanäle. Diese drei Komponenten stehen in engen Austauschbeziehungen zueinander, wobei nur die ganzheitliche Betrachtung aller Komponenten zu einem gut strukturierten CRM führt [19]. Die unterschiedlichen Komponenten und deren Zusammenhänge sind in Abbildung 6.11 anschaulich dargestellt.

Analytisches CRM

Die Organisation und Analyse der Kundenbedürfnisse, -strukturen und -wünsche ist der zentrale Ansatz des analytischen CRMs. Softwarelösungen wie Data-Warehouse oder Data-Mining können diesen Prozess wirkungsvoll unterstützen, da er bei detaillierter Durchführung sehr komplex wird. Data-Warehouse-Systeme stellen kundenspezifische Daten (Kaufhistorie, Stammdaten, Aktionsdaten etc.) unternehmensweit zur Verfügung, während Data-Mining bzw. OLAP(Online-Analytical-Processing)-Systeme zur Identifikation von Kundensegmenten und kundenspezifischen Bedürfnissen dienen [17]. Oftmals kann anhand der zusammengetragenen Daten eine Zukunftsbewertung des Kunden gemäß

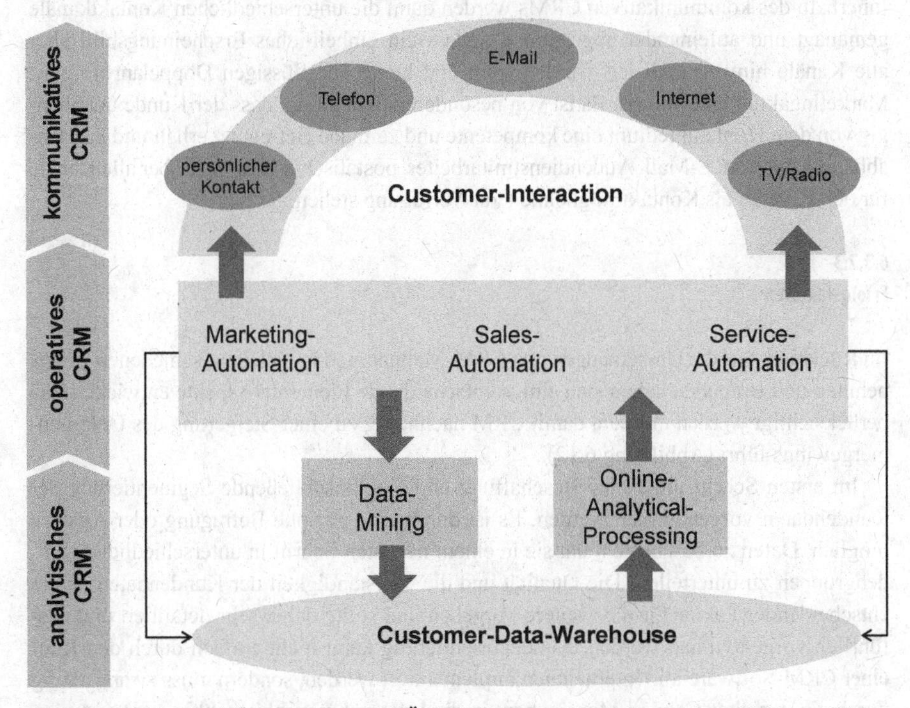

Abbildung 6.11 CRM-Komponenten im Überblick (eigene Darstellung i. A. a. Hippner u. Wilde [19])

dem Customer-Lifetime-Value-Ansatz erstellt werden. Insofern ist eine frühzeitige Segmentierung von Kunden nach unterschiedlichen Kriterien wie z. B. Cross- oder Up-Selling-Potenzial, heutiger oder zukünftiger Umsätze, Kaufhäufigkeit etc. sinnvoll, da jede Kundengruppe individuell bearbeitet werden sollte.

Operatives CRM

Das Ergebnis des analytischen CRMs dient als Ausgangsbasis für das operative CRM, indem die vorherigen Ergebnisse in die Praxis umgesetzt werden. Dies bezieht sich vor allem auf die internen Unternehmensprozesse, die kundenorientiert ausgelegt und ggfs. komplett neu strukturiert werden müssen [17]. Das operative CRM zeichnet sich vor allem dadurch aus, dass es viele regelmäßig anfallende Schritte automatisiert. So unterscheidet man zwischen Marketing-, Sales- und Service-Automation. Die Marketing-Automation dient zur richtigen Auswahl von Marketingkanal und -mix für den jeweiligen Kunden bzw. ganze Kundengruppen, die man im Vorfeld geschaffen hat. Die Sales-Automation dient zur Unterstützung von Routineaufgaben des Vertriebs, wie z. B. Termin- und Routenplanung, Besuchsberichterstellung, Abrechnungen, Verkaufsübersichten oder Unterstützung bei der Angebotserstellung. Im Bereich der Service-Automation ist die Unterstützung der Serviceabteilung sowohl im Innen- als auch im Außendienst die Hauptaufgabe. Als Beispiele sind hier die Abrufbarkeit von Lieferterminen oder Ersatzteilverfügbarkeit zu nennen.

Kommunikatives CRM

Innerhalb des kommunikativen CRMs werden dann die unterschiedlichen Kontaktkanäle gemanagt und aufeinander abgestimmt, sodass ein einheitliches Erscheinungsbild über alle Kanäle hinweg realisiert werden kann und keine überflüssigen Doppelanrufe bzw. Marketingaktionen erfolgen. Es ist von besonderer Bedeutung, dass der Kunde unabhängig von dem Kontaktmedium eine kompetente und zeitnahe Betreuung erhält und kundenabhängig Telefon, E-Mail, Außendienstmitarbeiter, postalischer Weg oder aber alle Kanäle für den Kunden als Kontaktmöglichkeit zur Verfügung stehen.

6.3.2.3 Erfolgsfaktoren

Im Rückblick auf die Umsetzungen von CRM-Maßnahmen in vielen verschiedenen Unternehmen und Branchen haben sich einige entscheidende Elemente/Aspekte entwickelt, die berücksichtigt werden müssen, damit CRM nachhaltig zu einer Steigerung des Unternehmergewinns führt (Abbildung 6.12).

Im ersten Schritt muss eine Beschaffung und eine anschließende Segmentierung der Kundendaten vorgenommen werden. Es ist durch eine gezielte Befragung oder Analyse möglich, Daten zu beschaffen, um sie in einem nächsten Schritt in unterschiedliche Kundengruppen zu unterteilen. Die Qualität und die Vollständigkeit der Kundendaten ist ein entscheidender Faktor für das weitere Vorgehen und sollte daher sehr detailliert und ausführlich vorgenommen werden. Kundenorientierung kann nicht einfach durch den Kauf einer CRM-Software im Unternehmen implementiert werden, sondern muss zwangsläufig durch ein gezieltes Change-Management in die Unternehmensphilosophie integriert werden. Daher ist es von besonderer Bedeutung, dass ein Unternehmen in einem nächsten

Abbildung 6.12 Erfolgsfaktoren des Customer Relationship Managements (eigene Darstellung)

Schritt Mitarbeiter von dem Mehrwert der Umsetzung überzeugt und in der Belegschaft eine hohe Akzeptanz für die CRM-Maßnahme aufbaut [18]. Diese weichen Faktoren der Implementierung nehmen nicht selten das gleiche Investitionsvolumen in Anspruch wie die eigentliche Implementierung des Systems in die Unternehmensstruktur. Im nächsten Schritt dienen Kundenbedürfnisse als Vorgabe für die zu entwickelnden Leistungsangebote, die kundenspezifisch entwickelt und im Anschluss dem Kunden offeriert werden. Dabei muss auf eine gute Verzahnung mit den wichtigen Aktivitäten der Kundenkontaktkette geachtet werden. Nur dadurch ist es möglich, die Bedürfnisse des Kunden an der jeweiligen Stelle zu erkennen und abgreifen zu können [17]. Im Anschluss geht es im Wesentlichen darum, die CRM-Strategie und die kundenorientierte Unternehmenskultur anhand messbarer Kriterien wie z. B. Kundenzufriedenheit oder Balanced Scorecards zu steuern und einen kontinuierlichen Verbesserungsprozess zu etablieren. Diese Schritte führen bei einer ordnungsgemäßen Umsetzung zu einer Kundenorientierung im Unternehmen, die sich positiv auf den Ertrag auswirken wird.

Literatur

1. Belz, C. (1997). Leistungssysteme. Belz, C. (Hrsg.). *Leistungs- und Kundensysteme: Kompetenz für Marketing-Innovationen. Schrift 2*. St. Gallen: Thexis Verlag. S. 12–39.
2. Bruhn, M. (2002). *Integrierte Kundenorientierung: Implementierung einer kundenorientierten Unternehmensführung*. Wiesbaden: Gabler Verlag.
3. Homburg, C., Schäfer, H. & Schneider, J. (2008). *Sales Excellence: Vertriebsmanagement mit System* (5. Aufl.). Wiesbaden: Gabler Verlag.
4. Jones, M., Mothersbaugh, D.-L. & Beatty, S. (2002). Why customers stay: Measuring the underlying dimension of services, switching costs and managing their differential strategic outcomes. *Journal of Business Research. 55* (6). S. 441–450.
5. Brasch, C.-M., Köder, K. & Rapp, R. (2007). *Praxishandbuch Kundenmanagement*. Weinheim: WILEY-VCH Verlag GmbH & Co. KGaA.

6. Kano, N., Seraku, N., Takahashi, F. & Tsuji, S.-I. (1984). Attractive quality and must-be quality. *Journal of the Japanese Society for Quality Control. 14* (2). S. 39–48.
7. Call, G. (2008). *Kunden- und Servicemanagement – Erfolgreich der Servicewüste entgehen.* Hamburg: Verlag Dr. Kovač.
8. Esch, F.-R. (2005). *Strategie und Technik der Markenführung* (3. Aufl.). München: Verlag Franz Vahlen.
9. Belz, C. & Simao, T. (2007). Markenführung für industrielle Lösungsanbieter. In: Bauer, H. H., Huber, F. & Albrecht, C.-M. (Hrsg.). *Erfolgsfaktoren der Markenführung: Know-how aus Forschung und Management.* München: Verlag Franz Vahlen. S. 415–430.
10. Tomczak, T., Brexendorf, T.-O. & Morhart, F. (2006). Die Marke nach außen und innen leben. *IO New Management. 75* (7/8). S. 15–19.
11. Belz, C., Müllner, M. & Zupancic, D. (2008). *Spitzenleistungen im Key-Account-Management – Das St. Galler KAM-Konzept* (2. Aufl.). München: mi-Fachverlag.
12. Sieck, H. (2005). *Key Account Management im Mittelstand: Die kurzfristige Einführung zum erfolgreichen Umgang mit Schlüsselkunden.* Weinheim: WILEY-VCH Verlag GmbH & Co. KGaA.
13. Mütze, S. (1999). Servicemitarbeiter. In: Luczak, H. (Hrsg.). *Servicemanagement mit System – erfolgreiche Methoden für die Investitionsgüterindustrie.* Berlin: Springer. S. 104–143.
14. Rau, H. (1994). *Key Account Management: Konzepte für wirksames Beziehungsmanagement.* Wiesbaden: Gabler Verlag.
15. Sidow, H. D. (1997). *Key Account Management: Wettbewerbsvorteile durch kundenbezogene Strategien.* Landsberg am Lech: Verlag Moderne Industrie.
16. Stojek, M. (2000). Customer Relationship Management – Software, Strategie, Prozess oder Konzept? *IM – Fachzeitschrift für Information Management & Consulting. 15* (1). S. 37–42.
17. Töpfer, A. (2008). Erfolgsfaktoren, Stolpersteine und Entwicklungsstufen des CRM. In: Töpfer, A. (Hrsg.). *Handbuch Kundenmanagement – Anforderungen, Prozesse, Zufriedenheit, Bindung und Wert von Kunden.* Berlin: Springer-Verlag. S. 627–650.
18. Helmke, S., Brinker, D. & Wessoly, H. (2003). Change Management – Ein kritischer Erfolgsfaktor bei der Einführung von CRM. In: Helmke, S., Uebel, M. F. & Dangelmaier, W. (Hrsg.). *Effektives Customer Relationship Management – Instrumente – Einführungskonzepte – Organisation.* Wiesbaden: Gabler Verlag. S. 305–316.
19. Hippner, H. & Wilde, K. D. (2003). CRM – Ein Überblick. In: Helmke, S., Uebel, M. F. & Dangelmaier, W. (Hrsg.). *Effektives Customer Relationship Management – Instrumente – Einführungskonzepte – Organisation.* Wiesbaden: Gabler Verlag. S. 3–38.

Service Engineering

7

Günther Schuh, Gerhard Gudergan, Roman Senderek und Ralf Frombach

Kurzüberblick

Für die Neuentwicklung von industriellen Dienstleistungen hat sich die Disziplin Service Engineering etabliert. Service Engineering umfasst die systematische Entwicklung von Dienstleistungen mithilfe ingenieurwissenschaftlicher und betriebswirtschaftlicher Methoden [1].

Aufbauend auf einer generellen Einführung und Definition werden im folgenden Kapitel die wesentlichen Zielsetzungen des Service Engineerings vorgestellt. Im Anschluss werden verschiedene Ansätze und Vorgehensweisen, die im Rahmen des Service Engineerings entwickelt wurden, betrachtet. Abschließend erfolgt die vertiefende Betrachtung verschiedener Methoden und Werkzeuge des Service Engineerings.

7.1 Einführung in das Service Engineering

Seit Mitte der 1990er Jahre hat sich das Service Engineering als Verfahren zur Entwicklung von Dienstleistungen etabliert [2]. Aus der Forschungsrichtung des Service Engineerings sind verschiedene Referenzmodelle hervorgegangen, die die Zielsetzung einer systematisierten und strukturierten Dienstleistungsentwicklung verfolgen. Charakteristische Merkmale sind das schrittweise Vorgehen und der Einsatz von Methoden und Werkzeugen zur Effektivitäts- und Effizienzsteigerung des Entwicklungsprozesses sowie das Ziel, Dienstleistungen in hoher Qualität zu bieten [3–5]. Zusammenfassend kann das Service Engineering als die systematische Planung und Entwicklung von Dienstleistungen unter

G. Schuh (✉) · G. Gudergan · R. Senderek · R. Frombach
52074 Aachen, Deutschland
E-Mail: g.schuh@wzl.rwth-aachen.de

G. Schuh et al. (Hrsg.), *Management industrieller Dienstleistungen*,
DOI 10.1007/978-3-662-47256-9_7, © Springer-Verlag Berlin Heidelberg 2016

Verwendung eines schrittweisen, strukturierten Vorgehens definiert werden [6]. Somit ist das Service Engineering für Dienstleistungen in Analogie zur Produktplanung und Produktentwicklung aus dem Sachgüterbereich zu betrachten.

Im Zuge der Weiterentwicklung vieler Industriegüterunternehmen, vom Anbieter einfacher produktbegleitender Dienstleistungen zu integrierten Lösungsanbietern, haben sich auch die Aufgaben des Service Engineerings verschoben. So ist es zweckmäßig, im Rahmen des in diesem Buch betrachteten integrierten Leistungsmanagements die Geschäftsmodellentwicklung sowie die Gestaltung von Leistungssystemen als eigenständige Unternehmensprozesse zu verstehen. Dementsprechend bilden die in den vorangegangenen Kapiteln vorgestellten Konzepte zur Geschäftsmodellentwicklung (Kapitel 4) sowie zur Gestaltung von Leistungssystemen (Kapitel 5) wesentliche Grundlagen für die im Rahmen des Service Engineerings durchzuführende konkrete Planung und Umsetzung der Dienstleistungsentwicklung.

Aufgrund der ausgeprägten Wechselbeziehungen untereinander und der häufig auch notwendigen gleichzeitigen Bearbeitung sind die Geschäftsmodellentwicklung, die Gestaltung von Leistungssystemen und das Service Engineering nicht als nachgeordnete Schritte eines Prozesses zu betrachten, sondern vielmehr als sich in wesentlichen Teilen ergänzende Ansätze zur Gestaltung des Leistungsangebots.

7.2 Zielsetzung des Service Engineerings

Mit Service Engineering wird die übergeordnete Zielsetzung verfolgt, die dienstleistungsbezogenen Wertschöpfungsprozesse zu gestalten, den Nutzen für den Kunden zu maximieren sowie einen nachhaltigen Wettbewerbsvorteil mit der neuentwickelten Dienstleistung zu erreichen [7]. Bullinger und Schreiner konkretisieren die Ziele des Service Engineerings. Abbildung 7.1 zeigt die Zielsetzungen des Service Engineerings, die im Folgenden näher erläutert werden.

Ein wesentliches Ziel der Dienstleistungsentwicklung ist es, eine möglichst hohe *Qualität* der Dienstleistung zu gewährleisten. Dabei kann zwischen der Qualität im Zuge der unmittelbaren Erbringung, dem sogenannten prozessualen Endergebnis und der eigentlichen Wirkung der Dienstleistung unterschieden werden. Das prozessuale Endergebnis beschreibt die unmittelbare Bewertung nach Erbringung der Dienstleistung, während unter der eigentlichen Wirkung das mittel- bis langfristige Dienstleistungsergebnis verstanden wird [8]. Die drei vorgenannten Qualitätskategorien ergeben zusammen die vom Kunden wahrgenommene Dienstleistungsqualität, wobei die Erwartungen des Kunden nur erfüllt werden, wenn die Qualität in allen drei Dimensionen als zufriedenstellend empfunden wird. In diesem Zusammenhang ist von Seiten des Dienstleistungsanbieters darauf zu achten, keine Erwartungen zu wecken, die langfristig nicht gehalten werden können. Das Qualitätsergebnis kann durch die aktive Beteiligung des Kunden während der Entwicklung und Erbringung maßgeblich positiv beeinflusst werden [8].

Aus den genannten Aspekten wird eine weitere Zielsetzung des Service Engineerings bereits deutlich, denn die *Kundenorientierung* des Anbieters spielt ebenfalls eine wesentliche Rolle für erfolgreiche Dienstleistungsentwicklung. Dementsprechend sind neue Dienstleistungen so zu entwickeln, dass sie den aktuellen Bedürfnissen und Wünschen gerecht werden. Daher sollte der Kunde möglichst frühzeitig am Entwicklungsprozess

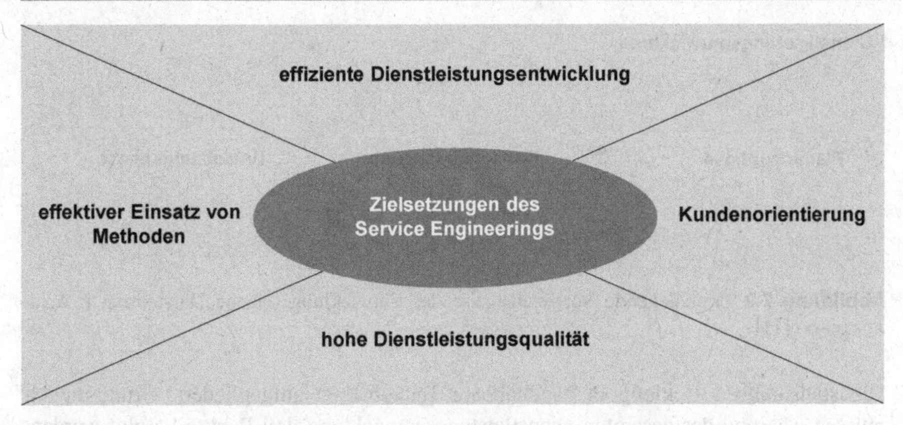

Abbildung 7.1 Zielsetzungen des Service Engineerings (eigene Darstellung)

beteiligt werden oder diesen sogar initiieren können. Insbesondere komplexe und individualisierte Dienstleistungen erfordern nicht nur die Integration des Kunden in den Entwicklungsprozess, sondern unter Umständen auch die Befähigung des Kunden durch Qualifizierungsmaßnahmen zu einer erfolgreichen Dienstleistungsentwicklung [8].

Weitere Zielsetzung des Service Engineerings ist es, die Strukturen und Abläufe so zu optimieren, dass eine *effiziente Dienstleistungsentwicklung* gewährleistet ist. Somit zielt das Service Engineering darauf ab, die bestmögliche Servicequalität zu erreichen und gleichzeitig Kostenvorteile zu realisieren [8]. Dabei umfasst das Service Engineering alle Aktivitäten, um die Funktionen, Merkmale und Qualitätsanforderungen für eine spezifische Dienstleistung zu bestimmen und zu realisieren. Im Rahmen der effizienten Dienstleistungsentwicklung ist der scheinbare Zielkonflikt zwischen Standardisierung und Individualisierung zu betrachten [8]. Verschiedene Ansätze zu Vorgehensweisen des Service Engineerings werden in Kapitel 7.3 vorgestellt, bevor auf die am FIR verwendete Vorgehensweise im Detail eingegangen wird.

Abschließend ist als Zielsetzung des Service Engineerings der *effektive Einsatz von Methoden zur Dienstleistungsentwicklung* zu nennen. Die verschiedenen Methoden und Werkzeuge des Service Engineerings, die sowohl aus der ingenieurwissenschaftlichen als auch der betriebswirtschaftlichen Forschung hervorgegangen sind, dienen dazu, eine effiziente und reproduzierbare Dienstleistungsentwicklung zu garantieren [2]. Der Einsatz der verschiedenen Methoden und Werkzeuge ist in die strukturierte und systematische Vorgehensweise des Service Engineerings effektiv einzubetten, sodass eine effiziente Entwicklung von Dienstleistungen oder Leistungssystembestandteilen gewährleistet ist. Eine Auswahl verschiedener Methoden wird in Kapitel 7.4.3 vorgestellt.

7.3 Vorgehensmodelle des Service Engineerings

Die erfolgreiche Entwicklung einer Dienstleistung gestaltet sich als umfassender Prozess. Die Aufgabe des Service Engineerings besteht in der Komplexitätsreduktion. Durch Zerlegung des Prozesses in einzelne Phasen wird die Gesamtaufgabe der

Abbildung 7.2 Grundlegende Vorgehensweise der Entwicklung (eigene Darstellung i. A. a. JASCHINSKI [11])

Dienstleistungsentwicklung in handhabbare Teilaufgaben aufgegliedert. Grundsätzlich müssen während der gesamten Dienstleistungsentwicklung drei Punkte befolgt werden, um eine Effizienzsteigerung im Unternehmen zu generieren:

- Dienstleistungen müssen möglichst nah an den Bedürfnissen des Kunden entwickelt werden,
- der Entwicklungsprozess bedarf einer Systematisierung und
- der Kunde ist in den Entwicklungsprozess einzubinden [3].

Zu Beginn einer Dienstleistungsentwicklung wird zunächst die am besten geeignete Vorgehensweise gewählt. Vorgehensweisen werden als definierte Abläufe von Aktivitäten innerhalb des Dienstleistungsentwicklungsprozesses verstanden [2, 9]. Dabei wird mithilfe des Vorgehensmodells die Ablaufstruktur des Entwicklungsprozesses gegliedert. Innerhalb des Modells werden Entwicklungsschritte definiert, Wechselwirkungen zwischen Aktivitäten und Schritten analysiert sowie systematische Prozessschritte entsprechend ihrer Reihenfolge unterteilt. Methoden, die innerhalb der Vorgehensmodelle zum Einsatz kommen, sind vielfach aus Ansätzen aus der klassischen Produktentwicklung für das Service Engineering weiterentwickelt worden (z. B. Quality-Function-Deployment, Fehler-, Möglichkeits- und Einflussanalyse etc.) [10].

Jaschinski teilt den Dienstleistungsentwicklungsprozess im Rahmen einer generellen Vorgehensweise in die drei Grundphasen *Planung*, *Konzeption* und *Umsetzung* auf, die in Abbildung 7.2 dargestellt sind [11].

Weiterhin gliedert Jaschinski die einzelnen Phasen in detaillierte Schritte. Der signifikante Unterschied zu anderen Modellen liegt in der Idee des iterativen Vor- und Zurückspringens. Am Ende jeder Phase wird eine Kontrolle der einzelnen Schritte durchgeführt. Sobald Unvollständigkeiten und Defizite erkennbar sind, erlaubt das Vorgehensmodell einen Rücksprung zur Quelle der Schwachstelle. Durch dieses Vorgehen können Fehler beseitigt werden, ohne den gesamten Prozess erneut zu durchlaufen. Des Weiteren können wenig vielversprechende Entwicklungen frühzeitig abgebrochen werden [11].

Aufbauend auf Jaschinski hat Liestmann den Dienstleistungsentwicklungsprozess in seinen grundlegenden Phasen ausgearbeitet und dabei die einzelnen Schritte präzisiert. Abbildung 7.3 fasst die einzelnen Phasen der Dienstleistungsentwicklung und die Zielsetzungen der verschiedenen Phasen zusammen, die im Folgenden näher beschrieben werden [6, 11].

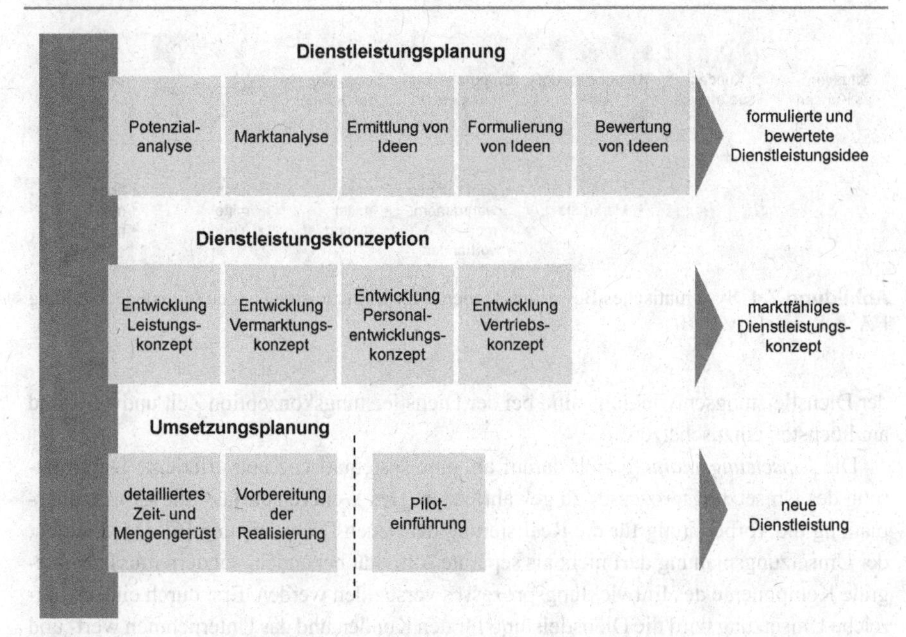

Abbildung 7.3 Elemente der Dienstleistungsentwicklung (eigene Darstellung i. A. a. LIESTMANN [6])

Die *Dienstleistungsplanung* dient der Suche, Formulierung und Bewertung von Dienstleistungsideen [6]. Durch Markt- und Potenzialanalysen werden erfolgversprechende Ideen identifiziert, indem die Bedürfnisse des Kunden mit den Kompetenzen und Stärken des eigenen Unternehmens abgeglichen werden [4, 6]. Als Instrumente dienen Reklamationsanalysen, Kundenbefragungen, Kreativworkshops mit den Mitarbeitern, die häufig mit Kunden in Kontakt stehen, Lead-User-Konzepte sowie die Motivation der Mitarbeiter durch monetäre und nichtmonetäre Anreize und Feedbacks. Anschließend werden die attraktivsten Ideen ausgewählt und innerhalb eines Entwicklungsvorschlags formuliert sowie ein Grundkonzept der Dienstleistung entwickelt. Die Auswahl erfolgt über ein systematisches Bewertungsschema, indem zunächst die Entstehung der Dienstleistungsidee nochmals nachvollzogen und bewertet wird. Anschließend wird eine Nutzwertanalyse mit den Kriterien *Unternehmenskompetenz*, *Bedeutung für den Kunden*, *Marktpotenzial* und *Verrechenbarkeit* durchgeführt [3]. Einen Überblick für die systematische Bewertung von Dienstleistungsideen gibt Abbildung 7.4.

Die *Dienstleistungskonzeption* befasst sich mit der Aufgabe, die selektierten Ideen konkret und definiert in ein marktfähiges Konzept zu überführen [4]. Dies beinhaltet die Gestaltung des Leistungs-, Marketing-, Vertriebs- und des Managementkonzepts [6]. Das Leistungskonzept dient als Ausgangspunkt für die nachfolgende Konzeptentwicklung innerhalb anderer Bereiche wie Marketing, Vertrieb und Management der Dienstleistung. Dies begründet sich darin, dass während der Leistungskonzeption bereits alle Entwicklungsaspekte der direkten Leistungserbringung antizipiert werden. Das Ziel dieser Phase besteht darin, das Dienstleistungskonzept soweit zu detaillieren, dass ersichtlich wird, wie das Dienstleistungsgeschäft zukünftig umgesetzt wird, wobei insbesondere die Kundenanforderungen zu berücksichtigen sind [4, 6]. Im Vergleich zu den anderen Phasen

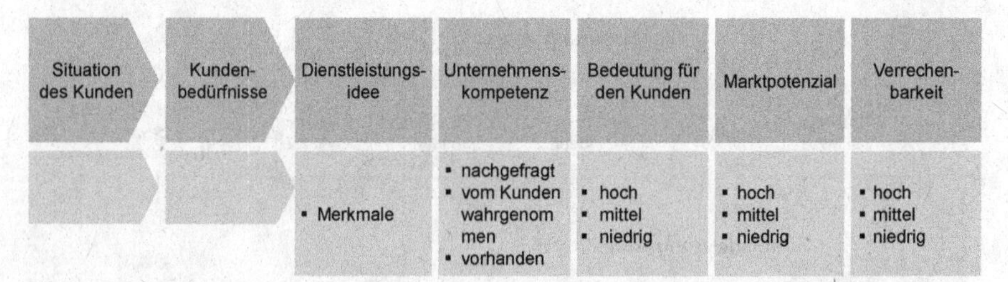

Abbildung 7.4 Systematisches Bewertungsschema für Dienstleistungsideen (eigene Darstellung i. A. a. SCHUH [3])

der Dienstleistungsentwicklung sind bei der Dienstleistungskonzeption Zeit und Aufwand am höchsten einzuschätzen.

Die *Umsetzungsplanung* zielt darauf ab, eine systematische und effiziente Durchführung des Umsetzungsprozesses zu gewährleisten. Des Weiteren umfasst die Umsetzungsplanung die Vorbereitung für die Realisierung der neuen Dienstleistung [6]. Das Element der Umsetzungsplanung darf nicht als separate Aktivität behandelt, sondern muss als integrale Komponente des Entwicklungsprozesses verstanden werden. Erst durch eine erfolgreiche Umsetzung wird die Dienstleistung für den Kunden und das Unternehmen wert- und nutzensteigernd sein. Innerhalb der Umsetzungsplanung werden anhand von Projekt- und Einsatzplänen Zielvorgaben definiert. Des Weiteren sind die notwendigen Ressourcen und Personalkapazitäten im Rahmen der Umsetzungsplanung zu bestimmen [6]. Trotz einer kundenorientierten und systematischen Entwicklung der Dienstleistungsidee sind innovative Dienstleistungen für die potenziellen Kunden nur schwer hinsichtlich ihres Nutzens und Wertbeitrag einzuschätzen [3]. Dies ist insbesondere auf das Uno-actu-Prinzip zurückzuführen, d. h., der potenzielle Kunde kann die neue Dienstleistung erst nach Inanspruchnahme bewerten. Aus diesem Grund werden im Rahmen der Umsetzungsplanung Testläufe vor dem eigentlichen Markteintritt vollzogen, um unvermeidliche Risiken zu minimieren und eventuelle Anpassungen zu ermöglichen [6]. Diese Testläufe betreffen insbesondere die Vermarktungsfähigkeit sowie die Kundenakzeptanz [3].

Ein weiterer Ansatz zur Dienstleistungsentwicklung stellt das in Abbildung 7.5 gezeigte Kreislaufmodell nach Bullinger und Schreiner dar. Dabei nehmen die Autoren eine detailliertere Gliederung der wesentlichen Schritte vor und stellen den flexiblen und kontinuierlichen Charakter der Dienstleistungsentwicklung in den Vordergrund. Obschon alle der vorgestellten Phasen bei der Dienstleistungsentwicklung berücksichtigt werden sollten, müssen sie nicht zwangsläufig in der dargestellten Reihenfolge durchlaufen werden [8].

Die grundsätzlichen Inhalte der einzelnen Phasen und Schritte unterscheiden sich von denen des vorab beschriebenen Ansatzes zur Dienstleistungsentwicklung allerdings nicht wesentlich. Auch die Methoden und Konzepte zur Gestaltung der einzelnen Phasen sowie die Aufgaben der Schritte ähneln den bereits oben dargestellten. Daher sei für eine detaillierte Betrachtung des Kreislaufmodells auf die Beiträge von Bullinger und Schreiner verwiesen [8].

In Anlehnung an Ramaswamy verbinden Cernavin et al. im Rahmen des Service Engineerings die Dienstleistungsentwicklung mit dem Dienstleistungsmanagement [12, 13]. Dabei wird die Idee verfolgt, das Service Engineering zu einem ganzheitlichen Ansatz zu erweitern, der eine Dienstleistung über ihren gesamten Lebenszyklus betrachtet. Die Phasen

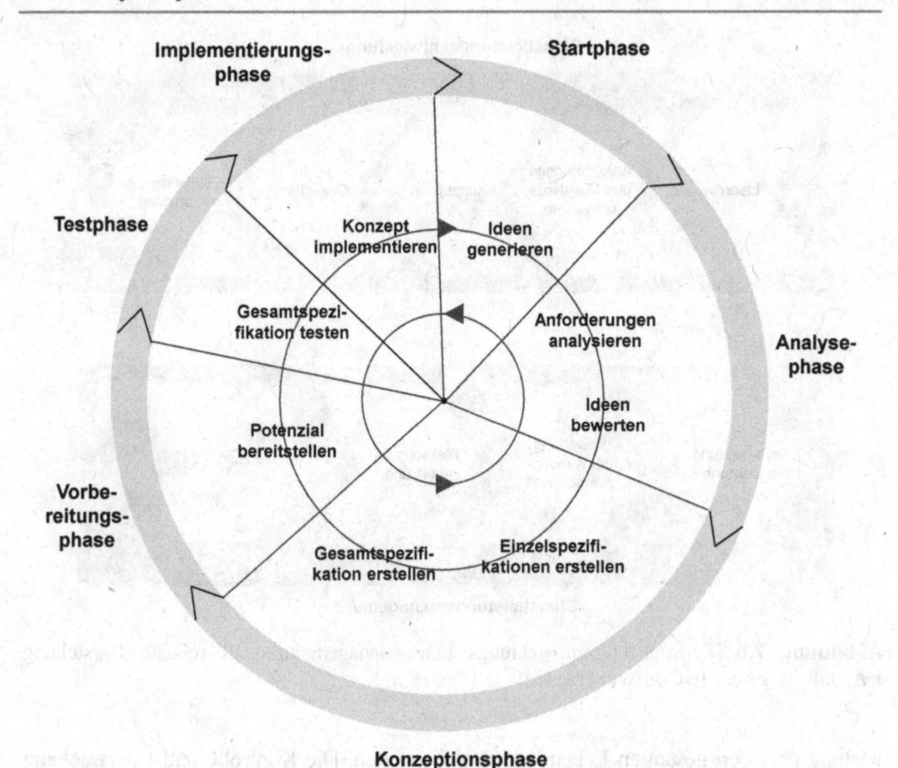

Abbildung 7.5 Vorgehensmodell der Dienstleistungsentwicklung (eigene Darstellung i. A. a. BULLINGER [8])

der Entwicklung und des Managements sind dabei mit verschiedenen Aktivitäten versehen, die sequenziell oder simultan durchgeführt werden. Der Lebenszyklus der Dienstleistung endet, wenn sich Marktkonditionen, Kundenbedürfnisse, Technologien oder das Angebot der Wettbewerber so verändern, dass die existierende Dienstleistung obsolet wird [12]. Die Phasen der Entwicklung lassen sich ebenfalls anhand der grundsätzlichen Unterteilung in Planung, Konzeption und Umsetzung gliedern. Die einzelnen beschriebenen Aktivitäten gleichen ebenfalls den zuvor dargestellten Aufgaben und Schritten. Der maßgebliche Unterschied zu den vorab beschriebenen Ansätzen ist die Erweiterung um die eigenständigen Phasen des Dienstleistungsmanagements. Abbildung 7.6 gibt einen Überblick über das kombinierte Dienstleistungsentwicklungs und -managementmodell.

In dem von Cernavin et al. entwickelten Modell umfasst die Umsetzungsphase nicht nur die Planung und die Einführung der Dienstleistung, sondern auch die interne und externe Evaluierung. Basierend auf dieser Evaluierung, die zu Beginn, aber auch während des gesamten Lebenszyklus der Dienstleistung durchgeführt wird, können mögliche Verbesserungen des Leistungsangebots eingeleitet werden. So können Defizite hinsichtlich der Realisierung des Dienstleistungsangebots, unzureichendes Training der Mitarbeiter, Vernachlässigungen von entscheidenden Faktoren sowie unerwartete Veränderungen schnellstmöglich analysiert werden und entsprechende Gegenmaßnahmen eingeleitet werden. Durch die kontinuierliche Kontrolle und Überwachung kann das Management eine effiziente Erbringung der Dienst-

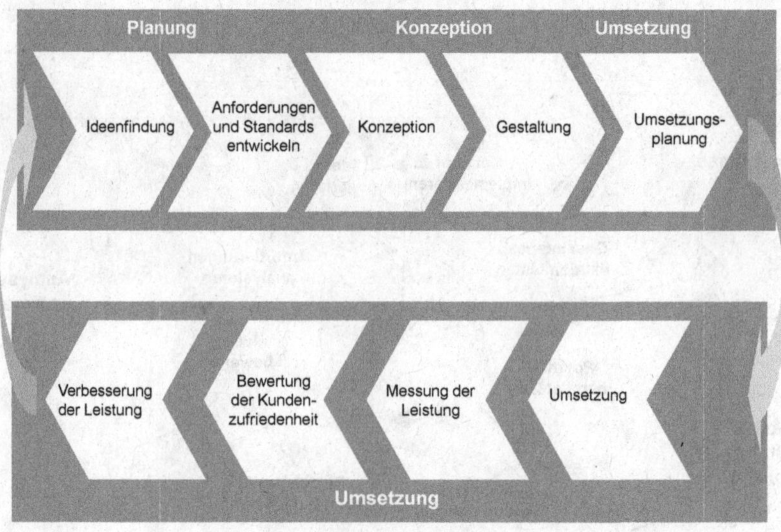

Abbildung 7.6 Dienstleistungsentwicklungs und -managementmodell (eigene Darstellung i. A. a. RAMASWAMY U. CERNAVIN [12, 13])

leistung über den gesamten Lebenszyklus sicherstellen. Die Kontrolle und Überwachung umfasst Messungen der Schlüsselattribute, Kernprozesse und Leistungsstandards sowie einen anschließenden Vergleich mit einem zuvor definierten Mindeststandard [12].

Die Kundenerwartung zu Beginn und die tatsächliche Wahrnehmung des Kunden während und nach der Erbringung der Dienstleistung können unterschiedlich sein. Diese Abweichungen werden in der Phase der Bewertung der Kundenzufriedenheit erfasst. Aus dieser Messung der Kundenzufriedenheit können unmittelbar Handlungskonsequenzen abgeleitet und entweder die Beschreibung der Dienstleistung im Rahmen der Vermarktung oder die Dienstleistung selbst angepasst werden [12]. Die Erhebung der Kundenzufriedenheit sowie die Kontrolle und Überwachung der Leistung dienen dazu, die angebotene Dienstleistung während ihres gesamten Lebenszyklus kontinuierlich zu verbessern [13]. Für weitere Ausführungen zu diesem Ansatz sei an dieser Stelle auf die Beiträge von Ramaswamy und Cernavin et al. verwiesen [siehe 12, 13].

Aufbauend auf einem Vergleich bestehender Ansätze des Service Engineerings und dem Kreislaufgedanken des von Bullinger und Schreiner [8] entwickelten Modells leitet Leimeister ein Rahmenkonzept für das Dienstleistungsengineering und -management ab [14]. Das in Abbildung 7.7 dargestellte Konzept strukturiert schrittweise die Zuordnung von Methoden und Werkzeugen im Dienstleistungsengineering und -management. Neben der Dienstleistungsstrategie umfasst es die Metaphasen Dienstleistungsengineering sowie Dienstleistungsmanagement, welche sich in weitere Detailphasen unterteilen. Die Metaphase Dienstleistungsengineering, gliedert sich in die Detailphasen *Analyse*, *Konzept* und *Szenarioentwicklung*, *Modellierung* und *Spezifikation* sowie *Tests*. Das Dienstleistungsengineering schließt mit der Einführung und Implementierung der Dienstleistung im Markt ab. Im Anschluss erfolgt das Dienstleistungsmanagement, gegliedert in die Detailphasen

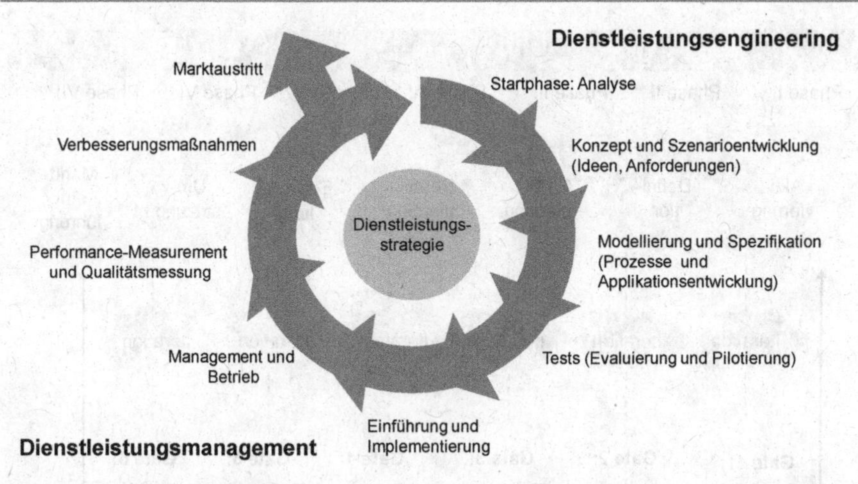

Abbildung 7.7 Rahmenkonzept nach Leimeister (eigene Darstellung i. A. a. LEIMEISTER [14])

Management, *Performance-Measurement*, *Verbesserungsmaßnahmen* sowie ggfs. den *potenziellen Marktaustritt* [14].

Die im vorangegangenen vorgestellten Ansätze zur Dienstleistungsentwicklung sind sich in der Definition der Hauptphasen ähnlich, unterscheiden sich aber häufig hinsichtlich ihres Detaillierungsgrades und der Ausarbeitung der einzelnen Phasen. Ein detaillierter Referenzprozess wird im Folgenden dargestellt.

7.4 Referenzprozess des Service Engineerings

7.4.1 Grundlagen

Im Rahmen der *PAS 1082– Standardisierter Prozess zur Entwicklung industrieller Dienstleistungen in Netzwerken* wurde vom Deutschen Institut für Normung (DIN) in Zusammenarbeit mit dem FIR e. V. an der RWTH Aachen ein Referenzprozess zur Entwicklung von Dienstleistungen definiert, welcher sich anhand der oben aufgeführten Grundschritte, Inhalte und Aufgaben des Dienstleistungsentwicklungsprozesses orientiert sowie den Gedanken des iterativen Vor- und Zurückspringens verfolgt. Der in der PAS 1082 vorgestellte Referenzprozess wurde als Basis für eine effiziente und ergebnisorientierte Durchführung und Steuerung von Dienstleistungsentwicklungen entworfen. Durch ein standardisiertes Vorgehen werden klar definierte Schritte aufgezeigt. Innerhalb des Prozesses werden explizit der Kundenfokus sowie die Zusammenarbeit mit Partnern in den Vordergrund gestellt. Der Prozess ist ein Vorgehensmodell mit iterativem Charakter. Der Vorteil des iterativen Vorgehensmodells liegt in der Möglichkeit, frühzeitig unvorteilhafte Dienstleistungsentwicklungen zu erkennen und daraufhin abzubrechen. Zudem lassen iterative Modelle Rücksprünge zu, innerhalb derer fehlerhafte und unvollständige Durchführungen einzelner Phasen wiederholt und verbessert werden können [15].

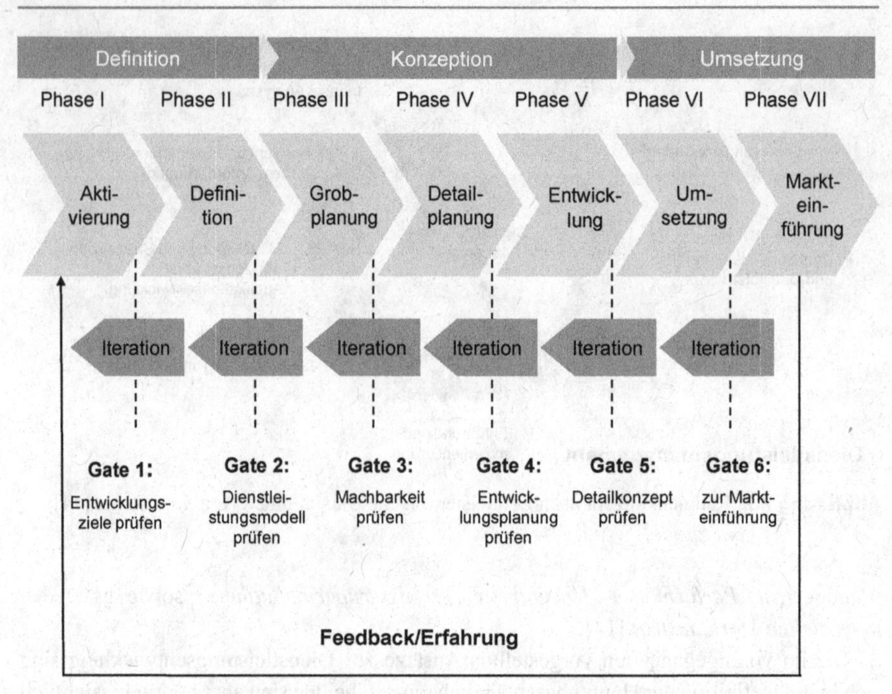

Abbildung 7.8 PAS 1082 – Standardisierter Prozess zur Entwicklung industrieller Dienstleistungen in Netzwerken (eigene Darstellung i. A. a. DIN [15])

Grundlage bilden die Modelle von Jaschinski [11] sowie Cooper und Edgett [16]. Die Vorgehensweise orientiert sich an den grundlegenden Elementen der Dienstleistungsentwicklung, die *Definition*, *Konzeption* und *Umsetzung* als Phasen festlegen. Bei der Prozessentwicklung wurde besonderer Wert darauf gelegt, das Marketingkonzept sowie die Geschäftsmodellierung bereits in die ersten Phasen der Entwicklung zu integrieren. Durch dieses Vorgehen sollen frühzeitige Aussagen über den Kundennutzen und die Vermarktungsfähigkeit der geplanten Dienstleistung getroffen werden [15].

Weiterhin wurde die PAS 1082 um die Integration des Netzwerkgedankens erweitert. Denn während eines Dienstleistungsentwicklungsprozesses werden Informationen, Kompetenzen und Kapazitäten benötigt, die nicht immer vollständig vom eigenen Unternehmen abgedeckt werden können. Innerhalb der Netzwerke erfolgt eine Kooperation zwischen selbständigen und formal unabhängigen Unternehmen. Der Netzwerkansatz stellt sicher, dass Unternehmen in der Lage sind, ihr Dienstleistungsportfolio in der Zusammenarbeit mit Partnerunternehmen kundenbedarfsgerecht anzupassen und auszubauen. Der Vorteil einer Zusammenarbeit gegenüber der Entwicklung im einzelnen Unternehmen liegt in der Verbreitung gemeinsamen Wissens und der Nutzung externer Kompetenzen. Ebenfalls profitieren die Unternehmen von der Risikoteilung, dem vereinfachten Zugang zu Ressourcen und dem größeren Kundenkreis [17, 18]. Unternehmen bzw. Netzwerke sollten den Prozess auf ihre Bedürfnisse anpassen. Dazu wird geprüft, ob der Prozess hinsichtlich der Branche, der zukünftigen Entwicklungstechnik, der Kundenstruktur und der Marktverhältnisse anwendbar ist. Der in Abbildung 7.8 dargestellte Prozess zur Dienstleistungsentwicklung gliedert sich in die sieben Phasen *Aktivierung*, *Definition*, *Grobplanung*, *Detailplanung*, *Entwicklung*, *Umsetzung* und *Markteinführung* [15].

In der ersten Phase wird besonders auf die Initiierung der Dienstleistungsentwicklung sowie die Aktivierung des Entwicklungsnetzwerks eingegangen. In den darauffolgenden Phasen II bis VI liegt der Schwerpunkt auf der zunehmend konkreter werdenden Dienstleistungsentwicklung. Die abschließende Phase VII konkretisiert den Übergang aus der Dienstleistungsentwicklung in die Marktphase [15].

Jede Phase beinhaltet einzelne Schritte und Entscheidungspunkte, sog. Stage-Gates. Die einzelnen Schritte implizieren jeweils ein eigenes Ergebnis. Es besteht die Option, jeden Schritt situations- und bedarfsabhängig anzuwenden oder auszulassen. Die Stage-Gates markieren den Abschluss einer Phase, an denen über Weiterführung des Prozesses, Wiederholung einzelner Schritte oder Prozessabbruch entschieden wird.

7.4.2 Phasen des Referenzprozesses

7.4.2.1 Phase I: Aktivierung (Abbildung 7.9)

Der Einstieg in den Dienstleistungsentwicklungsprozess erfolgt über die Initiierung einer Dienstleistungsidee und der Partnersuche. Innerhalb der ersten Phase wird die Strategie

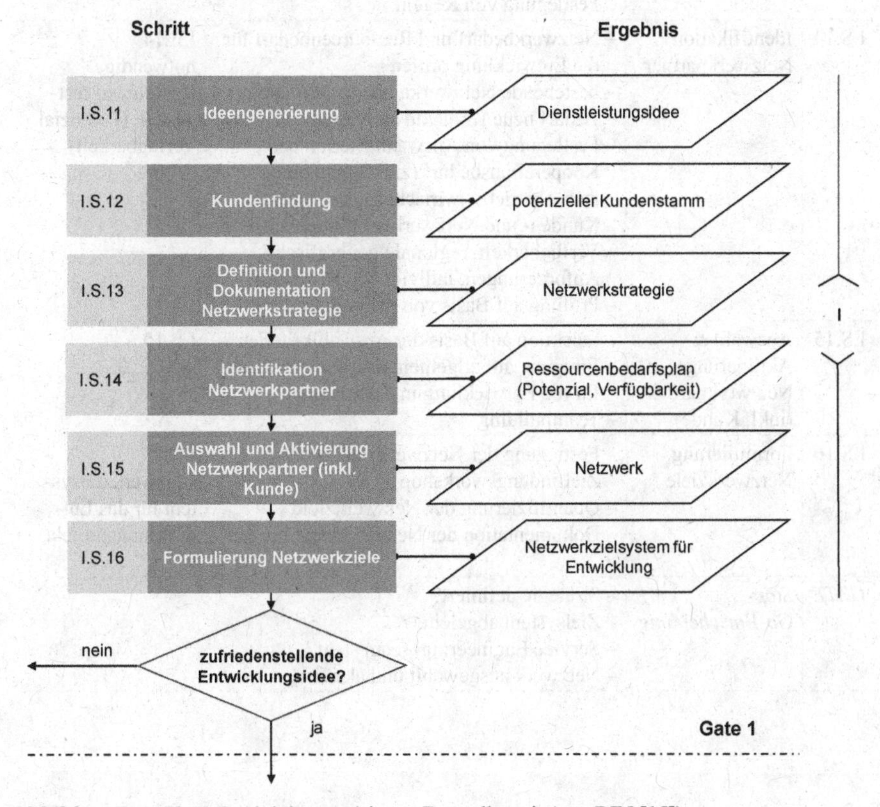

Abbildung 7.9 Phase I: Aktivierung (eigene Darstellung i. A. a. DIN [15])

formuliert, die Kooperationspartner werden ausgewählt und das Zielsystem wird erarbeitet [17, 19]. Diese drei wesentlichen Inhalte können sowohl von einem Unternehmen vorgegeben als auch bereits in Kooperation erarbeitet werden. Wenn keine negativen Diskrepanzen auftreten, kann in die nächste Phase durch das erste Gate getreten werden [15].

Schritte der Phase I: „Aktivierung"			Ergebnisse
I.S.11	Ideengenerierung	– Systematische Ideensuche: Marktsegmentierung, Kundendefinition – Aufgreifen von Kundenwünschen (z. B. Auswertung von Kundenkontakten, Kundenanfragen) – Impulse durch Einführung neuer Produkte – Kreativitätstechniken (z. B. Brainstorming, Mindmapping)	I.E.11 Dienstleistungsidee
I.S.12	Kundenfindung	– Analyse des bestehenden Kundenstamms: Kunde kann Netzwerkpartner sein – Marktanalyse – Festlegung Auswahlkriterien (S. z. B. Auswahlkriterien Netzwerkpartner in I.S.14)	I.E.12 potenzieller Kundenstamm
I.S.13	Definition und Dokumentation Netzwerkstrategie	– Formulierung Strategie und Vision („Die Lösung soll bestimmte Anforderungen/Ziele erfüllen") – Festlegung von Regeln	I.E.13 Netzwerkstrategie
I.S.14	Identifikation Netzwerkpartner	– Netzwerkbedarf und Ressourcenbedarf für die Entwicklung prüfen – bestehende Netzwerke überprüfen und bei Bedarf neue Kontakte aktivieren – Festlegung von Auswahlkriterien bei Kooperationsbedarf (z. B. Fachkompetenz, (betriebs-)wirtschaftliche Aspekte, Kunden- und Netzwerkverträglichkeit, Verfügbarkeit, regionale/geografische Anforderungen, individuelle Kriterien) – Prüfung auf Basis von Auswahlkriterien	I.E.14 notwendige Ressourcen festgestellt (Potenzial, Verfügbarkeit)
I.S.15	Auswahl & Aktivierung Netzwerkpartner (inkl. Kunde)	– Selektion auf Basis der Auswahlkriterien – Einigung auf allgemein anerkannte Regeln für die Entwicklung in Netzwerken – Teambuilding	I.E.15 Netzwerk
I.S.16	Formulierung Netzwerkziele	– Festlegung der Netzwerkziele (z. B. Zielfindungsworkshop) – Quantifizierung der Netzwerkziele – Dokumentation der Netzwerkziele	I.E.16 Netzwerkzielsystem für das Entwicklungsprojekt
GATE 1	*Stop-/Go-Entscheidung*	– Strategie definiert? – Zielsystem abgeleitet? – Service Engineering-Team steht? – Netzwerk ausgewählt und aktiviert	

7.4.2.2
Phase II: Definition (Abbildung 7.10)

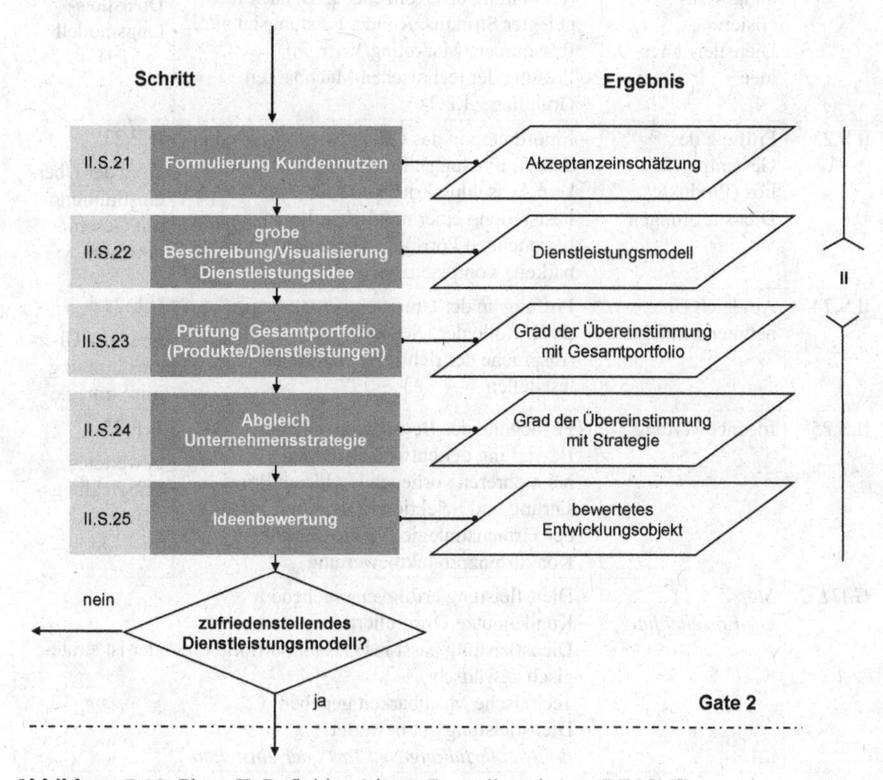

Abbildung 7.10 Phase II: Definition (eigene Darstellung i. A. a. DIN [15])

Bereits in frühen Phasen liegt ein großes Augenmerk auf dem Kundennutzen, der eine wesentliche Rolle für den Markterfolg spielt. Aus diesem Grund dient die zweite Phase der groben Abschätzung des Kundennutzens. Zudem finden die erste Beschreibung eines Dienstleistungsmodells sowie die Bewertung, Priorisierung und Selektion eines Entwicklungsprojekts statt. Nach einer Grobbeschreibung erfolgt eine Einordnung in das Dienstleistungsportfolio, woraufhin die Konformität des Dienstleistungsmodells mit der Unternehmensstrategie geprüft wird [15].

Schritte der Phase II: „Definition“			Ergebnisse
II.S.21	Formulierung Kundennutzen	– Identifikation des und Verständnis für das Kundenproblem(s) – Erfassung der Kundenprozesse und Identifikation von Kundenbedürfnissen – Ausarbeitung und Präzisierung des Kundennutzens – Markttauglichkeit der Dienstleistungsidee prüfen – Grundlage: I.E.12	II.E.21 Akzeptanzeinschätzung

Schritte der Phase II: „Definition“			Ergebnisse
II.S.22	grobe Beschreibung/Visualisierung Dienstleistungsidee	– Erste Ausarbeitung der Dienstleistungsidee (Gestaltung des Konzepts, z. B. nach festgelegter Struktur: Kunde, Leistungsinhalte, Ressourcen, Marketing/Vertrieb) – Prüfung der technischen Machbarkeit – Grundlage: I.E.11	II.E.22 Dienstleistungsmodell
II.S.23	Prüfung des Gesamtportfolios (Produkte/Dienstleistungen	– Einordnung in das Gesamtportfolio (Redundanzen, Passung): Eine Abweichung muss kein Ausschlusskriterium sein – Feststellung einer möglichen Ergänzung zu bestehenden Portfolios (Kriterien: Umsetzbarkeit, Kompetenzen)	II.E.23 Grad der Übereinstimmung mit Gesamtportfolio
II.S.24	Abgleich Unternehmensstrategie	– Prüfung an der Unternehmensstrategie (z. B. Rolle der Dienstleistung) – Ansprache der richtigen Zielgruppe feststellen	II.E.24 Grad der Übereinstimmung mit Strategie
II.S.25	Ideenbewertung	– Festlegung des Bewertungsschemas – Bewertung der entwickelten Idee – bei mehreren vorliegenden Ideen: Priorisierung und Selektion (z. B. Abgleich mit der Firmenstrategie, Vergleichsschema, Konkurrenzproduktbewertung)	II.E.25 bewertetes Entwicklungsobjekt
GATE 2	*Stop-/ Go-Entscheidung*	– Dienstleistung erfolgversprechend – Kundennutzen formuliert – Dienstleistung passt ins Gesamtportfolio und/oder ist strategisch gewünscht – Technische Machbarkeit gegeben – Dienstleistung gut bewertet – *Bei Nichterfüllung Neustart oder einstellen*	

7

7.4.2.3
Phase III: Grobplanung (Abbildung 7.11)

Sobald das zweite Entscheidungsgate positiv passiert wurde, wird mit der eigentlichen Entwicklung der Dienstleistung in der dritten Phase begonnen. Der Fokus dieser Phase liegt auf den Vorbereitungen des Dienstleistungskonzepts. Zu den vorbereitenden Maßnahmen zählen Einschätzungen über Zielmarkt und Technik sowie Planungen hinsichtlich Ressourcen und Bewertungen der Investition. Das Ergebnis dieser Phase ist ein erster Entwicklungsprojektplan [15].

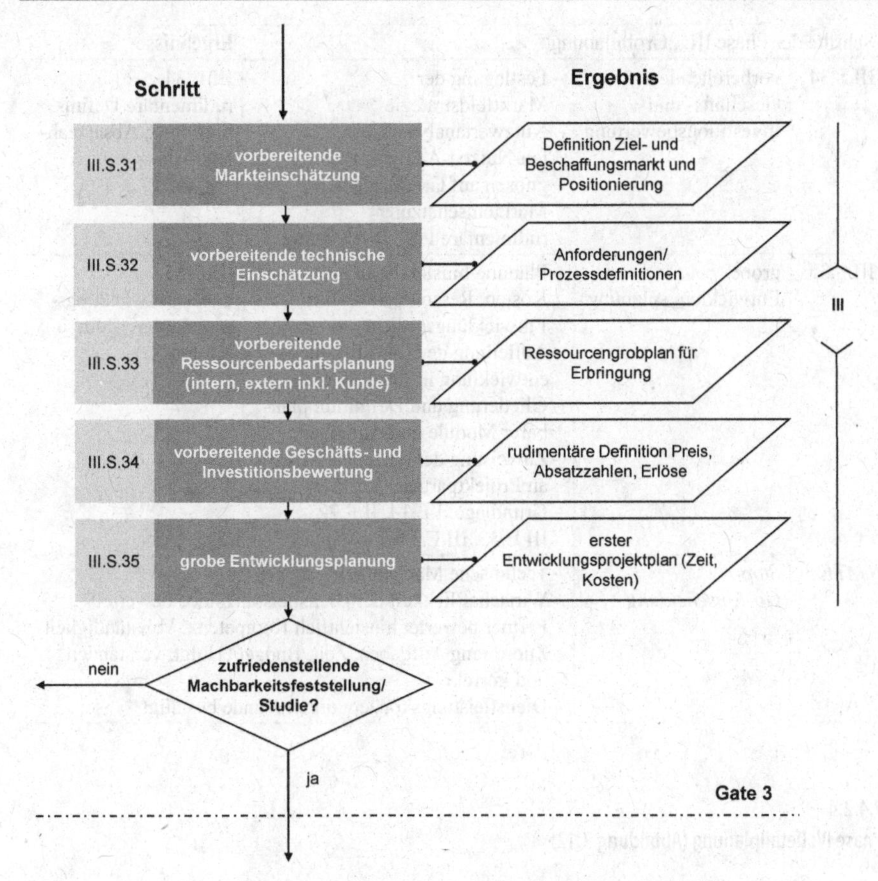

Abbildung 7.11 Phase III: Grobplanung (eigene Darstellung i. A. a. DIN [15])

Schritte der Phase III: „Grobplanung"			Ergebnisse
III.S.31	vorbereitende Markteinschätzung	– Analyse des Zielmarktes (z. B. grobe Markt- und Potenzialanalyse) – Analyse des Beschaffungsmarktes – Festlegung der Positionierung der Dienstleistung	III.E.31 Definition Ziel-, Beschaffungsmarkt & Positionierung
III.S.32	vorbereitende technische Einschätzung	– Studie technischer Anforderungen und Möglichkeiten – Grundlage: II.E.22	III.E.32 Anforderungen/ Prozessdefinition
III.S.33	vorbereitende Ressourcenbedarfsplanung (intern, extern inkl. Kunde)	– Ableitung des Ressourcenbedarfs für die Erbringung – Abgleich mit vorhandenen Kompetenzen: ggfs. Kompetenzaufbau durch Training und/oder Zukauf – Grundlage: II.E.22	III.E.33 Ressourcengrobplan für Erbringung

Schritte der Phase III: „Grobplanung“			Ergebnisse
III.S.34	vorbereitende Geschäfts- und Investitionsbewertung	– Festlegung der Marktfeldstrategie – Nutzwertanalyse, Kosten-Nutzen-Analyse, Prognosen auf Grundlage der Markteinschätzung – rudimentäre Preisabschätzung	III.E.34 rudimentäre Definition Preis, Absatzzahlen, Erlöse
III.S.35	grobe Entwicklungsplanung	– Planung hinsichtlich Zeit, Kosten, Ressourcen für das Entwicklungsprojekt – Aufteilung der Dienstleistungsentwicklung in Arbeitspakete – Gliederung und Definition planbarer Module und Aufgaben – Zuweisung der einzelnen Module an Projektpartner – Grundlage: I.E.14, II.E.22, III.E.33, III.E.34	III.E.35 erster Entwicklungsprojektplan (Zeit, Kosten,...)
GATE 3	*Stop-/ Go-Entscheidung*	– Technische Machbarkeit gegeben – Wirtschaftlichkeit der Dienstleistungsidee bewertet – Partner bewertet hinsichtlich Kompetenz, Vollständigkeit – Zuordnung Aufgaben, Zeit, Budget erfolgt, verstanden und korrekt – Dienstleistungskonzept durch Kunde bestätigt	

7

7.4.2.4
Phase IV: Detailplanung (Abbildung 7.12)

Innerhalb der vierten Phase ändert sich die grobe Sicht der dritten Phase in eine detaillierte Betrachtung des neuartigen Dienstleistungskonzepts. Zudem wird mit der eigentlichen Kooperation begonnen. Steht ein umfangreiches Projekt an, empfehlen sich der Abschluss von Verträgen und die Festlegung von Standards, wie z. B. Berichte, Projektpläne, Dateiformate und -benennung. Durch eine detaillierte Markteinschätzung sowie erste Konzept-/ Prototypentests, bspw. mit Pilotkunden, wird entweder das Risiko der Planungsbasis reduziert oder der Prozess wird abgebrochen. Darüber hinaus werden die technischen Anforderungen definiert, infolgedessen aus der Systemarchitektur die Schnittstellen zwischen den Erbringern sowie Kunden herauskristallisiert werden. Aus der Systemarchitektur werden Interaktions- und Infrastrukturpläne abgeleitet, welche die Grundlage für den Projektplan und das Pflichtenheft bilden. Weiterhin sollten eindeutige Zuweisungen der nachfolgenden Aktivitäten auf Partner- und möglichst schon auf Rollenebene stattfinden. Ferner sollte ein Geschäftsmodell definiert werden, um den Kunden einheitliche, konsistente Lösungen zu bieten und um eine leistungsgerechte Verrechnung sicherzustellen [15].

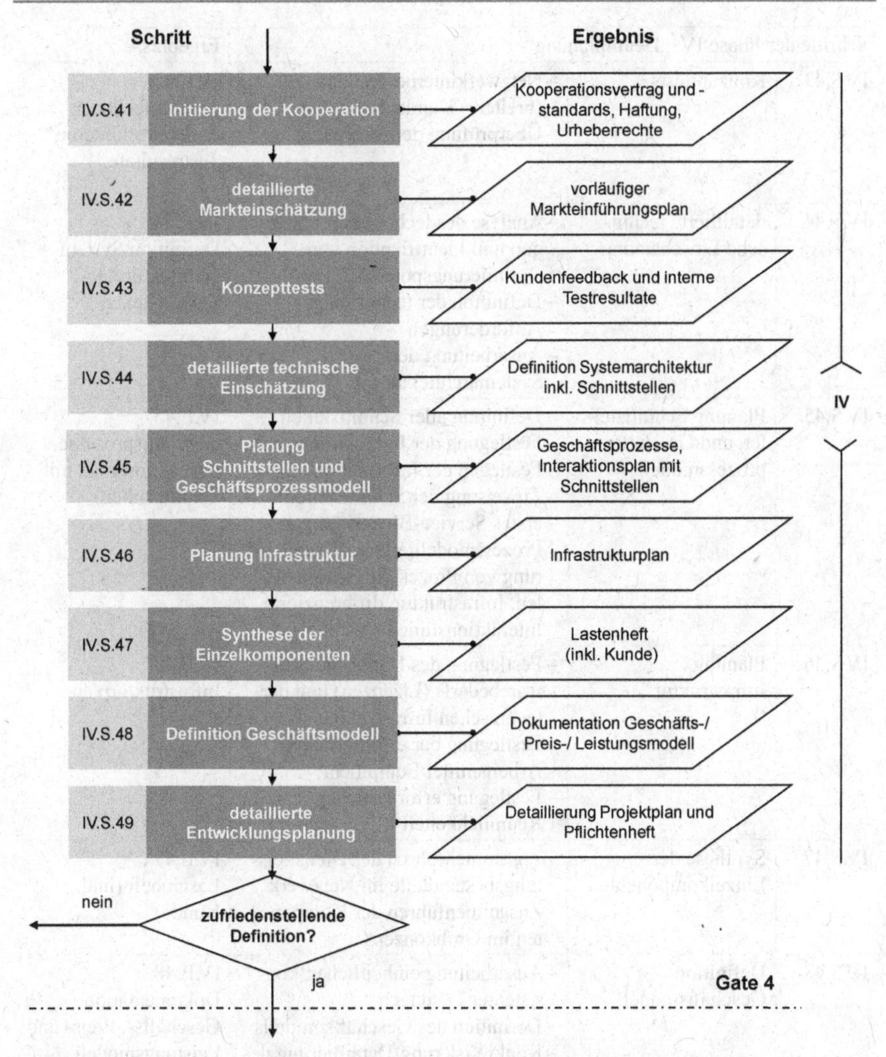

Abbildung 7.12 Phase IV: Detailplanung (eigene Darstellung i. A. a. DIN [15])

Schritte der Phase IV: „Detailplanung"			Ergebnisse
IV.S.41	Initiierung der Kooperation	– Festlegung von Projektmanagement sowie Standards für Berichte, Pläne, Dateiformate – Klärung von Haftungsfragen/ Urheberrechte – Übereinkunft über die Rechtslage – Kooperationsvereinbarung	IV.E.41 Kooperationsvertrag und -standards, Haftung, Urheberrechte
IV.S.42	detaillierte Markteinschätzung	– tiefergehende Analyse, vgl. III.S.31	IV.E.42 vorläufiger Markteinführungsplan

Schritte der Phase IV: „Detailplanung"			Ergebnisse
IV.S.43	Konzepttests	– Netzwerkinterne Testläufe – (breitere) Kundenbefragung – Überprüfung der Akzeptanz	IV.E.43 Kundenfeedback & netzwerkinterne Testresultate
IV.S.44	detaillierte technische Einschätzung	– Analyse des technischen Status quo und Identifikation von Optimierungspotenzial – Definition der technischen Anforderungen – Ausarbeitung der Systemarchitektur	IV.E.44 Definition Systemarchitektur inkl. Schnittstellen
IV.S.45	Planung Schnittstellen und Geschäftsprozessmodell	– Definition aller Schnittstellen – Festlegung der Interaktionswege – Festlegen der Informationsflüsse – Zuweisung der Schnittstellen – erstes Service-Blueprinting & Prozessmodellierung (Visualisierung von Prozessen, Schnittstellen, Infrastruktur, differenzierte Interaktionslinien)	IV.E.45 Geschäftsprozesse, Interaktionsplan mit Schnittstellen
IV.S.46	Planung Infrastruktur	– Festlegung des Hard- und Softwarebedarfs (Lizenzen) und der technischen Infrastruktur – Festlegung der erforderlichen Arbeitsmittel/Equipment – Festlegung erforderlicher Räumlichkeiten	IV.E.46 Infrastrukturplan
IV.S.47	Synthese der Einzelkomponenten	– Zusammenführen der Dienstleistungsbestandteile im Netzwerk – Zusammenführen der Komponenten im Grobkonzept	IV.E.47 Lastenheft (inkl. Kunde)
IV.S.48	Definition Geschäftsmodell	– Ausarbeitung einheitlicher, konsistenter Lösungen – Definition des Geschäftsmodells – Konkretisierung/Detaillierung des Leistungs-/Preismodells (Basis für Service-Level-Agreements)	IV.E.48 Dokumentation Geschäfts-, Preis- und Leistungsmodell
IV.S.49	detaillierte Entwicklungsplanung	– Projekt- und Ressourcenplanung (Konkretisierung des Plans, Pflichtenhefte etc.) für das Entwicklungsprojekt – Festlegung von Meilensteinen – Definition der Zwischenziele – Ermittlung des kritischen Pfades	IV.E.49 Detaillierung Projektplan und Pflichtenheft
GATE 4	*Stop-/ Go-Entscheidung*	– detaillierte Ausarbeitung der Dienstleistung durchgeführt – detaillierte Entwicklungsplanung konsistent – Auftrag durch Kunde bestätigt	

7.4.2.5
Phase V: Entwicklung (Abbildung 7.13)

In dieser Phase wird die technische und organisatorische Implementierung der neuen Dienstleistung vorbereitet. Darüber hinaus umfasst die fünfte Phase die Erstellung von Trainings- und Markteinführungskonzepten. Die technische Einführung beinhaltet die abschließende Definition der Erbringungsprozesse zwischen den Netzwerkpartnern und dem Kunden, der objektiven Qualitätsprüfkriterien sowie der technischen Umsetzung. Durch Testläufe im Kundensektor wird ein präzises Feedback erlangt. In Kombination mit netzwerkinternen Testresultaten wird nun das Konzept unter kundenzentrierten Aspekten überarbeitet. Detaillierte Vertriebs-, Marketing- und Kommunikations- sowie Schulungskonzepte bestimmen den Qualifikationsbedarf und fördern die Motivation über die Unternehmensgrenzen hinaus [15].

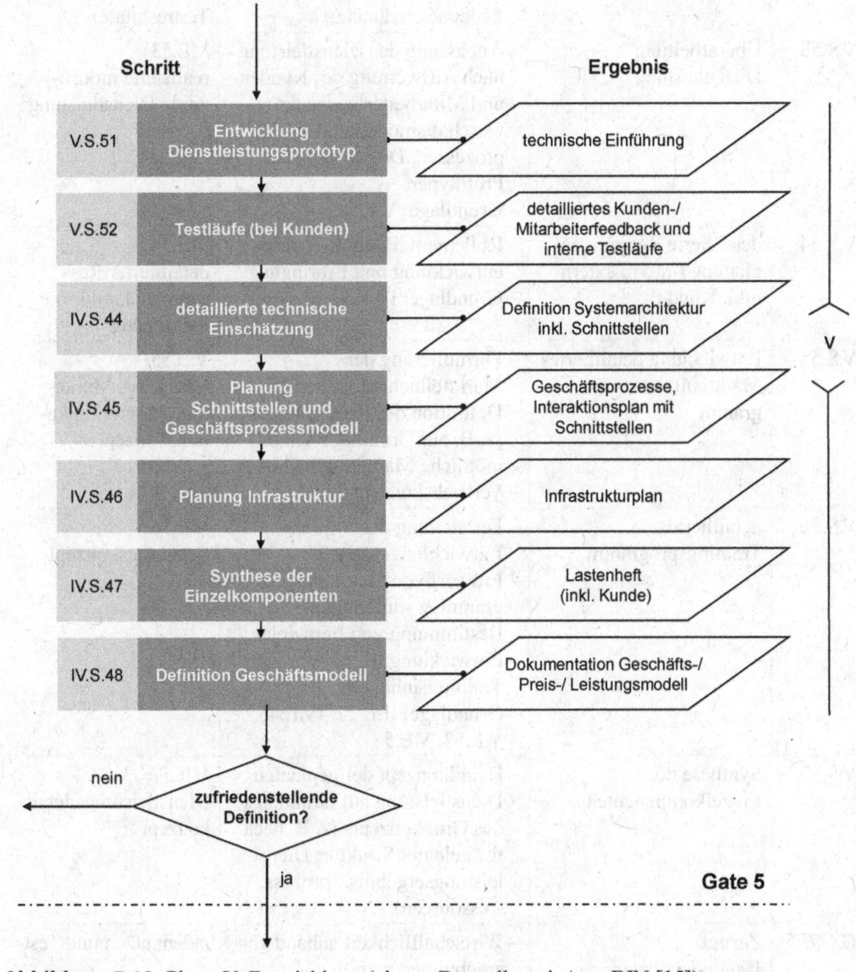

Abbildung 7.13 Phase V: Entwicklung (eigene Darstellung i. A. a. DIN [15])

Mit Abschluss der Phase V ist die Entwicklung der Dienstleistung bereits so weit fortgeschritten, dass ein Abbruch unwahrscheinlich ist. Aus diesem Grund wird an diesem und dem folgenden Gate lediglich über die Fortschreitung oder über den Rücksprung zu vorherigen Schritten entschieden [15].

Schritte der Phase V: „Entwicklung"			Ergebnisse
V.S.51	Entwicklung Dienstleistungsprototyp	– Ausarbeitung der technischen Umsetzung der Dienstleistung – Prüfung und Steuerung der Kooperationspartner – Grundlage: IV.E.49	V.E.51 Technische Einführung
V.S.52	Testläufe (bei Kunden)	– interne und/oder externe Durchführung von Prototypentests – Durchführung von Feedbackmaßnahmen	V.E.52 detailliertes Kunden- und Mitarbeiterfeedback & interne Testresultate
V.S.53	Überarbeitung Dienstleistung	– Anpassung der Dienstleistung nach Auswertung des Kunden- und Mitarbeiterfeedbacks zu Geschäftsmodellen, Geschäftsprozessen, Dokumentation, Prototypen – Grundlage: V.E.52	V.E.53 realisierte modifizierte Dienstleistung
V.S.54	detaillierte Ressourcenplanung (intern, extern inkl. Kunde)	– Rollenverteilung für Weiterentwicklung und Erbringung – Grundlage: III.E.33	V.E.54 detaillierter Ressourcenplan für die Erbringung
V.S.55	Entwicklung detailliertes Markteinführungsprogramm	– Formulierung der Marktteilnehmerstrategien – Definition des Kundennutzens (z. B. auf Grundlage V.E.52) – mögliche Marketingmethoden – Vertriebskonzept	V.E.55 Vertriebs-, Marketing-, Kommunikationskonzept
V.S.56	detailliertes Trainingsprogramm	– Feststellung des Entwicklungsbedarfs – Entwurf von Schulungsprogramm & -unterlagen – Bestimmung von Lernzielen – Entwicklung der Trainingsinhalte – Grundlage: II.E.22, IV.E.45, V.E.52, V.E.53	V.E.56 Schulungskonzept
V.S.57	Synthese der Einzelkomponenten	– Detailkonzept der geplanten Dienstleistung auf Grundlage des Grobkonzepts (z. B. nach festgelegter Struktur: Dienstleistungsergebnis, -prozess, -ressourcen)	V.E.57 Dienstleistungsdetailkonzept
GATE 5	*Zurück-/ Weiter-Entscheidung*	– Wirtschaftlichkeit anhand von Kundennutzen und Testergebnissen geprüft – Konsistenz des Konzepts sowie Aktualität und Vollständigkeit der Dokumentation bewerten	

7

7.4.2.6
Phase VI: Umsetzung (Abbildung 7.14)

Die Aufgabe der sechsten Phase besteht darin, die Dienstleistung marktreif umzusetzen. Zunächst wird die Kaufabsicht der Zielkunden durch Verbrauchertests ermittelt und mithilfe der darauf basierenden Pilotdienstleistung der endgültige Markteinführungsplan entwickelt. Anhand dieser finalen marketingorientierten Entscheidung werden die Argumente für die zu leistende Dienstleistung ersichtlich, die schließlich in den Erbringungsplan einfließen. Das übergeordnete (Top-)Management entscheidet am letzten Gate über den Übergang zur kundenspezifischen Dienstleistungserstellung [15].

Schritte der Phase VI: „Umsetzung"			Ergebnisse
VI.S.61	Überführung in Pilotdienstleistung	– Einforderung der Kaufabsicht – Überarbeitung des Dienstleistungskonzepts zu einer Pilotdienstleistung	VI.E.61 Pilotdienstleistung
VI.S.62	Durchführung Pilotdienstleistung	– Durchführung von Testläufen – Überarbeitung des Markteinführungsplans auf Basis der Pilotdienstleistung	VI.E.62 Finaler Markteinführungsplan
VI.S.63	Abschluss der organisatorischen und technischen Implementierung	– abschließende Änderungen an der Dienstleistung vor der Markteinführung – detaillierter Erbringungsplan – Strukturierung der Dienstleistung in Module als Basis für kundenspezifische Adaption – erweitertes Service-Blueprinting als Workflow – erweiterte Service-FMEA (Fehlerbeschreibung, Risikobeurteilung, Risikoreduzierung) – Festlegung der Ablauf- und Aufbauorganisation	VI.E.63 finaler Service-Blueprint
VI.S.64	Durchführung Training	– Aktualisierung des Trainingsprogramms – Identifikation der Teilnehmer (z. B. Erbringer) – Durchführung von Schulungen	VI.E.64 qualifizierte Dienstleistungserbringer
GATE 6	*Zurück-/ Weiter-Entscheidung*	– Wirtschaftlichkeit final bewertet – großflächige/breite/erweiterte Markteinführung final geprüft – Leistungsfähigkeit und Kapazitäten der Partner für erweiterte Markteinführung (Vollständigkeit der Ressourcenausstattung) bewertet	

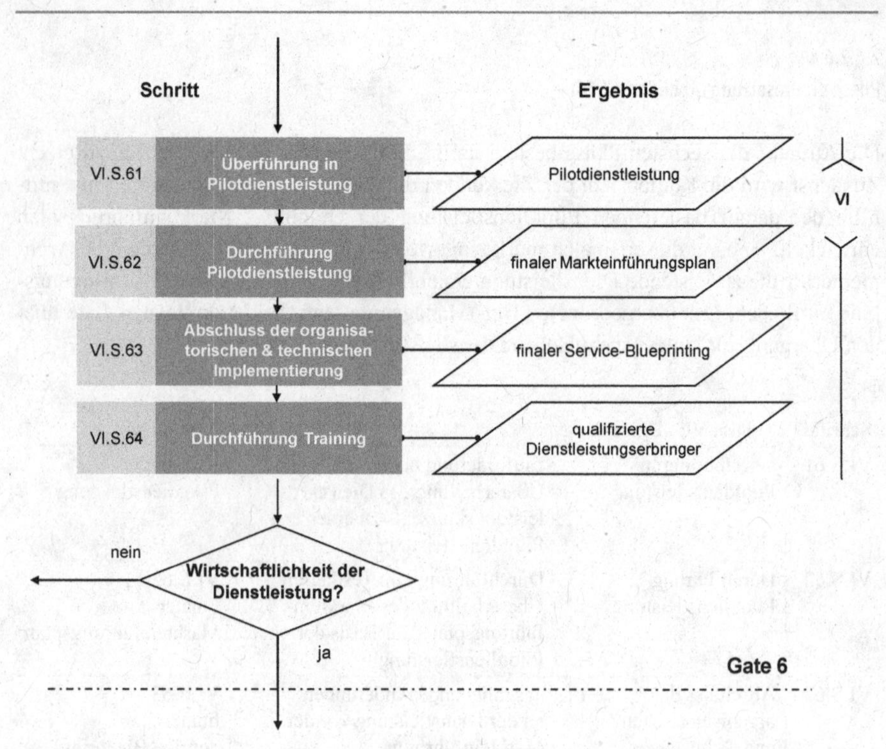

Abbildung 7.14 Phase VI: Umsetzung (eigene Darstellung i. A. a. DIN [15])

7

7.4.2.7 Phase VII: Markteinführung (Abbildung 7.15)

Wurde das sechste Gate erfolgreich durchlaufen, befindet sich der Prozess nun in der Markteinführungsphase. Im Rahmen dieser abschließenden Phase wird das neue Leistungsangebot an die kunden(gruppen)individuellen Bedürfnisse angepasst. Um einen erfolgreichen Markteintritt zu garantieren, werden die Dienstleistungserbringer von dem Entwicklungsteam begleitet. Schließlich endet der gesamte Entwicklungsprozess mit der endgültigen Übergabe der Verantwortung an die Dienstleistungserbringer. Durch eine nachfolgende Feedbackschleife aus dem Erbringungsprozess an die Entwicklung werden Erfahrungen und Anforderungen auf dem Markt bzw. von Kunden reflektiert [15].

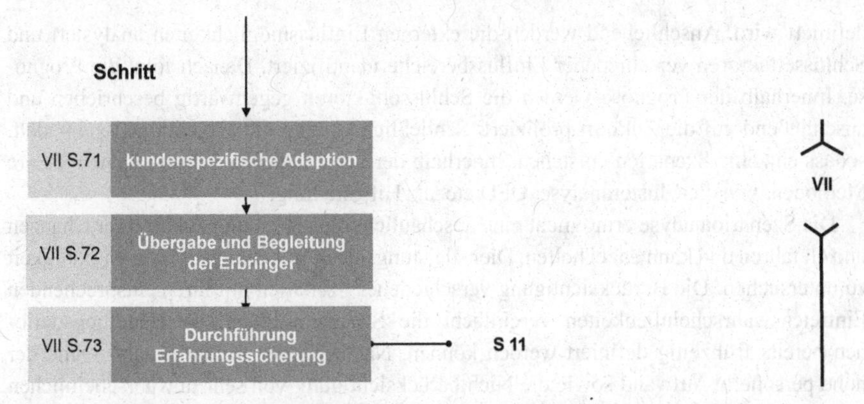

Abbildung 7.15 Phase VII: Markteinführung (eigene Darstellung i. A. a. DIN [15])

Schritte der Phase VII: „Markteinführung"		
VII.S.71	Kundenspezifische Adaption	– Anpassung der Dienstleistung an kundenspezifische Anforderungen
VII.S.72	Übergabe und Begleitung der Erbringer	– Übergabe der Verantwortung an Dienstleistungserbringer – Begleitung der Dienstleistungserbringer bei der Einführung der Dienstleistung
VII.S.73	Durchführung, Erfahrungssicherung	– Erbringung der Dienstleistung beim/durch den Kunden
Feedback vom Erbringungs- in Entwicklungsprozess (Iterationsschleife zu I.S.11)		

7.4.3 Ausgewählte Werkzeuge des Service Engineerings

Im Folgenden werden exemplarisch einige Methoden und Werkzeuge für die strukturierte Dienstleistungsentwicklung vorgestellt. Diese ausgewählten Methoden werden den einzelnen Elementen des 3-Phasen-Konzepts zur Dienstleistungsentwicklung nach Jaschinski zugeordnet.

Szenarioanalyse

Gerade zu Beginn der Entwicklung neuer Dienstleistungen gilt es, die Faktoren zu identifizieren, die einen Einfluss auf das Unternehmen und die neu zu entwickelnde Dienstleistung haben. Eine Methode hierfür ist die Szenarioanalyse, die durch die Analyse alternativer Zukunftsbilder die Entwicklung zukunftsrobuste Leitbilder, Ziele und Strategien ermöglicht [20].

Im Rahmen der Szenarioanalyse wird die Entwicklung der wesentlichen Einflussfaktoren prognostiziert. Zunächst wird das Szenario vorbereitet, indem das Aufgabenfeld definiert wird. Anschließend werden die externen Einflussmöglichkeiten analysiert und Schlüsselfaktoren verschiedener Einflussbereiche identifiziert. Danach folgt die Prognose. Innerhalb der Prognose werden die Schlüsselfaktoren gegenwärtig beschrieben und anschließend auf die Zukunft projiziert. Schließlich werden die Projektionen gebündelt, sodass einzelne Szenarien entstehen. Innerhalb der verschiedenen Schritte dienen andere Methoden, wie die Clusteranalyse, QFD etc. als Hilfestellung.

Die Szenarioanalyse ermöglicht eine anschauliche Beschreibung zukünftiger Chancen und Gefahren und kann dabei helfen, Dienstleistungsideen frühzeitig auf ihre Tragfähigkeit zu untersuchen. Die Berücksichtigung verschiedener Szenarien mit ihren entsprechenden Eintretenswahrscheinlichkeiten vereinfacht die Strategiefindung, da Handlungsoptionen bereits frühzeitig definiert werden können. Nachteile der Szenarioanalyse sind der hohe personelle Aufwand sowie die Nichtberücksichtigung von sehr unwahrscheinlichen Ereignissen, die aufgrund der damit verbundenen Komplexität nicht berücksichtigt werden können [21–23].

Fallbeispiel: Einfluss- und Schlüsselfaktorenanalyse zur Elektromobilität
Ein Unternehmen aus der Automobilzulieferindustrie, das auf die Herstellung von Elektromotoren spezialisiert ist, möchte der Thematik in der noch frühen Entwicklungsphase der Elektromobilität eine Struktur geben. Herauszustellen ist, welche Faktoren die Entwicklung der Elektromobilität beeinflussen. Als geeignete Methode bietet sich in diesem Zusammenhang die Methode der Einfluss- und Schlüsselfaktorenanalyse. Es wurden allgemein folgende Bereiche ermittelt, die einen Einfluss auf die Elektromobilität und deren Entwicklung haben: Wirtschaft, Märkte, Politik & Gesetze, Technologie & Umweltschutz, Kultur & Gesellschaft. Diese Einflussbereiche lassen sich in zwei Systemebenen einteilen, in ein globales und ein elektromobilitätsnahes Umfeld. Zusammen repräsentieren sie das relevante Umfeld im Kontext der Elektromobilität (Abbildung 7.16).

Anhand der erstellten Übersicht der einzelnen Einflussbereiche erfolgt im Weiteren die genaue inhaltliche Bestimmung durch Ermittlung der charakteristischen Einflussfaktoren. Für dieses Anwendungsbeispiel wurden von dem Unternehmen 46 solcher Einflussfaktoren identifiziert. Bei der Bewertung der einzelnen Einflussfaktoren im Hinblick auf den Einfluss auf die Elektromobilität wurde deutlich, dass die Relevanz stark variiert. Zur Komplexitätsreduzierung werden im weiteren Verlauf nur die Faktoren mit dem stärksten Einfluss berücksichtigt und als Schlüsselfaktoren identifiziert. So ist bspw. die Elektromobilität wichtiger für die Automobilindustrie als für die Elektroindustrie. Mit dieser Methode wurden schließlich 16 Schlüsselfaktoren herausgearbeitet, die das Gerüst für den laufenden Dienstleistungsentwicklungsprozess in der Elektromobilität darstellen.

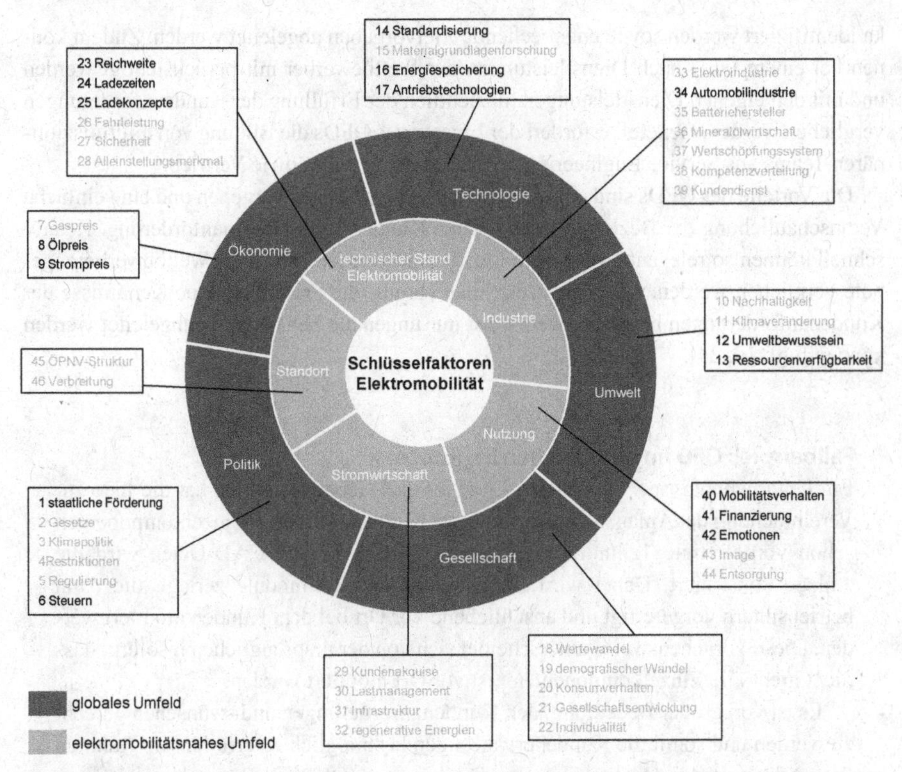

Abbildung 7.16 Fallbeispiel: Einfluss- und Schlüsselfaktorenanalyse zur Elektromobilität (eigene Darstellung)

Quality-Function-Deployment

Nachdem ein zufriedenstellendes Dienstleistungsmodell erstellt worden ist, wird in der Phase der Grobplanung besonderer Wert auf die Beantwortung der Kundenanforderungen gelegt. Identifikation und Priorisierung dieser Kundenanforderungen ist die Grundlage dieser Phase des Dienstleistungserstellungsprozesses. Einen Leitfaden für das Vorgehen stellt das von Akao im Jahre 1966 entwickelte Quality-Function-Deployment (QFD) dar [vgl. 10]. Das Ziel des QFDs ist das Erreichen einer hohen Kundenzufriedenheit, indem die Designcharakteristika der jeweiligen Dienstleistung mit den Anforderungen der Kunden abgeglichen werden. Bestandteil des QFDs ist das House-of-Quality (HoQ). Diese Methode dient dabei vor allem der Dokumentation und Gewichtung der Planungsergebnisse [vgl. 24].

Die Ermittlung von Markt- und Kundenanforderungen kann durch Befragungen wie bspw. anhand einer Conjoint-Analyse gewonnen werden. Auf Seiten der Produkt- oder Dienstleistungsentwickler gilt es zu hinterfragen, welche Designcharakteristika gewählt werden sollten und wie und ob diese untereinander kombinierbar sind. Somit können diese miteinander verglichen werden und die für den Kunden relevantesten Designcharakteristika identifiziert werden sowie entsprechende Zielvorgaben abgeleitet werden. Zudem können bei einem QFD auch Dienstleistungen der Wettbewerber mit berücksichtigt werden und mit den eigenen Dienstleistungen hinsichtlich der Erfüllung der Kundeanforderungen verglichen werden. Generell erfordert der Einsatz des QFDs die Bildung von multidisziplinären Teams aus Service Engineering, technischem Service sowie Vertrieb.

Die Vorteile des QFDs sind ein systematisches sorgfältiges Vorgehen und eine einfache Veranschaulichung der Beziehungen zwischen Kunden- und Designanforderung. Relativ schnell können so relevante Merkmale identifiziert werden und sogar Wettbewerberangebote verglichen werden. Allerdings setzt dies voraus, dass relativ genaue Kenntnisse der Kundenanforderungen bestehen, weil sonst nur ungenaue Schätzungen abgeleitet werden können [vgl. 10, 24].

Fallbeispiel: QFD im industriellen Bauprozess

Ein Unternehmen, spezialisiert auf Energie- und Gebäudetechnik, hat die Idee zur Vereinfachung der Anlageninstallation beim Kunden, statt aller Einzelkomponenten schon vorgefertigte Teilmodule zu liefern. Auf Basis von CAD-Daten wird die Anlage konstruiert. Dabei wird diese in einzelne Teilmodule zerlegt, die dann betriebsintern vorgefertigt und anschließend vor Ort bei dem Kunden montiert werden. Diese Vorgehensweise unterscheidet sich von der ursprünglichen insofern, dass nicht mehr alle Einzelkomponenten erst vor Ort montiert werden.

Es ist von großer Bedeutung, den Kundenanforderungen und -wünschen gerecht zu werden und somit die Kundenerwartungen bestmöglich zu erfüllen. Im Rahmen dessen kommt das Quality-Funktion-Deployment (QFD) in Form des House-of-Qualitys (HoQ) im Dienstleistungserstellungsprozess zum Einsatz. Zunächst müssen die Anforderungen des Kunden an dieses Projekt herausgearbeitet werden und qualitativ gewichtet werden, wie in der folgenden Abbildung ersichtlich. In diesem Fall ist die die Verarbeitbarkeit von 3D-Datenformaten, eine übersichtliche Montageanleitung und eine Kollisionsprüfung bei der Datenaufbereitung von größter Bedeutung. Für diese quantitative Bewertung werden für das Produktionsergebnis relevante Funktionen identifiziert. Diese umfassen das Einlesen und die Prüfung von CAD-Daten, die Erstellung des Montageplans sowie die Herstellung der Bauteile, wie im oberen Teil der Abbildung zu erkennen ist. Um die Priorität der einzelnen Funktionen in Bezug auf die Kundenanforderungen zu visualisieren, erfolgt die Verknüpfung der Anforderungen mit den Spezifikationen durch die Zuordnung einer entsprechenden Gewichtung, zu erkennen im mittleren Teil der Abbildung. Abschließend werden die Gewichtungen der Kundenforderungen mit den Gewichtungen der Interdependenzen spaltenweise multipliziert und aufsummiert. Die sich ergebende Zahl stellt somit die Priorität der jeweiligen Funktion im Vergleich zu der Gesamtheit der Kundenanforderungen dar. In diesem Fall weist die Kennzeichnung der Module die höchste Priorität auf (Abbildung 7.17).

Service-Blueprinting

Zeilennummer	Maximum der Zeilenbewertung	Relative Gewichtung	Gewichtung/ Bedeutung (1 = niedrig, 10 = hoch) (nicht KANO Modell-Bewertung)	Kundenanforderungen „Was?“ (Kurzbezeichnung) / Funktionen „Wie“	2D in 3D Daten umwandeln	Daten einlesen	Fehlende Informationen prüfen	Kollisionsprüfung	Prüfung offener Stränge	Daten überarbeiten (ß erstes CA D Modell)	Zerlegen in Bauteile (CAD)	Zukaufteile/ Rohstoffe definieren (CAD)	Bauteile zu Modulen zusammenfügen (CAD)	Module kennzeichnen (CAD)	Montageplan erstellen	Rohstoffe einkaufen	Zukaufteile einkaufen	Bauteile herstellen	Bauteile zu Modulen zusammenbauen	Module kennzeichnen	Logistikplan erstellen	Module/ Bauteile kommissionieren	Module/ Bauteile liefern		
				Spaltennummer	1	2	4	5	6	7	9	10	11	12	13	14	15	16	17	18	19	20	21	22	23
				Richtung der Verbesserung Minimierung 1, Maximierung 2 oder Ziel x																					
					CAD-Daten-Aufbereitung						Vorfertigungs-konstruktion					Einkauf		Vorfertigung/ Produktion			Logistik				
							Daten prüfen																		
1	9	14	10	3D-Datenformate	0	9	9	0	0	9	0	0	0	0	0	0	0	0	0	0	0	0	0		
2	9	4	3	2D-Datenformate	9	9	9	0	0	0	0	0	0	0	0	0	0	0	0	0	0	0	0		
3	9	14	10	Montageanleitung	0	0	0	3	3	3	9	3	9	9	9	0	0	9	9	9	9	0	0		
4	9	7	5	Montageort-Anlieferung	0	0	0	0	0	0	3	3	3	0	0	0	0	0	0	3	9	0	9		
5	9	12	9	Materialzuordnung	0	0	0	0	0	0	3	3	0	9	9	0	0	0	3	9	0	0	0		
6	9	12	9	Vorsortierung	0	0	0	0	0	0	0	0	0	3	9	3	3	0	0	9	9	9	0		
7	9	8	6	Handhabung	0	0	0	0	0	0	9	0	9	0	0	0	0	0	0	0	0	0	0		
8	9	3	2	Nachlieferung	0	0	0	0	0	0	3	0	9	9	0	3	3	3	3	9	0	1	0		
9	9	7	5	JiT-Anlieferung	0	0	0	0	0	0	0	0	0	0	0	9	9	3	3	3	3	9	9		
10	9	14	10	Kollisionsprüfung	0	0	0	9	0	0	0	0	0	0	0	0	0	0	0	0	0	0	0		
11	9	7	5	Prüfung offener Stränge	0	0	0	0	9	0	0	0	0	0	0	0	0	0	0	0	0	0	0		
Seite 17				Gewichtung/ Bedeutung	36	158	158	162	101	162	259	97	239	292	341	105	105	150	186	405	312	173	122	0	0

Abbildung 7.17 Beispiel zu QFDs im industriellen Bauprozess mithilfe des HoQs (eigene Darstellung)

In der Konzeptionsphase dient die von Shostack entwickelte Erstellung eines Service-Blueprintings [vgl. 25] der Analyse, Visualisierung und Optimierung des Dienstleistungsprozesses. Das Service-Blueprinting vereint die Kunden- und Anbieterperspektive in Form eines Ablaufdiagramms, in dem die Teilprozesse einer Dienstleistung dargestellt werden.

Mit dem Service-Blueprinting werden die bei der Erstellung von Dienstleistungen durchzuführenden Prozesse chronologisch dargestellt. Dabei werden diese Aktivitäten dann verschiedenen Ebenen zugeordnet. Diese Ebenen werden durch die Interaktionslinie, die Sichtbarkeitslinie sowie die Penetrationslinie voneinander getrennt. Oberhalb der Interaktionslinie werden die Teilprozesse eingetragen, in denen der Kunde aktiv an der Dienstleistungserbringung teilnimmt. Zwischen der Interaktionslinie und der Sichtbarkeitslinie finden sich die Teilprozesse, die der Kunde zwar wahrnimmt, aber in die er nicht aktiv involviert ist. Zwischen Sichtbarkeitslinie und Penetrationslinie werden die Teilprozesse beschrieben, die der Kunde nicht wahrnimmt, die aber für die Dienstleistungserbringung auf Anbieterseite durchgeführt werden müssen. Schließlich finden sich unterhalb der Penetrationslinie die Ressourcen, die der Anbieter einsetzen muss, um die einzelnen Teilprozesse durchführen zu können.

Service-Blueprinting ist eine äußerst flexible Dokumentationsform, die mit relativ geringem Aufwand schnell Aufschluss über die Rolle interner Abteilungen und Teilprozesse sowie die Touchpoints im Verlauf der Dienstleistungserbringung gibt. Somit können Kunden- und Unternehmensbedürfnisse leichter analysiert und mögliche Ansatzpunkte für die Serviceoptimierung identifiziert werden. Für die lückenlose Aufzeichnung des Ablaufs müssen Mitarbeiter aus verschiedenen Abteilungen zusammenarbeiten. Allerdings kann das Verfahren auch recht aufwendig bei der Neuaufnahme von Dienstleistungsprozessen sein, insbesondere, wenn viele unterschiedliche Varianten mit Entscheidungspunkten dargestellt werden müssen [25].

Fallbeispiel: Service-Blueprinting für eine Reparatur im technischen Service
Im Falle einer Reparatur im technischen Service möchte der Dienstleistungsanbieter untersuchen, inwieweit die Interaktion mit dem Kunden verbessert werden kann. In diesem Zusammenhang ist es wichtig, den Dienstleistungsprozess zu visualisieren und darauf aufbauend zu optimieren. Eine wichtige Methode stellt hier das Service-Blueprinting dar. Auf Basis der vorhandenen Ressourcen wurden für den Reparaturprozess Aktivität und Entscheidungen definiert und diese den einzelnen Sichtbarkeitsebenen zugeordnet. Den Beginn des Prozesses stellt die Kontaktaufnahme des Kunden mit dem Servicemitarbeiter dar. Nachdem der Auftrag angenommen worden ist, verlagert sich das weitere Vorgehen auf die Backstage-Ebene, die für den Kunden nicht mehr sichtbar ist. In den dort ablaufenden Prozessschritten wird der Monteur informiert und beauftragt. Zudem muss er mit den notwendigen Werkzeugen und Ersatzteilen ausgerüstet werden. Vor Ort findet dann wieder eine Interaktion anlässlich der genauen Fehlerbeschreibung zwischen Kunde und Monteur statt, bevor dieser entscheiden kann, ob eine Reparatur möglich ist oder ggfs. ein Austausch notwendig wird. Ist dies nicht der Fall, repariert der Monteur die Maschine, was auch einen sichtbaren Prozess für den Kunden darstellt. Eine direkte Bezahlung an den Monteur würde wiederum die direkte Interaktion erfordern. Bereits frühzeitig können mit einem Service-Blueprinting mögliche Fehlerquellen aufgezeigt werden sowie Prozesse, die unter Umständen verbessert werden können. Für dieses Beispiel wären eine genauere Fehlerbeschreibung im Vorhinein (bspw. durch automatisierte Fehlermeldungen) oder auch die Verlagerung des Bezahlprozesses auf eine Onlinebezahlung sinnvolle Ansatzpunkte. Eine Darstellung des gesamten Dienstleistungsprozesses liefert die folgende Abbildung 7.18.

7

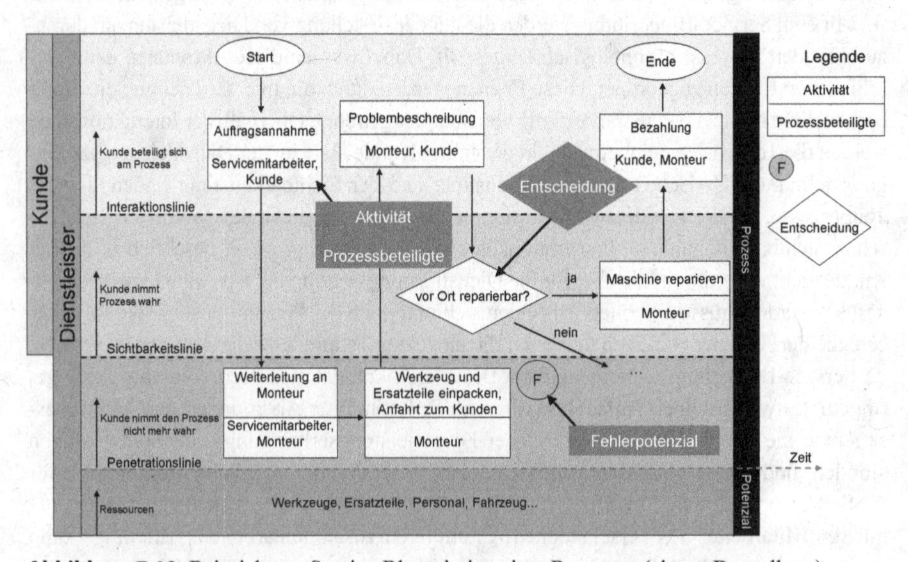

Abbildung 7.18 Beispiel zum Service-Blueprinting einer Reparatur (eigene Darstellung)

Service-FMEA

Für ein Unternehmen ist es essenziell, die Leistungen immer perfekt zu überbringen. Deshalb ist es bei der Implementierung der Dienstleistung wichtig, potenzielle Fehler frühzeitig zu erkennen und Fehlerquellen abzustellen. Die Fehlermöglichkeits- und Einflussanalyse (FMEA) verfolgt genau dieses Ziel. Ansatzpunkte für Verbesserungsmaßnahmen, Minimierung des Risikos des Auftretens von Fehlern und ggfs. eine Priorisierung beim Abstellen von Fehlerquellen stellen den Hauptnutzen der FMEA für Dienstleistungen dar [26].

Die FMEA ist ein stark formalisiertes Verfahren und folgt dem Ziel einer vorsorgenden Fehlervermeidung anstelle einer nachsorgenden Fehlererkennung und -korrektur (Fehlerbewältigung) durch frühzeitige Identifikation und Bewertung potenzieller Fehlerursachen. Die FMEA wird dabei möglichst in Phasen vor der Produktenführung, aber auch zur späteren Fehlerbewertung und -Korrektur angewendet.

Im Rahmen der FMEA werden potenzielle Fehler analysiert, indem der Punkt der Entstehung lokalisiert wird, die Fehlerart bestimmt, die Fehlerfolge beschrieben und anschließend die Fehlerursache ermittelt wird. Zur Ermittlung denkbarer Fehlerursachen wird häufig ergänzend ein Ursache-Wirkungs-Diagramm erstellt. Es ist möglich, dass schon aufgrund einer erkannten Fehlerursache unmittelbar Hinweise auf mögliche Maßnahmen zur Fehlervermeidung abgeleitet werden können. Wesentliche Teile der FMEA sind eine Strukturierung des betrachteten Systems, die Definitionen von Funktionen der Strukturelemente, eine Analyse auf potenzielle Fehlerursachen, Fehlerarten und Fehlerfolgen, eine Risikobeurteilung sowie Maßnahmen- bzw. Lösungsvorschläge zu priorisierten Risiken [27, 28].

Die FMEA ist ein sehr strukturiertes Verfahren zur Fehleranalyse und eignet sich gut zur Zusammenführung von Entwicklungsteams zur interdisziplinären Fehlersuche. Die Nachteile ergeben sich aus dem relativ hohen Aufwand und den hohen Anforderungen an die Analysetiefe.

Fallbeispiel: Fehlermöglichkeits- und Einflussanalyse (FMEA)

Ein Techniker hat einen Termin bei einem Kunden, zu dem er mit dem PKW anfährt. Durch die Anwendung der FMEA wurde der potenzielle Fehler erkannt, dass der Techniker ggfs. den Ort nicht finden könnte, was eine Verspätung nach sich ziehen würde. Um diesen Fehler zu gewichten, wurde von der Firma eine Risikobewertungszahl ermittelt, die es möglich macht, den Fehler mit anderen potenziellen Fehlern zu vergleichen und relativ einzuordnen. Dabei wird der Wert der Wahrscheinlichkeit des Auftretens mit dem Wert der Bedeutung und dem Wert der Wahrscheinlichkeit des Entdeckens des Fehlers multipliziert. Diese Werte bewegen sich im Rahmen von 1 bis 10. Durch Erkennen der Ursache und Identifizierung der Maßnahme können diese drei Faktoren minimiert werden. In diesem Beispiel konnte die Risikobewertungszahl von 392 auf 56 gesenkt werden (Abbildung 7.19).

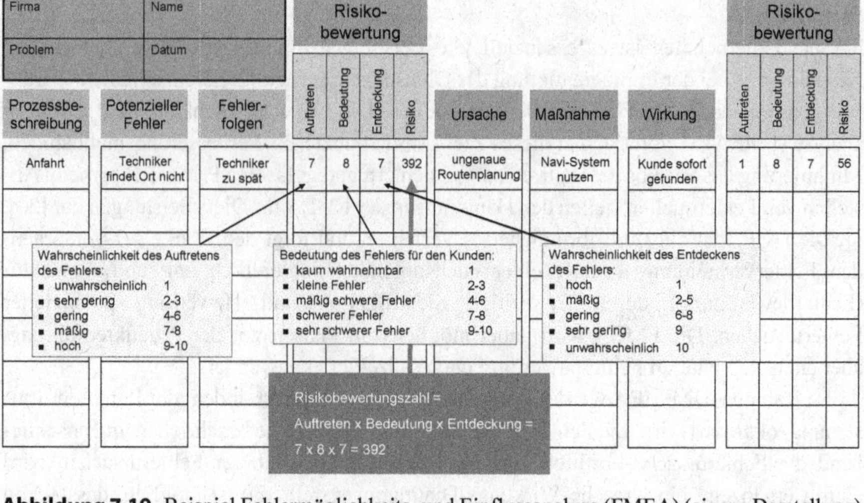

Abbildung 7.19 Beispiel Fehlermöglichkeits- und Einflussanalyse (FMEA) (eigene Darstellung)

7

Literatur

1. Luczak, H., Reichwald, R. & Spath, D. (Hrsg.). (2004). *Service Engineering in Wissenschaft und Praxis – die ganzheitliche Entwicklung von Dienstleistungen*. Wiesbaden: Deutscher Universitäts-Verlag.
2. Fähnrich, K.-P. & Opitz, M. (2006). Service Engineering – Entwicklungspfad und Bild einer jungen Disziplin. In: Bullinger, H.-J. & Scheer, A.-W. (Hrsg.). *Service Engineering. Entwicklung und Gestaltung innovativer Dienstleistungen* (2., vollst. überarb. u. erw. Aufl.). Berlin: Springer. S. 85–112.
3. Schuh, G., Friedli, T. & Gebauer, H. (2004). *Fit for Service – Industrie als Dienstleister*. München: Hanser.
4. Gill, C. (2004). Architektur für das Service Engineering zur Entwicklung von technischen Dienstleistungen. In: Lucak, H. & Eversheim, W. (Hrsg.). *Schriftenreihe Rationalisierung und Humanisierung. Band 59*. Aachen: Shaker. Zugl. Dissertation Techn. Hochsch. Aachen.
5. Bullinger, H.-J. & Scheer, A.-W. (2006). Service Engineering Entwicklung und Gestaltung innovativer Dienstleistungen. In: Bullinger, H.-J. & Scheer, A.-W. (Hrsg.). *Service Engineering. Entwicklung und Gestaltung innovativer Dienstleistungen* (2., vollst. überarb. u. erw. Aufl.). Berlin: Springer. S. 3–18.
6. Liestmann, V. (2002). In: Lucak, H. & Eversheim, W. (Hrsg.). *Dienstleistungsentwicklung durch Service Engineering – von der Idee zum Produkt* (2. neubearbeitete Aufl.). Aachen: FIR e. V. an der RWTH Aachen.
7. Schertler, W. (2012). *Strategisches Affinity-Group-Management: Entwicklung serviceorientierter Community-Geschäftsmodelle* (2., überarb. u. erw. Aufl.). Wiesbaden: Betriebswirtschaftlicher Verlag Gabler.
8. Bullinger, H.-J. & Schreiner, P. (2006). Ein Rahmenkonzept für die systematische Entwicklung von Dienstleistungen. In: Bullinger, H.-J. & Scheer, A.-W. (Hrsg.). *Service Engineering. Entwicklung und Gestaltung innovativer Dienstleistungen* (2., vollst. überarb. u. erw. Aufl.). Berlin: Springer. S. 53–84.
9. Busse, D. (2005). *Innovationsmanagement industrieller Dienstleistungen – theoretische Grundlagen und praktische Gestaltungsmöglichkeiten. Dissertation Ruhr-Universität Bochum. 2005*. Wiesbaden: Deutscher Universitäts-Verlag.

10. Akao, Y. (1992). *QFD – quality function deployment – wie die Japaner Kundenwünsche in Qualität umsetzen*. Landsberg: Verlag Moderne Industrie.
11. Jaschinski, C. (1998). Qualitätsorientiertes Redesign von Dienstleistungen. In: Lucak, H. & Eversheim, W. (Hrsg.). *Schriftenreihe Rationalisierung und Humanisierung. Band 14*. Aachen: Shaker. Zugl. Dissertation Techn. Hochsch. Aachen.
12. Ramaswamy, R. (1996). *Design and management of service processes – Keeping customers for life* (1. Aufl.). Reading: Addison-Wesley.
13. Cernavin, O., Ebert, B., & Keller, S. (2007). *Service Engineering und Prävention – Innovationsstrategie für die Dienstleistung Prävention* (1). Wiesbaden: BC GmbH Forschungs- und Beratungsgesellschaft.
14. Leimeister, J. M. (2012). *Dienstleistungsengineering und -management*. Berlin: Springer.
15. DIN. (2008). *PAS 1082 – Standardisierter Prozess zur Entwicklung industrieller Dienstleistungen in Netzwerken*. Berlin: Beuth Verlag GmbH.
16. Cooper, R. G. & Edgett, S. J. (1999). *Product development for the service sector – Lessons from market leaders*. Massachusetts: Perseus Books.
17. Zahn, E. & Stanik, M. (2006). Integrierte Entwicklung von Dienstleistungen und Netzwerken – Dienstleistungskooperationenals strategischer Erfolgsfaktor. In: Bullinger, H.-J. & Scheer, A.-W. (Hrsg.). *Service Engineering. Entwicklung und Gestaltung innovativer Dienstleistungen* (2., vollst. überarb. u. erw. Aufl.). Berlin: Springer. S. 299–319.
18. Bstieler, L. (2006). Trust formation in collaborative new product development. *The Journal of product innovation management. 23* (1). S. 56–72.
19. Camarinha-Matos, L. M. & Afsarmanesh, H. (2005). A framework for management of virtual organization breeding environments. Conference Proceedings: In: *Collaborative Networks and their Breeding Environments – (PRO-VE'05). 26–28 Sep 2005*. Valencia: Springer.
20. Eversheim, W. (Hrsg.). (2003). *Innovationsmanagement für technische Produkte*. Berlin: Springer.
21. Reibnitz, U. (1991). *Szenario-Technik – Instrumente für die unternehmerische und persönliche Erfolgsplanung*. Wiesbaden: Gabler.
22. Eversheim, W., Breuer, T., Grawatsch, M., Hilgers, M., Knoche, M., Rosier, C., et al. (2003). Methodenbeschreibung. In: Eversheim, W. (Hrsg.). *Innovationsmanagement für technische Produkte*. Berlin: Springer. S. 143–231.
23. Gausemeier, J., Fink, A. & Schlake, O. (1996). *Szenario-Management: Planen und Führen mit Szenarien*. München: Hanser.
24. Saatweber, J. (2007). *Kundenorientierung durch quality function deployment – systematisches Entwickeln von Produkten und Dienstleistungen* (2., überarb. Aufl.). Düsseldorf: Symposion.
25. Shostack, G. L. (1982). How to design a service. *European Journal of Marketing. 16* (1). S. 49–63.
26. Frombach, R. & Gudergan, G. (2008). Service Engineering als Lösungsweg zu hybriden Produkten. In: Fleck, M. & Gatermann, I. (Hrsg.). *Technologie und Dienstleistung: Innovationen in Forschung, Wissenschaft und Unternehmen Beiträge der 7. Dienstleistungstagung des BMBF*. Frankfurt a. M.: Campus. S. 123–130.
27. DIN. (2006). *DIN EN 60812 – Analysetechniken für die Funktionsfähigkeit von Systemen – Verfahren für die Fehlzustandsart- und -auswirkungsanalyse (FMEA)*. Berlin: Beuth Verlag GmbH.
28. Mathe, R. (2012). *FMEA für das Supply Chain Management: Prozessrisiken frühzeitig erkennen und wirksam vermeiden mit matrix-FMEA*. Düsseldorf: Symposion Publishing GmbH.

Controlling für industrielle Dienstleistungen 8

Günther Schuh, Gerhard Gudergan und Jörg Trebels

Kurzüberblick
Kennzahlen und Führungssysteme sind im Sinne des Performance-Managements ein zentraler Aspekt des Managements industrieller Dienstleistungen. Die Performancemessung bezieht dabei sowohl strategische Aspekte als auch Ergebnisse auf der operativen Ebene mit ein. Die Immaterialität sowie die Integrativität von Dienstleistungen bedingen auch, dass mehrperspektivische Kennzahlen und Führungssysteme erforderlich sind, die neben monetären Kennzahlen auch die Erfassung und Auswertung von für Dienstleistungen spezifischen kunden- sowie kundenprozessbezogenen Kennzahlen ermöglichen. In dem folgenden Kapitel werden ausgewählte Messansätze vorgestellt. Hierfür wird eine Gliederung in die Teilbereiche *Kundengerichtete*, *Unternehmensgerichtete* und *Intern gerichtete Messansätze* vorgenommen.

8.1 Einführung Controlling für industrielle Dienstleistungen

Der Controllingbegriff hat im Laufe seiner Entwicklung einen vielgestaltigen Wandel durchlaufen. Ursprünglich vor allem durch den Begriff der Kontrolle geprägt, hat sich mittlerweile ein umfassenderes, jedoch nicht einheitliches Controlling-Anforderungsprofil herausgebildet. In der bisher veröffentlichten Literatur zum Controlling findet sich eine Vielzahl unterschiedlicher Konzeptionen, die in ihrer Definition der Ziele und Aufgaben als auch in Art und Umfang mitunter stark voneinander abweichen. Grundlage der folgen-

G. Schuh (✉) · G. Gudergan · J. Trebels
52074 Aachen, Deutschland
E-Mail: g.schuh@wzl.rwth-aachen.de

G. Schuh et al. (Hrsg.), *Management industrieller Dienstleistungen*,
DOI 10.1007/978-3-662-47256-9_8, © Springer-Verlag Berlin Heidelberg 2016

den Ausführungen zum Controlling industrieller Dienstleistungen bildet die Controlling-Konzeption nach Horváth [1].

8.1.1 Aufgaben und Zielsetzung

Generell sind die Ziele und Funktionen eines Controllings nicht auf Sachgutproduzenten beschränkt, sondern gelten entsprechend für industrielle Dienstleister. Analog zum grundsätzlichen Begriffsverständnis bestehen die Aufgaben des Controllings in der Informationsversorgung sowie in der Unterstützung von Planung, Kontrolle und Koordination [2]. Die Notwendigkeit eines spezifischen Controllings industrieller Dienstleistungen folgt aus den Besonderheiten industrieller Dienstleistungen und dem mehrphasigen Charakter ihrer Erbringung. Diese stehen der Übertragung und Anwendung von Werkzeugen und Konzepten des industriellen Controllings entgegen [3].

Leistungssysteme als Kombination aus Sachgut und Dienstleistung stellen das Controlling industrieller Dienstleister vor grundlegend andere Anforderungen als das Controlling in den produzierenden Bereichen der Industrie. Ein Controlling muss insbesondere den Leistungsmerkmalen der Immaterialität und der Integration des externen Faktors (Integrativität) als den für das Controlling relevanten Besonderheiten industrieller Dienstleistungen Rechnung tragen [4, 5]. Die für das Controlling relevanten Charakteristika von Dienstleistungen sind zusammenfassend in Abbildung 8.1 dargestellt.

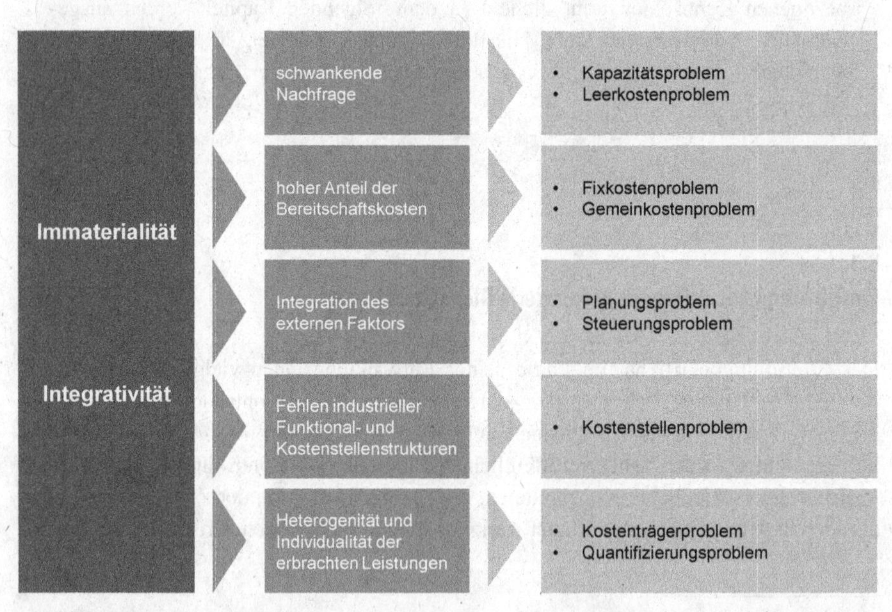

Abbildung 8.1 Controllingrelevante Charakteristika von Dienstleistungen (eigene Darstellung i. A. a. Reckenfelderbäumer [5])

Die Immaterialität des Leistungsergebnisses – und damit verbunden die mangelnde Lager- und Transportfähigkeit – führen gerade bei schwankender Nachfrage zur diskontinuierlichen Kapazitätsauslastung bei der Dienstleistungserstellung. Die daraus erwachsende Notwendigkeit zur permanenten Aufrechterhaltung der Leistungsfähigkeit führt zu einem hohen Leerkostenanteil. Demzufolge dominieren in Dienstleistungsunternehmen die fixen Kosten der Leistungsbereitschaft gerade für Personal, Gebäude und technische Ausstattung. Die Fixkosten weisen hinsichtlich der angebotenen Leistungen somit Gemeinkostencharakter auf, da die verursachenden Produktionsfaktoren zumeist nicht nur für eine Leistung eingesetzt werden. Eine leistungsorientierte Verortung der Kosten ist somit vielfach nicht möglich.

Die Integration des externen Faktors (Kundensubjekt oder -objekt) führt zur erheblichen Einflussnahme des Kunden sowohl auf den Prozess der Leistungserstellung als auch auf das Leistungsergebnis. Zwar gelangt der externe Faktor in den Verfügungsbereich des industriellen Dienstleisters, ist aber dennoch nur beschränkt disponibel [4]. Die aus der Integration des externen Faktors erwachsenden Unsicherheiten ziehen somit erhebliche Probleme in der Planung und Steuerung der Leistungserstellung nach sich. Weiterhin führt die Integration des externen Faktors zu einer hohen Personalintensität bei der Leistungserstellung. Die direkte Interaktion mit dem Kunden stellt insbesondere bei personalintensiven Dienstleistungen (bspw. Schulung) spezifische Anforderungen an die sozialen Kompetenzen der Mitarbeiter, denen bspw. ein spezifisches Personalcontrolling Rechnung tragen muss.

8.1.2 Zielgrößen des Controllings für industrielle Dienstleistungen

Die weitere Strukturierung des Aufgabenbereichs des Controllings industrieller Dienstleistungen beruht im Folgenden grundsätzlich auf der sog. „Service-Profit-Chain" [6]. Die „Service-Profit-Chain" verdeutlicht die umfassenden Interdependenzen zwischen mitarbeiter-, kunden- und unternehmensbezogenen Determinanten. Sie geht davon aus, dass eine hohe Kundenbindung und Kundenzufriedenheit auf die Professionalisierung des Dienstleistungsbereichs zurückzuführen sind und gleichzeitig die zentrale Grundlage für den erfolgreichen Dienstleistungsvertrieb darstellen [7]. Abbildung 8.2 (s. S. 204) fasst die zentralen Teilbereiche des Zielsystems eines Dienstleistungsanbieters zusammen.

Von herausragender Bedeutung für das Controlling industrieller Dienstleistungen sind die folgenden Zielgrößen eines wirtschaftlichkeits- und ergebniszielorientierten Managements [8]:

Kundengerichtete Messansätze
Ansätze zur Messung und Bewertung der Dienstleistungsqualität bilden den Ausgangspunkt eines systematischen Qualitätsmanagements. Die Bestimmung der Anforderungen an die Dienstleistungsqualität erfolgt hierbei im Rahmen der Messung selber. Die Durchführung der Messung der Dienstleistungsqualität kann dabei aus Kundensicht oder aus Unternehmenssicht erfolgen. Dabei kann entweder die Perspektive des Managements oder die der Mitarbeiter eingenommen werden.

Bruhn unterscheidet bei den Ansätzen zur kundenorientierten Messung der Anforderungen an die Dienstleistungsqualität generell differenzierte und undifferenzierte Mess-

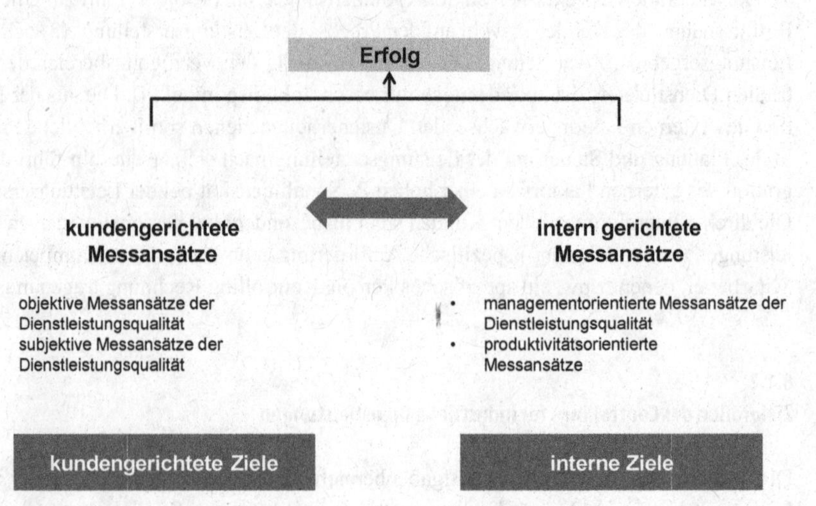

Abbildung 8.2 Schwerpunkte des Controllings (eigene Darstellung)

ansätze. Er weist allerdings darauf hin, dass der im Rahmen undifferenzierter Ansätze zu gewinnende Erkenntnisgewinn sich auf globale Qualitäts- und Zufriedenheitsurteile beschränkt [9]. Im Gegensatz dazu bieten differenzierte Ansätze die Möglichkeit präziser Aussagen über die Dienstleistungsqualität.

Intern gerichtete Messansätze

Neben diesen qualitätsorientierten Messansätzen haben sich in den vergangenen Jahren auch Ansätze zur Messung und Bewertung der organisationalen Effizienz von Dienstleistungsorganisationen etabliert. Die Data-Envelopment-Analyse (DEA) stellt hierbei einen Ansatz dar, welcher die Messung und Bewertung der Effizienz bei multiplen Aufwänden und Erträgen ermöglicht [10].

Unternehmensgerichtete Messansätze

Eine mitunter stark schwankende Nachfrage, die Integration des externen Faktors, fehlende Funktional- und Kostenstellenstrukturen, ein hoher Anteil an Bereitschaftskosten sowie die Heterogenität und Individualität der erbrachten Leistungen bedingen spezifische Rentabilitätsbetrachtungen und Ansätze zur Kostenrechnung für Dienstleistungen. Neben den bekannten Kennzahlen Return-on-Investment (ROI), Discounted Cashflow (DCF) und Economic-Value-added© (EVA©) wird mit dem Return-on-Service-Quality (RSQ) eine weitere dienstleistungsorientierte Rentabilitätskennzahl vorgestellt. Als Ansätze zur Kostenrechnung für Dienstleistungen werden die relative Einzelkostenrechnung, die flexible Grenzplankostenrechnung sowie die Prozesskostenrechnung vorgestellt. Dabei bietet gerade die Prozesskostenrechnung eine Möglichkeit, nicht-leistungsbezogen verrechnete Bereiche besser zu durchdringen. Sie bildet damit eine Grundlage zur effizienteren Gestaltung der Leistungserstellung [2].

Integrierte Konzepte des Controllings

Nach derzeitigen Erkenntnissen werden der Einsatz der Balanced Scorecard und des EFQM-Modells für Dienstleistungsunternehmen am häufigsten empfohlen. Aufgrund ihrer Eigenschaften weisen diese integrativen Konzepte eine besondere Eignung für das Controlling industrieller Dienstleistungen auf [8, 11–13].

8.2 Methoden und Werkzeuge des Controllings

8.2.1 Grundlegende Werkzeuge des Controllings

8.2.1.1 Kennzahlensysteme

Zum Begriff der Kennzahl liegt seit Mitte der 1970er Jahre das heute vorherrschende Begriffsverständnis vor, nach dem Kennzahlen all jene Zahlen bezeichnen, die quantitativ mengenmäßig erfassbare Sachverhalte in verdichteter Form wiedergeben. Vor dem Hintergrund der begrenzten Aussagekraft einzelner Kennzahlen und der Eindämmung von Interpretationsspielräumen zeigt sich die Notwendigkeit der integrativen Erfassung von Kennzahlen und deren Zusammenführung in ein System. Unter einem Kennzahlensystem wird eine geordnete Gesamtheit von Kennzahlen verstanden, die in einer sachlogischen Beziehung zueinander stehen, einander ergänzen, erklären und als Ganzes auf ein übergeordnetes Ziel ausgerichtet sind [14]. Derartige Systeme können in einem wesentlich höheren Umfang über einen Sachverhalt informieren als dies für Einzelkennzahlen möglich ist.

8.2.2 Messansätze kundengerichteter Zielgrößen

8.2.2.1 Grundlagen zur Dienstleistungsqualität

Zur Analyse der Entstehung der Dienstleistungsqualität hält die Dienstleistungsforschung verschiedene Modelle zur Dienstleistungsqualität bereit. Mit dem *GAP-Modell* von Parasuraman et al. und dem Dienstleistungsqualitätsmodell nach Grönroos werden im Folgenden zwei grundlegende Erklärungsansätze der Dienstleistungsqualität vorgestellt. Diese Modelle stellen einen Ausgangspunkt zur Messung und Bewertung der Dienstleistungsqualität dar [15, 16].

GAP-Modell von Parasuraman et al.

Als branchenunabhängiges Qualitätsmodell für Dienstleistungen untersucht das GAP-Modell mögliche Ursachen von Abweichungen zwischen kundenseitigen Erwartungen und der tatsächlich erhaltenen Dienstleistungsqualität. Das Modell geht im Wesentlichen davon aus, dass ein Kunde sein Qualitätsurteil ex post abhängig von der erhaltenen Leistung fällt. Grundlage des Modells ist die Unterteilung der Interaktionsbeziehungen in die Ebenen „Dienstleister" und „Kunde" (siehe Abbildung 8.3). Das GAP-Modell weist auf die vielfältigen Interaktionskontakte bei der Erstellung von Dienstleistungen hin und deckt mögliche Konfliktstellen zwischen Dienstleister und Kunde – GAPs bzw. Lücken – auf. Insgesamt unterscheidet das Modell fünf GAPs [16]:

GAP 1: *Lücke zwischen den tatsächlichen Erwartungen auf der Kundenseite und der vom Dienstleister wahrgenommenen Kundenerwartung.* Wesentliche Ursachen des GAPs 1 sind die mangelnde Berücksichtigung der Marktforschung, Hindernisse in der Aufwärtskommunikation im Unternehmen und die große Anzahl von Hierarchiestufen.

GAP 2: *Lücke zwischen den durch das Management wahrgenommenen Kundenerwartungen und der Umsetzung in Spezifikationen der Dienstleistungsqualität.* Einflussfaktoren der Entstehung des GAPs 2 sind Schwächen in der Verpflichtung des Managements zum Prinzip der Dienstleistungsqualität, in der Zielformulierung, im geringen Standardisierungsgrad der Dienstleistungsprozesse sowie in der Einschätzung der Umsetzbarkeit von Kundenerwartungen durch das Management.

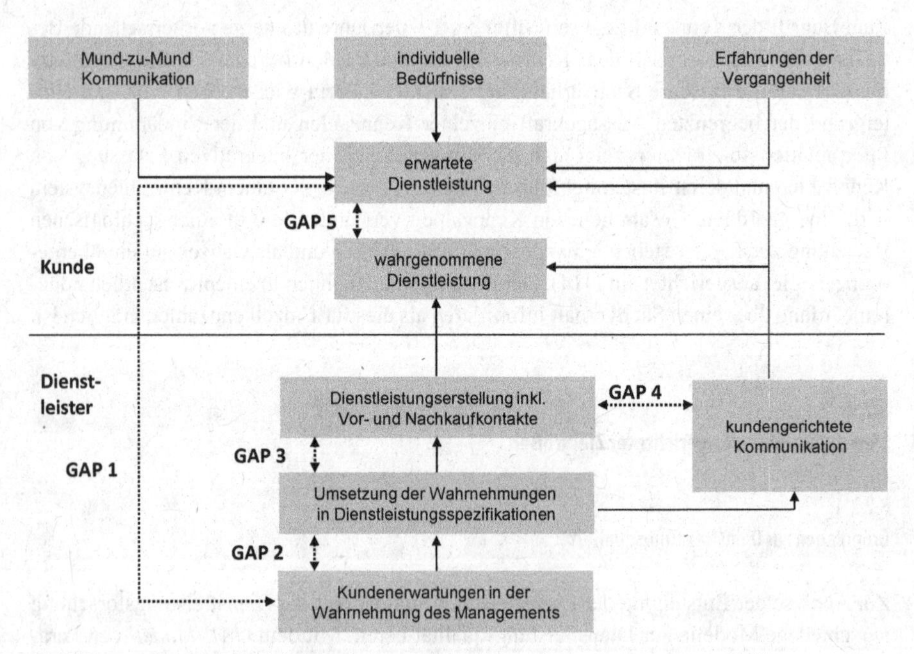

Abbildung 8.3 GAP-Modell (eigene Darstellung i. A. a. Parasuraman et al. [16])

GAP 3: *Lücke zwischen den Spezifikationen der Dienstleistungsqualität und der tatsächlichen realisierten Dienstleistung.* Ursachen des GAPs 3 finden sich im mangelnden Teamwork, in der Qualifikation ausführender Mitarbeiter, der technischen Ausstattung des Arbeitsplatzes, der wahrgenommenen Entscheidungskompetenzen der Mitarbeiter, dem Monitoring und der Kontrolle der Dienstleistungsqualität sowie in Interessenskonflikten und dem Rollenverständnis der Mitarbeiter im Service.

GAP 4: *Lücke zwischen der an den Kunden gerichteten Kommunikation und der realisierten Dienstleistung.* Einflussfaktoren des GAPs 4 sind das Ausmaß und die Qualität des internen Informationsaustauschs wie auch das Missverhältnis zwischen der zu erwartenden Dienstleistungsqualität und den Werbebotschaften.

GAP 5: *Lücke zwischen der vom Kunden erwarteten und der real erhaltenen Dienstleistung.* GAP 5 ist wesentlich von den genannten GAPs abhängig. Eine Minimierung der Abweichung in den anderen GAPs stellt hier den wesentlichen Ansatzpunkt zur Verringerung der Abweichung zwischen wahrgenommener und erwarteter Qualität dar. Hierbei gilt es, sowohl die Unter- als auch Übererfüllung der Kundenerwartungen einzudämmen.

Dienstleistungsqualitätsmodell nach Grönroos

Nach dem Dienstleistungsqualitätsmodell nach Grönroos ergibt sich die kundenseitig wahrgenommene Dienstleistungsqualität als Resultat aus dem Vergleich zwischen der vom Kunden erfahrenen und der von ihm erwarteten Qualität [15]. Somit entsteht eine hohe wahrgenommene Qualität erst dann, wenn die erfahrene Qualität die erwartete übertrifft. Ist die kundenseitig erwartete Qualität unrealistisch hoch, so kann bei einer hohen Leistungsqualität dennoch ein negatives Qualitätsurteil durch den Kunden gefällt werden [15].

Im Dienstleistungsqualitätsmodell nach Grönroos resultiert die erwartete Qualität aus 1) der anbieterseitig vollständig beeinflussbaren Marktkommunikation, 2) dem anbieterseitig durch Werbung gestützten, aber nur geringfügig beeinflussbaren Image und der kundenseitigen Mund-zu-Mund-Kommunikation sowie 3) den Kundenbedürfnissen (siehe Abbildung 8.4).

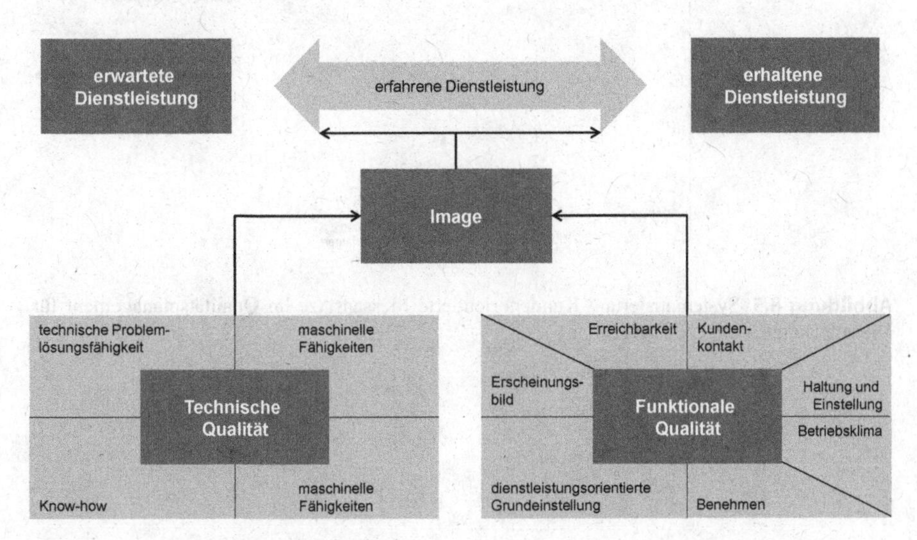

Abbildung 8.4 Dienstleistungsqualitätsmodell (eigene Darstellung i. A. a. Grönroos [15]

Die erfahrene Qualität wird in eine technische und eine funktionale Qualität untergliedert. Während die technische Qualität das aus dem Dienstleistungserstellungsprozess entstehende Leistungsergebnis umfasst, bezeichnet die funktionale Qualität Art und Weise, in der das Leistungsergebnis entstanden ist (bspw. Erscheinungsbild und Auftreten der Mitarbeiter). Während die technische Qualität objektiv messbar ist, unterliegt die funktionale Qualität zumeist der subjektiven Einschätzung des Kunden. Hier spricht Grönroos der funktionalen Qualität den größeren Einfluss auf die erfahrene Qualität zu.

8.2.2.2 Kundengerichtete Messansätze

Gemeinhin werden bei den Ansätzen zur kundengerichteten Messung der Anforderungen an die Dienstleistungsqualität generell differenzierte und undifferenzierte Messansätze unterschieden. Die mittels *undifferenzierter Ansätze* zu gewinnenden Erkenntnisse beschränken sich auf globale Qualitäts- und Zufriedenheitsurteile, wohingegen *differenzierte Ansätze* die Möglichkeit präziser Aussagen über die Dienstleistungsqualität bieten (siehe Abbildung 8.5). In Abhängigkeit des Objektivitätsgrades der Messung können hier objektive und subjektive Messansätze unterschieden werden. Kundengerichtete subjektive Messansätze stellen die von einzelnen Kunden wahrgenommene Qualität der Dienstleistung ins Zentrum der Leistungsbeurteilung. Im Gegensatz zu subjektiven Ansätzen versuchen objektive Ansätze, eine „intersubjektiv nachprüfbare Messung" vorzunehmen [9].

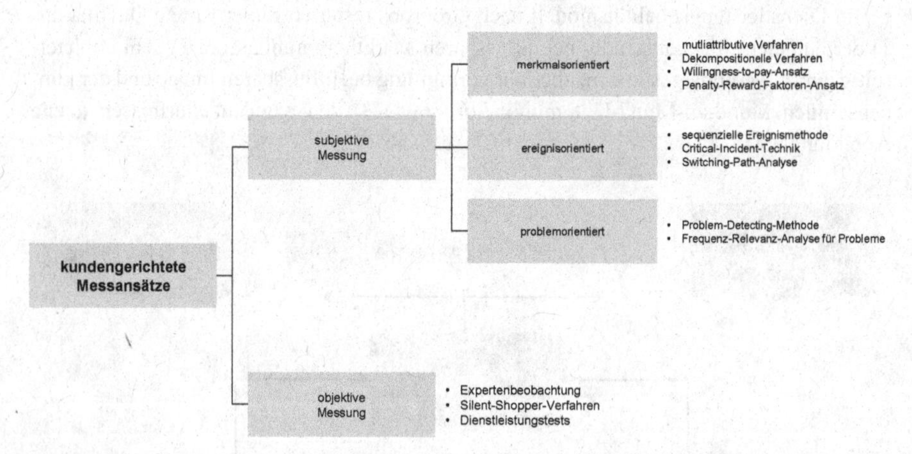

Abbildung 8.5 Systematisierung Kundenorientierte Messansätze im Qualitätsmanagement für Dienstleistungen (eigene Darstellung)

Objektive Messansätze
Objektive Messansätze versuchen anhand intersubjektiv prüfbarer Kriterien, die Dienstleistungsqualität aus Kundensicht zu ermitteln:

- Expertenbeobachtung,
- Silent-Shopper-Verfahren und
- Dienstleistungstests.

Die *Expertenbeobachtung* bezeichnet die nicht-teilnehmende Beobachtung durch geschulte Experten zur Erfassung und Analyse des Leistungserstellungsprozesses. Ziel ist der Erkenntnisgewinn hinsichtlich offensichtlicher Mängel und des ausgelösten Kundenverhaltens. Allerdings verzerren positive und negative Beobachtungseffekte die Aussagekraft. Darüber hinaus können durch offenkundiges Kundenverhalten nur eingeschränkt Rückschlüsse auf die vom Kunden wahrgenommene Dienstleistungsqualität gezogen werden.

Das *Silent-Shopper-Verfahren* bezeichnet den Einsatz von Testkäufern zur Simulation realer Dienstleistungssituationen. Die für Mitarbeiter nicht erkennbare Simulation soll Rückschlüsse auf Mängel im Dienstleistungsprozess ermöglichen. Besondere Eignung weist das Verfahren zur Ermittlung objektiv messbarer Kriterien auf (Anzahl Telefonklingeln vor Anrufbeantwortung). Die vergleichende Beobachtung innerhalb einer Branche wird durch den gleichzeitiger Einsatz bei Konkurrenten gestattet. Für eine weiterführende Betrachtung des idealtypischen Vorgehens siehe Bruhn [9]. Die Erkenntnisse aus dem Silent-Shopper-Verfahren genügen nicht zwingend den Voraussetzungen einer aus der Kundenperspektive vorgenommenen, neutralen Erhebung der Dienstleistungsqualität. Psychologische Sachverhalte, die aus der menschlichen Interaktion in der praktischen Umsetzung resultieren, stellen hier Barrieren dar.

Dienstleistungstests werden durch unabhängige Organisationen durchgeführt und können einen neutralen Überblick der Dienstleistungsqualität im Konkurrenzvergleich geben. Im Kontext des industriellen Dienstleistungsmanagements spielt dieser objektive Messansatz eine untergeordnete Rolle.

Subjektive Messansätze
Die subjektiven Messansätze werden entsprechend ihres Einsatzzwecks in merkmalsorientierte, ergebnisorientierte und problemlösungsorientierte Messansätze untergliedert.

Merkmalsorientierte Ansätze
Die Quantifizierung von Qualitätsurteilen und deren Wichtigkeit umschreiben das wesentliche Anwendungsfeld merkmalsorientierter Messansätze. Die Beurteilung der Gesamtleistung eines Unternehmens erfolgt bei merkmalsorientierten Messansätzen entlang der Beurteilung der einzelnen Leistungselemente. Zumeist erfolgt die Bewertung der Qualität fragebogenbasiert aus Sicht der Kunden. Zu den merkmalsorientierten Messansätzen zählen:

1. Multiattributive Ansätze
2. Dekompositionelle Verfahren
3. Willingness-to-pay-Ansatz
4. Penalty-Reward-Faktoren-Ansatz

Multiattributive Ansätze basieren auf der Annahme, dass globale Qualitätseinschätzungen von Dienstleistungskunden das Ergebnis einer kundenseitig individuellen Einschätzung verschiedener Qualitätsmerkmale sind. Die Messung kundenseitiger Anforderungen an die Dienstleistungsqualität erfolgt im Rahmen multiattributiver Ansätze generell auf Basis einstellungs- oder zufriedenheitsorientierte Ansätze. Einstellungsorientierte Ansätze gründen auf der Annahme, dass die Qualitätseinschätzung eines Kunden als gelernte, dauerhafte, positive oder negative innere Haltung der Dienstleistung als Beurteilungsobjekt zu verstehen sind. Zur einstellungsorientierten Erfassung der Dienstleistungsqualität werden Qualitätsmerkmale für Dienstleistungen festgelegt, die anschließend durch Kunden entsprechend ihrer Wichtigkeit und weiterer Kriterien bewertet werden. Dementgegen bauen zufriedenheitsorientierte Ansätze auf dem „Disconfirmation-Paradigma" auf [17]. Demnach gehen sie davon aus, dass die Zufriedenheit des Kunden mit der Dienstleistungsqualität aus dem Vergleich zwischen erwarteter und erhaltener Dienstleistungsqualität resultiert. Zur Bestimmung der Dienstleistungsqualität ist somit mindestens eine vollzogene Transaktion zwischen Kunde und Dienstleister erforderlich.

Bei *dekompositionellen Verfahren* wird, dem Vorgehen bei multiattributiven Verfahren entgegengesetzt, entlang globaler Qualitätsurteile eine Rangreihung von Leistungen mit unterschiedlichen Ausprägungen in ihren jeweiligen Merkmalen gebildet. Darauf aufbauend können Teilqualitäten bspw. unter Verwendung der Vignette-Methode bestimmt werden. Die *Vignette-Methode* hat sich vor allem bei der Messung der Dienstleistungsqualität etabliert.

Sie eignet sich vor allem zur Analyse der Rangfolge und Gewichtung einzelner Qualitätsattribute einer Dienstleistung und zur Ermittlung globaler Qualitätsurteile. Als Variante dekompositioneller Verfahren basiert die Methode auf der Annahme, dass Qualitätsurteile auf einer relativ geringen Anzahl von in der Kundenwahrnehmung relevanten Faktoren beruhen. Voraussetzung der Vignette-Methode sind demnach sog. „*Critical Quality Characteristics*", Attribute, welche aus Kundensicht zur Qualitätsbeurteilung relevant sind.

Zur Beurteilung der Qualität werden sog. Vignetten – fiktive Situationen, die anhand bestimmter Charakteristika beschrieben werden – gebildet (siehe Abbildung 8.6). Diese

Vignette

Beurteilungskriterium	Werturteil
Annehmlichkeit des tangiblen Umfelds	nicht ansprechend
Zuverlässigkeit	hoch
Reaktionsfähigkeit	flexibel
Leistungsfähigkeit	kompetent
Einfühlungsvermögen	zuvorkommend

Wie beurteilen Sie eine Trainingseinrichtung, die dieser Beschreibung entspricht:

(1) sehr gut
(2) gut
(3) befriedigen
(4) ungenügend
(5) schlecht
(6) sehr schlecht

Abbildung 8.6 Beispiel einer Vignette (eigene Darstellung)

werden durch Kunden ihrem Qualitätsempfinden entsprechend beurteilt. Anschließend werden die Rangfolge und Gewichte der Qualitätsattribute evaluiert und die globalen Qualitätsurteile abgeleitet.

Der *Willingness-to-pay-Ansatz* baut auf einem wertorientierten Qualitätsbegriff auf. Der Ansatz geht davon aus, dass Kunden ihr Qualitätsurteil bezüglich der erhaltenen Dienstleistung aus einem Vergleich der erhaltenen Leistung mit den von ihnen in Kauf genommenen „Opfern" finanzieller, zeitlicher, psychischer oder physischer Natur ableiten. Die Leistungsbeurteilung nach dem Willingness-to-pay-Ansatz erfolgt zumeist aus Sicht des durch eine Leistung gestifteten Nutzens und dem Preis der Leistung, wobei der gestiftete Nutzen anhand der gewichteten Bewertung der einzelnen Leistungsmerkmale bestimmt wird [9].

Der *Penalty-Reward-Faktoren-Ansatz* basiert auf der Annahme, dass zu jeder Dienstleistung Qualitätsmerkmale existieren, deren Nichterfüllung bzw. Nichtbestätigung beim Kunden Unzufriedenheit auslöst. Der Ansatz unterscheidet neben diesen Unzufriedenheit auslösenden Penalty-Faktoren alle Ausprägungen, die Zusatzleistungen darstellen. Diese Qualitätsmerkmale werden als Reward-Faktoren bezeichnet. Beim Nichtvorhandensein von Penalty-Faktoren bestraft der Kunde den Dienstleister mit „Demerits". Dementgegen belohnt der Kunde Reward-Faktoren mit Bonuspunkten. Die Ermittlung der Penalty- und Reward-Faktoren basiert zunächst auf einem Gesamtqualitätsurteil des Nachfragers. Anschließend werden die einzelnen Leistungsattribute auf einer Skala von „viel schlechter als erwartet" bis „viel besser als erwartet" durch den Kunden bewertet. Abschließend werden anhand statistischer Verfahren die Penalty- und Reward-Faktoren ermittelt [18].

Wesentliche Bedingung des Einsatzes dieser Verfahren ist die Kenntnis der für Kunden relevanten Qualitätsmerkmale der Dienstleistungen. Liegt diese Kenntnis nicht vor, ist der Einsatz *ereignisorientierter* Messansätze anzustreben.

Ereignisorientierte Ansätze

Ereignisorientierte Ansätze werden vielfach zur erstmaligen Messung der Dienstleistungsqualität herangezogen. Ihr Hauptzweck ist es, ein möglichst vollständiges Bild über die Qualitätswahrnehmung der Kunden zu erhalten. Sie beurteilen die Prozessqualität von Dienstleistungen aus Kundensicht und berücksichtigen so den Prozesscharakter der Leistungserstellung. Grundlage der Methoden ist das ‚Storytelling'. Dienstleistungskunden werden darum gebeten, ihre Erlebnisse mit einem Dienstleistungsanbieter zu beschreiben. Die Beschreibung kann unstrukturiert und ohne konkrete Fragestellung erfolgen. Folgende ereignisorientierte Messansätze können unterschieden werden:

1. Sequenzielle Ereignismethode,
2. Critical-Incident-Technik und
3. Switching-Path-Analyse.

Die *sequenzielle Ereignismethode* stellt ein Verfahren zur Ermittlung der Stärken und Schwächen in den Leistungserbringungsprozessen von Dienstleistungen dar. Das Verfahren basiert auf der konsequenten Zerlegung des Leistungserbringungsprozesses in Teilprozesse oder Prozesssequenzen. Ziel der sequenziellen Ereignismethode ist es, die individuellen in Kundeninterviews ermittelten Leistungsergebnisse prozess- und phasenorientiert nachzuvollziehen [10, 19].

Denken Sie an einen Vorfall, bei dem Sie als Kunde eine besonders zufriedenstellende bzw. besonders unbefriedigende Dienstleistung erhalten haben.

1. Wann kam es zu diesem Ereignis?
2. Beschreiben Sie die konkreten Umstände, die zu dieser Situation geführt haben.
3. Wie haben sich die Mitarbeiter konkret verhalten? Was haben sie gesagt? Was haben sie getan?
4. Welche Ursachen haben das Gefühl ausgelöst, dass es sich in diesem Fall um ein besonders (un-)befriedigendes Ereignis gehandelt hat?

Abbildung 8.7 Ausschnitt aus einem Fragebogen zur Critical-Incident-Technik (eigene Darstellung i. A. a. BRUHN [9])

Zur Prozessaufnahme der Interaktion zwischen Dienstleistungsanbieter und -nachfrager kann ein Blueprinting herangezogen werden. Anhand des Blueprintings können die für Kunden erlebbaren Elemente des Leistungserbringungsprozesses sequenziell aufgenommen und dargestellt werden. Mit einem Fokus auf der Beschreibung von Wechselwirkungen an der Schnittstelle zwischen Kunde und Anbieter wird der Kontaktverlauf in einer konkreten Situation grafisch dargestellt.

Die *Critical-Incident-Technik* stellt eine fragebogenbasierte Methode zur Ermittlung von Stärken und Schwächen des Leistungserbringungsprozesses dar (siehe Abbildung 8.7). Die Methode geht davon aus, dass kritische Ereignisse (engl. *critical incidents*) einen besonderen – positiven, aber auch negativen – Einfluss auf die Kundenzufriedenheit haben.

Kritische Ereignisse benennen hierbei alle Ereignisse, die ein Kunde mit einem Dienstleister am Interaktionspunkt wahrnimmt. Die Critical-Incident-Technik greift zur Erfassung jener kritischen Ereignisse auf einen standardisierten Fragenkatalog zurück [9].

Dieses Vorgehen gestattet die direkte Erfassung eindeutiger Kundenaussagen. Die Kunden werden nicht gezwungen, abstrakt formulierte Qualitätsaussagen auszuwählen. Vielmehr können sie die Erlebnisse mit eigenen Worten frei beschreiben. Stauss merkt hierzu ergänzend an, dass mit dieser Methode ein hoher Erhebungsaufwand verbunden ist [19].

Als methodische Weiterentwicklung der Critical-Incident-Technik betrachtet die *Switching-Path-Analyse* nicht einzelne Interaktionspunkte von Kunde und Dienstleister, sondern den gesamten Abwanderungsprozess. Dabei wird untersucht, welche Gründe zur Abwanderung des Kunden geführt haben. Die Analyse greift dazu auf strukturierte, persönlich geführte Interviews mit abgewanderten Kunden zurück. Ein Interviewleitfaden zur Switching-Path-Analyse ist exemplarisch in Abbildung 8.8 dargestellt.

Die Switching-Path-Analyse stellt so entscheidungsrelevante Informationen zu Leistungsdefiziten bereit, auf deren Basis ein Rückgewinnungsmanagement aufsetzen kann. Darüber hinaus gestattet die Betrachtung des gesamten Abwanderungsprozesses die Identifikation typischer Abwanderungsprozesse. Schließlich können die Analyseergebnisse zur Auswahl bzw. Entwicklung geeigneter Indikatoren zur Identifikation gefährdeter oder bereits abgewanderter Kunden herangezogen werden [9].

Fragenkomplex	Beispiel
Abwanderungsentscheidung	Wann haben Sie erstmals über einen Anbieterwechsel nachgedacht?
Abwanderungsprozess	Wie lange hat sich Ihre Entscheidung hingezogen?
Auslöser des Abwanderungsprozesses	Hat ein bestimmtes Ereignis den Abwanderungsprozess ausgelöst?
Vorherige Form der Geschäftsbeziehung	Wie war die Beziehung vor der Abwanderungsentscheidung?
Unternehmensverhalten nach Abwanderung	Wie hat das Unternehmen auf die Abwanderung reagiert?
Gründe für die Wahl des neuen Anbieters	Aus welchen Gründen wurde der neue Anbieter ausgewählt?
Vergleich der neuen mit der alten Beziehung	Wie ist die alte im Vergleich zur neuen Geschäftsbeziehung zu bewerten?

Abbildung 8.8 Ausschnitt aus einem Interviewleitfaden zur Switching-Path-Analyse (eigene Darstellung i. A. a. Bruhn [9])

Problemlösungsorientierte Messansätze

Problemlösungsorientierte Messansätze widmen sich der Analyse von Negativerlebnissen aus Kundensicht. Dabei werden oftmals Verfahren zur Quantifizierung bestehender Probleme und deren Relevanz als auch zur Suche und Identifikation neuer Probleme verwendet. Folgende problemlösungsorientierte Messansätze werden nachstehend vorgestellt:

1. Problem-Detecting-Methode und
2. Frequenz-Relevanz-Analyse für Probleme.

Als eine konventionelle Methode der Marktforschung nutzt die *Problem-Detecting-Methode* Kundenbefragungen zur Analyse qualitätsrelevanter Problemfelder aus Kundensicht hinsichtlich dezidierter Problemfälle und deren Beurteilung. Die Methode beruht dabei auf einem zweistufigen Verfahren. Auf der ersten Stufe wird ein möglichst großer Pool möglicher Probleme bei der Dienstleistungserbringung aufgebaut. Hierzu kann etwa auf Kartenabfragen mit Kunden oder die Critical-Incident-Technik zurückgegriffen werden. Auf der zweiten Stufe werden die Probleme hinsichtlich unterschiedlicher Kriterien auf einer Fünferskala von Kunden bewertet. Mögliche Bewertungskriterien sind die Auftrittshäufigkeit eines Problems in der Dienstleistungserbringung, dessen Wertigkeit (bspw. Dringlichkeit, Relevanz, Vermeidbarkeit oder Ärgerlichkeit) in der Kundenwahrnehmung. Die Kombination verschiedener Kriterien ermöglicht die Berechnung von Problemwertindizes, sog.

„problem impact scores". Diese Problemwertindizes zeigen die Intensität eines Problems an [20]. Zur praktischen Anwendung der Problem-Detecting-Methode und formalen Berechnung der *„problem impact scores*" auf Basis des Lindqvist-Indizes s. Lindqvist [21].

Die *Frequenz-Relevanz-Analyse für Probleme (FRAP)* stellt eine Weiterentwicklung der Problem-Detecting-Methode dar. Die FRAP geht von der Annahme aus, dass Dienstleistungsunternehmen sich umso intensiver um die Lösung eines Problems bemühen, je öfter es auftritt und je relevanter es in der Kundenwahrnehmung erscheint. Wie die Problem-Detecting-Methode nutzt auch die FRAP eine mehrstufige Kundenbefragung, um darauf basierend ebenfalls Problemwertindizes zu bestimmen. Den Ausgangspunkt bildet die Ermittlung einer möglichst umfassenden Liste mit Einzelproblemen, aus der mittels Verdichtung Problemklassen gewonnen werden. Die Problemklassen werden in der anschließenden Fragebogenerstellung anhand von drei Fragenkategorien operationalisiert:

1. Auftreten des Problems,
2. Ausmaß der kundenseitigen Verärgerung und
3. kundenseitig angedachte Reaktionen.

Gemäß diesen Kategorien werden die unterschiedlichen Problemklassen von Kunden bewertet. In der abschließenden Auswertung werden zunächst die Ergebniswerte der Kategorien 2 und 3 zusammengefasst. Anschließend erfolgt die Berechnung der Problemwertindizes oder die grafische Darstellung in einem Diagramm. Weiterhin können die ermittelten Werte mittels Problemverdichtung Hinweise auf konkrete Ursachen liefern und mittels eines Konzentrationsdiagramms dargestellt werden [9].

8.2.2.3 SERVQUAL-Ansatz nach Parasuraman et al.

Der SERVQUAL-Ansatz bezeichnet eine auf dem GAP-Modell nach Parasuraman et al. aufbauende Methode zur Messung der Dienstleistungsqualität (siehe Kapitel 8.2.3.1). Auf Grundlage des GAPs5 des GAP-Modells wird hier aus Kundensicht die Abweichung zwischen wahrgenommener und erwarteter Dienstleistung operationalisiert und damit messbar gemacht. Der SERVQUAL-Ansatz stellt eine Kombination aus der einstellungs- und zufriedenheitsorientierten multiattributiven Messung dar [9]. Der Ansatz unterscheidet hierzu die folgenden fünf Qualitätsdimensionen:

1. Annehmlichkeit des tangiblen Umfeldes (*Tangibles*), Äußerlichkeiten im Umfeld, in dem die Dienstleistung erbracht wird (z. B. Räume oder Erscheinungsbild),
2. Zuverlässigkeit (*Reliability*), d. h. die Fähigkeit, die vereinbarte Dienstleistung akkurat und zuverlässig zu erbringen,
3. Reaktionsfähigkeit (*Resposiveness*), Wille und Geschwindigkeit, in dem/der der Kunde eine Lösung für sein Problem geboten bekommt (z. B. Aufgeschlossenheit des Personals),
4. Leistungskompetenz (*Assurance*), z. B. Wissen und Können, Höflichkeit, Vertrauenswürdigkeit des Personals und

5. Einfühlungsvermögen (*Empathy*), d. h. Fähigkeit und Bereitschaft des Personals, sich in den Kunden hineinzuversetzen und sich auf Kundenwünsche einzulassen.

Die Messung erfolgt entlang eines standardisierten Fragebogens, der sich aus 22 Items zusammensetzt, die den oben genannten fünf Qualitätsdimensionen zugeordnet sind. Zu jedem dieser Items ist eine Bewertung unter Verwendung einer siebenstufigen Skala von „stimme völlig zu" (7) bis „lehne entschieden ab" (1) abzugeben. Auf Basis der verwendeten Doppelskala (siehe Abbildung 8.9) werden die Erwartung des Kunden, „So sollte es sein", in Relation zur subjektiv wahrgenommenen Realität bei der Erbringung der Dienst-

Qualitätsdimensionen	*Erhebung des Sollzustands* / *Erhebung des Istzustands*	lehne entschieden ab						stimme völlig zu
Annehmlichkeit des tangiblen Umfelds	Hervorragende Service-Provider sollten ihre Broschüren und Mitteilungen für die Kunden ansprechend gestalten.	1	2	3	4	5	6	7
	Service-Provider A gestaltet die Broschüren und Mitteilungen für seine Kunden ansprechend.	1	2	3	4	5	6	7
Zuverlässigkeit	Wenn hervorragende Service-Provider die Einhaltung eines Termins versprechen, halten sie diesen auch ein.	1	2	3	4	5	6	7
	Wenn Service-Provider A die Einhaltung eines Termins verspricht, hält er diesen auch ein.	1	2	3	4	5	6	7
Reaktionsfähigkeit	Mitarbeiter hervorragender Service-Provider können über den Zeitpunkt einer Leistungserbringung Auskunft geben.	1	2	3	4	5	6	7
	Mitarbeiter des Service-Providers A können über den Zeitpunkt einer Leistungserbringung Auskunft geben	1	2	3	4	5	6	7
Leistungskompetenz	Das Verhalten der Mitarbeiter eines hervorragenden Service-Providers weckt Vertrauen bei den Kunden.	1	2	3	4	5	6	7
	Das Verhalten der Mitarbeiter des Service-Providers A weckt Vertrauen bei den Kunden.	1	2	3	4	5	6	7
Empathie	Mitarbeiter eines hervorragenden Service-Providers widmen sich ihren Kunden persönlich.	1	2	3	4	5	6	7
	Mitarbeiter des Service-Providers A widmen sich ihren Kunden persönlich.	1	2	3	4	5	6	7

Abbildung 8.9 Auszug aus einer Erhebung der Qualitätsdimensionen nach dem SERVQUAL-Ansatz unter Verwendung einer Doppelskala (eigene Darstellung i. A. a. ZEITHAML [22])

leistung, „So ist es“, erfasst. Die Differenz der beiden Aussagen zum Soll- und Ist-Zustand für jedes zu bewertende Kriterium ermöglicht die Bestimmung der kundenseitig wahrgenommenen Dienstleistungsqualität. Mit geringerer Differenz der beiden Werte steigt die wahrgenommene Dienstleistungsqualität. Die Mitte des Kontinuums zwischen (1) und (7) trennt schließlich gute und schlechte Dienstleistungsqualität.

8.2.3 Messansätze intern gerichteter Zielgrößen

Die Verwendung managementorientierter Messansätze zielt auf die Identifikation qualitätsrelevanter Aspekte von Dienstleistungen in der Kundenwahrnehmung. Diese Gruppe von Messansätzen nimmt hierzu die Sicht des Managements ein. Dazu zählen bspw.:

1. Fehlermöglichkeits- und -einflussanalyse (FMEA),
2. Ishikawa-Diagrammund
3. Data-Envelop-Analysis.

8.2.3.1 Fehlermöglichkeits- und -einflussanalyse

Die Fehlermöglichkeits- und -einflussanalyse (FMEA) stellt ein Verfahren zur Ermittlung von Schwachstellen und der sich daraus ergebenden Konsequenzen im Erbringungsprozess von Dienstleistungen dar. Zur Erstellung einer FMEA wird ein Prozess mit den folgenden Elementen durchlaufen: „*Fehlerbeschreibung*“, „*Risikobeurteilung*“, „*Maßnahmen bzw. Lösungen*“ und „*Ergebnis bzw. Beurteilung*“.

In der „*Fehlerbeschreibung*“ werden für einen Dienstleistungsprozess alle potenziellen Fehlerquellen, mögliche Ursachen und Fehlerfolgen ermittelt und beschrieben. In der „*Risikobeurteilung*“ werden die Bedeutung jedes identifizierten Fehlers, die Auftrittswahrscheinlichkeit und die Entdeckungswahrscheinlichkeit mit Punktwerten eines Kontinuums zwischen 1 und 10 quantifiziert. Anhand der Einzelbeurteilungen erfolgt die Berechnung der Risikoprioritätszahl, die zur Priorisierung der Fehler dient. Insbesondere sollten jene Fehler, die eine hohe RPZ (Risikoprioritätszahl) oder einen besonders hohen Wert im Einzelkriterium aufweisen, prioritär behandelt werden. Die Ableitung von „*Maßnahmen bzw. Lösungen*“ kann der Bewertungslogik entsprechend den folgenden Ansätzen folgen: 1) Reduzierung der Bedeutung des Fehlers, 2) Reduzierung der Auftrittswahrscheinlichkeit, 3) Steigerung der Entdeckungswahrscheinlichkeit und 4) Vermeidung der Fehlerursachen. Im Schritt „*Ergebnis bzw. Beurteilung*“ erfolgt die abschließende Erfolgsbeurteilung anhand des Vergleichs der RPZ im Ausgangszustand mit der RPZ nach Durchführung der Verbesserungsmaßnahme [8].

8.2.3.2 Ishikawa-Diagramm

Das Ishikawa-Diagramm ist ein einfaches Hilfsmittel zur systematischen Ermittlung und strukturierten, übersichtlichen Darstellung von Ursache-Wirkungs-Zusammenhängen. Für ein festgelegtes Problem werden, nach Haupteinflussgrößen geordnet, alle möglichen Ursachen aufgelistet. Durch die bei der Anwendung des Ishikawa-Diagramms übliche, fachübergreifende Teamarbeit bei der Erstellung eines Ursache-Wirkungs-Zusammenhangs werden verschiedene Ansichten eines Problems miteinander verbunden. Die Anwendung der Methode trägt bei den Beteiligten zu einem besseren Verständnis des Problems und seiner vielfältigen Ursachen bei.

Das Diagramm ist in einen Ursachen- und einen Wirkungsbereich aufgeteilt und ähnelt in seinem Aufbau den Gräten eines Fisches. Es wird in der Praxis daher häufig als Fischgrätendiagramm bezeichnet (siehe Abbildung 8.10). Den Kopf des Diagramms bildet das zu untersuchende Problem. Nach Haupteinflussgrößen geordnet, werden alle möglichen Ursachen ermittelt und in Haupt- und Nebenursachen gegliedert in das Diagramm eingetragen. Als Haupteinflussgrößen werden vielfach die Dimensionen „Mensch“, „Technik“, „Organisation“ und „Sonstiges“ oder die sog. fünf „M's“ (Mensch, Maschine, Material, Milieu und Methode) gewählt.

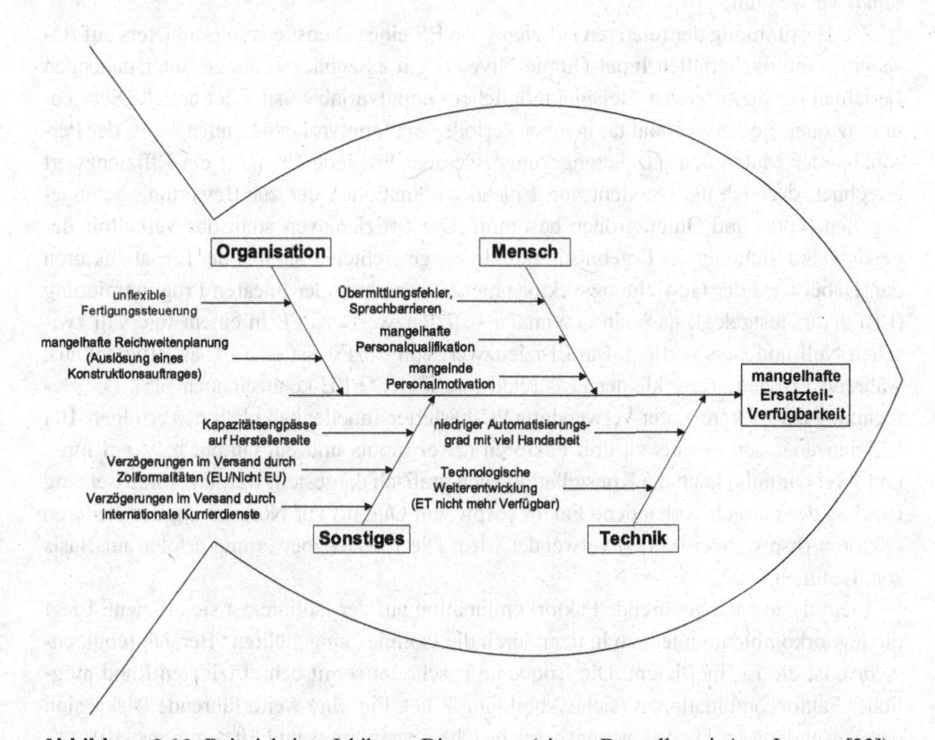

Abbildung 8.10 Beispiel eines Ishikawa-Diagramms (eigene Darstellung i. A. a. LUCZAK [23])

8.2.3.3
Data-Envelopment-Analysis

Die Dateneinhüllanalyse oder *Data-Envelopment-Analysis* (DEA) ist ein Performance-Measurement-Ansatz zur Messung der organisationalen Effizienz. Eine Verwendung der DEA empfiehlt sich immer dann, wenn multiple Input- und Outputfaktoren in den Effizienzvergleich eingehen sollen und somit der direkte Vergleich zwischen Organisationseinheiten verhindert wird [24]. Die DEA bestimmt und vergleicht branchenunabhängig die Effizienz sogenannter Decision-Making-Units oder Entscheidungseinheiten (EE) mittels linearer Programmierung. Als EE können dabei ganze Unternehmen, aber auch Abteilungen oder Geschäftsbereiche sowie einzelne Produktionsanlagen und Maschinen herangezogen werden. Im Falle industrieller Dienstleistungen können EE eines Dienstleistungsanbieters durch vergleichbare und empirisch beobachtete monetäre sowie nichtmonetäre Inputs und Outputs frei definierbarer Skalierung beschrieben und miteinander verglichen werden. So können auch monetär nur schwer oder nicht bewertbare Sachverhalte wie bspw. die Servicequalität in einen ganzheitlichen Effizienzvergleich aufgenommen werden. Wesentliche Voraussetzung ist, dass die zu untersuchenden Größen kardinal erfassbar sind. Ursprünglich zum Zweck des Effizienzvergleichs von Non-Profit-Organisationen und öffentlichen Unternehmen eingesetzt, findet die DEA zunehmend in der Privatwirtschaft Verwendung [10].

Zur Bestimmung der relativen Effizienz von EE eines Dienstleistungsanbieters auf Basis eines multikriteriellen Input-Output-Niveaus gilt es zunächst, die zu untersuchenden Variablen zu identifizieren. Beispiel möglicher Outputvariablen sind der erzielte Serviceumsatz oder die Servicequalität in einer Periode. Als Inputvariable können bspw. der Personal- oder Materialeinsatz herangezogen werden. Für jede EE wird ein Effizienzwert errechnet, der sich als Quotient von Linearkombinationen der zur Bewertung herangezogenen Input- und Outputgrößen bestimmt. Der Effizienzwert stellt das Verhältnis der gewichteten Summen der Ergebnismerkmale zur gewichteten Summe der Einsatzfaktoren dar. Dabei wird der Gewichtungsvektor unter Verwendung der linearen Programmierung (LP) derart festgelegt, dass ein maximaler Effizienzwert pro EE in einem Intervall zwischen Null und Eins vorliegt. Ein Effizienzwert von Eins weist eine EE als effizient aus, während Effizienzwerte kleiner Eins relativ ineffiziente EE kennzeichnen [25]. Die Berechnung der LP kann unter Verwendung PC-basierter Tabellenkalkulationen erfolgen. Bei Effizienzanalysen mit bis zu drei Faktoren (zwei Inputs und ein Output bzw. ein Input und zwei Outputs) kann die Konstellation auch grafisch dargestellt werden. Voraussetzung ist, dass der einfach vorhandene Faktor (bspw. ein Output) zur Normierung der weiteren Faktoren (bspw. zwei Inputs) verwendet wird. Die Effizienzbewertung erfolgt auf Basis sog. Isolinien.

Liegt die zur EE gehörende Faktorkombination auf der Isolinie, ist sie effizient. Liegt die Faktorkombination jedoch in dem durch die Isolinie „eingehüllten" Bereich (engl. *envelop*), ist die EE ineffizient. Die Isoquante beschreibt somit den effizienten Rand möglicher Faktorkombinationen (siehe Abbildung 8.11). Für eine weiterführende Diskussion der Anwendung im Dienstleistungsbereich siehe Fitzsimmons und Fitzsimmons [10].

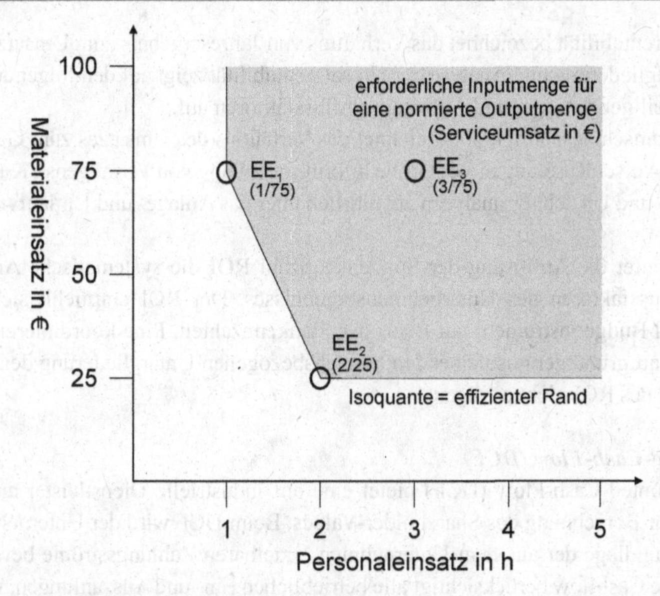

Abbildung 8.11 Grafische Darstellung des effizienten Randes einer Data-Envelopment-Analysis bei zwei Inputfaktoren (eigene Darstellung)

8.2.4 Messansätze unternehmensgerichteter Zielgrößen

8.2.4.1 Rentabilitätskennzahlen

Return on Investment (ROI)

Die Kennzahl Return on Investment (ROI) stellt eine Globalkennzahl zur Beurteilung der Erfolgslage des Gesamtunternehmens oder eines Unternehmenssegments dar [26]. Somit erscheint die Anwendung des ROI im Kontext industrieller Dienstleistungen vor allem sinnvoll, wenn die Investivrendite für einen reinen industriellen Dienstleister oder einen entsprechenden Geschäftsbereich angeben werden soll. Wesentliche Voraussetzung ist aber die Verfügbarkeit der zur Kennzahlenberechnung relevanten Daten.

Die grundlegende Überlegung des ROI ist nicht etwa, eine absolute Größe, wie bspw. die Maximierung des Unternehmensgewinns, zum Unternehmensziel zu erklären, sondern vielmehr die Maximierung der relativen Größe der Gesamtkapitalrentabilität anzustreben. Der ROI setzt sich seinerseits aus den Kennzahlen *Umsatzrentabilität* und *Kapitalumschlag* bzw. *Kapitalumschlagshäufigkeit* zusammen. Die Berechnung des ROI basiert auf folgender Formel:

ROI = Umsatzrentabilität * Kapitalumschlagshäufigkeit

Die Elemente der Formel sind wie folgt definiert:

- Umsatzrentabilität bezeichnet das Verhältnis von Jahresergebnis zum Umsatz. Die weitere Aufgliederung und Analyse der Umsatzrentabilität zeigt auf den folgenden Ebenen die jeweiligen Ertrags- und Aufwandseinflussfaktoren auf.
- Kapitalumschlagshäufigkeit bezeichnet das Verhältnis des Umsatzes zum Gesamtkapital. Die Aufschlüsselung dieser Größe informiert entlang von Vermögens-, Kapital-, Deckungs- und Umschlagsanalysen ausführlich über das Anlage- und Umlaufvermögen.

Somit gestattet die Auflösung der Spitzenkennzahl ROI die systematische Analyse der Haupteinflussfaktoren des Unternehmensergebnisses. Der ROI empfiehlt sich als Planungs- und Budgetinstrument auf Basis der Plankennzahlen. Eine koordinierende Steuerung kann aufgrund der ausbleibenden bereichsbezogenen Untergliederung der Kennzahlen anhand des ROI nicht erfolgen.

Discounted-Cash-Flow (DCF)

Der Discounted-Cash-Flow (DCF) bietet eine auf industrielle Dienstleister anwendbare Variante zur Berechnung des Shareholder-Values. Beim DCF wird der Unternehmenswert auf der Grundlage der aus dem Unternehmen erzielbaren Zahlungsströme bewertet. Der betriebliche Cashflow berücksichtigt alle betrieblichen Ein- und Auszahlungen, weshalb er über die dem Unternehmen zur Verfügung stehenden Zahlungsmittel informiert, mit denen Ansprüche der Kapitalgeber bedient werden können. Die prognostizierten zukünftigen Cashflows werden mittels Weighted-Average-Cost-Of-Capital (WACC) – Kapitalkostenansatz mit einem gewichteten Mittel für Fremd- und Eigenkapitalkosten – diskontiert [27].

Die zentralen Einflussfaktoren der DCF-Berechnung sind die prognostizierten Kapitalmarktkosten, Wachstumsraten des Umsatzes, die betriebliche Gewinnmarge, definiert über das Verhältnis zwischen Earnings before Interest and Taxes (EBIT) und Umsatz, sowie die Zusatzinvestitionen in Anlage- und Umlaufvermögen.

Die Berechnung mit dem DCF-Verfahren kann auch für die Evaluierung einer Serviceabteilung oder einzelner Projekte herangezogen werden. Aus der Berechnung ergibt sich, dass der DCF durch Senkung des Kapitalkostensatzes oder Erhöhung des betrieblichen Cashflows erhöht werden kann. Der betriebliche Cashflow wiederum kann durch die Steigerung des Betriebsergebnisses oder Reduktion der Kapitalbindung in Anlage- und Umlaufvermögen erhöht werden [28].

Die Steigerung des Betriebsergebnisses kann wiederum durch Umsatzwachstum oder höhere Profitabilität erreicht werden. Die Verringerung der Investitionen in Sachanlagen und Umlaufvermögen sind eine weitere Maßnahme, um den betrieblichen Cashflow zu erhöhen [28]. Einflussfaktoren sind zudem die Prognosen für die zukünftigen Cashflows, da einerseits Voraussagen nicht erreicht werden können und insbesondere langfristige Projekte nur schwer evaluiert werden können.

Economic-Value-Added (EVA)

Vergleichbar dem ROI stellt auch der EVA© eine Globalkennzahl zur Bewertung eines Dienstleistungsunternehmens oder eines Unternehmensbereichs, der industrielle Dienstleistungen anbietet, dar. Der Economic-Value-Added© (EVA©) bezeichnet einen periodisierten Erfolgsmaßstab, welcher retrospektiv den zeitraumbezogenen betrieblichen Übergewinn eines Unternehmens oder eines Unternehmensbereichs einer Periode misst. Der EVA© benennt jenen Betrag, der über die durchschnittlichen Gesamtkapitalkosten hinaus mit dem investierten Kapital verdient wird [29].

Die Berechnung des EVA basiert auf folgender Formel:

$$EVA^{©} = NOPAT - CE * WACC$$

Die Elemente der Formel sind wie folgt definiert [26]:

- NOPAT (*Net Operating Profit After Taxes*) bezeichnet den ökonomisch zutreffenden Gewinn, also den Jahresüberschuss nach Steuern und vor Kapitalkosten.
- CE (*Capital Employed*) bezeichnet das vom Unternehmen eingesetzte Kapital, für das ein Verzinsungsanspruch auf Seiten externer Kapitalgeber besteht.
- WACC (*Weighted Average Cost of Capital*) bezeichnet die Gesamtkapitalkostensatz.

Gemäß dem EVA©-Konzept generiert ein Unternehmen immer dann Wert, wenn die erzielte Gesamtkapitalrendite abzüglich der Kapitalkosten einen positiven Wert annimmt. Der Abzug der Kapitalkosten führt dabei zu einer Gleichberechnung der Gläubiger, unabhängig davon, ob sie als Fremdkapitalgeber vor bzw. als Eigenkapitalgeber nach dem buchhalterischen Gewinn entlohnt werden. Somit wird der steuerliche Vorteil des Fremdkapitals beseitigt. Somit ist der EVA© eine Größe, die den Wertzuwachs über eine betrachtete Periode ermittelt.

Auf Basis des vergangenheitsorientierten EVA© kann durch die Schätzung zukünftiger EVA© abgezinst mit dem Kapitalkostensatz ($k_{GK,\,t}$) der zukunftsorientierte Market-Value-Added (MVA) bestimmt werden. Die Berechnung des MVA beruht auf folgender Formel:

$$MVA_0 = \sum_{t=1}^{\infty} \frac{EVA_t}{(1 + k_{GK,t})^t}$$

Erweitert um das im Bewertungszeitraum operativ eingesetzte Kapital und das nicht betriebsnotwendige Vermögen, gibt der MVA_0 den Marktwert des Gesamtkapitals eines Unternehmens zum Zeitpunkt der Bewertung an [29].

Return-on-Service-Quality (RSQ)

Der Return-on-Service-Quality bezeichnet die kalkulatorische Servicerentabilität. Der Messansatz beruht auf der Abschätzung des Einflusses von Serviceleistungen auf die Profitabilität der Kernleistungen eines Unternehmens. So kann bspw. eine gute Servicequalität die Kundenzufriedenheit mit der Kernleistung steigern, wodurch die Kundenbindung und schlussendlich die Profitabilität positiv beeinflusst werden kann. Die folgende Abbildung gibt die Ursache-Wirkungsbeziehungen im Kontext der RSQ wieder (siehe Abbildung 8.12).

Die Berechnung des RSQ beruht auf folgender Formel [4]:

$$RSQ = \frac{(SERdir + SERind + SWIRindu) - SK}{SInvest}$$

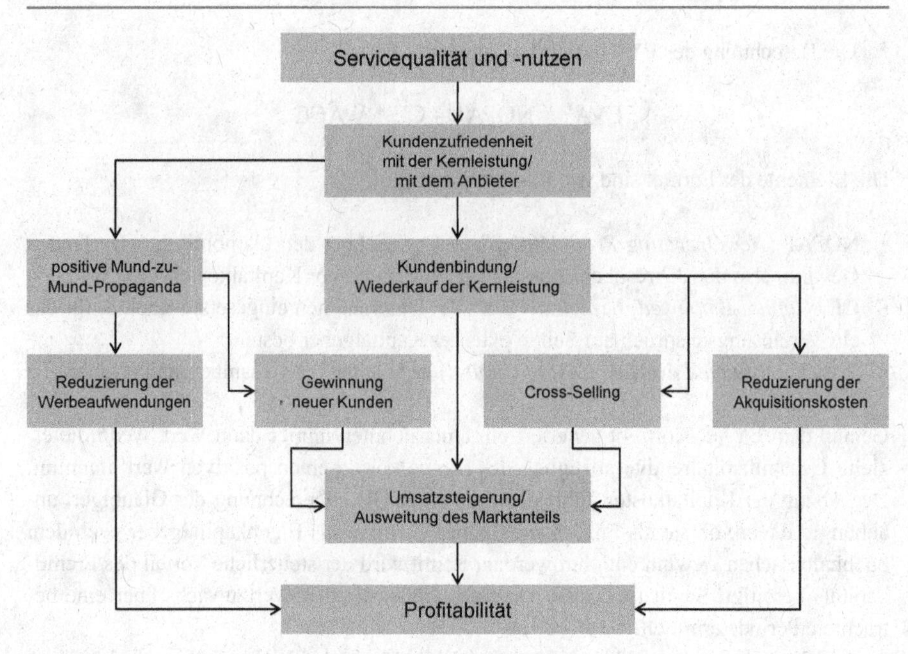

Abbildung 8.12 Ursache-Wirkungsbeziehungen im Kontext der RSQ (eigene Darstellung)

8

Die Elemente der Formel sind wie folgt definiert:

- SERdir bezeichnet die direkten Serviceerlöse.
- SERind bezeichnet die in die Kernleistungen eingerechneten indirekten Serviceerlöse.
- SWIRindu bezeichnet die induzierten Zusatzerträge und Kosteneinsparungen bei der Kernleistung.
- SK bezeichnet die Servicekosten.
- SInvest bezeichnet die Investitionen im Servicebereich.

Entsprechend der obigen Formel berechnet sich der kalkulatorische Servicegewinn bzw. -verlust aus der Summe der direkten und indirekten Serviceerlöse sowie der induzierten Zusatzerträge und Kosteneinsparungen bei der Kernleistung abzüglich der Servicekosten. Der verbliebene Gewinn wird in das Verhältnis zu den eingesetzten Serviceinvestitionen gestellt.

8.2.4.2 Ansätze zur Kostenrechnung

Relative Einzelkostenrechnung

Die relative Einzelkosten- und Deckungsbeitragsrechnung gilt als eine Sonderform der klassischen Teilkostenrechnung. Ziel dieses Ansatzes ist es, die Schwäche der Teilkostenrechnung bei der Gemeinkostenbehandlung bei Dienstleistungen zu beheben.

Kostenbegriff der relativen Einzelkosten- und Deckungsbeitragsrechnung
Die Grundlage der relativen Einzelkosten- und Deckungsbeitragsrechnung bildet der entscheidungsorientierte Kostenbegriff. Demnach werden solche Kosten berücksichtigt, die bei Entscheidungen über das jeweils betrachtete Objekt zusätzlich (bzw. weniger) anfallen [30].

Die Kostenzurechnung erfolgt nach dem Identitätsprinzip. Hierbei werden Kosten eindeutig sogenannten Bezugsobjekten zugerechnet. Beispiele sind qualitative, quantitative, räumliche und/oder zeitlich definierte Kalkulations- oder Untersuchungsobjekte, wie z. B. der Umsatz. Die Abgrenzung des Begriffs *Einzelkosten* erfolgt im Hinblick auf die Zurechenbarkeit zu dem definierten Bezugsobjekt. Zu diesen sog. relativen Einzelkosten zählen alle „Kosten […], die einem […] Bezugsobjekt eindeutig zurechenbar sind, weil sowohl die Kosten […] als auch das Bezugsobjekt auf einen gemeinsamen dispositiven Ursprung zurückgehen" [31]. Um die Kosten als Einzelkosten zu den jeweiligen Bezugsobjekten zuordnen zu können, werden alle Bezugsobjekte eines Unternehmens hierarchisch gegliedert [30]. Eine Bezugsobjekthierarchie kann z. B. aus den vier Elementen Gesamtumsatz – Leistungsprogramme – Dienstleistung – Auftragsposten bestehen. Die Einzelkosten des Gesamtumsatzes stellen Gemeinkosten für alle unteren Ebenen dar, die Einzelkosten der Leistungsprogramme sind Gemeinkosten für die Bezugsobjekte Dienstleistung und Auftragsposten usw. Neben dieser Einteilung erfolgt eine zeitliche Relativierung des Einzelkostenbegriffs. Die Kosten werden nicht nur auf die betrachteten Abrechnungsperioden bezogen, sondern es gibt z. B. tages-, monats-, quartals- oder jahresgebundene Kosten [32].

Vorgehen der relativen Einzelkosten- und Deckungsbeitragsrechnung
Die relative Einzelkosten- und Deckungsbeitragsrechnung sieht eine sogenannte Grundrechnung vor. Hierbei werden die Kosten den Bezugsobjekten zugeordnet, aufgrund derer sie, i. S. v. Einzelkosten, direkt entstanden sind. Hierzu werden in einem Kalkulationsschema all jene Bezugsobjekte aufgeführt, zu denen die Kosten direkt zugerechnet werden können und über die das Unternehmen Entscheidungen getroffen hat (horizontale Ebene). Zum anderen werden alle Kostenarten systematisch in Kostenkategorien eingeteilt, wobei zwischen Leistungskosten und Bereitstellungskosten unterschieden wird (vertikale Ebene) [30].

- Bereitstellungskosten bezeichnen jene Kosten, die unabhängig von Art, Menge und/oder Erlös des erstellten Produkts verursacht wurden. Sie entstehen auf Basis erwartungsbedingter Beschaffungs- und Bereitstellungsentscheidungen. Bei den Bereitstellungskosten erfolgt eine zeitraumbezogene Zurechnung der Einzelkosten. Sie können als fixe Kosten verstanden werden.
- Leistungskosten bezeichnen jene Kosten, die von der Art, Menge und/oder Preis der tatsächlich erstellten Leistung abhängen und sich bei Änderungen der Bedingungen des Beschaffungs-, Produktions- und Absatzprogramms verändern. Bei den Leistungskosten werden Einzelkosten anhand absatz-, erzeugnis- oder beschaffungsbedingter Bezugsgrößen zugerechnet. Sie können als variable Kosten verstanden werden.

Das Schema für eine Grundrechnung wird in Abbildung 8.13 dargestellt.

Kostenkategorien			Kostenarten	Bezugsobjekte				
Leistungskosten	absatz-bedingt	absatzwert-abhängig	Provisionen/ Lizenzen					
		absatzmengen-abhängig	Frachten/ Verpackung					
		auftragsbedingt	Frachten/ Verpackung					
	erzeugnis-bedingt	erzeugnis-unabhängig	Material/ Energie					
		sortenwechsel-bedingt	Material/ Energie					
		auftrags-gebunden	Sonder-vorrichtungen					
	beschaffungs-bedingt	beschaffungswert-abhängig	Wertzölle					
		beschaffungsmengen-abhängig	Wareneinstand					
		auftragsgebundene Nebenkosten	Frachten					
Mischkosten		absatzmengenabhängig e und monatlich gebundene Kosten	Lizenzen					
Bereitstellungs-kosten	Jahreseinzelkosten	schichtgebundene Kosten	Schichtzuschläg e					
		tagesgebundene Kosten	Fremddienste					
		monatsgebundene Kosten	Lohn bei monatlicher Kündigungsfrist					
		quartalsgebundene Kosten	Gehälter bei ¼ jährlicher Kündigungsfrist					
		jahresgebundene Kosten	Gewerbekapital-steuer					
	Jahresgemeinkosten	bis 2 Jahre gebunden	Mietvertrag 01.10. – 31.09.					
		2-5 Jahre gebunden	3-Jahres-Vertrag Leasing					
		mehr als 5 Jahre gebunden	10-Jahres-Vertrag Pacht					
	Kosten offener Perioden	nicht aktivierungs-pflichtige Jahresgemeinausgaben	Kauf geringst-wertiger WG					
			Werbeausgaben					
		aktivierungspflichtige Jahresgemeinausgaben	Großreparaturen					
			Fahrzeugkauf					

Abbildung 8.13 Grundrechnung der relativen Einzelkosten- und Deckungsbeitragsrechnung (eigene Darstellung i. A. a. FISCHER [30])

Flexible Grenzplankostenrechnung
Die flexible Grenzplankostenrechnung zielt auf eine möglichst präzise, betriebswirtschaftlich korrekte Abbildung der Kostenfunktionen und Kosteneinflussgrößen ab. Hierzu sieht dieser Ansatz der Kostenverteilung eine umfassende Verwendung direkter und indirekter Bezugsgrößen bei homogener und heterogener Kostenverursachung vor.

Vorgehen der flexiblen Grenzplankostenrechnung
Das Vorgehen zur flexiblen Grenzplankostenrechnung sieht einzig die Verteilung direkter Kosten vor. Aufgrund dieser Restriktion zunächst nicht zurechenbarer Kostenarten werden diese im Weiteren durch die Einführung von sog. Hilfs- bzw. Verrechnungsbezugsgrößen in direkte und damit zurechenbare Kosten überführt. So werden Verwaltungskosten entlang indirekter Bezugsgrößen der Herstellungskosten auf Kostenträger verteilt. Dieses Vorgehen beruht auf ermittelten Kostenbeziehungen, die unter Verwendung folgender instrumenteller Unterstützung ermittelt werden können:

1. Buchtechnische Verfahren zur Kostenauflösung.
2. Statistische Verfahren zur Kostenauflösung.
3. Analytische Verfahren zur Kostenauflösung.

Während buchtechnische Verfahren im Wesentlichen auf der gedanklichen Ermittlung von Kostenbeziehungen beruhen, versuchen statistische Verfahren, Kostenfunktionen und somit Abhängigkeiten zu ermitteln, auf Grundlage derer eine Kostenverteilung auf die entsprechenden Kostenstellen erfolgen kann. Hierzu werden die zu verteilenden Kosten und mögliche Bezugsgrößen langfristig unter Verwendung von Regressionsanalysen untersucht. Dementgegen versuchen analytische Verfahren, aus der Kenntnis technischer Zusammenhänge zwischen Faktoreinsatz- und Ausbringungsmenge eine Kostenverteilung zu ermöglichen.

Das jeweilige Verfahren zur Kostenauflösung muss für jede Kostenstelle umgesetzt werden, was zu einer hohen Komplexität der Rechnung und zu einer eingeschränkten Handhabbarkeit des Systems führt.

Prozesskostenrechnung
Die Prozesskostenrechnung stellt eine Sonderform der klassischen Vollkostenrechnung dar [28, 33]. Die Zielsetzungen dieses Ansatzes zur Kostenverteilung liegen in:

- der Erhöhung der Transparenz in den Gemeinkostenbereichen hinsichtlich bestehender Aktivitäten und ihrer Ressourceninanspruchnahme,
- der Optimierung der Prozesse hinsichtlich Qualität, Zeit und Effizienz,
- dem permanenten Gemeinkostenmanagement zur gezielten Kostenbeeinflussung der Gemeinkostenbereiche und
- der prozessorientierten Kalkulation.

Als Voraussetzung für die Durchführung einer Prozesskostenrechnung gilt, dass es sich bei der Erstellung der Leistung um repetitive Aktivitäten handelt, d. h., dass der Hauptprozess in fast identischer Weise wiederholt durchgeführt werden kann [34].

Vorgehen der Prozesskostenrechnung
In der Prozesskostenrechnung werden die angefallenen Kosten eines Betrachtungszeitraums gemäß der Kostenartenrechnung erfasst und in Einzel- und Gemeinkosten untergliedert. Die ermittelten Einzelkosten gehen im Folgenden sofort in die abschließende Kostenträgerrechnung ein. Dementgegen werden die Gemeinkosten zunächst entlang einer mehrstufigen, prozessorientierten Kostenstellenrechnung verarbeitet, bevor diese in der Kostenträgerrechnung den jeweiligen Kostenträgern zugeordnet werden. Im ersten Schritt der prozessorientierten Kostenstellenrechnung erfolgt die Zurechnung der Gemeinkosten zu den Kostenstellen (KoST) ihrer Entstehungsorte. Im Weiteren werden Tätigkeiten je Kostenstelle analysiert und listenartig strukturiert. Die wesentlichen repetitiven Tätigkeiten werden zu sogenannten Teilprozessen zusammengefasst. Sachlich zusammengehörige Teilprozesse werden in der Prozessverdichtung zu Hauptprozessen zusammengefasst. Auf Basis dieser Hauptprozesse wird die Verbindung zur Kostenträgerrechnung gebildet. Abschließend werden Einzel- und Prozesskosten durch Addition zu den Gesamtkosten der Kostenträger zusammengefasst (siehe Abbildung 8.14). Bei der Prozesskostenrechnung werden den Kostenträgern exakt jene Kosten zugerechnet, welche die Dienstleistung bei der Inanspruchnahme der jeweiligen Prozesse ausgelöst hat [34].

Mithilfe der Prozesskostenrechnung können anhand von Teilprozessen Teilleistungen berücksichtigt und auf Basis derer ein mögliches Mitwirken der Kunden dargestellt werden [36, 37]. Weiterhin können fixe Gemeinkosten verursachungsgerecht Kostenträgern zugerechnet werden, da diese nicht pauschal per Zuschlagskalkulation zu Einzelkosten addiert werden, sondern sich an den auslösenden Tätigkeiten orientieren [38]. Schließlich

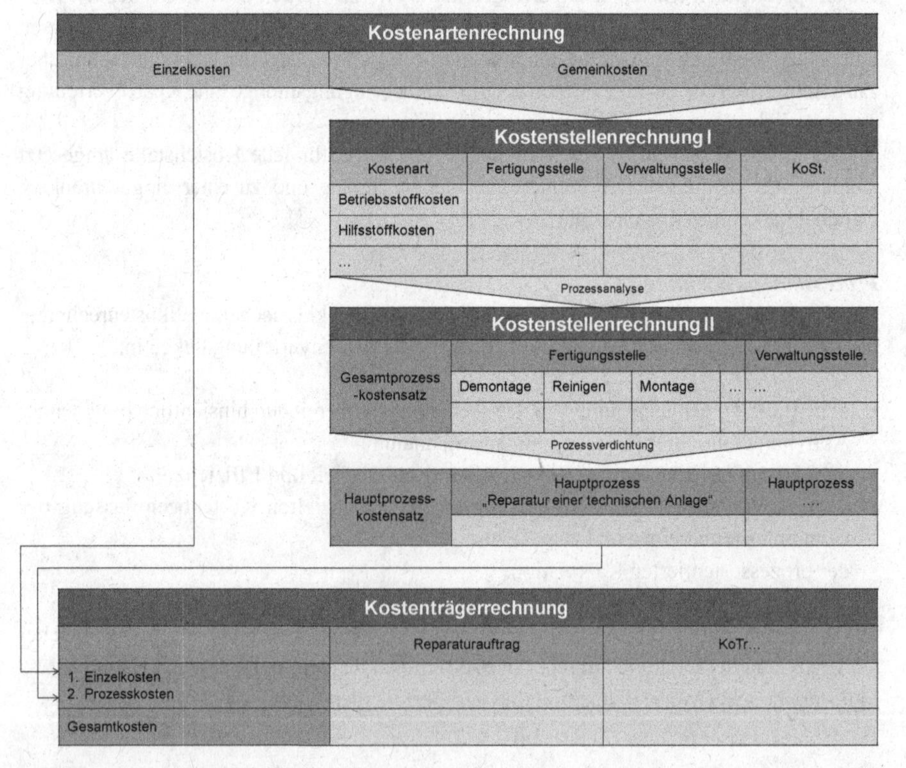

Abbildung 8.14 Vorgehen der Prozesskostenrechnung (eigene Darstellung i. A. a. Schmidt [35]

können auch Leerkosten durch einen Vergleich der Bereitschaftskosten mit den tatsächlichen Prozesskosten ermittelt werden [39].

8.2.5 Balanced Scorecard als integriertes Konzept des Controllings

Als Konzept für das Performance-Measurement und zur ganzheitlich integrierten Unternehmensführung entwickelt, soll die BSC die Defizite vorwiegend monetärer Kennzahlensysteme beheben. Ziel der BSC ist es, die Lücke zwischen der Entwicklung und Formulierung einer Strategie und ihrer Umsetzung zu schließen [s. u. a. 40]. Sie bietet dem Management ein umfassendes Instrumentarium, um die Vision und die Strategie eines Unternehmens in ein geschlossenes Bündel materieller Ziele und Kennzahlen zu übersetzen [7]. Sie bildet einen konzeptionellen Rahmen zur Übersetzung von Vision und Unternehmensstrategie in operative Größen, indem sie monetäre und nichtmonetäre Kennzahlen einbezieht [29]. Hierzu bildet sie die Unternehmensstrategie mittels Ursache-Wirkungsbeziehungen ab und trägt durch Ziele und Maßnahmenpläne zu deren Umsetzung bei. Die BSC ist geeignet, die Charakteristika eines Dienstleistungsunternehmens zu berücksichtigen [7, 11, 41–43]. Durch ihren Strategiefokus und ganzheitlichen Ansatz wird sie zu einem Instrument, das dem Denken in Beziehungen in Dienstleistungsunternehmen Rechnung trägt [41].

Elemente einer BSC

Der ausgewogene Einsatz von monetären und nichtmonetären Kennzahlen, von Früh- und Spätindikatoren, aber auch von kurz- und langfristigen Zielen bildet das Fundament der BSC. Die Ausgewogenheit wird durch den Einsatz unterschiedlicher – interner und externer – Perspektiven unterstützt. Für jede Perspektive werden strategiekonforme Ziele, Kennzahlen, Zielwerte bzw. Vorgaben und Maßnahmen entwickelt. Ausgerichtet an der *Unternehmensvision* und *-strategie* bilden die vier „klassischen" Perspektiven *Lernen/Entwickeln*, *Prozesse*, *Kunden* und *Finanzen* die Grundstruktur der BSC (siehe Abbildung 8.15).

Den Ausgangspunkt der Leistungsmessung bilden die *Vision* und das Leitbild eines Unternehmens. Daran ausgerichtet, spiegelt die BSC die Unternehmensstrategie, angefangen bei langfristigen finanzwirtschaftlichen Zielsetzungen, über Maßnahmen für Prozesse und Kunden bis hin zu den Mitarbeitern, die in der Lern- und Entwicklungsperspektive erfasst werden [40].

Die *Finanzperspektive* beinhaltet monetäre Kennzahlen, die einen Überblick über die wirtschaftlichen Folgen vergangener Aktionen bieten. Vergangenheitsorientiert zeigen sie auf, in welchem Umfang die Umsetzung der Unternehmensstrategie eine grundlegende Veränderung des Ergebnisses der Geschäftstätigkeit hervorgebracht hat.

Mittels der *Kundenperspektive* stellt die BSC jene Kunden- und Marktsegmente heraus, die durch das Unternehmen bearbeitet werden sollen. Kundenspezifische Maßgrößen erfassen neben der Zufriedenheit auch die Kundentreue, Kundenakquisition und Kundenrentabilität.

Die interne *Prozessperspektive* berücksichtigt jene kritischen Prozesse, denen der größte Einfluss auf die Erreichung der Unternehmensziele und auf die Kundenzufriedenheit zugerechnet wird. Entsprechend zielen die Kennzahlen dieser Perspektive auf die identifizierten Prozesse ab, berücksichtigen aber auch die Innovationsprozesse des Unternehmens.

Die *Lern- und Entwicklungsperspektive* bildet die Infrastruktur ab, die eine Organisation zur Sicherung des langfristigen Wachstums und der Verbesserung der aktuellen

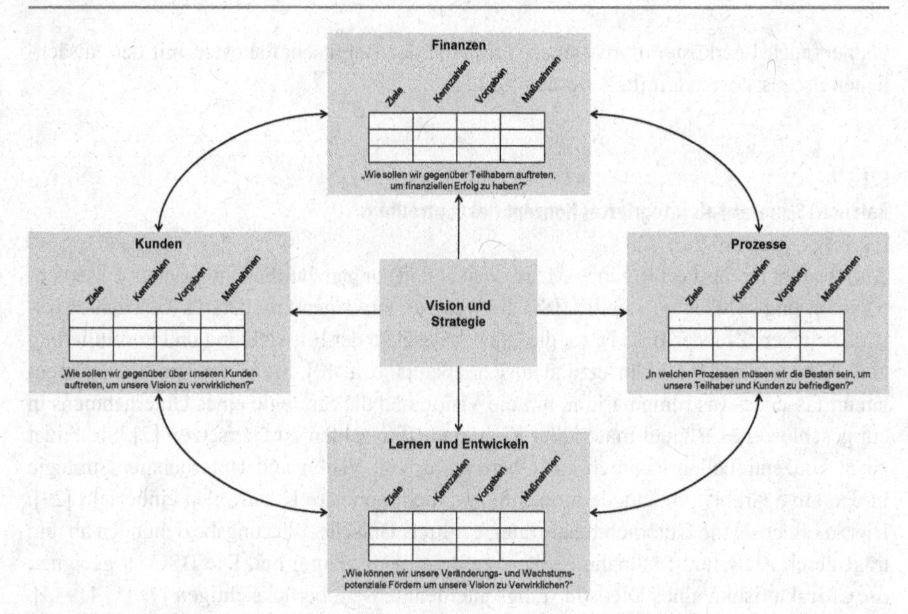

Abbildung 8.15 Balanced Scorecard zur Umsetzung von Vision und Strategie in operative Größen (eigene Darstellung i. A. a. Kaplan [40]

Situation bereitstellen muss. Entsprechend werden Personalkennzahlen erhoben und mit spezifischen treibenden Faktoren, die für den zukünftigen Erfolg relevante Indizes der speziellen Fertigkeiten enthalten, kombiniert.

Beispiele möglicher strategischer Ziele, Kennzahlen, Zielwerte und Maßnahmen zu den vorgestellten BSC-Perspektiven können der Abbildung 8.16 entnommen werden:

Aufbau einer BSC unter Berücksichtigung des Dienstleistungskontexts

Die Entwicklung einer Balanced Scorecard sollte als systematischer, wohlstrukturierter und logisch geschlossener Prozess vollzogen werden. Dieser Prozess soll Konsens und Transparenz darüber schaffen, wie Vision, Mission und Strategie eines Unternehmens in operative Zielgrößen sowie Kennzahlen und schließlich in wirkfähige Maßnahmen überführt werden können [40]. Zur Entwicklung einer BSC können fünf wesentliche Prozessschritte unterschieden werden [1]:

1. Strategische Ziele ableiten,
2. Ursache-Wirkungs-Beziehungen aufbauen,
3. Messgrößen auswählen,
4. Zielwerte festlegen und
5. strategische Aktionen bestimmen.

In den jeweiligen Schritten der Entwicklung einer BSC für industrielle Dienstleistungen gilt es allerdings, einige Anpassungen vorzunehmen, welche die Besonderheiten von Dienstleistern berücksichtigen [7]. Diese werden nachfolgend beschrieben.

Perspektive	Strategische Ziele	Kennzahlen	Zielwerte	Konkrete Maßnahmen
Finanzen	• Rendite verbessern	• ROI	• > 5 %	• Umsatzsteigerung & Verringerung des Umlaufvermögens
	• Wachstum beschleunigen	• Umsatz steigern	• Steigerung um > 20 %	• Kauf von Lizenzen & Internationalisierung
	• Innenfinanzierungskraft erhöhen	• Cashflow	• > 10 Mio. €	• Erhöhung der Einzahlungen & Verringerung der Auszahlungen
Kunde	• Kundenwünsche identifizieren und erfüllen	• Kundenzufriedenheitsindex	• Note 2.0 auf einer Schulnotenskala von 1 – 6	• Kundenbefragungen & Beschwerdemanagement
	• Kunden langfristig binden	• Wiederkaufrate steigern	• Steigerung auf > 70 %	• Unterhaltung von Kundenclubs & Rabatt sowie Bonussysteme
	• neue Kunden gewinnen	• Neukundenquote steigern	• Steigerung auf > 40 %	• Ansprache neuer Zielgruppen & Bearbeitung neuer Märkte
Prozesse	• Innovationskraft erhöhen	• Innovationsquote steigern	• > 25 %	• Innovation in F&E sowie Benchmarking
	• erfolgreiche Dienstleistungen entwickeln	• Floprate senken	• <15 %	• Marktforschung, um Kundenbedürfnisse besser zu erkennen
	• Leistungsfähigkeit des Services steigern	• Angebotserfolgsquote steigern	• > 70 %	• Außendienstschulung & Verbesserung des Preis- / Leistungsverhältnisses
Lernen & Entwickeln	• Mitarbeiterqualifikation erhöhen	• Schulungsquote steigern	• > 40 %	• Schulungsbedarf ermitteln & Weiterbildungsangebot entwickeln
	• Mitarbeiterwissen kapitalisieren	• Verbesserungsvorschlagsquote steigern	• > 15 %	• Einführung eines Prämiensystems & innerbetrieblichen Vorschlagswesens
	• Mitarbeitermotivation erhöhen	• Mitarbeiterzufriedenheit steigern	• Note 2.2 auf einer Schulnotenskala von 1 – 6	• Mitarbeiterbefragung & Einführung eines Prämiensystems

Abbildung 8.16 Beispiel einer Balanced Scorecard (eigene Darstellung i. A. a. Schneider [44]

Strategische Ziele ableiten

Die Vision und Strategie eines Unternehmens bilden den Ausgangspunkt zur Entwicklung der BSC. Zur Definition der Dienstleistungsvision empfehlen Schuh et al. [7], neben der Berücksichtigung von Anforderungen des Zielmarktes auch die innerbetrieblichen Abläufe sowie Ressourcen und Fähigkeiten einzubeziehen. Da das Spektrum industrieller Dienstleister von einer Unterstützung des Kerngeschäfts bis hin zu ausgegliederten, eigenständigen Servicebereichen reichen kann, können hier erhebliche Unterschiede vorliegen.

Auf Vision und Strategie aufbauend, werden strategische Ziele für den Service entwickelt, relevante Ziele ausgewählt und abschließend dokumentiert [29]. Im Falle industrieller Dienstleistungen sollten neben der Vision auch die erfolgskritischen Erwartungen der Kunden an Art und Umfang der Dienstleistung berücksichtigt werden. Der Prozess der Zielentwicklung und -auswahl wird wesentlich durch die Verwendung der Perspektiven einer BSC unterstützt. Die Möglichkeit einer flexiblen Gestaltung der Systemstruktur einer BSC gestattet die Anpassung im Sinne industrieller Dienstleistungen. Beispiele möglicher Perspektiven für industrielle Dienstleister sind *Finanzen, interne Geschäftsprozesse, Kundenperspektive* sowie *Lernen und Innovationen.* Generell soll der Fokus stärker auf Mitarbeiter sowie Kunden liegen, als dies in der produzierenden Industrie erforderlich ist [7].

Ursache-Wirkungs-Beziehungen aufbauen

Im Folgeschritt werden die strategischen Ziele den jeweiligen Perspektiven zugeordnet und ihre Ursache-Wirkungs-Beziehung aufgebaut. Dies stellt die Perspektiven der BSC in einen logischen Zusammenhang und visualisiert die erfolgsrelevanten Zusammenhänge und Einflüsse im Unternehmen. Zunächst werden die möglichen Ursache-Wirkungs-Beziehungen dargestellt, analysiert und abschließend die strategisch relevanten Beziehungen herausgearbeitet. Der Aufbau von Ursache-Wirkungs-Beziehungen bildet die Basis zur Abbildung der relevanten Zusammenhänge und spezifischen Gegebenheiten des betrachteten Unternehmens. Dabei sollten die Kosten- und Werttreiber für die Unternehmensaktivitäten berücksichtigt werden [45].

Messgrößen auswählen

Die Auswahl der Messgrößen umfasst neben der Erarbeitung von Vorschlägen für geeignete Messgrößen auch deren Auswahl und schließlich die Sicherstellung der Implementierung [1]. Die zu erarbeitenden, auszuwählenden und zu implementierenden Messgrößen müssen ein ausgewogenes Bild der Dienstleistungsvision, der Kundenanforderungen und der strategischen Ziele zeichnen [7]. Die konkrete Auswahl erfolgt dabei in Abhängigkeit des situativen Kontextes des Dienstleistungsunternehmens.

Zielwerte festlegen

Um die BSC zum Zwecke des Performance-Measurements nutzen zu können, muss jeder Messgröße ein Zielwert zugeordnet werden. Während für die strategischen Ziele der Finanzperspektive meist konkrete Zielvorgaben verfügbar sind, liegen diese für die weiteren Perspektiven einer BSC vielfach nicht vor. Horváth empfiehlt zur Bestimmung und Festlegung von Zielwerten die Schaffung einer Vergleichsbasis, die Berücksichtigung von Zeitverläufen, die Definition von Schwellenwerten und schließlich die Dokumentation der festgelegten Zielwerte [1]. Die Festlegung von Zielwerten kann dabei entweder vollständig interaktiv im Rahmen von Workshops erarbeitet oder auf Basis vorbereiteter Zielwerte diskutiert und verabschiedet werden.

Strategische Aktionen ableiten

Aus den Zielen müssen Maßnahmen abgeleitet werden, welche zur Zielerreichung auf operativer Ebene umgesetzt werden können. Den Maßnahmen müssen Verantwortliche und Ressourcen zugeteilt werden, damit die Realisierung gewährleistet werden kann. Durch regelmäßige Datenerhebungen und den Vergleich von Ist- und Sollwerten kommt es zur Kontrolle und zur Möglichkeit, Anpassungen im Unternehmen vorzunehmen und damit Maßnahmen zu beschließen. Zusätzlich sollte die BSC an ein Anreizsystem zur Mitarbeiterführung gekoppelt werden.

Wichtig für den Erfolg und für eine optimale Nutzung des Systems ist die Kommunikation über den Entwicklungsprozess der BSC im Unternehmen und das Informationssystem des Unternehmens. Letzteres muss die Daten liefern, mit denen man die Zielerreichung überprüfen kann. Die Abbildung und Dokumentation sämtlicher Ziele, Kennzahlen, Zielwerte, Maßnahmen sowie der Ursache-Wirkungs-Beziehungen erfolgt in einer Strategy-Map [46].

Literatur

1. Horváth, P. (2008). *Controlling* (11., vollst. überarb. Aufl.). München: Vahlen.
2. Bruhn, M. & Stauss, B. (2005). Dienstleistungscontrolling – Einführung in die theoretischen und praktischen Poblemstellungen. In: Bruhn, M. & Stauss, B. (Hrsg.). *Dienstleistungscontrolling: Forum Dienstleistungsmanagement* (1. Aufl.). Wiesbaden: Gabler. S. 3–30.

3. Borrmann, A. (2003). Service-Controlling für produzierende Unternehmen. In: Klocke, F., Schmitt, R., Schuh, G. & Brecher, C. (Hrsg.). *Berichte aus der Produktionstechnik*. Aachen: Shaker. Zugl. Dissertation RWTH Aachen.
4. Mann, A. (1998). *Erfolgsfaktor Service – strategisches Servicemanagement im nationalen und internationalen Marketing*. Wiesbaden: Deutscher Universitäts-Verlag.
5. Reckenfelderbäumer, M. (2005). Konzeptionelle Grundlagen des Dienstleistungscontrolling – Kritische Bestandsaufauhme und Perspektiven der Weiterentwicklung zu einem Controlling deI KundenintegIation. In: Bruhn, M. & Stauss, B. (Hrsg.). *Dienstleistungscontrolling: Forum Dienstleistungsmanagement* (1. Aufl.). Wiesbaden: Gabler. S. 31–54.
6. Heskett, J. L., Sasser, W. E., Jr. & Schlesinger, L. A. (1997). *The service profit chain – How leading companies link profit and growth to loyalty, satisfaction, and value*. New York: Free Press – Simon & Schuster.
7. Schuh, G., Friedli, T. & Gebauer, H. (2004). *Fit for Service – Industrie als Dienstleister*. München: Hanser.
8. Meffert, H. & Bruhn, M. (2009). *Dienstleistungsmarketing: – Grundlagen – Konzepte – Methoden* (6., vollständig neu bearbeitete Aufl.). Wiesbaden: Gabler.
9. Bruhn, M. (2008). *Qualitätsmanagement für Dienstleistungen – Grundlagen, Konzepte, Methoden* (7., überarb. u. erw. Aufl.). Berlin: Springer.
10. Fitzsimmons, J. A. & Fitzsimmons, M. J. (2008). *Service management – Operations, strategy, information technology* (6. Aufl.). Boston: McGraw-Hill/Irwin.
11. Schäffer, U. & Weber, J. (2002). Thesen zum Controlling. In: Weber, J. & Hirsch, B. (Hrsg.). *Controlling als akademische Disziplin: eine Bestandsaufnahme* (1. Aufl.). Wiesbaden: Deutscher Universitäts-Verlag. S. 91–98.
12. Haller, S. (2005). *Dienstleistungsmanagement – Grundlagen – Konzepte – Instrumente* (3., aktualisierte und erweiterte Aufl.). Wiesbaden: Gabler.
13. Lelke, F. (2005). *Kennzahlensysteme in konzerngebundenen Dienstleistungsunternehmen unter besonderer Berücksichtigung der Entwicklung eines wissensbasierten Kennzahlengenerators*. Dissertation Universität Duisburg-Essen. Essen: Duepublico.
14. Reichmann, T. & Lachnit, L. (1977). Kennzahlensysteme als Instrument zur Planung, Steuerung und Kontrolle von Unternehmen. *Fachzeitschrift Maschinenbau. 1977* (9). S. 45–53.
15. Grönroos, C. (1984). A service quality model and its marketing implications. *European Journal of Marketing. 18* (4). S. 36.
16. Parasuraman, A., Zeithaml, V. A. & Berry, L. L. (1985). A conceptual model of service quality and its implications for future research. *European Journal of Marketing. 49* (4). S. 41–50.
17. Oliver, R. L. (1980). A cognitive model of the antecedents and consequences of satisfaction decisions. *Journal of Marketing Research. 17* (4). S. 460–469.
18. Hentschel, B. (1992). *Dienstleistungsqualität aus Kundensicht – vom merkmals- zum ereignisorientierten Ansatz*. Wiesbaden: Deutscher Universitäts-Verlag.
19. Stauss, B. (2000). „Augenblicke der Wahrheit" in der Dienstleistungserstellung – Ihre Relevanz und ihre Messung mit Hilfe der Kontaktpunktanalyse. In: Bruhn, M. & Stauss, B. (Hrsg.). *Dienstleistungsqualität – Konzepte, Methoden, Erfahrungen* (3. Aufl.). Wiesbaden: Gabler Verlag. S. 321–340.
20. Hinterhuber, H. H. & Matzler, K. (2008). *Kundenorientierte Unternehmensführung – Kundenorientierung – Kundenzufriedenheit – Kundenbindung* (6., überarb. Aufl.). Wiesbaden: Betriebswirtschaftlicher Verlag Gabler.
21. Lindqvist, L. J. (1987). Quality and service value in the service consumption. In: Surprenant, C. F. (Hrsg.). *Add value to your service*. Chicago: American Marketing Association. S. 17–20.
22. Zeithaml, V. A. Parasuraman, A. & Berry, L. L. (1992). *Qualitätsservice – was Ihre Kunden erwarten – was Sie leisten müssen*. Frankfurt a. M.: Campus-Verlag.
23. Luczak, H. & Drews, P. (2005). *Praxishandbuch Service-Benchmarking – Methodik, Kennzahlen, Handlungshilfen und Internet-basierte Unterstützung für die Benchmarkingpraxis im Service am Beispiel der Baumaschinen-Industrie* (1. Aufl.). Landsberg am Lech: Service-Verlag. Fischer.
24. Dyckhoff, H. & Allen, K. (1999). Theoretische Begründung einer Effizienzanalyse mittels Data Envelopment Analysis (DEA). *Zeitschrift für betriebswirtschaftliche Forschung. 51* (5). S. 411–436.

25. Sibbel, R. (2003). *Produktion integrativer Dienstleistungen – Kapazitätsplanung und Organisationsgestaltung am Beispiel von Krankenhäusern*. Habilitationsschrift Universität Bayreuth. 2003. Wiesbaden: Deutscher Universitäts-Verlag.
26. Lachnit, L. & Müller, S. (2006). *Unternehmenscontrolling – Managementunterstützung bei Erfolgs-, Finanz-, Risiko- und Erfolgspotenzialsteuerung* (1. Aufl.). Wiesbaden: Gabler.
27. Stührenberg, L., Streich, D. & Henke, J. (2003). *Wertorientierte Unternehmensführung – Theoretische Konzepte und empirische Befunde*. Wiesbaden: Deutscher Universitäts-Verlag.
28. Coenenberg, A. G. (2003). *Kostenrechnung und Kostenanalyse* (3., überarb. und erw. Aufl.). Stuttgart: Schäffer Poeschel.
29. Horváth, P. (2006). *Controlling* (10., vollst. überarb. Aufl.). München: Vahlen.
30. Fischer, R. (2000). *Dienstleistungs-Controlling – Grundlagen und Anwendungen. Dissertation Universität Bochum*. Wiesbaden: Gabler.
31. Riebel, P. (1994). *Einzelkosten- und Deckungsbeitragsrechnung – Grundfragen einer markt- und entscheidungsorientierten Unternehmensrechnung* (7., überarbeitete und wesentlich erweiterte Aufl.). Wiesbaden: Gabler.
32. Gudergan, G. & Eichmann, S. (2003). *Entwicklung eines Methodenbaukastens zur Steigerung der Servicequalität*. Aachen: FIR e. V. an der RWTH Aachen.
33. Olfert, K. (2005). *Kostenrechnung* (14., aktualisierte u. durchges. Aufl.). Ludwigshafen (Rhein): Kiehl.
34. Plinke, W. & Rese, M. (2006). *Industrielle Kostenrechnung – eine Einführung* (7., bearb. Aufl.). Berlin: Springer.
35. Schmidt, A. (2008). *Kostenrechnung – Grundlagen der Vollkosten-, Deckungsbeitrags- und Planungskostenrechnung sowie des Kostenmanagements* (5., überarb. und erw. Aufl.). Stuttgart: Kohlhammer.
36. Dickhardt, R., Jung Erceg, P., Kinkel, S. & Lay, G. (2004). Kostenerfassung produktbegleitender Dienstleistungen in einem Industriebetrieb. *Zeitschrift für Controlling und Management. 48* (2). S. 134–139.
37. Lay, G. (2003). Kostenerfassung und -zurechnung bei produktbegleitenden Dienstleistungen. In: Kinkel, S., Erceg, P. J. & Lay, G. (Hrsg.). *Controlling produktbegleitender Dienstleistungen: Methoden und Praxisbeispiele zur Kosten- und Erlössteuerung.* Heidelberg: Physica-Verlag. S. 13–25.
38. Möller, K. & Cassack, I. (2008). Prozessorientierte Planung und Kalkulation (kern-) produktbegleitender Dienstleistungen. *Zeitschrift für Planung & Unternehmenssteuerung. 19* (2). S. 159–184.
39. Niemand, S. (1996). *Target Costing für industrielle Dienstleistungen*. München: Verlag Franz Vahlen.
40. Kaplan, R. S. & Norton, D. P. (1997). *Balanced scorecard – Strategien erfolgreich umsetzen.* Stuttgart: Schäffer-Poeschel.
41. Meffert, H. & Bruhn, M. (2006). *Dienstleistungsmarketing – Grundlagen – Konzepte – Methoden* (5. Aufl.). Wiesbaden: Gabler.
42. Zeithaml, V. A., Bitner, M. J. & Gremler, D. D. (2005). *Services marketing – Integrating customer focus across the firm* (4. Aufl.). Boston: McGraw-Hill.
43. Coners, A. (2007). *Strategie- und prozessorientiertes Kostenmanagement mit balanced scorecard, Prozesskostenrechnung und time driven activity based costing – Darstellung der Controllinginstrumente und deren Anwendung im Dienstleistungssektor*. Dissertation Universität Münster.
44. Schneider, W. & Hennig, A. (2008). *Lexikon Kennzahlen für Marketing und Vertrieb – das Marketing-Cockpit von A – Z* (2., vollst. überarb. u. erw. Aufl.). Berlin: Springer.
45. Woratschek, H., Roth, S. & Schafmeister, G. (2005). Dienstleistungscontrolling unter Berücksichtigung verschiedener Wertschöpfungskonfigurationen. In: Bruhn, M. & Stauss, B. (Hrsg.). *Dienstleistungscontrolling: Forum Dienstleistungsmanagement* (1. Aufl.). Wiesbaden: Gabler. S. 253–274.
46. Kaplan, R. S. & Norton, D. P. (2001). *The strategy-focused organization – How balanced scorecard companies thrive in the new business environment*. Boston: Harvard Business School Press.

9 Organisation industrieller Dienstleistungen

Günther Schuh, Gerhard Gudergan und Gregor Klimek

Kurzüberblick

Im Zuge der fortschreitenden Angebotserweiterung um industrielle Dienstleistungen und immer komplexere Leistungssysteme sehen sich Industriegüterunternehmen vor der Herausforderung, ihre Organisationsstrukturen um- oder sogar neu zu gestalten. Neben der Auflösung der stark produktorientierten und häufig hierarchischen Organisationsstrukturen ist die Einführung von Center-Konzepten oder sogar unabhängigen Dienstleistungsbereichen zu einem Erfolgsgaranten für das Dienstleistungsgeschäft geworden.

Im folgenden Kapitel werden aufbauend auf den generischen Formen der Unternehmensorganisation verschiedene Möglichkeiten zur Einbindung der Dienstleistungseinheiten in das Unternehmen vorgestellt und vor dem Hintergrund der verschiedenen Entwicklungsstufen des Dienstleistungsgeschäfts diskutiert. Im Anschluss werden die verrichtungsorientierte und objektorientierte Gliederung für die Ausgestaltung der Dienstleistungseinheiten vorgestellt. Abschließend werden die verschiedenen Auftragsformen und der Umfang des Leistungsangebots als Einflussfaktoren der Organisationsstrukturierung diskutiert.

9.1 Einführung in die Organisation industrieller Dienstleistungen

Immer mehr Industrieunternehmen, wie z. B. Unternehmen des Maschinen- und Anlagenbaus, nutzen die Möglichkeit zur Differenzierung durch das Angebot produktbegleitender

G. Schuh (✉) · G. Gudergan · G. Klimek
52074 Aachen, Deutschland
E-Mail: g.schuh@wzl.rwth-aachen.de

G. Schuh et al. (Hrsg.), *Management industrieller Dienstleistungen*,
DOI 10.1007/978-3-662-47256-9_9, © Springer-Verlag Berlin Heidelberg 2016

Dienstleistungen. Damit reagieren sie zum einen auf die gestiegene Nachfrage nach industriellen Dienstleistungen und zum anderen auf den erhöhten Wettbewerbsdruck durch Internationalisierung. Insbesondere dem Preisdruck der Nachfragerseite versuchen produzierende Unternehmen zu entgehen, indem sie das Angebot durch zusätzliche Dienstleistungen erweitern und verbessern [1].

Die Organisationsstruktur eines Unternehmens bildet dabei das Fundament für den wirtschaftlichen Erfolg. Sowohl Aufbau- als auch Ablauforganisation müssen auf den Unternehmenszweck abgestimmt sein, um so eine effektive und effiziente Leistungserstellung zu gewährleisten und die Prozesse optimal zu unterstützen [2]. Insbesondere Unternehmen, die traditionell als Produzenten tätig waren und aufgrund des gestiegenen Wettbewerbsdrucks ihr Angebot auf die Erstellung produktbegleitender Dienstleistungen ausweiten, werden mit der zusätzlichen Schwierigkeit konfrontiert, die historisch gewachsenen, traditionell sachgutorientierten Unternehmensstrukturen aufzubrechen, um die Organisation umzugestalten und so eine gewinnbringende Dienstleistungserbringung zu ermöglichen [3].

Erfolgreiche Kundenbindung und die damit verbundene professionelle Dienstleistungserbringung sind dabei jedoch keine Herausforderungen, die sich nur auf einzelne Funktionsbereiche im Unternehmen beschränken, sondern müssen im gesamten Unternehmen verankert sein. Dabei wird die Einbindung des Services als Profit-Center von den Unternehmen als die Organisationsform der Zukunft angesehen, so die Ergebnisse der KVD-Studie 2010 [4].

Dienstleistungsunternehmen erstellen ihre Leistung unter Bedingungen, die sich von der Sachgutproduktion wesentlich unterscheiden. Dienstleistungen sind nicht lagerfähig, werden simultan erstellt, abgesetzt und konsumiert, beinhalten weitgehend immaterielle Bestandteile und erfordern die Mitwirkung des Kunden. Auch die Heterogenität der Kunden hat einen Einfluss auf die zur Leistungserstellung notwendigen Prozesse. Diese Rahmenbedingungen müssen bei den Entscheidungen zur Gestaltung einer Aufbau- und Ablauforganisation beachtet werden und die organisatorischen Strukturen an diese besonderen Bedingungen angepasst werden.

Durch die Integration des Kunden und die Immaterialität des Dienstleistungsergebnisses sowie das damit verbundene Uno-actu-Prinzip ist der Prozess der Dienstleistungserstellung für die Zufriedenheit des Kunden verantwortlich. Denn der Prozess selbst stellt die Leistung für den Kunden dar, wie z. B. die Instandhaltung von Maschinenparks und Gebäuden. Daraus ergibt sich die Notwendigkeit für Dienstleistungsunternehmen, die Aufbauorganisation prozessorientiert zu gestalten, um so eine Unternehmensstruktur zu schaffen, die dazu beiträgt, die geplante Qualität der Dienstleistung zu erbringen, zu sichern und stetig zu verbessern. Hier wird die enge Verzahnung von Aufbau- und Ablauforganisation bei der Betrachtung von Dienstleistungsunternehmen besonders deutlich [2].

Innerhalb der internen Perspektive des diesem Buch zugrundeliegenden Ordnungsrahmens ist die Unternehmensorganisation neben den Ordnungselementen *Ressourcen*, *Kultur*, *IT-Systeme*, *Strategie* (einschließlich Entwicklungsmodi) ein den Geschäftsprozessen übergeordneter Teilbereich. Aufgrund der vielfältigen Beziehungen und Interaktionen der Unternehmensorganisation mit den weiteren Ordnungselementen sowie den Elementen der externen Perspektive ist die Unternehmensorganisation ein zentraler Baustein innerhalb des Ordnungsrahmens für industrielle Dienstleistungen. Die Organisationsstruktur wiederum stellt eine wichtige Grundlage für die Unternehmensprozesse dar. So können die

Unternehmensprozesse nur innerhalb der Rahmenbedingungen, die durch die Organisationsstruktur vorgegeben werden, gestaltet werden. So erfordert die verstärkte Integration des Kunden in die Dienstleistungsentwicklung und -erbringung auch eine von flacheren Hierarchien und höheren Eigenverantwortlichkeiten geprägte Organisationsstruktur. Werden bspw. Betreibermodelle angeboten, ist die Unternehmensorganisation darauf auszurichten, schnell und flexibel auf die jeweiligen Kundenbedürfnisse zu reagieren.

In den folgenden Kapiteln werden grundlegende organisationstheoretische Modelle vorgestellt und es wird dargestellt, inwieweit sie für den Aufbau der Organisation und für das Angebot industrieller Dienstleistungen geeignet sind.

9.1.1 Ziele und Definition der Organisation industrieller Dienstleistungen

Das Ziel der aufbauorganisatorischen Arbeit ist es, möglichst reibungsfreie Prozessabläufe durch gezielte Integration bzw. Separation von Abteilungen und Tätigkeitsfeldern sowie deren Koordination zu gewährleisten. Dem instrumentellen Organisationsbegriff entsprechend, stellt die Organisation eines Dienstleistungsunternehmens ein Instrument dar, das durch Regelungen, wie z. B. Aufgabenverteilungen, Kompetenzverteilungen und Weisungsbefugnisse, der Komplexität eines Dienstleistungsunternehmens eine Struktur gibt [5]. Durch die Strukturierung der vielfältigen Prozesse können diese im Hinblick auf die Erreichung der Unternehmensziele kontrolliert und gesteuert werden.

In der klassischen Organisationslehre werden die Begriffe Aufbau- und Ablauforganisation unterschieden, die bereits in den 70er Jahren von Kosiol [6] geprägt wurden. Demnach bezieht sich die Aufbauorganisation „insbesondere auf die Gliederung der Unternehmung in aufgabenteilige Einheiten und ihre Koordination“, und die Ablauforganisation beschäftigt sich mit der „raumzeitlichen Strukturierung der Arbeits- und Bewegungsvorgänge“ [6]. Das heißt, dass die Aufbauorganisation die Struktur des Dienstleistungsunternehmens bestimmt und die Aufgabenbereiche festlegt. Die Ablauforganisation hingegen regelt, wie die Aufgaben zu erfüllen sind, und legt somit den Ablauf der konkreten Tätigkeiten fest, die im Prozessablauf auch unterschiedliche Verantwortungsbereiche durchlaufen können [7].

Der charakteristische Unterschied zwischen „Aufbau- und Ablauforganisation“ und der „Prozessorganisation“ besteht darin, dass es für die Prozessorganisation nicht notwendig ist, dass bereits eine Aufbauorganisation entwickelt wurde. Die Prozessorganisation kann sogar als Fundament für die Gestaltung einer Aufbauorganisation herangezogen werden und so strukturgebend wirken. Die Organisationsstruktur wird dann an den Abläufen des Unternehmens ausgerichtet. Ziel der Prozessorganisation ist eine ganzheitliche Betrachtung des Unternehmensgeschehens, welche damit auch funktionsübergreifend stattfindet [8].

In der Dienstleistungsbranche geht der Trend dahin, Kompetenzen zu dezentralisieren und auf niedrigere Hierarchieebenen zu verlagern. Dieser Ansatz ist für Dienstleistungsunternehmen von besonderer Bedeutung, da eine dezentrale Entscheidungskompetenz die Grundlage für eine hohe Servicequalität darstellt und die Sicherstellung der damit verbundenen Kundenzufriedenheit, -bindung und -treue ermöglicht. Die direkte Nähe der Kompetenzen zum Kunden verkürzt z. B. Reaktionszeiten und Entscheidungswege [9].

9.2 Aufgaben der Organisation

In Abhängigkeit von der strategischen und operativen Ausrichtung eines industriellen Dienstleisters sind verschiedene Organisationstypen bzw. -ausprägungen vorzufinden bzw. einzusetzen. Bei der Entwicklung und nachfolgenden Implementierung neuer Organisationsstrukturen oder auch Anpassung bestehender Aufbauorganisationen sind die Anforderungen der Umweltsphären und der Anspruchsgruppen adäquat abzubilden. Je nach Organisationsstruktur sind Vorteile sowie Nachteile im Hinblick auf die effiziente und effektive Erbringung der Leistung festzustellen, die unter Berücksichtigung der strategischen Zielsetzung abzuwägen sind.

9.2.1 Grundlegende Organisationsstrukturen

Die Gestaltung des Leitungssystems im Rahmen der Aufbauorganisation eines Unternehmens bildet die hierarchischen Strukturen ab und wird in der Literatur auch als Aufbauorganisation im engeren Sinne bezeichnet. Durch die Gestaltung des Leitungssystems werden nicht nur die Machtbeziehungen im Unternehmen bestimmt, sondern auch die Zusammenarbeit der einzelnen Abteilungen geregelt. Es können zwei Basisvarianten von Leitungssystemen unterschieden werden, das Einlinien- und das Mehrliniensystem.

Einlinien-Organisation
Das Einliniensystem entspricht dem traditionellen Idealtyp aufbauorganisatorischer Gestaltung [9]. Dabei werden sämtliche Stellen des Systems mit einer Linie verknüpft. In Abbildung 9.1 wird der exemplarische Aufbau eines Einliniensystems dargestellt.

In diesem Beispiel stellt die „Geschäftsleitung" die höchste hierarchische Position dar, die z. B. mit einem Mitarbeiter des „Technischen Services" über nur eine Linie verbunden ist. Zwischen allen Stellen des Systems existiert nur ein Verbindungsweg. Dieser repräsentiert die Kommunikationswege, den Weg der Anweisungen und den Berichtsweg, von der Unternehmensspitze bis hin zur operativen Ebene.

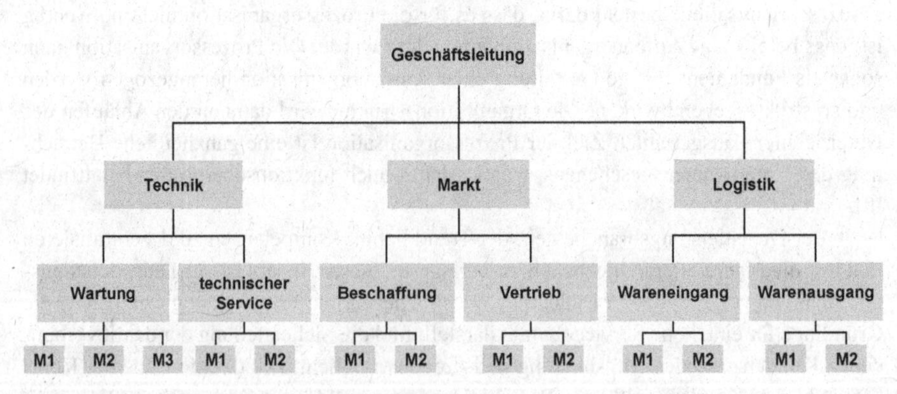

Abbildung 9.1 Einliniensystem (eigene Darstellung)

Vorteil In Dienstleistungsunternehmen, deren Aufbauorganisation nach dem Prinzip eines Einliniensystems gestaltet ist, sind die Weisungs- und Berichtsbeziehungen dadurch eindeutig und unmissverständlich definiert. So erhält bspw. der Leiter der Wartung seine Arbeitsanweisungen ausschließlich vom Leiter der Technik.

Nachteil Aus diesem sehr strukturell angelegten Kommunikationsprinzip folgen allerdings lange Informationswege und Informationsdurchlaufzeiten. Eine Überlastung der oberen Instanzen, vor allem in Zeiten erhöhten Auftragsaufkommens, ist nicht selten, was sich durch quantitative und qualitative Überbeanspruchung zeigt. Die oberen Instanzen werden in diesem Fall häufig mit Informationen konfrontiert, die durch eine hohe Komplexität und Diversität zu Überforderung führen.

Diese Nachteile des Einliniensystems sollen durch das Konzept des Mehrliniensystems beseitigt werden.

Mehrliniensystem

Indem die organisatorischen Einheiten in einem Mehrliniensystem verknüpft werden, können jeweils Fachkompetenzen mit Berichten, Informationen und Aufträgen direkt versorgt werden.

Vorteil Einzelne Instanzen werden hinsichtlich der Informationsverarbeitung entlastet sowie die Entscheidungsfindung entzerrt [9]. Die Informationen fließen direkt zu den organisatorischen Einheiten, denen sie inhaltlich zugeordnet werden können. Als Folge entstehen kurze und dadurch auch schnelle Informations- und Reaktionswege, die als Schlüsselgröße für die wahrgenommene Servicequalität den Erfolg des Dienstleistungsunternehmens signifikant beeinflussen. Entscheidungen werden statt durch einen Vorgesetzten von mehreren Führungskräften, denen jeweils auf ihr Fachgebiet beschränkte Zuständigkeiten zugeteilt werden, getroffen.

Nachteil Durch die unterschiedlichen, mehrfachen Informations-, Weisungs- und Entscheidungsbefugnisse können einzelne Einheiten bzw. Fachbereiche unübersichtlich mit Berichten, Anforderungen und Problemen überlastet werden. Dementsprechend ist eine sorgfältige und stabile Koordination der Aktivitäten aller am Entscheidungsprozess Beteiligten notwendig.

Abbildung 9.2 stellt exemplarisch das Konzept des Mehrliniensystems dar.

Alternativ kann die qualitative und quantitative Entlastung der Instanzen auch durch die Einrichtung von Stabstellen erfolgen, wie sie in der Stab-Linien-Organisation vorgesehen ist [10].

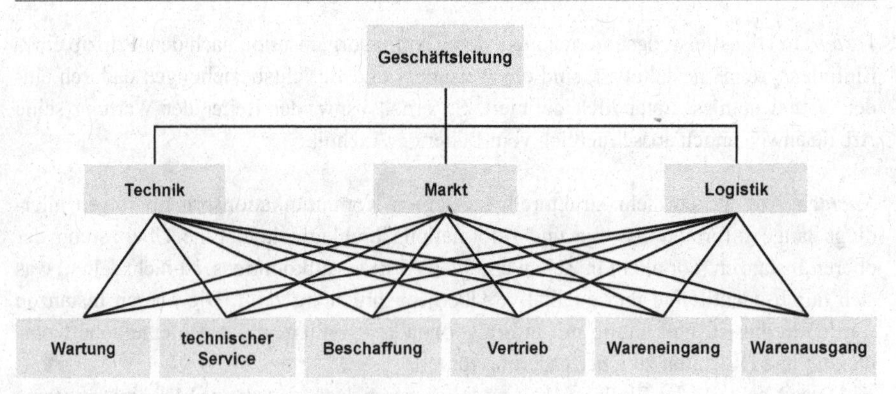

Abbildung 9.2 Mehrliniensystem (eigene Darstellung)

Stab-Linien-Organisation

Das Stab-Linien-System ist eine Weiterentwicklung des Einliniensystems und folgt der Idee, die Linieninstanzen durch die Zuordnung sogenannter Stabseinheiten zu entlasten [9]. Die Aufgaben der Stabstellen umfassen nur die Funktionen der Beratung und beinhalten damit keine Entscheidungsbefugnisse. Die Stäbe liefern den Linieninstanzen vielmehr die notwendigen Informationen und Datengrundlagen, welche als Entscheidungsgrundlage dienen und damit die Basis für die Entscheidungen darstellen.

Vorteil Die Stab-Linien-Organisation stellt der Managementebene strukturelle Lösungen zur Verfügung, durch die einer Überbeanspruchung der Führungskräfte und der Linieninstanzen entgegengewirkt wird.

Nachteil Aufgrund der „Satellitenstellung" der Stabsstellen muss eine eindeutig geregelte Kommunikationsregel festgelegt sein, um die Ansprüche der Linienverantwortlichen nicht in Konflikt mit den Anforderungen der Stabstellen zu bringen.

In Abbildung 9.3, welche am Beispiel eines Personalbereichs eine mögliche Stab-Linien-Organisation darstellt, bilden das Personalcontrolling und die Abteilung des Arbeitsrechts die beratenden Stabstellen für den Personalmanager.

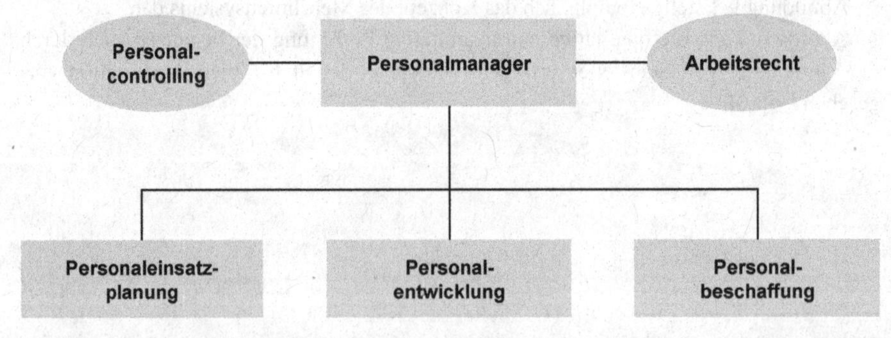

Abbildung 9.3 Stab-Linien-Organisation am Beispiel eines Personalbereichs (eigene Darstellung)

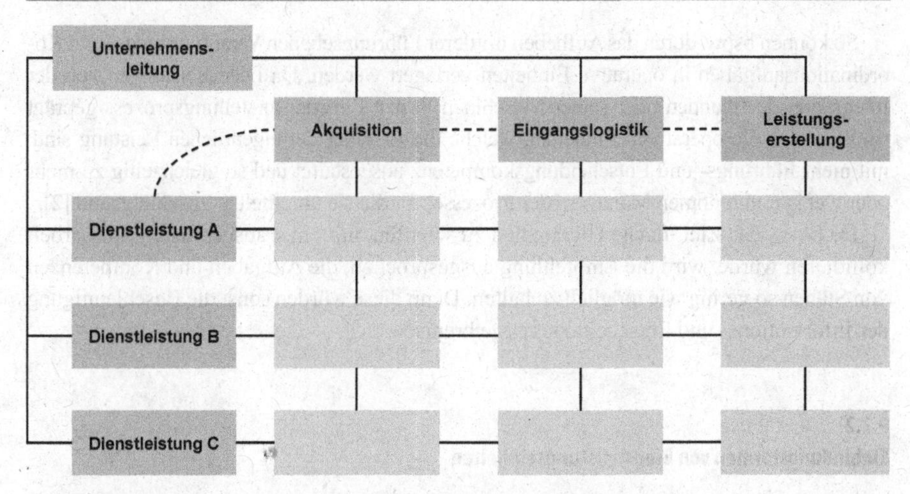

Abbildung 9.4 Beispiel einer Matrix-Organisation (eigene Darstellung)

Matrix-Organisation
Die Struktur der aufbauorganisatorischen Variante Matrix-Organisation ist zweidimensional nach Funktion und Produktbereichen ausgerichtet [9]. Abbildung 9.4 zeigt beispielhaft die Gliederung einer Matrix-Organisation in *Funktionen* und *angebotene Dienstleistung*.

Eine Matrix-Organisation schafft bewusst organisatorische Konflikte zwischen den produktorientierten und funktionsorientierten Ressorts, indem sie zwei Leistungssysteme miteinander kombiniert und so Kompetenzüberlappungen hervorruft, z. B. gleichzeitige Verantwortung von den Leitern der Einheiten *Dienstleistung B* und *Eingangslogistik*.

Vorteil Es wird davon ausgegangen, dass derartige Divergenzen eine vitalisierende Wirkung auf das gesamte Organisationssystem eines Unternehmens haben. Verschiedene Standpunkte und kritische Auseinandersetzungen zwischen den Fachleuten der verschiedenen Ressorts sollen die Qualität der hervorgebrachten Entscheidungen verbessern, indem Subjektivität durch das Zusammentreffen heterogener Perspektiven, Qualifikationen und Disziplinen verringert wird.

Nachteil Bei nicht eindeutig geregelter Entscheidungs-, Verantwortungs- und Fachkompetenz führt die mehrdimensionale Struktur zu Konflikten, intransparenten Entscheidungen und fehlender Prozssstringenz [11].

Tendenz der Aufbauorganisation bei Dienstleistungen
In Industrie- und Dienstleistungsunternehmen gleichermaßen folgt der Trend einer Reduktion der Hierarchieebenen in der Unternehmensorganisation. Vorteile werden vor allem in einer Verbesserung der Durchlaufzeit von Entscheidungsprozessen gesehen, welche mit sinkender Anzahl der zu durchlaufenden Entscheidungsebenen verkürzt wird. Der vertikale Informationsfluss vom Kunden bis hin zur Unternehmensleitung wird verbessert, da Entscheidungskompetenzen teilweise auf weiter unten liegenden Ebenen vergeben werden.

So können bspw. durch das Aufheben mittlerer Führungsebenen Verantwortungs- und Koordinationsaufgaben in operative Einheiten verlagert werden. Da Dienstleistungen von der Integration des Kunden oder seiner Maschinen in den Leistungserstellungsprozess geprägt sind, werden die operativen Einheiten, welche die Ersteller der eigentlichen Leistung sind, mit mehr Führungs- und Entscheidungskompetenz ausgestattet und so gleichzeitig zu mehr oder weniger autonomen Managern der Prozesse, für die sie unmittelbar zuständig sind [2].

Da bspw. das Ziel, flache Hierarchien zu schaffen, mit einer ausgeprägten Stabsarbeit kollidieren würde, wird die Empfehlung ausgesprochen, die Aufgaben und Kompetenzen von Stäben so gering wie möglich zu halten. Denn diese würden sonst die Beschleunigung der Informations- und Entscheidungswege bremsen.

9.2.2 Einbindungsformen von Dienstleistungseinheiten

Da die Wurzeln vieler Unternehmen in der Regel im Produktionsbereich liegen, sind auch die Organisationsstrukturen durch eine produktorientierte Unternehmenskultur geprägt. Diese historisch gewachsenen Strukturen unterstützen eine Ausweitung des Servicegeschäfts jedoch nur in begrenztem Ausmaß. Durch eine schrittweise Ausdehnung des Dienstleistungsangebots wachsen die neu entstehenden Tätigkeiten in die bestehende Aufbauorganisation hinein und werden in die traditionellen Abläufe integriert. Die alten Strukturen sind jedoch nur begrenzt in der Lage, die Erbringung von Dienstleistungen effizient und effektiv zu unterstützen. Bei Einführung des Dienstleistungsangebots wird es zunächst meist in die Funktionsbereiche der Produktion integriert. Nimmt jedoch die Dienstleistungsaktivität zu und sollen die Wachstumspotenziale ausgeschöpft werden, sollte die Organisation an die neuen Anforderungen angepasst werden, z. B. durch die Trennung von Produktions- und Dienstleistungsbereich, indem eine eigene Organisationseinheit für die Dienstleistungserbringung und -vermarktung geschaffen wird [3].

Die Integration des Dienstleistungsbereichs betrifft nicht nur die reine Verortung in einem Organigramm. Probleme wie die inner- und außerbetriebliche Verrechnung von Dienstleistungen, Nutzung von Skalen- und Rationalisierungseffekten im Dienstleistungs- und Produktbereich sowie Verzahnung von Produkt und Dienstleistung zur individuellen Kundenlösung müssen diskutiert und umgesetzt werden. Folgende Kriterien können zur Messung der Qualität von aufbauorganisatorischen Lösungen in diesem Bereich herangezogen werden [12]:

- Kosten-/Nutzentransparenz
- Rationalisierungsmöglichkeiten
- Möglichkeit zu speziellen Anreiz-/Arbeitszeitmodellen
- Servicemöglichkeiten für Fremdprodukte
- Verzahnung von Produkt- und Dienstleistungs-Know-how
- Keine Interessenverselbständigung
- Realisierung von Cross-Selling
- Möglichkeit zu One-Face-to-the-Customer
- Flexibilität

Im Folgenden werden verschiedene Lösungen zur Dienstleistungseinbindung vorgestellt.

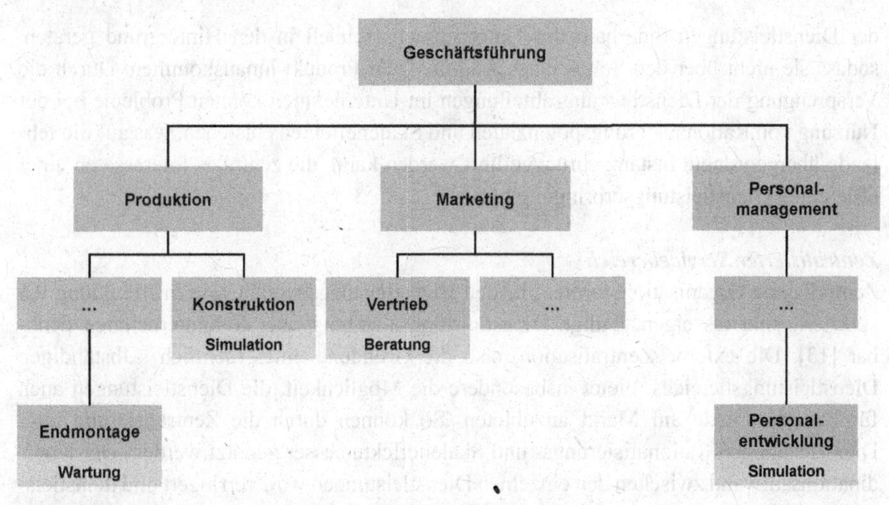

Abbildung 9.5 Dezentrale Dienstleistungserbringung (eigene Darstellung)

Dezentrale Serviceeinheiten

Gerade in der Anfangsphase der Entwicklung vom Produzenten zum produzierenden Dienstleister ist der Dienstleistungsbereich klein und ebenso das Potenzial für Rationalisierungs- und Skaleneffekte, sodass sich die Einrichtung einer eigenständigen Organisationseinheit für das Servicegeschäft noch nicht lohnt. Stattdessen werden die Dienstleistungen in die jeweiligen Fachabteilungen integriert. Abbildung 9.5 zeigt, wie bspw. die Wartung durch Mitarbeiter der Endmontage durchgeführt wird oder der Personalentwicklungsbereich neben internen auch externe Schulungen anbietet [13]. Diese Einbindung des Services weist gewisse Ähnlichkeiten zu der Grundform einer Matrixstruktur auf.

Die Einbindung in die Fachabteilungen kann durch die organisatorische Nähe von Dienstleistung und Sachleistung insbesondere zu Beginn des Serviceangebots vorteilhaft sein. Denn durch die geringe Distanz der Fachabteilungen zum Kunden wird der Informationsaustausch gefördert, welcher eine kontinuierliche Verbesserung der Verzahnung von Dienstleistung und Produkt ermöglicht. In den Abteilungen wird das produktspezifische Wissen gesammelt und steht dann durch die Integration nicht nur dem Produktions-, sondern auch dem Servicebereich zur Verfügung [14].

Allerdings muss zwischen Verzahnung und unkontrollierter Vermengung beider Bereiche differenziert werden. Der Übergang erfolgt meist fließend und unbemerkt, wodurch die Transparenz über Kosten und Nutzen des Dienstleistungsgeschäfts verloren geht. Mangelnde Transparenz führt infolgedessen zu fehlender Wirtschaftlichkeit bei den Dienstleistungen und lässt das ganze Dienstleistungsgeschäft möglicherweise unbegründet unprofitabel erscheinen. Des Weiteren besteht die Gefahr intrapersonaler Konflikte zwischen Produkt- und Dienstleistungsbereich, sowie die Gefahr, dass Mitarbeiter bei wachsendem Dienstleistungsgeschäft überlastet werden.

Die Mitarbeiter, welche für die Dienstleistungserbringung zuständig sind, kommen ursprünglich aus dem Produktbereich. Aufgrund knapper Bearbeitungszeiten neigen Abteilungen dazu, das ursprüngliche Produktionsgeschäft bevorzugt zu behandeln, während das neue Dienstleistungsgeschäft wenig ernst genommen und stiefmütterlich behandelt wird [13]. Die Orientierung am spezifischen Kundenproblem kann durch die „Versprengung" der Dienstleistungen innerhalb des Unternehmens schnell in den Hintergrund geraten, sodass sie nicht über den Status eines Add-ons zum Produkt hinauskommen. Durch die Versprengung der Dienstleistungsabteilungen im Unternehmen können Probleme bei der Nutzung von Rationalisierungspotenzialen und Skaleneffekten entstehen, was auf die fehlende übergeordnete Instanz zurückgeführt werden kann, die zentrales Interesse an einer effizienten Dienstleistungserbringung hätte.

Zentralisierter Servicebereich

Zentralisierte Organisationsformen für den Dienstleistungsbereich, wie in Abbildung 9.6 skizziert, sind als eigenständige Dienstleistungsabteilung oder Subunternehmen denkbar [13]. Die externe Zentralisation, also die Gründung eines rechtlich selbständigen Dienstleistungsbereichs, bietet insbesondere die Möglichkeit, die Dienstleistungen auch für Fremdprodukte am Markt anzubieten. So können durch die Zentralisierung aller Dienstleistungen Rationalisierungs- und Skaleneffekte besser genutzt werden. Der Koordinationsaufwand zwischen den einzelnen Dienstleistungen wird verringert und dienstleistungsspezifische Kompetenzen, z. B. im Service Engineering, können leichter aufgebaut werden. Intrapersonale Konflikte zwischen Sachgut und Dienstleistung werden minimiert, da es keine doppelten Zuständigkeiten gibt. Weiterhin wird die innerbetriebliche und außerbetriebliche Verrechnung der Dienstleistungen durch ein rechtlich selbständiges Dienstleistungsunternehmen vereinfacht. Beim Kunden steigt die Akzeptanz getrennter Verrechnung durch die Tatsache, dass zwei verschiedene Unternehmen an der Lösungserbringung beteiligt sind [13]. Durch die Selbständigkeit wird außerdem die Transparenz der Kostenstruktur im Dienstleistungsbereich erhöht. Der Leiter des Serviceunternehmens agiert als eigener Unternehmer, sogenannter Intrapreneur, mit Verantwortung in Bereichen der Unternehmensführung wie z. B. Personal, Einkauf und Auftragsplanung. Problematisch kann eine solche Organisationsform für die Entscheidungen des Marketingmix werden. Bei Gewinnverantwortung für das Serviceunternehmen widerspricht die Vermarktung des Sachgutes durch das Angebot kostenloser produktbegleitender Dienstleistungen den Interessen und Zielsetzungen des Dienstleistungsunternehmens [13].

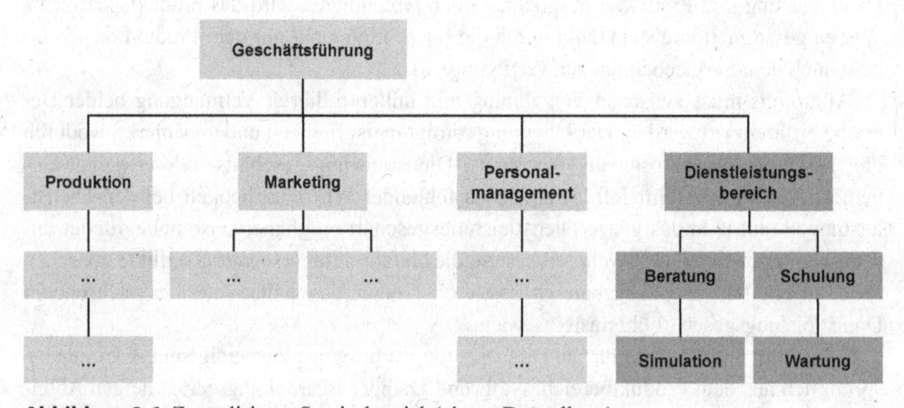

Abbildung 9.6 Zentralisierter Servicebereich (eigene Darstellung)

Fallbeispiel: Zentralisierter Servicebereich

Prüfmittelhersteller für Non-destructive-Testing

Der Prüfmittelhersteller vertreibt im Kern verschiedene vollautomatische Prüfsysteme, tragbare und stationäre Prüfeinrichtungen sowie Computertomographen für diverse Themenfelder der Materialprüfung. Das Reparatur- und Servicegeschäft war grundsätzlich entlang der Produktlinien aufgebaut, sodass Werkstattreparaturen entsprechend ihrer Herkunft durch die Mitarbeiter der Neugeräteproduktion „zwischendurch" durchgeführt wurden. Des Weiteren lag die Serviceverantwortung beim Vertrieb, was zu einer Trennung von Durchführung und Verantwortung führte. Im Falle einer Reparatur traten Auftragsprioritäts- und Kapazitätskonflikte zwischen Neuproduktgeschäft und Service auf. Auch die ungeplante Verwendung von Produktionsmaterial als Reparaturmaterial zeigte negative Wirkung auf die Zuverlässigkeit der Produktion und die damit verbundenen Liefertermine.

Nach einer Umstrukturierung wurde eine separate Serviceeinheit gegründet. Diese inkludiert die Administration bzw. Verantwortung und die Durchführung des Services. Eigene Ressourcen für die Reparaturauftragsbearbeitung stehen zur Verfügung. Des Weiteren werden Kundenschulungen und Beratung von der neu geschaffenen Einheit erbracht. Die als Profit-Center aufgehängte Serviceorganisation ermöglicht einen direkteren Kundenkontakt und aufgrund der weiterhin bestehenden Nähe zur Produktion ist die Flexibilität durch Ressourcenausgleich gewährleistet. Die nun generell eindeutige Zuordnung von Materialressourcen, wie z. B. Ersatzteilen, zu den Fachbereichen der Produktion und des Services vermeidet unnötige Störungen im Produktions- bzw. Reparaturprozess. Reparaturaufträge durchlaufen nun weniger organisatorische Einheiten, was eine deutliche Reduzierung der Schnittstellen und der Durchlaufzeit als Konsequenz hat. Die Serviceleistungen können aufgrund ihrer Zentralisierung professionalisiert und vereinheitlicht und dem Kunden transparent dargestellt werden. Im Gegensatz zu vorher werden hochqualitative Services nicht mehr als „Give-away" unvergütet an den Kunden verschenkt. Der Fokus des Prüfmittelherstellers liegt zwar weiterhin auf dem Vertrieb von Neugeräten, jedoch hat der Service deutlich an Bedeutung und Präsenz hinzugewonnen.

Center-Konzepte

Die Dezentralisierung von Entscheidungskompetenzen erfordert eine klare Formulierung von Zielsetzungen, um auf diesem Weg die autonomen Entscheidungen der organisatorischen Teilbereiche planen, steuern und kontrollieren zu können. Eine Möglichkeit besteht darin, Regelwerke oder Handbücher zu entwickeln, die generell beschreiben, welche Vorgehensweise in jeder denkbaren Situation der strategischen Ausrichtung des Unternehmens gerecht wird. Häufig gelingt es jedoch trotz größter Anstrengung nicht, für kritische Situationen in der Praxis verwertbare Regelungen zu formulieren [2]. Insbesondere in Dienstleistungsunternehmen, deren Prozesse durch eine Vielzahl von Kundenkontaktpunkten gekennzeichnet sind, können problematische Situationen nur schwer vorhergesagt werden. Denn aufgrund der Heterogenität der Kunden verläuft jeder Leistungserstellungsprozess individuell und bringt eigene Schwierigkeiten und Probleme mit sich [1].

Alternativ besteht die Möglichkeit, Ziele in Verbindung mit Center-Konzepten zu vereinbaren. Diese bieten den Vorteil, dass die Steuerung und Kontrolle der organisatorischen Einheiten durch wenige Zielgrößen erfolgt. Im Folgenden werden die beiden gängigsten Center-Konzepte, das Cost-Center und das Profit-Center, vorgestellt.

Profit-Center
Unter einem Profit-Center versteht man einen organisatorischen Teil eines Unternehmens, für den getrennt vom Rest des Unternehmens der Periodenerfolg ermittelt wird. Profit-Center stellen einen organisatorischen Teilbereich eines Unternehmens dar, für den ein gesonderter finazieller Erfolgsausweis vorgenommen wird. Wird der Erfolg dabei über die klassische Gewinn- und Verlustrechnung erhoben, dann sind den verschiedenen Teilbereichen auch ihre bereichsspezifischen Kosten und Erlöse zuzuordnen [15]. Der Wartungsdienst eines Unternehmens des Maschinen- und Anlagenbaus z. B. könnte den Instandhaltungsservice als Profit-Center organisatorisch vom produzierenden Teil des Unternehmens trennen. Sämtliche Leistungen, welche im Rahmen von Instandhaltungs- und Wartungsaufträgen erbracht werden, würden dann in einer eigenen Erfolgsrechnung erfasst werden [15].

Profit-Center werden eingeführt, um so unternehmerisches Verhalten der Leiter zu provozieren. Auf diese Weise wirken Profit-Center als Anreiz und ermöglichen einen hohen Grad an Autonomie des Servicebereichs. Der Profit-Center-Manager besitzt im extremsten Fall die vollständige Verantwortung für die Dienstleistungserstellung, von der Auftragsannahme bis hin zur Erstellung der Rechnung. Das Profit-Center-Konzept steigert die Motivation und beeinflusst das individuelle Verhalten der Mitarbeiter, wodurch im Idealfall eine Ausrichtung aller Aktivitäten des Profit-Centers auf die Erreichung der Unternehmensziele bewirkt werden kann. Als Unternehmen im Unternehmen rückt so das Interesse des Gesamtunternehmens eher in den Fokus als die Erfüllung der Interessen jedes Einzelnen. Letzten Endes entsteht auf diese Weise eine höhere Kundenorientierung und damit eine größere Kundenzufriedenheit.

Fallbeispiel: Profit-Center
Hersteller von Maschinen zur Oberflächenbearbeitung

Der Maschinenhersteller vertreibt Maschinen zur oberflächen- und formverbessernden Feinstbearbeitung hochbelasteter Flächen im Bereich der Automobil-, Medizin-, Wälzlager-, Hydraulik- und Armaturenindustrie. Aufgrund höherer Anforderungen der Kunden an das Dienstleistungsangebot unter Berücksichtigung des Lifecycle-Ansatzes ist eine serviceorientierte Organisation zur Planung und Erbringung notwendig geworden.

Hierzu ist eine separate Serviceabteilung gegründet worden, welche entlang der Produktlebensphasen neben der Bedarfsanalyse, der Beratung, der Inbetriebnahme, der Instandhaltung, dem Ersatzteilgeschäft und Kundenschulungen ebenso die Rücknahme und die ggf. gewünschte Modernisierung anbietet und verantwortet. Im Falle komplexer Angebote, bestehend aus Produkt und Dienstleistungen, ist die Zusammenarbeit mit dem Vertrieb notwendig und als „Tandem“ teamorientiert verankert. Nach Abwicklung der Herstellung und Inbetriebnahme der Maschine geht die volle Verantwortung für das weitere Kundengeschäft auf die Serviceabteilung über. Bei Dienstleistungen wie bspw. der Modernisierung werden bedarfsorientiert Personalressourcen aus der Produktion hinzugezogen, der Prozess obliegt allerdings vollständig der Koordination der Serviceabteilung. Innerhalb der Serviceabteilung sind drei Mitarbeiter für die Administrationstätigkeiten zuständig. Strategische Entscheidungen werden eigenverantwortlich vom Leiter bzw. Stellvertreter getroffen. Sechs Mitarbeiter agieren als operative Servicetechniker, die Außeneinsätze sowie die Hotline-Besetzung übernehmen. Notwendige Ersatzteile werden in Lohnfertigung von weiteren Mitarbeitern der Serviceabteilung hergestellt, welche bei Bedarf flexibel von Produktionspersonal unterstützt werden können.

Die Serviceabteilung wird anhand ihrer Gewinne abteilungsbezogen analysiert und agiert dementsprechend als Profit-Center. Eine unternehmensinterne Kostenverrechnung bei Inanspruchnahme von Leistungen anderer Abteilungen findet allerdings nicht konsequent statt. Allerdings ist das unternehmerische Anreizsystem mit eigenverantwortlichem Leistungsangebot vorhanden und weist somit Vorteile eines klassischen Profit-Centers auf.

Ergebnisse der KVD-Studie 2010 zeigen, dass die Einbindung des Services als Profit-Center von den Unternehmen als die Organisationsform der Zukunft angesehen wird. Damit setzt sich der in 2009 vorhandene Trend fort [4, 16].

Cost-Center

Ein Cost-Center dagegen hat einen geringeren Verantwortungsbereich als ein Profit-Center. Es werden Budgets festgelegt, welche dem entsprechenden Cost-Center zur Verfügung stehen. Es ist nicht als Kostenstelle zu verstehen, sondern wird in der Regel als größerer Verantwortungsbereich definiert, der mehrere Kostenstellen umfasst [11].

Eigenständige Serviceorganisation

Die Gründung einer eigenständigen Serviceorganisation ist die letzte Konsequenz in der Entwicklung eines Unternehmens hin zum serviceorientierten Geschäftsmodell. Die Weiterführung des Profit-Center-Gedankens mit allen entsprechenden Vor- und Nachteilen prägen diese Struktur. Wichtig hierbei ist die Beachtung der gesamtunternehmerischen Ziele der Produkt- und Servicesparte, um Konflikte hinsichtlich des Vertriebs, des Umsatzes und der Kundenbindung zu vermeiden. Schnittstellen sind durch diesen Schritt externalisiert und unterliegen dementsprechend anderen Kommunikationsregeln und -strukturen, welche definiert und gelebt werden müssen [12].

9.2.3 Ausrichtung der organisatorischen Serviceeinheiten

Die Entscheidung für eine Aufbauorganisation ist direkt verbunden mit der Frage nach dem Gliederungsprinzip, also der Frage, nach welchen Kriterien die einzelnen Bereiche aufgeteilt werden sollen. Es gibt verschiedene Möglichkeiten, die zu den Grundtypen betrieblicher Organisationsformen führen.

Funktionalorganisation
Bei der verrichtungsorientierten Gliederung werden Aufgaben nach betrieblichen Funktionen zusammengefasst. So würden bspw. die Bereiche Dienstleistungserbringung, Einkauf, Vertrieb etc. gebildet werden. Auf diese Weise entsteht die sogenannte Funktionalorganisation, welche die klassische Organisationsform darstellt.

Vorteile Die Spezialisierungs-, Rationalisierungs- und Skalenvorteile, die eine rein funktionale Organisation besitzt, zeigen sich tendenziell bei wenig diversifizierten und nur geringfügig variierenden Leistungsportfolios. Lernkurveneffekte und Spezialisierung bilden einen wichtigen Vorteil dieser Organisationsform, wirken sich jedoch erst bei ausreichender Wiederholungszahl und hohem Standardisierungsgrad von Tätigkeiten maßgeblich aus.

Nachteile Daher treten diese Faktoren gerade bei kundenindividuellen Leistungen mit geringer Stückzahl in den Hintergrund. Vor dem Hintergrund der zunehmenden Dynamisierung der Märkte wird Flexibilität für Unternehmen immer wichtiger, worin der zentrale Nachteil der Funktionalorganisation gesehen werden kann [2].

Divisionalorganisation
Die objektorientierte Gliederung des Unternehmens integriert dagegen Aufgaben am selben Objekt. Beispiele hierfür wären die Gliederung nach Kundengruppen, Ländern bzw. Regionen, Märkten oder Produktlinien auf der zweiten Hierarchieebene [9]. Man spricht hierbei auch von Divisionalisierung. Lediglich Querschnittsfunktionen der Unternehmung bleiben bei vielen Formen zentralisiert, bspw. ist hier das Rechnungswesen, die Rechtsabteilung oder die Finanzierung zu nennen. Bei der Gliederung nach Produkten spricht man auch von Spartenorganisation. Die einzelnen Sparten zeichnen sich durch hohe Autonomie aus und bilden eine Art Subunternehmen, in denen alle Funktionen eines Unternehmens relativ autonom ausgeführt werden.

Vorteile Die objektorientierte Gliederung ermöglicht die Entlastung der Geschäftsführung durch die höhere Autonomie der Sparten, die Konzentration auf das Objekt und den Aufbau objektspezifischen Fachwissens. Die Leiter der Bereiche kennen ihre Kundengruppen, Produktlinien und Regionen aus Erfahrung sehr gut und sind durch dieses „lokale" Wissen in der Lage, auf spezielle Wünsche und Bedürfnisse schnell und flexibel zu reagieren [17]. Eine divisionale Struktur der Unternehmung ist sinnvoll, wenn sich entscheidende objektbezogene Unterschiede in der Geschäftstätigkeit ergeben, bspw. zwischen Kundengruppen, Regionen oder Produktlinien.

Nachteil Der Hang zu Bereichsegoismen, welche durch die hohe Autonomie der Sparten in dieser Organisationsform gefördert werden, ist als Negativaspekt zu nennen. Die Ziele der Bereiche gewinnen für die Bereichsleiter gegenüber den Zielen des Gesamtunternehmens an Bedeutung und es kommt zu Abschottungsversuchen. Dieser Entwicklung ist durch eine zielgerichtete Leistungsverrechnung zwischen den Abteilungen gegenzusteuern. Durch die Versprengung bspw. des Fertigungsbereichs lassen sich weiterhin Skalen- und Rationalisierungspotenziale weniger gut nutzen, außerdem werden in den einzelnen Fertigungsbereichen Aufgaben redundant erledigt, bspw. ist an die Ressourcenplanung zu denken. Hier wird der Einfluss wachsender Unternehmensgröße deutlich. Ab einer gewissen Größe der einzelnen Divisionen ist der Verlust an Rationalisierungs- und Skaleneffekten durch die Aufteilung der Fertigungsbereiche vernachlässigbar klein und die parallele Ausführung redundanter Teilaufgaben in den einzelnen Sparten fällt weniger stark ins Gewicht [9].

Um diese Form lohnenswert einzusetzen und den Nutzen aus erhöhter, „lokaler" Flexibilität gegenüber dem Verlust an Spezialisierungs- und Skaleneffekten zu überkompensieren, müssen die einzelnen Kundengruppen oder Produktlinien eine ausreichende Größe und Homogenität aufweisen. Die Einführung einer divisionalen Struktur löst jedoch nur wenige Organisationsprobleme im Kern, sie werden lediglich auf eine tiefere Hierarchieebene verschoben, wo meistens nach Verrichtungen gegliedert wird [9].

9.2.4 Einflussfaktoren auf die Aufbauorganisation

Erweitert ein Industrieunternehmen seine Leistungspalette um produktbegleitende Dienstleistungen, besteht die zentrale Herausforderung in der Etablierung des Dienstleistungsbereichs in den bestehenden Strukturen des Unternehmens. Dabei müssen die dienstleistungsspezifischen Eigenschaften der Prozesse und Anforderungen an die zukünftige Aufbauorganisation Beachtung finden. Einflussfaktoren sind insbesondere der Grad der technischen Integration, der Charakter der Kundenaufträge sowie das Wachstum des eigenen Leistungsportfolios zur Lösung komplexer Kundenprobleme.

Zusammenhang zwischen Auftragscharakter und Organisationsstruktur
Der Charakter der Kundenaufträge beeinflusst die Gestaltung aufbauorganisatorischer Lösungen. Ein entscheidender Aspekt ist hierbei die Kundenindividualität der Aufträge. Individuelle Aufträge gehen mit einem hohen Maß an Integrativität einher, um die Anforderungen des Kunden zu spezifizieren und kundenindividuelle Problemlösungen zu generieren. Ein zentrales Konzept der Interaktion mit Kunden ist das sogenannte One-Face-to-the-Customer-Prinzip, das einen einheitlichen Ansprechpartner für jeden Kunden im Unternehmen beschreibt, woraus bei konsequenter Anwendung eine Steigerung der Kundenzufriedenheit resultieren kann. Insbesondere im Umgang mit Großkunden ist die Anwendung dieses Prinzips ein probates Mittel, um die Kundenzufriedenheit zu garantieren. Die Realisation kann z. B. durch die Projektierung von Großaufträgen erfolgen. Dabei wird jeder Auftrag als Projekt bearbeitet, dem ein Projektleiter zugeordnet wird, welcher nicht nur für die Koordination der zur Leistungserbringung erforderlichen Einzelprozesse zuständig ist, sondern auch als ständiger Ansprechpartner für den Kunden eingesetzt wird [14].

Des Weiteren steigt mit dem Umsatzvolumen jedes Auftrags der organisatorische Aufwand, der zu dessen Erfüllung notwendig ist. Kleinere oder weniger komplexe Aufträge können ohne eigene Organisationsstellen auskommen, sofern der Koordinationsaufwand zwischen den beteiligten Abteilungen und Mitarbeitern so gering ist, dass er durch die beteiligten Bereiche autonom erledigt werden kann. Hier ist bspw. an die Massen- oder Großserienproduktion von Standardteilen zu denken, wo der Dienstleistungsanteil als gering zu beziffern ist.

Bei Aufträgen mit mehreren Millionen Euro Umsatzvolumen und hoher Komplexität der Einzelleistungen hingegen, wie sie gerade im Maschinen- und Anlagenbau die Regel sind, ist dies nur wenig effizient. In einen einzelnen Auftrag, bestehend aus kundenindividuellen Sachgütern und zugehörigen Dienstleistungen, sind viele verschiedene Abteilungen und Bereiche eines Unternehmens eingebunden, sodass die Koordination zwischen diesen Abteilungen nur durch eine gesonderte Instanz effektiv und effizient gewährleistet werden kann. Insbesondere bei unternehmensübergreifenden Projekten, wie sie bspw. durch Outsourcing oder Produktionsnetzwerke entstehen können, erhöht sich der Koordinationsaufwand und sollte in der Aufbauorganisation Berücksichtigung finden [18].

Die Tendenz zu komplexen Großaufträgen mit kundenindividuellem Charakter bei Lösungsanbietern begünstigt eine Matrixorganisation mit unternehmensindividuellen Bereichen auf der einen und koordinierenden Projektleitern auf der anderen Matrixachse. Die konsequente Anwendung des One-Face-to-the-Customer-Prinzips und die Umsetzung der individuellen Kundenwünsche und -anforderungen werden so gefördert und die Koordination zwischen den einzelnen Abteilungen verbessert. Um dies gewährleisten zu können, ist bei hochkomplexen Produkten neben organisatorischen Fähigkeiten technisches Fachwissen für die Projektleiter von entscheidender Bedeutung. Insbesondere bei technologieintensiven Branchen kann somit der Projektleiter die Aufgaben des Vertriebs und der Ingenieurabteilung bündeln und adäquat übernehmen. Diese Aufgabenverteilung ermöglicht eine direkte, umfassende Beratungsleistung des Kunden, ohne auf weitere Experten verweisen zu müssen. Die Vertriebsabteilung beschäftigt sich in dieser Konstellation mit den weniger technischen anfallenden Aktivitäten [12].

Zusammenhang zwischen Umfang des Leistungsangebots und der Organisationsstruktur
Ein weiterer Aspekt, welcher die optimale Gestaltung der Organisation eines Dienstleistungsunternehmens beeinflusst, ist der Umfang der angebotenen Dienstleistungspalette.

Ein Lösungsanbieter des Maschinen- und Anlagenbaus lässt sich bspw. dadurch kennzeichnen, dass er ein umfassendes Leistungssystem anbietet. Damit geht eine höhere Anzahl an Teilleistungen in diesem Leistungssystem einher, was sich auch in der Aufbauorganisation niederschlägt. Mehrere Abteilungen sind an der Erbringung der Leistung beteiligt. Verflechtungen zwischen den einzelnen Abteilungen werden enger, weil die Leistungen aufeinander aufbauen und voneinander abhängen.

Kritisch zu betrachten ist die Anzahl an Schnittstellen, die durch ein umfassendes Leistungssystem in den betrieblichen Abläufen entstehen kann. Sie können zu Reibungsverlusten und Ineffizienzen führen, wenn sie nicht richtig organisiert werden. Bei der Organisation von Schnittstellen ist vor allem darauf zu achten, dass die Zielsysteme der Akteure zusammenpassen [11]. Das bedeutet, dass den Akteuren Anreize für eine effiziente Schnittstellenarbeit gesetzt werden müssen. Übergeordnete Ziele und Anreize müssen so gesetzt werden, dass Bereichsegoismen, wie sie an betrieblichen Schnittstellen entstehen können, so weit wie möglich vermieden werden [11].

Mit der Größe des Leistungssystems und der Anzahl der Teilleistungen steigt der Koordinationsaufwand stark an. Je mehr unabhängige Abteilungen im Betrieb existieren, desto größer ist die Gefahr, dass diese ein Eigenleben entwickeln und nebeneinander her arbeiten. Abbildung 9.7 zeigt die Multiplikation der Schnittstellen durch das Wachstum eines Leistungssystems.

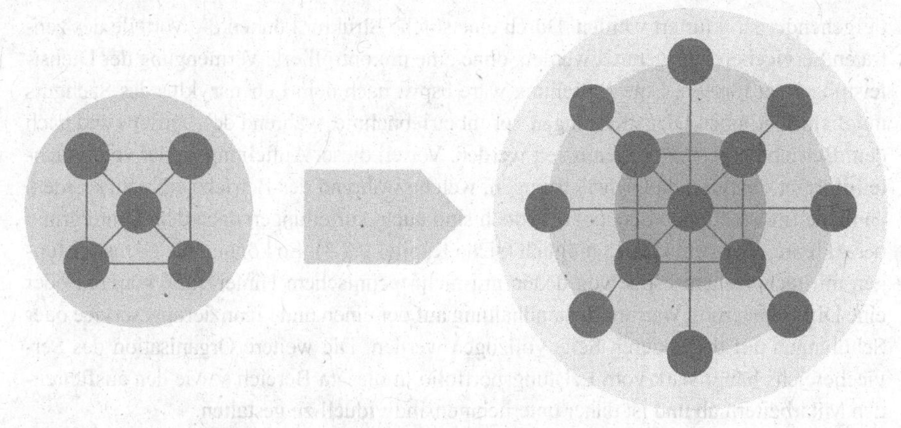

Abbildung 9.7 Wachstum des Leistungssystems (eigene Darstellung)

Der gesteigerte Umfang des Leistungsangebots bei der Entwicklung vom Produzenten zum Lösungsanbieter resultiert in der Praxis meistens aus einer Erweiterung der angebotenen Services, die sich um ein relativ gleich bleibendes Sachgutangebot drehen. Dieser Erweiterung des Servicegeschäfts muss auch die Aufbauorganisation Rechnung tragen. Die Verortung der einzelnen Services in den Fachabteilungen ist ab einer gewissen Größe des Servicegeschäfts nicht mehr beizubehalten. Größeneffekte können in einer eigenen Serviceabteilung weit besser genutzt werden, die angesprochene Schnittstellenproblematik wird durch die Reduktion der Abteilungen teilweise entschärft. Durch die Konzentration auf Dienstleistungen und die daraus folgende Spezialisierung der Mitarbeiter kann die Qualität im Service verbessert werden [3].

Weiterhin kann die Schaffung eines eigenen Dienstleistungsbereichs eine Serviceorientierung im Unternehmen fördern und dem Dienstleistungsgeschäft eine höhere Stellung und Anerkennung geben, was für einen produzierenden Dienstleister von zentraler Bedeutung ist. Dienstleistungen dürfen im lösungsorientierten Unternehmen nicht den Stellenwert eines (kostenlosen) Add-ons zum Sachprodukt erhalten, dessen einzige Aufgabe die Steigerung des Sachgutabsatzes ist. Dies ist ein Problem, das besonders bei der Verortung der Dienstleistungen in den Fachabteilungen aus dem Sachgutbereich, aber auch bei der Unterordnung in den Vertrieb auftritt und durch einen zentralisierten Servicebereich weitgehend gelöst werden kann. Andererseits sollte darauf geachtet werden, dass diese attraktive Möglichkeit zum Ankurbeln des Sachgutabsatzes nicht durch die Reorganisation komplett zunichte gemacht wird [11]. Die Serviceabteilung trägt am Ende die Kosten dieser Verkaufsstrategie während der Erbringung der Dienstleistungen und sollte daher auch in geeigneter Form entlohnt werden. Zu denken wäre hier bspw. an Servicekontingente, die dem Vertrieb zur Steigerung des Sachgutabsatzes gegen eine innerbetriebliche Leistungsverrechnung zur Verfügung stehen. Hier wird die zentrale Bedeutung einer leistungsgerechten innerbetrieblichen Verrechnung deutlich, die Konflikte zwischen Abteilungen verschärfen, aber auch vermindern oder vollständig eliminieren kann [12, 19].

Um nicht blind alle Dienstleistungen im Unternehmen zu vermengen und lediglich auf den gemeinsamen Dienstleistungsaspekt zu reduzieren, sollte der Servicebereich intern tiefgehender strukturiert werden. Durch eine solche Struktur können die Vorteile des zentralen Servicebereichs genutzt werden, ohne eine unkontrollierte Vermengung der Dienstleistungen zu fördern. Eine Aufteilung wäre bspw. nach dem Lebenszyklus des Sachguts möglich; so können Dienstleistungen vor Inbetriebnahme, während des Betriebs und nach dem Betrieb der Anlage differenziert werden. Vorteil dieser Aufteilung ist der vereinfachte Informationsfluss, da Dienstleistungen, welche während des Betriebs erbracht werden, ähnliche Informationen benötigen. Jedoch sind auch Aufteilungen nach dem Hintergrund der Akteure oder dem Objekt möglich (siehe Kapitel 9.2.3). So können die Dienstleistungen mit technischem bspw. von denen mit nicht-technischem Hintergrund getrennt oder eine Differenzierung Wartung/Instandhaltung auf der einen und Finanzierungsservice oder Schulungen auf der anderen Seite vollzogen werden. Die weitere Organisation des Servicebereichs hängt stark vom Leistungsportfolio in diesem Bereich sowie den ausführenden Mitarbeitern ab und ist daher unternehmensindividuell zu gestalten.

Außerdem kann die Zentralisierung des Services in einer eigenen Dienstleistungsabteilung die Transparenz bezüglich Erträgen und Aufwendungen erhöhen. Dadurch können Problemfelder besser identifiziert und so mittelfristig die Effizienz und Effektivität im Unternehmen gesteigert werden [20]. Ebenso ist die unternehmensindividuelle Produkt- und Dienstleistungsstruktur in jedem Fall bei der Ausgestaltung der Organisationsstruktur detailliert zu berücksichtigen. Weitere Einflussfaktoren wie bspw. Produkteigenschaften, Unternehmensgröße, Branche, Wettbewerber, Marktentwicklung, Kundenstruktur etc. dürfen nicht unbeachtet bleiben.

Literatur

1. Fliess, S. (2009). *Dienstleistungsmanagement – Kundenintegration gestalten und steuern*. Wiesbaden: Gabler.
2. Maier, K.-D. & Wolfrum, U. (1998). Aufbauorganisation von Dienstleistungs-Unternehmen. In: Meyer, A. (Hrsg.). *Handbuch Dienstleistungs-Marketing (Bd. 1)*. Stuttgart: Schäffer-Poeschel. S. 371–375.
3. Pütz, F., Gebauer, H. & Fleisch, E. (2008). Erfolg im Service durch adäquate Organisationsstruktur. *Industrie Management. 24*(5). S. 37–40.
4. Brenken, B. & Gudergan, G. (2011). Fakten und Trends im Service – 2010. In: Schuh, G., Gudergan, G., Schröder, M. & Stich, V. (Hrsg.). *Fakten und Trends im Service*. Aachen: FIR e. V. an der RWTH Aachen.
5. Bokranz, R. (1999). *Organisations-Management in Dienstleistung und Verwaltung – Gestaltungsfelder, Instrumente und Konzepte* (1. Aufl.). Wiesbaden: Gabler.
6. Kosiol, E. (1976). *Organisation der Unternehmung* (2. Aufl.). Wiesbaden: Gabler.
7. Weidner, W. & Freitag, G. (1998). *Organisation in der Unternehmung – Aufbau und Ablauforganisation; Methoden und Techniken praktischer Organisationsarbeit* (6., überarb. Aufl.). München: Hanser.
8. Fliess, S. (2006). Prozessorganisation in Dienstleistungsunternehmen. In: von der Oelsnitz, D. & Weibler, J. (Hrsg.). *Organisation und Führung*. Stuttgart: Kohlhammer.
9. Vahs, D. (2009). *Organisation ein Lehr- und Managementbuch* (7., überarb. Aufl.). Stuttgart: Schäffer-Poeschel.
10. Siedenbiedel, G. (2001). *Organisationslehre*. Stuttgart: Kohlhammer.
11. Luczak, H. (Hrsg.). (1999). *Servicemanagement mit System – erfolgreiche Methoden für die Investitionsgüterindustrie*. Berlin: Springer.

12. Lay, G. (2005). Professionalisierung produktbegleitender Dienstleistungen – Kooperation und Controlling als neue Handlungsfelder. In: Lay, G. & Nippa, M. (Hrsg.). *Management produktbegleitender Dienstleistungen: Konzepte und Praxisbeispiele für Technik, Organisation und Personal in serviceorientierten Industriebetrieben.* Heidelberg: Physica-Verlag. S. 219–235.
13. Lay, G. & Rainfurth, C. (2002). Zunehmende Integration von Produktions- und Dienstleistungsarbeit. In: Brödner, P. & Knuth, M. (Hrsg.). *Nachhaltige Arbeitsgestaltung: Trendreports zur Entwicklung und Nutzung von Humanressourcen.* München: Rainer Hampp Verlag. S. 63–122.
14. Erhardt, A. & Schröter, W. (2005). Schaffung einer neuen Organisation mit Ausrichtung auf produktbegleitende Dienstleistungen in einem Kleinstunternehmen. In: Lay, G. & Nippa, M. (Hrsg.). *Management produktbegleitender Dienstleistungen: Konzepte und Praxisbeispiele für Technik, Organisation und Personal in serviceorientierten Industriebetrieben.* Heidelberg: Physica-Verlag. S. 119–136.
15. Frese, E. (2000). *Grundlagen der Organisation – Konzept – Prinzipien – Strukturen.* Wiesbaden: Gabler.
16. Thomassen, P. & Gudergan, G. (2010). Fakten und Trends im Service – 2009. In: Schuh, G., Gudergan, G., Fischer, W. & Stich, V. (Hrsg.). *Fakten und Trends im Service.* Aachen: FIR e. V. an der RWTH Aachen.
17. Zink, K. J. (2009). *Personal- und Organisationsentwicklung bei der Internationalisierung von industriellen Dienstleistungen.* Heidelberg: Physica-Verlag.
18. Nippa, M. (2005). Geschäftserfolg produktbegleitender Dienstleistungen durch ganzheitliche Gestaltung und Implementierung. In: Lay, G. & Nippa, M. (Hrsg.). *Management produktbegleitender Dienstleistungen: Konzepte und Praxisbeispiele für Technik, Organisation und Personal in serviceorientierten Industriebetrieben.* Heidelberg: Physica-Verlag. S. 1–18.
19. Burr, W. (2003). *Markt- und Unternehmensstrukturen bei technischen Dienstleistungen.* Habilitation Universität Hohenheim. Wiesbaden: Deutscher Universitäts-Verlag.
20. Rainfurth, C. (2003). Der Einfluss der Organisationsgestaltung produktbegleitender Dienstleistungen auf die Arbeitswelt der Dienstleistungsakteure. http://elib.tu-darmstadt.de/diss/000310. Zugegriffen: 26. März 2015.

Ressourcenmanagement für industrielle Dienstleistungen 10

Günther Schuh, Roman Senderek und Gerhard Gudergan

Kurzüberblick
Ressourcen sind die Grundlage eines jeden Wertschöpfungsprozesses. Aus einer strategischen Perspektive können nur schwer imitierbare und einzigartige Kernkompetenzen die Grundlage eines langfristigen und nachhaltigen Wettbewerbsvorteils begründen. Demzufolge sind Ressourcen so auszuwählen, verfügbar zu machen sowie zu kombinieren, dass entsprechende Kompetenzen und Kernkompetenzen entwickelt werden. Dies ist die Aufgabe des strategischen Ressourcenmanagements.

Allerdings unterscheiden sich die Auswahl und der Einsatz von Ressourcen zwischen Sachgütern und Dienstleistungen erheblich. Während bei Sachgütern die verwendeten Rohstoffe und Materialien oder die Produktionsbedingungen wesentliche Grundlage für die Qualität des Endprodukts sind, stehen bei Entwicklung, Vermarktung und Erbringung von Dienstleistungen die Mitarbeiter wesentlich stärker im Mittelpunkt. Daher stellt das Human-Resource-Management (HRM) den zentralen Ansatz für das Ressourcenmanagement industrieller Dienstleister dar. Aufgabe des HRMs ist es, die Mitarbeiter für die Entwicklung, Vermarktung und Erbringung von industriellen Dienstleistungen zu befähigen.

10.1 Einführung und Definitionen

Seit Mitte der 1990er Jahre sind Ressourcen verstärkt Bestandteil des wissenschaftlichen Diskurses im Bereich des strategischen Managements. Bei der Planung der Unternehmensstrategie wurde neben der bis dahin dominierenden marktorientierten Analyse der

G. Schuh (✉) · R. Senderek · G. Gudergan
52074 Aachen, Deutschland
E-Mail: g.schuh@wzl.rwth-aachen.de

G. Schuh et al. (Hrsg.), *Management industrieller Dienstleistungen*,
DOI 10.1007/978-3-662-47256-9_10,

externen Wettbewerbsfaktoren die interne Analyse der verfügbaren Ressourcen etabliert. Anstatt die Unternehmensstrategie wie bei der marktorientierten Perspektive an den gegebenen Bedingungen des Marktumfeldes auszurichten, wird bei der ressourcenorientierten Perspektive die Unternehmensstrategie basierend auf den verfügbaren Ressourcen entwickelt. Zum besseren Verständnis der folgenden Darstellungen werden zunächst die Begriffe *Ressourcen*, *Kompetenzen* und *Kernkompetenzen* definiert.

Ressourcen sind sämtliche Inputgüter, die einem Unternehmen für den Produktionsprozess zur Verfügung stehen [1]. Diese Inputgüter können in tangible Ressourcen (finanzielle Mittel, Materialien, Maschinen, Rohstoffe, Gebäude und Land), intangible Ressourcen (Rechte, Patente, kollektives Wissen, Markennamen und Unternehmenskulturen) sowie Humanressourcen (individuelles Wissen und Mitarbeiterpotenziale) gegliedert werden [1].

Kompetenzen befähigen ein Unternehmen, die vorhandenen Ressourcen bestmöglich zu identifizieren, zu kombinieren und zu aktivieren [1, 2]. Daher bündeln Kompetenzen die vorhandenen Ressourcen und ermöglichen ihren strategischen Einsatz und Gebrauch [1, 3]. Dies geschieht mit der Intention, einen Wettbewerbsvorteil zu erreichen, wobei die Handlungssequenzen wiederholbar und nicht zufälliger Natur sind [4–6]. Eine Abgrenzung der häufig synonym verwendeten Begriffe *Ressourcen* und *Kompetenzen* ist notwendig, da Kompetenzen bereits operative oder strategische Entscheidungen implizieren, während Ressourcen als grundlegende Inputfaktoren zu betrachten sind. Der in diesem Zusammenhang auch häufig verwendete Begriff *Fähigkeiten* (eng. *capabilities*) sollte allerdings den Kompetenzen zugeordnet werden.

Kompetenzen umfassen kognitive Aspekte – wie kollektives und individuelles Wissen eines Unternehmens – und praktische Fähigkeiten – wie intelligente Abläufe und organisationale Routinen. **Organisationale Routinen** sind auf Erfahrungswissen basierende regelmäßige und vorhersehbare Handlungsabläufe zur Koordinierung von Ressourcen innerhalb eines Unternehmens [7]. Organisationale Routinen sind als Basiskompetenzen zu verstehen, da übergeordnete Kompetenzen wie administrative und strategische Fähigkeiten erforderlich sind, um die organisationalen Routinen innerhalb des Unternehmens zu koordinieren.

Kompetenzen, die sich durch Relevanz im jeweiligen Geschäftsfeld sowie Seltenheit auszeichnen, befähigen ein Unternehmen, einen Wettbewerbsvorteil zu entwickeln. Allerdings bleibt der Wettbewerbsvorteil auch nur dauerhaft bestehen, wenn die Kompetenzen nicht imitiert oder transferiert werden können [1].

Kernkompetenzen sind die Kompetenzen, die fundamental die strategische Ausrichtung und somit den Unternehmenserfolg beeinflussen können. Dabei liefern sie einen entscheidenden Beitrag zur Wertschöpfung oder Produktionseffizienz und erstrecken sich über mehrere oder verschiedene Geschäftsfelder eines Unternehmens. Kernkompetenzen ermöglichen somit, nachhaltige Wettbewerbsvorteile zu erschließen, und bieten auch die Möglichkeit der Übertragbarkeit auf neue Produkte, Kundengruppen oder Regionen [8]. Daher können Kernkompetenzen auch in einem radikal veränderten Marktumfeld Grundlage eines Wettbewerbsvorteils bleiben [9, 10].

Kompetenzen werden basierend auf strategischen Entscheidungen durch einzigartiges Wissen und hervorragende organisationale Routinen zu Kernkompetenzen weiterentwickelt. Selten verfügen Unternehmen über mehr als zwei Kernkompetenzen, da sowohl deren Entwicklung wie auch Erhaltung den Einsatz umfangreicher Ressourcen und Kompetenzbündel verlangen [11]. Daher sind Kernkompetenzen hinsichtlich ihrer strategischen Bedeutung den Ressourcen und Kompetenzen überzuordnen (siehe Abbildung 10.1).

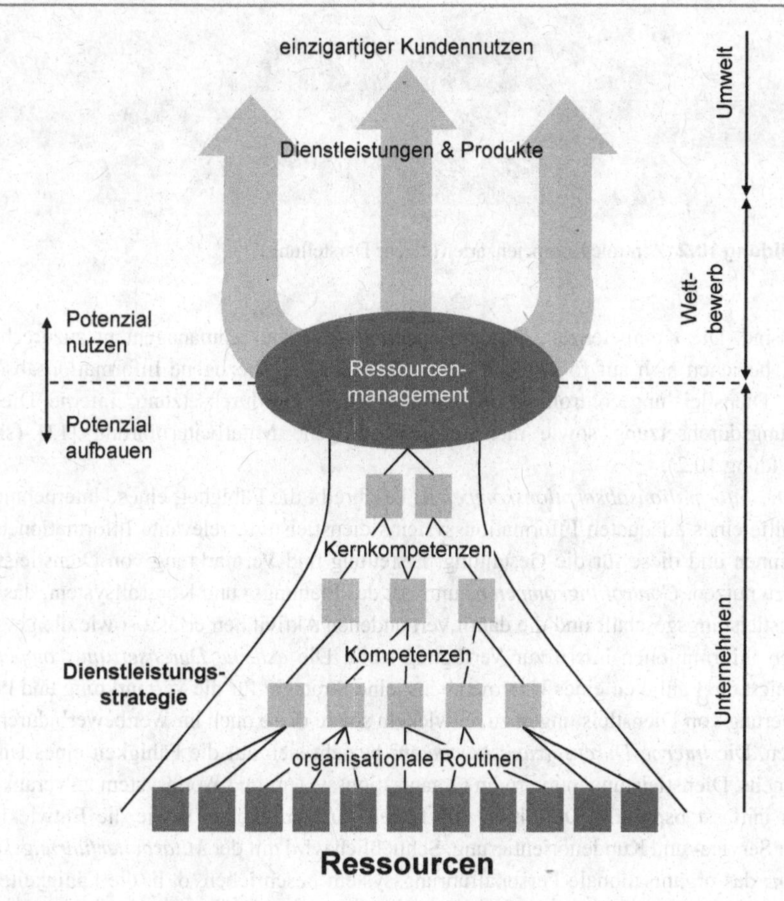

Abbildung 10.1 Einordnung Strategie, Ressourcen, Kompetenzen und Kernkompetenzen (eigene Darstellung i. A. a. Teece [12])

10.1.1 Ziele und Aufgaben des Ressourcenmanagements industrieller Dienstleister

Die übergeordnete Zielsetzung des Ressourcenmanagements ist es, die vorhandenen und verfügbaren Ressourcen so effektiv und effizient einzusetzen, dass ein langfristiger nachhaltiger Wettbewerbsvorteil erreicht werden kann, oder neue Ressourcen dafür zu entwickeln. Die Umsetzung der strategischen Vorgaben ist die Zielsetzung des operativen Ressourcenmanagements. Aufgabe des *strategischen Ressourcenmanagements* ist es, die normativen und strategischen Vorgaben mit den vorhandenen Ressourcen, Kompetenzen und Kernkompetenzen abzugleichen. Die Aufgabe des *operativen Ressourcenmanagements* ist die Umsetzung der auf strategischer Ebene entwickelten Zielsetzungen.

Die effiziente Entwicklung, Bereitstellung und Verteilung aller für den Leistungsprozess erforderlichen Ressourcen und Kompetenzen ist dabei die wesentliche Anforderung an das operative Ressourcenmanagement. Seegy führt fünf Kompetenzarten auf, die für die erfolgreiche Gestaltung und Vermarktung von industriellen Dienstleistungen erforder-

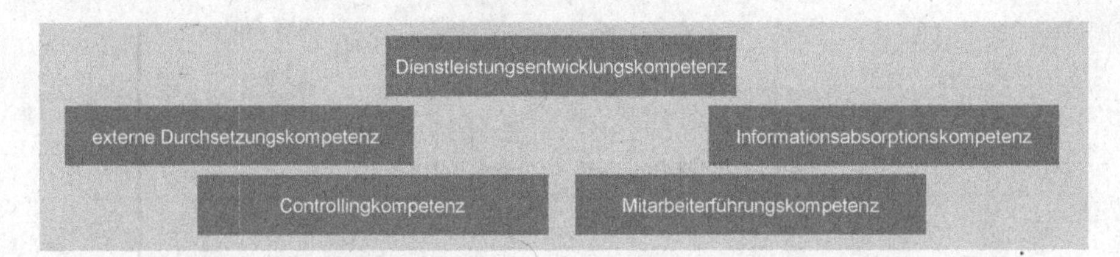

Abbildung 10.2 Zentrale Kompetenzarten (eigene Darstellung)

lich sind. Die Kompetenzen, die dem operativen Ressourcenmanagement zuzurechnen sind, beziehen sich auf folgende Aspekte: dienstleistungsbezogene Informationsabsorption, Dienstleistungscontrolling, externe Dienstleistungsdurchsetzung, interne Dienstleistungsdurchsetzung sowie dienstleistungsbezogene Mitarbeiterführung [13] (siehe Abbildung 10.2).

Die *Informationsabsorptionskompetenz* beschreibt die Fähigkeit eines Unternehmens, mithilfe eines adäquaten Informationssystems dienstleistungsrelevante Informationen zu gewinnen und diese für die Gestaltung, Erstellung und Vermarktung von Dienstleistungen zu nutzen. *Controllingkompetenz* umfasst das Planungs- und Kontrollsystem, das das Dienstleistungsgeschäft und die damit verbundenen Aktivitäten erfasst sowie die gewonnenen Informationen intern zur Verfügung stellt. Die *externe Durchsetzungskompetenz* definiert die Fähigkeit eines Unternehmens, eine Strategie für die Vermarktung und Positionierung von Dienstleistungen zu entwickeln sowie diese auch im Wettbewerb durchzusetzen. Die *interne Durchsetzungskompetenz* bezieht sich auf die Fähigkeit eines Unternehmens, Dienstleistungen intern im Organisationssystem und Wertesystem zu verankern. Dies umfasst bspw. die Definition von klaren Zuständigkeiten sowie die Entwicklung einer Service- und Kundenorientierung. Schließlich wird mit der *Mitarbeiterführungskompetenz* das organisationale Personalführungssystem beschrieben, d. h. die Fähigkeit, das HRM auf die Erfordernisse von industriellen Dienstleistungen abzustimmen [13].

Die von Seegy aufgeführten Dienstleistungskompetenzen [13] bzw. die zu deren Ausübung notwendigen Methoden werden in den entsprechenden Kapiteln dieses Buches behandelt. Im Vordergrund dieses Kapitels steht das *Human-Resource-Management (HRM)*. Das HRM beinhaltet alle personalbezogenen Fragestellungen (Personalbedarfsplanung und Personalbedarfsdeckung, Personaleinsatz, Personalentlohnung sowie Personalführung) und sollte insbesondere die spezifischen Anforderungen an das Personal eines industriellen Dienstleisters in Bezug auf Flexibilität und Interaktivität erfüllen (siehe Kapitel 10.1.2).

10.1.2 Human-Resource-Management

HRM bezieht sich unmittelbar auf die Fähigkeiten, das Wissen und die wichtigste Ressource eines jeden Unternehmens – die Mitarbeiter. Die Mitarbeiter eines Unternehmens sind als integraler Bestandteil der Kompetenzen und Kernkompetenzen zu sehen. Zudem sind sie diejenigen, die die zukünftige Entwicklung von Kompetenzen und Kernkompetenzen und damit die zukünftige strategische Ausrichtung ihres Unternehmens bestimmen.

Seit Beginn der achtziger Jahre hat eine Neuorientierung innerhalb des HRMs zu einer neuen, integrativen, proaktiven und strategischen Perspektive stattgefunden. Diese Sichtweise, die synonym im deutschen Sprachraum auch als strategisches Personalmanagement bezeichnet wird, stellt den Einfluss der Mitarbeiter auf aktuelle und zukünftige Strategien des Unternehmens in den Vordergrund.

Aufgabe des HRMs industrieller Dienstleister ist es, mithilfe geeigneter Führungs-, Motivations- und Qualifizierungskonzepte die Grundlagen für eine dauerhafte und gewinnbringende Gestaltung der Beziehungen Kunde – Unternehmen, Kunde – Mitarbeiter und Mitarbeiter – Unternehmen zu schaffen [14]. Eine weitere Aufgabe ist es, die persönlichen Ziele der Mitarbeiter mit den strategischen Zielen des Unternehmens zu vereinen. Auswahl, Entwicklung, Weiterbildung, Entlohnung sowie der optimierte Einsatz der Mitarbeiter sind dabei die wesentlichen Funktionsbereiche des HRMs.

Homburg et al. sehen die Befähigung der Mitarbeiter, den Herausforderungen industrieller Dienstleistungen zu begegnen, als „ökonomischen Imperativ" [15]. Dennoch wird das Entwicklungspotenzial der Mitarbeiterfähigkeiten häufig nicht oder nur unzureichend genutzt, da z. B. die Weiterbildung von Kundendienstmitarbeitern eher auf technische Fähigkeiten bzw. die Rolle als Entscheidungsfaktor für die Kundenzufriedenheit auf der Basis der Ergebnisqualität abzielen [14].

Kompetenzarten

In Bezug auf das HRM industrieller Dienstleister ist es zweckmäßig, den *Begriff Kompetenz* von dem bisher verwendeten Kompetenzbegriff abzugrenzen und dabei in Bezug zu den Anforderungen im Kundenkontakt zu setzen. Dabei identifiziert Kleinaltenkamp *fachliche Kompetenz*, *soziale Kompetenz* und *persönliche Kompetenz* als die Kompetenzen, die für eine geeignete Qualifikation und Motivation von Mitarbeitern im Kundenkontakt erforderlich sind [16]. Einen Überblick über diese Kompetenzen und die entsprechenden Anforderungen an die Servicemitarbeiter im Kundenkontakt gibt Abbildung 10.3.

Fachkompetenz beschreibt die Fähigkeit des Mitarbeiters, den fachspezifischen Anforderungen gerecht zu werden. Dies umfasst die erforderlichen Fähigkeiten und Kenntnisse, die zur Ausführung einer konkreten beruflichen Aufgabe benötigt werden. Dabei handelt es sich um erlernte Fähigkeiten sowie auf Erfahrung basierendem Wissen. Dies könnten z. B. das technische Wissen und die sachbezogenen Fähigkeiten eines Außendienstmitarbeiters eines Instandhaltungsdienstleisters sein. Häufig wird im Zusammenhang mit den fachlichen Kompetenzen zudem die Methodenkompetenz genannt, die die tätigkeitsunabhängige Anwendung von Fachwissen zur systematischen und zielorientierten Lösung von Problemen beschreibt. Daher ist Methodenkompetenz nicht an bestimmte Aufgabengebiete gebunden und kann universell eingesetzt werden. Verfügt der Außendienstmitarbeiter des vorgenannten Beispiels über ausgeprägte analytische Fähigkeiten, kann er diese unabhängig von seiner jeweiligen Aufgabe einsetzen und ist somit besonders geeignet, auch komplexe und unbekannte Aufgaben zu erfüllen.

Die *soziale Kompetenz* umfasst die sozialen und kommunikativen Fähigkeiten sowie die Kooperationsfähigkeit, über die ein Mitarbeiter verfügt. Persönlichkeit, Sozialisation sowie kultureller Kontext spielen eine wichtige Rolle bei der Sozialkompetenz, denn sie beeinflussen, wie er seine sozialen Beziehungen und Prozesse gestaltet. So wären z. B. interkulturelle Kompetenz und eine hohe kommunikative Kompetenz wesentliche Anfor-

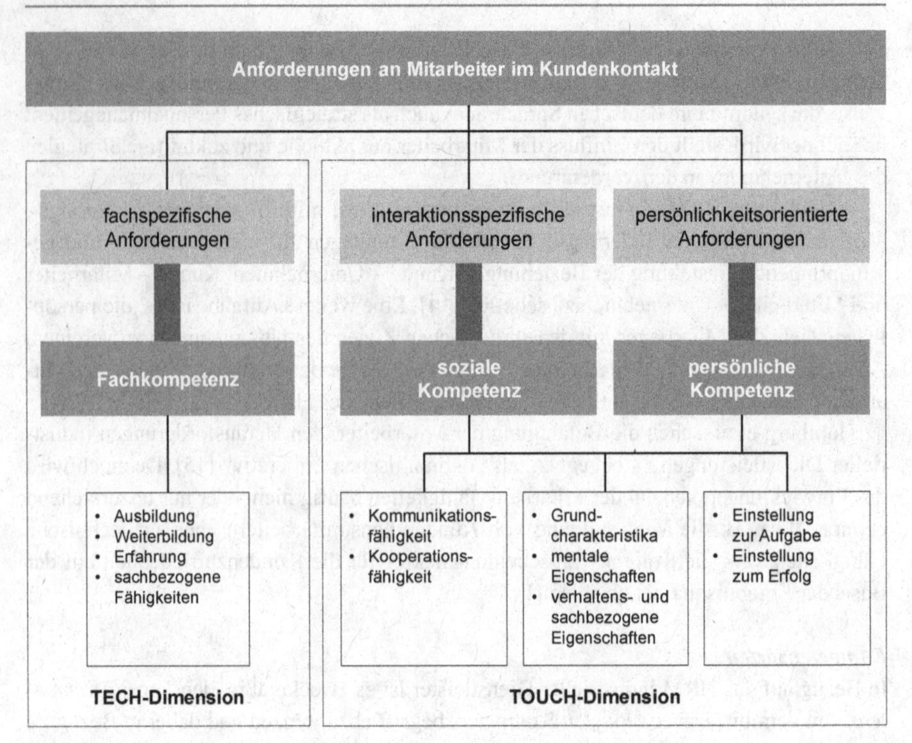

Abbildung 10.3 Kompetenzen und die entsprechenden Anforderungen an die Servicemitarbeiter im Kundenkontakt (eigene Darstellung i. A. a. Kleinaltenkamp [16])

derungen, die ein Außendienstmitarbeiter im Auslandseinsatz erfüllen müsste. Auch haben die persönlichen Grundcharakteristika sowie die mentalen Eigenschaften einen Einfluss auf die soziale Kompetenz. Diese Grundeigenschaften, die auch verhaltens- und sachbezogene Eigenschaften einschließen, wirken auch auf die persönliche Kompetenz.

Die *persönliche Kompetenz* reflektiert neben den vorgenannten Grundcharakteristika auch die Einstellung zu den gestellten Aufgaben sowie die grundlegende Motivation. Aufgrund der Überschneidungen zwischen der sozialen und persönlichen Kompetenz können diese Kompetenzen auch als sogenannte „Touch-Dimension" zusammengefasst werden. Demgegenüber umfasst die sogenannte „Tech-Dimension" die Fachkompetenz und die Methodenkompetenz.

Bei der Betrachtung der Anforderungen bei Kundenkontakt wird deutlich, dass die „Touch-Dimension" ein wesentlich höheres Gewicht hat. Eigenschaften wie Einfühlungsvermögen, Flexibilität, Überzeugungsfähigkeit, Integrität, Entscheidungsfähigkeit und Kommunikationsfähigkeit gewinnen gegenüber der „Tech-Dimension" an Bedeutung [16].

Rollen und Arbeitssituation von dienstleistungserbringenden Mitarbeitern

Industrielle Dienstleistungen sind in besonderer Weise von der durch die ausführenden Mitarbeiter repräsentierten Qualität abhängig, da Kunden diese mit der Qualität des Gesamtunternehmens häufig gleichsetzen [17]. Jung Erceg definiert dabei drei wesentliche

Rollen dienstleistungserbringender Mitarbeiter

Faktor für die Kundenzufriedenheit	Repräsentant	Vermittler zwischen Markt und Unternehmen
• Flexibilität • Ergebnisqualität • Kompetente Kundenberatung • Kontaktperson für den Kunden • Professionalität	• Produktimage • Unternehmensimage • Kompetenzbereiche des Unternehmens • Dissemination von Informationen über Produkt, Dienstleistungs- und Unternehmen	• Gewinnung von Marktinformationen • Gewinnung von Wettbewerberinformationen • Gewinnung von Informationen über potentielle zukünftige Produkte/Dienstleistungen • Erkennung von Markttrends

Qualifikationsanforderungen
Auswahl und Gestaltung der Qualifizierungsmaßnahmen

Arbeitssituation von dienstleistungserbringenden Mitarbeitern

- Direkter Kontakt mit dem Kunden auch in schwierigen und kritischen Situationen
- hoher Zeitdruck und Zeitmangel bzw. erschwerte Disponierbarkeit
- hohe unternehmensexterne Einbindung
- geringere unternehmensinterne Einbindung
- Verfügbarkeit für Personalentwicklung ist beschränkt
- geringere Standardisierbarkeit der Aufgaben
- breiterer Handlungs- und Entscheidungsspielraum

Abbildung 10.4 Rollen und Arbeitssituation von dienstleistungserbringenden Mitarbeitern (eigene Darstellung i. A. a. Jung Erceg [17])

Rollen für dienstleistungserbringende Mitarbeiter, um den vielfältigen Anforderungen für die angestrebte Kundenzufriedenheit gerecht zu werden. Abbildung 10.4 gibt einen Überblick über die verschiedenen Rollen und die situativen Anforderungen für dienstleistungserbringende Mitarbeiter.

Zunächst einmal sind die dienstleistungserbringenden Mitarbeiter maßgeblich für das Dienstleistungsergebnis verantwortlich, d. h., alle unmittelbar das Ergebnis betreffenden Anforderungen werden in diesem Rollenprofil zusammengefasst. Hierbei sind insbesondere die technischen Fähigkeiten, das Wissen um Lösungsmöglichkeiten, die Beratung des Kunden sowie die Funktion als Kontaktperson von Bedeutung. Des Weiteren nehmen die dienstleistungserbringenden Mitarbeiter die Rolle als Unternehmensrepräsentant an, da bei der Dienstleistungserbringung gleichzeitig Informationen über das Image des Produkts oder Unternehmens, die Fähigkeiten des Unternehmens sowie zukünftige geplante Entwicklungen transportiert werden. Schließlich erfüllen die dienstleistungserbringenden Mitarbeiter zudem die Rolle als Schnittstelle zu wichtigen Informationen über Märkte und Kunden. Diese Informationen umfassen Informationen über Trends und Entwicklungen beim Kunden, Ideen für Produkt- und Dienstleistungsentwicklung sowie Veränderungen bei der Konkurrenz. Die Rollenanforderungen des Kunden stehen dabei in Abhängigkeit von den jeweiligen Arbeitssituationen der dienstleistungserbringenden Mitarbeiter. So werden industrielle Dienstleistungen zumeist unmittelbar beim Kunden erbracht und die Mitarbeiter müssen häufig hohen Anforderungen hinsichtlich Flexibilität auf fachlicher und zeitlicher Ebene gerecht werden. Daher verfügen sie auch über eine hohe Autonomie in Bezug auf ihre Entscheidungen und Handlungsspielräume. Dies bedingt, dass diese Mitarbeiter sich häufig durch ihre Erfahrungen außerhalb des Unternehmens selbständig qualifizieren müssen und nur bedingt für unternehmensinterne Qualifizierungsmaßnahmen zur Verfügung stehen [17].

Aufgaben des Personalmanagement

Aufgrund der Bedeutung des HRMs für industrielle Dienstleister ist es zweckmäßig, im Folgenden die verschiedenen Instrumente des Personalmanagements und ihre Elemente zu betrachten. Eine zweckmäßige grundlegende Gliederung für das HRM wurde von Holtbrügge entwickelt, wobei, wie in Abbildung 10.5 dargestellt, die Instrumente *Personalbedarfsplanung*, *Personaleinsatz*, *Personalentlohnung* sowie *Personalführung* unterschieden werden [18].

Die **Personalbedarfsplanung** befasst sich mit den Aufgaben der Bedarfsdeckung, Akquise, Entwicklung sowie der ggfs. notwendigen Freisetzung des Personals. Die verschiedenen Phasen der Personalbedarfsplanung und Personalbedarfsdeckung sind schematisch in Abbildung 10.6 dargestellt.

Die *Bedarfsplanung* stellt unter Einsatz eines Soll-Ist-Vergleichs die vorhandenen und benötigten Personalressourcen gegenüber und definiert dabei die Anzahl und Qualifikation

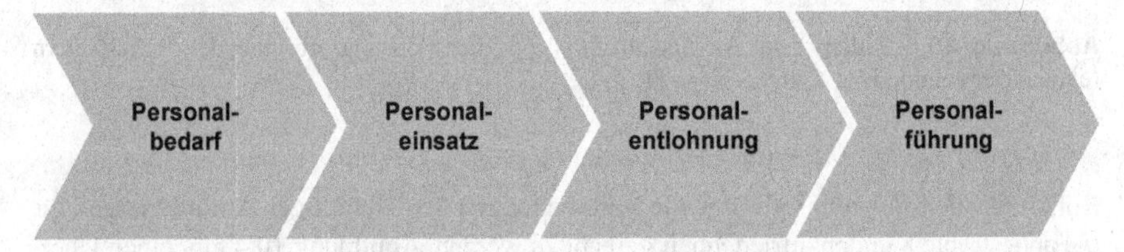

Abbildung 10.5 Aufgaben des Personalmanagements (eigene Darstellung)

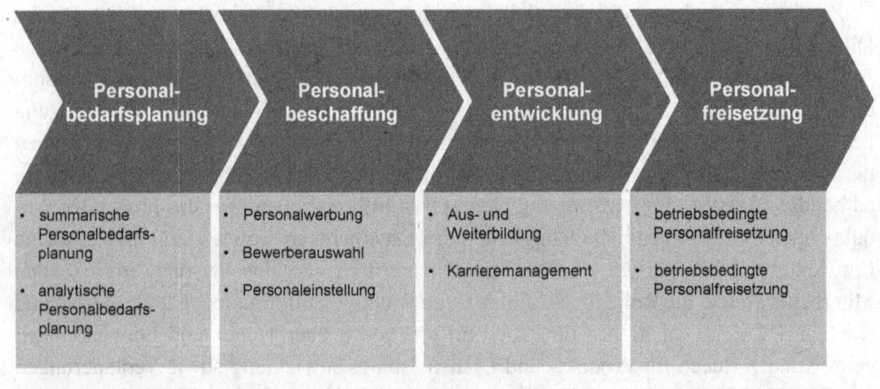

Abbildung 10.6 Phasen der Personalbedarfsplanung (eigene Darstellung i. A. a. Holtbrügge [18])

der benötigten Mitarbeiter sowie Zeit und Ort, zu denen diese Mitarbeiter benötigt werden. Die Personalbedarfsplanung zielt darauf ab, wirtschaftliche und leistungssichernde Aspekte abzuwägen. Zudem ermöglicht die Personalbedarfsplanung die indirekte Steuerung von Anpassungsfähigkeit und Innovationsfähigkeit. Abschließend ist eine adäquate und ausgeglichene Arbeitsbelastung der Mitarbeiter durch die Personalbedarfsplanung zu verfolgen [18].

Basierend auf dem in der Personalbedarfsplanung ermittelten Netto-Personalbedarf erfolgt die *Personalbeschaffung*, die wiederum in die Phasen *Personalwerbung*, *Personalauswahl* sowie *Personaleinstellung* untergliedert ist. Während die Personalwerbung sich damit befasst, potenzielle Mitarbeiter aufzufinden, beschreibt die Personalauswahl die Identifikation der bestmöglich geeigneten Bewerber. Personalwerbung dient dazu, potenzielle Bewerber über zu besetzende Stellen zu informieren, zu einer Bewerbung zu veranlassen und über die Anforderungen aufzuklären. Personalauswahl umfasst verschiedene Methoden, um die Eignung eines Bewerbers für eine bestimmte Position optimal einschätzen zu können. Die abschließende Phase der Personalbeschaffung stellt die Personaleinstellung dar, wobei ein Arbeitsvertrag zwischen dem zukünftigen Mitarbeiter und dem Unternehmen geschlossen und der zukünftige Mitarbeiter in das Unternehmen eingegliedert wird [18].

Die *Personalentwicklung* ist einer der wichtigsten Teilaspekte innerhalb des HRMs, denn eine genaue Anpassung und Integration der Mitarbeiterkompetenzen sowie insbesondere die Entwicklung von spezifischen Dienstleistungskompetenzen kann erst durch eine entsprechende Personalentwicklung gewährleistet werden, die auf die Vermittlung sowohl fachlicher Kenntnisse, Fähigkeiten und Fertigkeiten als auch sozialer Kompetenzen und Methoden abzielt [17]. Die Förderung der Kunden- und Dienstleistungsorientierung, die kontinuierliche und vorausschauende Qualifikationsanpassung an Neuentwicklungen sowie die Reintegration von Servicemitarbeitern in das Unternehmen sind wesentlich Ansatzpunkte für die Personalentwicklung bei industriellen Dienstleistern [14]. Dem stehen allerdings das Fehlen geeigneter Qualifizierungskonzepte insbesondere bei nichttechnischen Inhalten sowie die häufige Abwesenheit der Servicemitarbeiter gegenüber, wodurch die Möglichkeiten zu Erfahrungsaustausch und Weiterbildung limitiert ist. Bei kleinen und mittelständischen Unternehmen kommen häufig noch weitere Faktoren hinzu, wie z. B. unzureichend definierte Zuständigkeiten, nicht ausreichende Budgets oder eine geringe Priorität bei Weiterbildungsmaßnahmen [14].

Die Definition einer übergreifenden Personalentwicklungsstrategie ist bei industriellen Dienstleistern von besonderer Bedeutung, weil die Evolution zum produzierenden Dienstleister eine grundlegende Veränderung der Fähigkeiten und Kompetenzen der Mitarbeiter erfordert. Daher können sich auch Differenzen zwischen den persönlichen Entwicklungszielen der Mitarbeiter und der strategischen Ausrichtung der Personalentwicklung ergeben, die mit den betroffenen Mitarbeitern im Einzelfall zu lösen sind. Des Weiteren ist die Personalentwicklungsstrategie mit den Eigenschaften des Angebotsportfolios abzustimmen. So sind z. B. die Komplexität und Vielfalt der angebotenen Dienstleistungen, die Arten der zu erbringenden Dienstleistungen oder auch der Exportanteil von Bedeutung für die Personalentwicklungsstrategie. Zielsetzung der Personalentwicklungsstrategie kann einerseits sein, die Mitarbeiter möglichst flexibel für verschieden Aufgaben zu schulen oder andererseits einen hohen Grad der Spezialisierung zu erreichen [14].

Zusammenfassend beschreibt die Personalentwicklung sämtliche Maßnahmen der Aus- und Weiterbildung, um den Mitarbeitern die für ihre Aufgaben benötigten Qualifikationen zu vermitteln. Neben den intendierten Qualifikationsverbesserungen auf fachlicher oder fähigkeitsorientierter Ebene kann die Personalentwicklung auch darauf abzielen, Verhalten und Einstellungen der Mitarbeiter zu verändern. Allerdings sollten alle Funktionen des HRMs auch als duale Prozesse verstanden werden, denn die persönlichen Ziele der Mitarbeiter hinsichtlich Karriere, Einkommen und Wissen dürfen in Bezug auf Motivation und Engagement nicht vernachlässigt werden. Eine gezielte Personalentwicklung kann nicht nur eine kostspielige Personalakquise verhindern, sondern auch Motivation und Engagement der vorhandenen Mitarbeiter aufgrund ihres Anreiz- und Signaleffekts steigern [18].

Der abschließende Teilaspekt der Personalbedarfsplanung und Personalbedarfsdeckung ist die *Personalfreisetzung*. Sollte bei der Bedarfsplanung ein Personalüberschuss ermittelt werden oder können vorhandene Qualifikationsdefizite nicht durch Maßnahmen der Arbeitsorganisation oder Personalentwicklung aufgefangen werden, kann eine Personalfreisetzung notwendig werden. Die Gründe für eine Personalfreisetzung können dabei entweder betriebsbedingt oder mitarbeiterbedingt sein. Allerdings sind die Auswirkungen auf die interne und externe Reputation des jeweiligen Unternehmens bei der wirtschaftlichen Bewertung von potenziellen Personalfreisetzungen miteinzubeziehen. So sind Einstellungsstopps, Aufhebungsverträge und frühzeitige Pensionierungen im Gegensatz zu unmittelbaren Entlassungen weniger reputationsschädlich, können aber sich jedoch aufgrund ihres Signaleffekts dennoch negativ auswirken. Daher finden Personalfreisetzungen verstärkt in der Form des sogenannten „Outplacements" statt, d. h., neben einer entsprechenden Abfindung werden dem freizusetzenden Personal zahlreiche Maßnahmen wie psychologische Betreuung, Coaching und Qualifizierungsangebote offeriert [18].

Ein weiteres Instrument des Personalmanagements ist der **Personaleinsatz**, wobei die Hauptaspekte *Gestaltung von Arbeitsinhalt*, *Arbeitsplatz* und *Arbeitszeit* sind. Abbildung 10.7 zeigt die Bestandteile des Personaleinsatzes.

Arbeitsinhalte können nach Menge oder Art geteilt werden. Bei der Mengenteilung sind die Mitarbeiter flexibel für verschiedene Aufgaben einsetzbar. Dagegen steht die funktio-

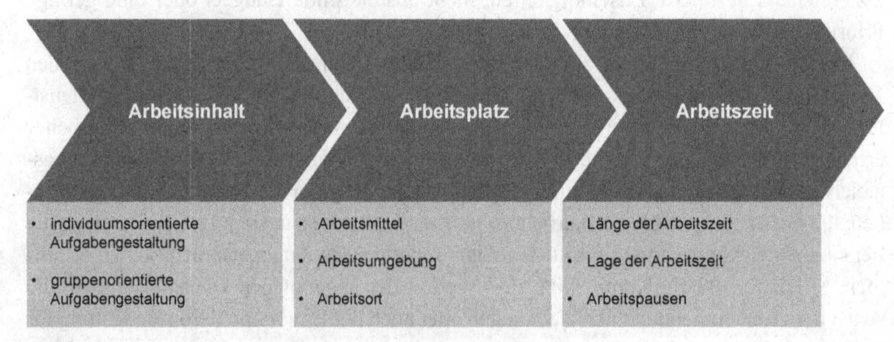

Abbildung 10.7 Gestaltungsparameter des Personaleinsatzes (eigene Darstellung i. A. a. HOLTBRÜGGE [18])

nale Spezialisierung bei der Artenteilung im Vordergrund. Allerdings steht der Grad der Stellenspezialisierung im Gegensatz zu Motivation, Flexibilität und Adaptabilität [18]. Neben den generellen Faktoren für das Abfallen des ökonomisch optimalen Grades der Arbeitsteilung wie dynamisch veränderte Marktanforderungen, stärkere Vernetzung innerhalb von Wertschöpfungsketten sowie die Entwicklung neuer Produktions- und Kommunikationstechnologien ist für die in der Dienstleistungsentwicklung und -erbringung beteiligten Mitarbeiter von einem breiteren, vielfältigeren Inhaltsprofil auszugehen, was eine reine funktionale Spezialisierung zusätzlich erschwert.

Des Weiteren befasst sich der Personaleinsatz mit der *Gestaltung des Arbeitsplatzes*. Zielsetzung bei der Gestaltung des Arbeitsplatzes ist es, physische und psychische Belastungen sowie negative Umwelteinflüsse so gering wie möglich zu halten, sodass die Leistungsfähigkeit und Leistungsbereitschaft der Mitarbeiter erhalten bleibt [18]. Für industrielle Dienstleister ergibt sich bei der Gestaltung des Arbeitsplatzes eine besondere Herausforderung, da die dienstleistungserbringenden Mitarbeiter häufig in der Arbeitsumwelt des Kunden agieren.

Die *Arbeitszeit* kann hinsichtlich Dauer, Lage und Flexibilität der Tages-, Wochen-, Monats-, Jahres- und Lebensarbeitszeit sowie der Arbeitspausen gestaltet werden, um eine möglichst hohe Kapazitätsauslastung sowie Ausnutzung der weiteren Ressourcen bei einer möglichst hohen Zufriedenheit der Mitarbeiter zu erreichen [18]. Aufgrund der hohen Flexibilitätsanforderungen bei der Dienstleistungserbringung ist die Disposition der Servicemitarbeiter unter Berücksichtigung der Mitarbeiterinteressen ein wichtiger Aspekt des HRMs industrieller Dienstleister. Da herkömmliche Schichtmodelle auch mit unterschiedlichen Schichtdauern häufig nicht ausreichen, um den Anwesenheitsbestand und Einsatzbedarf der dienstleistungserbringenden Mitarbeiter zu optimieren, sind flexible Arbeitszeitmodelle wie Gleitzeit, Teilzeit oder das sogenannte „Jobsharing" bzw. „Jobrotation" im Dienstleistungsbereich wesentlich geeigneter [14].

Die **Personalentlohnung** (siehe Abbildung 10.8) beschreibt die Auswahl der geeigneten Entgeltdifferenzierung, Entgeltform und der Entgelthöhe, um eine möglichst hohe

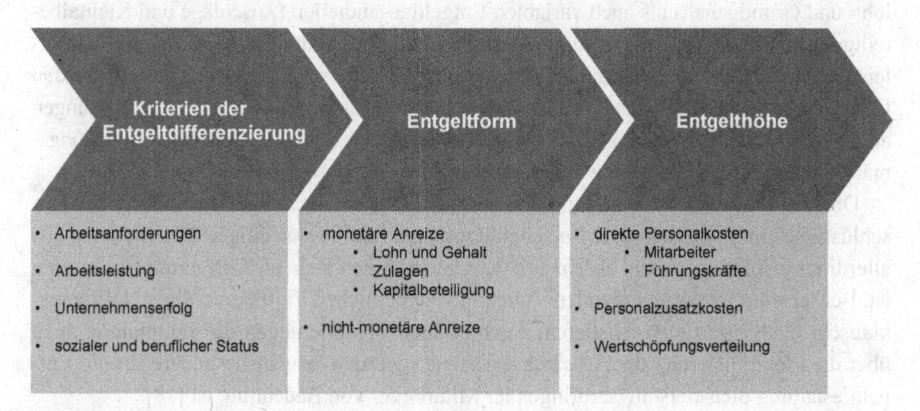

Abbildung 10.8 Aufgaben der Personalentlohnung (eigene Darstellung i. A. a. Holtbrügge [18])

Arbeitsleistung und Arbeitszufriedenheit der Mitarbeiter zu erreichen. Allerdings spielen für die Arbeitsleistung und Arbeitszufriedenheit auch nichtmonetäre Faktoren wie die potenzielle Selbstverwirklichung der Mitarbeiter oder die Auswahl der Arbeitsinhalte eine bedeutende Rolle [18].

Die *Entgeltdifferenzierung* kann in Abhängigkeit von den Anforderungen, der Leistung, des Erfolgs, der Qualifikation oder des Status erfolgen, wobei allerdings Tarifverträge und das Mitbestimmungsrecht des Betriebsrats als Rahmenbedingungen anzusehen sind, innerhalb derer die Entgeltdifferenzierung gestaltet werden kann. Eine anforderungsunabhängige Entgeltdifferenzierung berücksichtigt keine individuellen Leistungsunterschiede und richtet sich nach dem jeweiligen Schwierigkeitsgrad einer Arbeitsaufgabe. Dagegen bezieht eine leistungsabhängige Entgeltdifferenzierung die individuellen Leistungsunterschiede der Mitarbeiter mit ein, indem die erbrachte Mehrleistung entsprechend honoriert wird. Die erfolgsabhängige Entgeltdifferenzierung wird an dem Ergebnis des Wertschöpfungsprozesses ausgerichtet, d. h. verschiedene monetäre (z. B. Ertrag, Gewinn, Unternehmenswert) und/oder nichtmonetäre Erfolgsgrößen (Realisierung von zuvor vereinbarten Unternehmens-, Bereichs- und Mitarbeiterzielen) fließen in die Entgeltfindung ein. Die qualifikationsabhängige Entgeltdifferenzierung orientiert sich an den betriebsrelevanten bzw. tätigkeitsspezifischen Qualifikationen der Mitarbeiter, wobei diese Qualifikationen einer für die Mitarbeiter transparenten und nachvollziehbaren Definition und Ordnung bedürfen. Schließlich kann auch der berufliche oder sogar der private Status von Mitarbeitern als Grundlage für die Entgeltdifferenzierung verwendet werden, wobei Seniorität und hierarchische Position oder eben der soziale Status der Mitarbeiter diese Grundlage bilden können [18].

Auf die Festlegung der *Entgeltdifferenzierung* folgt die Auswahl und Kombination der Entgeltformen. Dabei ist zunächst eine Untergliederung in materielle und immaterielle Anreize vorzunehmen. Während unter materiellen Anreizen im Wesentlichen monetäre oder monetär quantifizierbare Entgeltformen zu verstehen sind, beziehen sich immaterielle Anreize auf Arbeitsinhalt, Arbeitsplatz und Arbeitszeit, Personalentwicklung, Aufstiegsmöglichkeiten sowie soziale Beziehungen. Monetäre Anreize können sowohl aus fixen (Zeitlohn und Grundgehalt) als auch variablen Entgeltbestandteilen (Zuschläge und Kapitalbeteiligung) bestehen. Nichtmonetäre materielle Entgeltbestandteile sind Sach- und Dienstleistungen, die den Mitarbeitern von Seiten des Arbeitgebers zur Verfügung gestellt werden [18]. Gerade im Dienstleistungsbereich haben sich aufgrund der vielfältigen Anforderungen an die Mitarbeiter (siehe Abb. 10.4) immaterielle Anreize wie z. B. Personalentwicklungsmaßnahmen und die Gestaltung des Arbeitsumfeldes als geeigneter erwiesen [14].

Die absolute *Entgelthöhe* kann dann abschließend in Abhängigkeit geltender Tarifabschlüsse bestimmt werden. Der Entscheidungsspielraum des jeweiligen Unternehmens ist allerdings insofern gegeben, als ein Teil der Unternehmen nicht an Tarifverträge gebunden ist, Betriebsräte – sofern vorhanden – über unterschiedlichen Einfluss verfügen, Öffnungsklauseln für Krisenzeiten existieren. Auch können Veränderungen der Entlohnung auch über die Flexibilisierung der Arbeitszeit gesteuert werden, was insbesondere für die Entgeltgestaltung dienstleistungserbringender Mitarbeiter von Bedeutung ist [18].

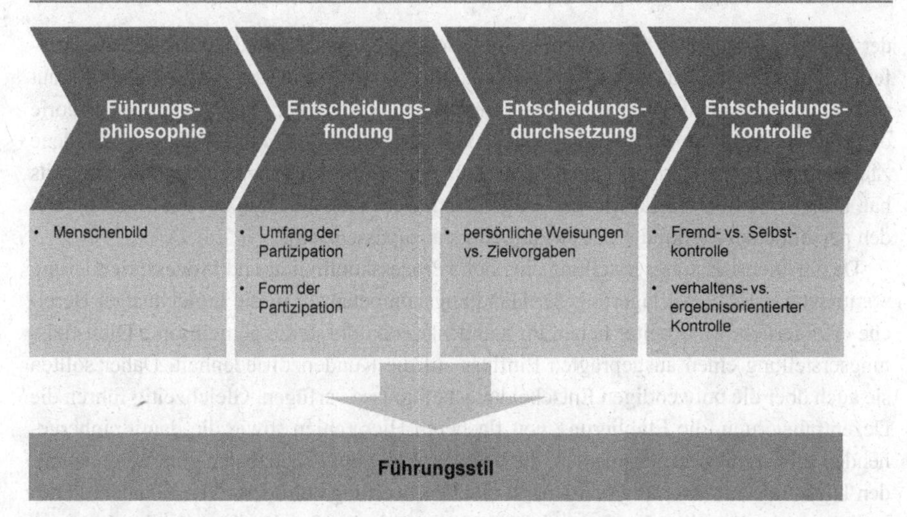

Abbildung 10.9 Phasen des Führungsprozesses (eigene Darstellung i. A. a. HOLTBRÜGGE [18])

Personalführung beschreibt die auf unmittelbare Interaktion und Kommunikation basierende gezielte Beeinflussung des Verhaltens und der Einstellungen von Individuen oder Gruppen durch Führungspersonen im Rahmen einer durch organisationale Regelungen festgelegten Rollendifferenzierung mit der Absicht, gemeinsam angestrebte Unternehmensziele zu verwirklichen [14, 18, 19]. Bei der Personalführung steht im Gegensatz zu den bisher vorgestellten Instrumenten des Personalmanagements die direkte, persönliche und individuelle Beziehung im Vordergrund. Da im Dienstleistungsbereich die Servicemitarbeiter häufig weitgehend autonom arbeiten und nur selten persönlich mit den verantwortlichen Führungskräften (Vorgesetzten, aber auch Einsatzleitern und Montagedisponenten) zusammentreffen, unterscheidet sich die Führungssituation von anderen Unternehmensbereichen deutlich [14]. Somit wird bereits erkennbar, dass im Dienstleistungsbereich eine autoritärer Führungsstil bzw. die Verhaltensbeeinflussung durch Macht weniger erfolgversprechend ist als ein kooperativer Führungsstil, d. h. die Verhaltensbeeinflussung durch Motivation. Die in Abbildung 10.9 schematisch dargestellte Personalführung kann dabei in die Teilaspekte *Führungsphilosophie*, *Entscheidungsfindung*, *Entscheidungsdurchsetzung* sowie *Entscheidungskontrolle* untergliedert werden [18].

Die *Führungsphilosophie* bzw. das Menschenbild ist ein wesentlicher beeinflussender Faktor für den Führungsstil einer verantwortlichen Person. Einen Überblick über die verschiedenen Menschenbilder, die Beginn des 20. Jahrhunderts für die Personalführung herangezogen wurden, gibt Schein [20]. Von Bedeutung für die Führungsphilosophie im Dienstleistungssektor sind der sogenannte *sich selbst verwirklichende Mensch*, definitorisch basierend auf der von Maslow entwickelten Motivationstheorie [21], sowie der sogenannte *komplexe Mensch*, dessen Definition auf den Arbeiten zum Kontingenzansatz von Fiedler [22] basiert. Nach der Theorie des *sich selbst verwirklichenden Menschen* ist der Wunsch nach Selbstverwirklichung das wichtigste menschliche Bedürfnis. Daher präferieren Mitarbeiter Autonomie und Selbstkontrolle, wobei Führungskräfte damit betraut sind, die Rahmenbedingungen für das Verhalten der Mitarbeiter festzulegen. Die Theorie des *komplexen Menschen* geht davon aus, dass Menschen situationsbedingt verschiedene Zielsetzungen verfolgen, was auch Auswirkungen auf die Wirksamkeit des Führungsstils hat. Daher sind Führungskräfte dazu angehalten, diesen in Abhängigkeit der Situation und den persönlichen Merkmalen des Mitarbeiters anzupassen [18].

Da die Dienstleistungserstellung eine hohe Prozesskontinuität und Prozessorientierung voraussetzt, ist eine Verlagerung der Handlungskompetenzen in die kundennahen Bereiche erforderlich. Mitarbeiter haben im Kundenkontakt durch die gemeinsame Dienstleistungserstellung einen ausgeprägten Einfluss auf die Kundenzufriedenheit. Daher sollten sie auch über die notwendigen Entscheidungsbefugnisse verfügen. Gleichzeitig führen die Dezentralisierung, die Etablierung von flacheren Hierarchien sowie die damit einhergehenden größeren Führungsspannen, die beim Wandel vom Produzenten zum produzierenden Dienstleister notwendig werden, zu einer Aufwertung der operativen Einheiten. Dies bedingt auch, dass die Mitarbeiter im Kundenkontakt häufig als eigenständige Manager agieren müssen und mit Führungs- und Koordinationsaufgaben betraut sind [23]. Dem Management dagegen fällt verstärkt die Aufgabe des Coachings bzw. der Unterstützung zu [24, 25]. Die zunehmende Interaktivität beim Aus- bzw. Aufbau von Dienstleistungen bedingt zudem einen Bedeutungsgewinn kundenorientierter und mitarbeiterorientierter Zielsetzungen. Bei der Transformation zum produzierenden Dienstleister gewinnen die interdependenten Faktoren *Personalmotivation*, *Dienstleistungsqualität*, *Kundenzufriedenheit* sowie der daraus resultierende *ökonomische Erfolg* immer stärker an Bedeutung [24, 25]. Daher sollte die Führungsphilosophie auch auf einem multidimensionalen Zielsystem beruhen, um die Bedürfnisse der Mitarbeiter und damit auch der Kunden zu erfüllen.

Der Teilbereich *Entscheidungsfindung* innerhalb der Personalführung befasst sich mit der Form der Partizipation der Mitarbeiter an den Entscheidungsprozessen in einer Unternehmung. Bereits aus den vorangegangenen Ausführungen wurde deutlich, dass den Mitarbeitern eine größere Autonomie im Dienstleistungsbereich zugestanden werden sollte. Dies gilt auch für die Beteiligung der Mitarbeiter an Entscheidungen, denn häufig müssen Servicemitarbeiter im Einsatz ihre Entscheidungen unabhängig und ohne Rücksprache treffen. Insbesondere bei dem Aus- bzw. Aufbau des Dienstleistungsportfolios ist es unerlässlich, das Wissen der Mitarbeiter über Kundenwünsche und -bedürfnisse zu berücksichtigen [25]. Gerade die Innovationsentwicklung erfordert, dass die Mitarbeiter in die Entscheidungsfindung mit eingebunden werden. Allerdings gewinnen hierarchische Vorgaben bei der unmittelbaren Umsetzung von Dienstleistungsinnovationen wieder eine größere Rolle [26].

In der Phase der *Entscheidungsdurchsetzung* können die Ansätze der persönlichen Weisung und der Vorgabe von Zielen unterschieden werden. Während durch die persönliche Weisung die Handlungsspielräume der Mitarbeiter stark beschränkt sind, überlassen Zielvorgaben den Mitarbeitern einen eigenen Entscheidungsspielraum, da sie über den Einsatz von Maßnahmen in einem vorgegebenen Orientierungsrahmen selbst entscheiden können. Der von Drucker und Odiorne begründete Ansatz des „Management by Objectives" [27, 28] ist dabei als Verfahren der Entscheidungsdurchsetzung mit Zielvorgaben hervorzuheben [18]. Denn aufgrund der hohen Eigenständigkeit, Eigenverantwortlichkeit und Eigeninitiative, die Servicemitarbeiter aufweisen müssen, ist der mehrstufige Zielbildungsprozess des *Managements by Objectives* im Besonderen für den Dienstleistungsbereich geeignet [14]. Der Erfolg des *Managements by Objectives* hängt maßgeblich von der Konsistenz des Zielsystems und der Vereinbarkeit der Subziele ab [18]. Dies bedeutet, dass Zielvereinbarungen von Unternehmensebene über die Abteilungsebene bis auf Mitarbeiterebene heruntergebrochen werden. Dabei sind eindeutig formulierte, messbare, praktisch erreichbare, realistische und zeitlich klar definierte Zielvereinbarungen zu treffen, mit denen sich der Mitarbeiter identifizieren kann [14, 18]. Dabei spielen auch die persönlichen Ziele des Mitarbeiters sowie eine Priorisierung der unterschiedlichen Zielsetzungen eine Rolle. Über die Vereinbarung von Zielen hinaus können zudem konkrete Maßnahmen in Form von Handlungsvereinbarungen beschlossen werden, um das Erreichen der Ziele sicherzustellen. Von Seiten der Serviceleitung sind die entsprechenden Rahmenbedingungen zu schaffen, die zur Erreichung und Umsetzung der Ziel- und Handlungsvereinbarungen notwendig sind. Diese Rahmenbedingungen können technischer, organisatorischer oder personeller Art sein, wie z. B. die Bereitstellung von Arbeitsmitteln, die Organisation von abteilungsübergreifenden Erfahrungsaustauschtreffen oder die Flexibilisierung der Personalkapazitäten [14].

Abschließende Phase des Führungsprozesses ist die *Entscheidungskontrolle*, die durch die Dimensionen *Kontrollträger* und *Kontrollart* bestimmt wird. Kontrollträger können einerseits der Vorgesetzte oder andererseits der Mitarbeiter selbst sein. Bei der Fremdkontrolle übernimmt der Mitarbeiter nur ausführende Tätigkeiten. Dagegen umfassen bei der Selbstkontrolle ausführende wie auch überwachende Tätigkeiten das Aufgabenfeld des Mitarbeiters. Die Dimension *Kontrollart* unterscheidet zwischen der *verhaltensorientierten Kontrolle* und der *ergebnisorientierten Kontrolle*. Die verhaltensorientierte Kontrolle findet entlang vorgegebener Verhaltens- bzw. Verfahrensregeln statt, während die ergebnisorientierte Kontrolle die geplante und die realisierte Leistung des Mitarbeiters evaluiert [18].

Wie aus den vorhergegangenen Betrachtungen bereits deutlich wurde, ist für Mitarbeiter im Dienstleistungsbereich eine ausschließliche Fremdkontrolle und eine reine verhaltensorientierte Kontrolle einerseits nicht realisierbar und würde andererseits mit dem angestrebten *Management by Objectives* im Widerspruch stehen. Daher sollte ein Ansatz gewählt werden, der zumindest in Teilbereichen eine Selbstkontrolle ermöglicht und die Zielerreichung anhand von Ergebnissen überprüft [18]. Einen für die Entscheidungskontrolle in Dienstleistungsbereichen geeigneten Ansatz der ergebnisorientierten Eigenkontrolle stellt das von Bittel begründete Management-by-Exception-Konzept dar [29]. Hierbei werden bei der Vorgabe von Zielen Schwellenwerte definiert, die nur bei Über- oder Unterschreitung eine Intervention von Seiten des Vorgesetzten erfordern. Dies bedeutet, dass die Mitarbeiter sowohl bei der Entscheidungsfindung als auch der Entscheidungskontrolle beteiligt werden. Nachteilig kann sich allerdings die seltene Kommunikation zwischen Vorgesetzten auswirken [18].

10.2 Methoden des Ressourcenmanagements

Aufbauend auf der vorgestellten Gliederung des Ressourcenmanagements industrieller Dienstleister werden in dem folgenden Kapitel ausgewählte Methoden und Maßnahmen vorgestellt. Kapitel 10.2.1 behandelt die Methoden zur Identifikation von Ressourcen und Kompetenzen und die daraus abzuleitenden Handlungskonsequenzen auf strategischer Ebene. Im Anschluss befasst sich Kapitel 10.2.2 mit ausgewählten Methoden des Human-Resource-Managements.

10.2.1 Strategisches Ressourcenmanagement

Zunächst ist es notwendig, vorhandene Ressourcen, Kompetenzen und Kernkompetenzen zu identifizieren. Anschließend können Zielsetzungen auf der strategischen Ebene definiert werden. Daraus werden die Entwicklung und auch der eventuelle Abbau von Ressourcen, Kompetenzen und Kernkompetenzen abgeleitet. Hierbei müssen auch der Zukauf oder die Auslagerung von Geschäftsbereichen gegen die interne Entwicklung durch das operative Ressourcenmanagement abgewogen werden.

Bei der Identifikation vorhandener Kompetenzen und Kernkompetenzen sollte das strategische Management das Unternehmen hinsichtlich fehlender, ungenutzter und redundanter Ressourcen und Kompetenzen untersuchen. Dabei sind die wesentlichen Evaluationskriterien *Seltenheit*, *Wert*, *Nicht-Imitierbarkeit* und *Substituierbarkeit* [1, 30, 31]. Ressourcen und Kompetenzen sollten sowohl aus einer externen als auch aus einer internen Perspektive betrachtet werden. Bei der externen Analyse können die im Markt beobachtbaren Erfolgsfaktoren auf die im Unternehmen vorhandenen Ressourcen und Kompetenzen zurückgeführt werden. Die interne Analyse ermöglicht zudem die Erfassung ungenutzter, aber verfügbarer Kompetenzen. Die Durchführung der internen Analyse kann entlang der von Porter entwickelten Wertkette [32] oder in Bezug zu funktionalen Organisationseinheiten umgesetzt werden [1]. Kompetenzmatrizen helfen, den Entwicklungsbedarf bestimmter Ressourcen und Kompetenzen zu erkennen, und können erste Hinweise auf potenzielle In-/Outsourcingstrategien liefern [1].

Die Erstellung einer *Kompetenzmatrix*, die die Kompetenzausprägung im Unternehmen im Vergleich zu seinen Wettbewerben misst, kann dabei wertvolle Hinweise auf die relative Position des Unternehmens liefern. Auch lassen sich die Kompetenzen der verfügbaren Mitarbeiter und die Anforderungen des Unternehmens gegenüberstellen. Daher wird die Matrix auch häufig in den Bereichen HRM und Wissensmanagement verwendet. Die Kompetenzmatrix kann dabei individuell skaliert werden. Somit lassen sich dann die Mitarbeiterprofile in einer Zeile ablesen, während die Ausprägung einer individuellen Kompetenz im ganzen Unternehmen in einer Spalte dargestellt wird. Zudem können mit einer Kompetenzmatrix Soll- und Ist-Zustände miteinander verglichen werden [1, 31].

Ein weiteres Werkzeug ist die *Kompetenzlandkarte*, die das vorhandene Wissen in Form von Kompetenzfeldern, denen die Mitarbeiter mit entsprechenden Kompetenzen zugeordnet werden, darstellt. Kompetenzlandkarten können sich auch auf Einheiten wie

Teams oder Abteilungen beziehen und erlauben die Integration von extern verfügbaren Kompetenzen. So können vor allem vorhandene Netzwerke visualisiert werden und damit auch zukünftige neue Verbindungen oder Verschiebungen innerhalb der Kompetenzlandkarte strategisch geplant werden [31].

Unter Berücksichtigung des Marktumfeldes, der internen Gegebenheiten und der prognostizierten Marktentwicklung können Zielsetzungen für die zukünftige Entwicklung von Ressourcen und Kompetenzen formuliert werden. Dies kann bedeuten, bestehende Kompetenzen zu Kernkompetenzen auszubauen, Kernkompetenzen zu akquirieren oder durch Jointventures zu erlangen, mangelhaft ausgebildete oder nicht mehr benötigte Kompetenzen auszulagern oder neue zu entwickeln. Die Zielsetzungen können dabei mithilfe der vorgestellten Analysewerkzeuge, Kompetenzmatrix und Kompetenzlandkarte, visualisiert werden. Allerdings ist zu beachten, dass vorhandene Ressourcen, Kompetenzen, insbesondere Kernkompetenzen, den strategischen Handlungsspielraum auch limitieren können, da ihr Auf- und Abbau äußerst aufwendig sind [1, 31].

Fehlende Ressourcen und Kompetenzen sollten dahingehend überprüft werden, ob sie selbst entwickelt werden können oder zugekauft werden müssen. Die Kosten für die Übernahme anderer Unternehmen oder ihrer Abteilungen sollte immer den internen Entwicklungskosten gegenübergestellt werden. Strategische Allianzen bzw. Jointventures bieten sich insbesondere in Bereichen an, in denen eine eigene Entwicklung aufgrund von Wissensdefiziten nicht möglich ist. Lassen sich die entsprechenden Kompetenzen nicht akquirieren, kann auch eine strategische Allianz/ein Jointventure Zugang zu benötigtem Wissen verschaffen. Kompetenzen und Ressourcen, die nicht von Bedeutung für die strategischen Unternehmensziele sind, sollten einer Kosten-Nutzen-Analyse unterzogen werden und darauf basierend eventuell ausgelagert werden. Allerdings sollte der mit Auslagerungen verbundene Wissenstransfer bei der Kosten-Nutzen-Analyse beachtet werden [1].

10.2.2 Human-Resource-Management

Zentraler Bestandteil für die interne Entwicklung von Kompetenzen und Fähigkeiten ist das Human-Resource-Management, das hinsichtlich seiner Aufgaben umfassend in Kap. 10.1.2 diskutiert wurde. Die wesentlichen Maßnahmen, die für den Aufbau von Kompetenzen und Fähigkeiten der Mitarbeiter notwendig sind, umfassen die Beurteilung des Personalentwicklungsbedarfs, die interne Personalentwicklung sowie ggfs. die Personalakquise. Vor dem Hintergrund des Wandels zum produzierenden Dienstleister bzw. Anbieter integrierter Leistungssysteme gewinnen neben den technisch-fachlichen und methodischen Kenntnissen die sozialen und persönlichen Kompetenzen immer stärker an Bedeutung [25, 33]. Dieser unternehmerische Wandel kann allerdings nur unter der Prämisse eines Wandels der Einstellungen und Fähigkeiten der Mitarbeiter gelingen. Daher sind die maßgeblichen Instrumente, um diesen Wandel zu bewältigen, eine umfassende Beurteilung des verfügbaren Personals, eine systematische Personalentwicklung und ggfs. eine adäquate Personalakquise. Abbildung 10.10 fasst die in diesem Kapitel betrachteten Maßnahmen des HRMs zusammen.

strategisches Ressourcenmanagement

Kompetenzziele

Beurteilung des Personalentwicklungsbedarfs

Ermittlung der Anforderungssituation: Anforderungsprofile

Ermittlung der Eignungspotenziale: Qualifikationsprofile/Entwicklungsbedürfnisse

Profilvergleichsanalyse: Definition des Personalentwicklungsbedarfs

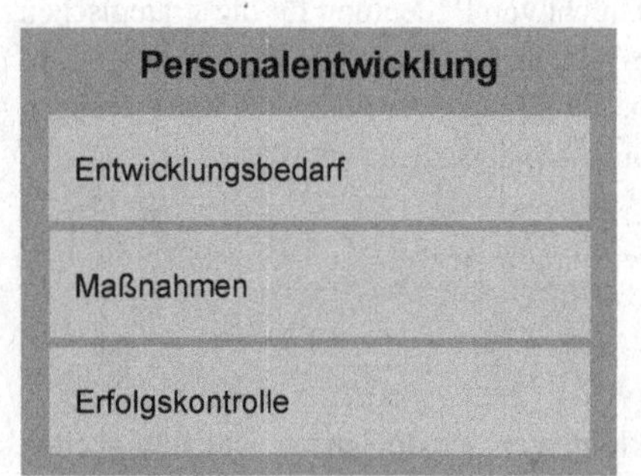

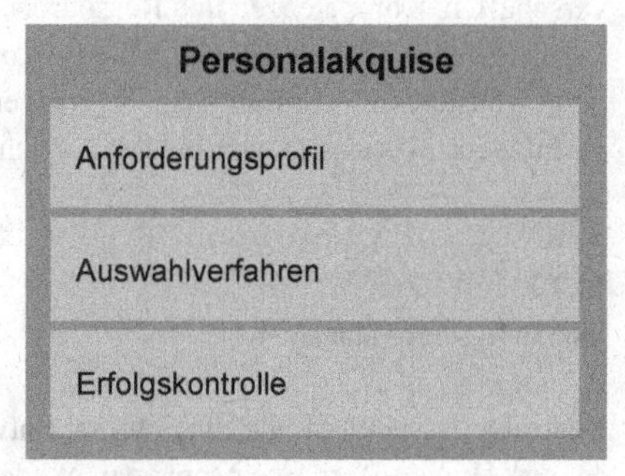

Abbildung 10.10 Beurteilung des Personalentwicklungsbedarfs, der Personalentwicklung und der Personalakquise (eigene Darstellung)

10.2.2.1 Beurteilung des Personalentwicklungsbedarfs

Die Beurteilung des Personalentwicklungsbedarfs gliedert sich in die Teilbereiche *Ermittlung der Anforderungssituation*, *Ermittlung der Eignungspotenziale* sowie eine daran anschließende *Profilvergleichsanalyse*.

Ermittlung der Anforderungssituation

Bei der *Ermittlung der Anforderungssituation* dienen zunächst die strategischen Kompetenzziele des Ressourcenmanagements als Richtlinie (siehe Kapitel 10.2.1), die näher zu spezifizieren sind. Für die Ermittlung der Anforderungssituation konnte Mütze einige dienstleistungsspezifische Problemfelder identifizieren, die im Folgenden erläutert werden [14]. Häufig erfolgt die Einschätzung des Personalbedarfs nur von Seiten des Managements ohne Beteiligung der Mitarbeiter. Insbesondere in Unternehmen, die ihre Dienstleistungsabteilung auf- oder ausbauen, wird, im Gegensatz zu den fachlichen und methodischen Kenntnissen, die Bedeutung der sozialen und persönlichen Kompetenzen unterschätzt. Ferner findet die Bedarfsermittlung selten unter Einbezug der geplanten zukünftigen strategischen Entwicklung statt. Auch werden Entwicklungsmaßnahmen häufig erst ergriffen, wenn bereits Defizite aufgetreten sind. Schließlich sind eine zu selten durchgeführte Bedarfsermittlung sowie eine ungenügende Dokumentation der abgeleiteten Maßnahmen als weitere dienstleistungsspezifische Fehlerquellen zu nennen [14].

Auf der Basis dieser häufigen Fehlerquellen im Dienstleistungsbereich lassen sich die wesentlichen Anforderungen einer systematischen Bedarfsermittlung definieren. Die Mitarbeiter sind bei der Ermittlung des individuellen Personalentwicklungsbedarfs zu beteiligen. Des Weiteren sollten Disponenten, Serviceleiter sowie die für die Aus- und Weiterbildung verantwortlichen Personen hinzugezogen werden. Ist die Entwicklung der Mitarbeiter zuvor eklatant vernachlässigt worden, kann auch eine unternehmensweite Mitarbeiterbefragung, bei der die Mitarbeiter ihren eigenen Entwicklungsbedarf einschätzen, geeignet sein. Die Ergebnisse dieser Mitarbeiterumfrage sollten im Anschluss mit den Fremdbeurteilungen von Einsatzleitern und Vorgesetzten abgeglichen werden. Dabei ist allerdings zu berücksichtigen, dass auf diese Weise nur der Status quo erhoben wird und zukünftige Entwicklungen unberücksichtigt bleiben. Somit sollte eine Mitarbeiterbefragung nur in besonderen Fällen, wie z. B. bei einer grundlegenden Neustrukturierung der Personalentwicklung, eingesetzt werden. Zukünftige Anforderungen, die z. B. aus einer strategischen Neuausrichtung, organisatorischen Veränderungen, Veränderungen im Angebotsportfolio oder Standortverlagerungen entstehen, müssen frühzeitig in die Personalentwicklung miteinbezogen werden [14].

Das Ergebnis der Ermittlung des Personalentwicklungsbedarfs ist idealerweise ein klar definiertes *Anforderungsprofil* für die vorhandenen oder auch neu zu besetzenden Stellen. Das Anforderungsprofil beschreibt kurz und prägnant die Kernaufgaben und Anforderungen einer Funktion. Daher sollten kennzeichnendes Merkmal der Funktion, Ziel der Funktion, Kenntnisse, Fähigkeiten, Qualifikationen, Kernaufgaben sowie persönliche Anforderungen definiert werden. Das Anforderungsprofil steht dabei dem Eignungsprofil des aktuellen oder zukünftigen Mitarbeiters, das entlang derselben Bewertungskriterien erhoben wird, gegenüber. Anforderungsprofile können für die Neubesetzung von Stellen, für die Bewertung von Mitarbeitern und als Zielsetzungen der Personalentwicklung genutzt werden. Zudem geben Anforderungsprofile Auskunft über die wesentlichen Beurteilungskriterien der entsprechenden Stelle und sollten somit auch mit den später bei der Personalbeurteilung verwendeten Kriterien übereinstimmen. Werden bei der Personalbeurteilung Defizite erkennbar, können diese mithilfe gezielter Personalentwicklungsmaßnahmen ausgeglichen werden. Sind die Defizite allerdings so gravierend, dass die Kosten der Personalentwicklung höher einzuschätzen sind als die der Neubesetzung, sollte eine Freistellung oder Versetzung in Betracht gezogen werden. Für die interne Besetzung der Stelle können sowohl Testverfahren, die mit den Anforderungen korrespondieren, als auch Auswahlverfahren für die externe Besetzung entwickelt werden [31] (Abbildung 10.11).

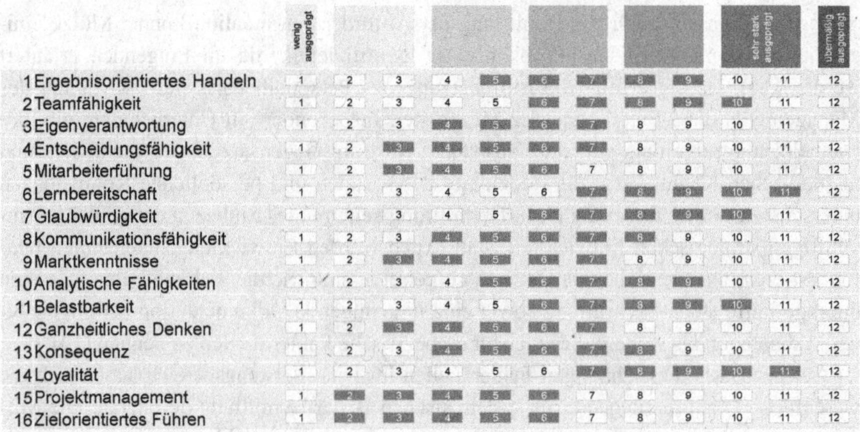

	wenig ausgeprägt									sehr stark ausgeprägt		übermäßig ausgeprägt
1 Ergebnisorientiertes Handeln	1	2	3	4	5	6	7	8	9	10	11	12
2 Teamfähigkeit	1	2	3	4	5	6	7	8	9	10	11	12
3 Eigenverantwortung	1	2	3	4	5	6	7	8	9	10	11	12
4 Entscheidungsfähigkeit	1	2	3	4	5	6	7	8	9	10	11	12
5 Mitarbeiterführung	1	2	3	4	5	6	7	8	9	10	11	12
6 Lernbereitschaft	1	2	3	4	5	6	7	8	9	10	11	12
7 Glaubwürdigkeit	1	2	3	4	5	6	7	8	9	10	11	12
8 Kommunikationsfähigkeit	1	2	3	4	5	6	7	8	9	10	11	12
9 Marktkenntnisse	1	2	3	4	5	6	7	8	9	10	11	12
10 Analytische Fähigkeiten	1	2	3	4	5	6	7	8	9	10	11	12
11 Belastbarkeit	1	2	3	4	5	6	7	8	9	10	11	12
12 Ganzheitliches Denken	1	2	3	4	5	6	7	8	9	10	11	12
13 Konsequenz	1	2	3	4	5	6	7	8	9	10	11	12
14 Loyalität	1	2	3	4	5	6	7	8	9	10	11	12
15 Projektmanagement	1	2	3	4	5	6	7	8	9	10	11	12
16 Zielorientiertes Führen	1	2	3	4	5	6	7	8	9	10	11	12

Abbildung 10.11 Beispiel eines Sollprofils in Form einer Kompetenzmatrix (eigene Darstellung i. a. A. Heyse und Erpenbeck [34])

Ermittlung der Eignungspotenziale

Sind die erforderlichen Anforderungsprofile definiert, können die Eignungspotenziale der Mitarbeiter bestimmt werden. Bei der *Ermittlung der Eignungspotenziale* sind neben den verschiedenen Kompetenzarten (fachlich, methodisch, sozial und persönlich) die Formalqualifikationen und insbesondere auch die ungenutzten Potenziale sowie die Mitarbeiterinteressen von Bedeutung [14]. Denn ungenutzte Mitarbeiterpotenziale bergen bisweilen ganz neue Entwicklungsmöglichkeiten, sowohl für das Unternehmen als auch für die Mitarbeiter. Zudem sind sie häufig Ursache einer geringen Motivation und persönlichen Identifikation. Aus den im vorangegangenen Abschnitt angeführten Gründen ist eine systematische Personalbeurteilung für die Ermittlung der Eignungsprofile unerlässlich.

Die *Personalbeurteilung* ist die systematische Bewertung der Leistungen und Potenziale der einzelnen Mitarbeiter eines Unternehmens. Dabei ermöglicht die Personalbeurteilung die Erfassung intern verfügbarer Kompetenzen und die Identifikation von Entwicklungspotenzialen. Schon die unternehmensweite Erfassung der Kompetenzen kann einen Anreiz für die Mitarbeiter darstellen, die gesuchten Kompetenzen zu entwickeln. Zudem erlaubt die unternehmensweite Erfassung der vorhandenen Kompetenzen, den Entwicklungsbedarf zu definieren. Die Bewertung der Kompetenzen der Mitarbeiter ist allerdings auch als Honorierung der Mitarbeiter, die über die entsprechenden Kompetenzen verfügen, zu verstehen [31]. Die hier ausgewählten Methoden zur Personalbeurteilung sind die *Mitarbeiterbeurteilung*, die *Vorgesetztenbeurteilung* sowie die *360°-Grad-Beurteilung*.

Die *Mitarbeiterbeurteilung* findet entlang klar definierter Bewertungskriterien in möglichst objektiver Weise statt. Daher müssen die Bewertungskriterien relevant, objektiv und messbar sein. Die häufigsten Beurteilungskriterien beziehen sich auf die Dimensionen *Leistungsvermögen*, *Leistungsverhalten*, *Fachliche Qualifikation*, *Soziale Fähigkeiten*, *Methodisches Wissen* und *Führungsfähigkeit*. Die Mitarbeiterbeurteilung wird an den für die jeweilige Aufgabe benötigten Kompetenzen orientiert. Auch sollten Entwicklungspotenziale bei der Mitarbeiterbeurteilung Berücksichtigung finden [31].

Die *Vorgesetztenbeurteilung* wird entlang ähnlicher Bewertungskriterien durchgeführt. Somit wird einerseits den Mitarbeitern motivationsfördernde Partizipation eingeräumt, andererseits wertvolle Einsichten in die Führungsfähigkeiten und sozialen Kompetenzen des Führungspersonals gewonnen [31].

Die *360°-Grad-Beurteilung* ist die komplexeste, aber auch aussagekräftigste Bewertungsmöglichkeit. Dabei wird die Beurteilung von Seiten der Kunden, Kollegen, Vorgesetzten und Mitarbeiter mit der Selbstwahrnehmung des zu Beurteilenden abgeglichen. Daher wird ein wesentlich umfangreicheres und aufschlussreicheres Bild über die Fähigkeiten eines Mitarbeiters gewonnen [31]. Diese Form der Beurteilung ist für Mitarbeiter im Dienstleistungsbereich besonders geeignet, da neben den Erkenntnissen hinsichtlich sozialer Kompetenzen auch der Kunde in die Beurteilung integriert wird (Abbildung 10.12).

Neben diesen vorgestellten Methoden zur Personalbeurteilung, die zwischen ein und zwei Mal jährlich durchzuführen sind, sollten kontinuierlich alle weiteren Quellen zur Identifizierung von Qualifikationsbedarf und -potenzial genutzt werden. Dies können z. B. Projektbeurteilungen, Berichte oder Kundenbewertungen sein [14].

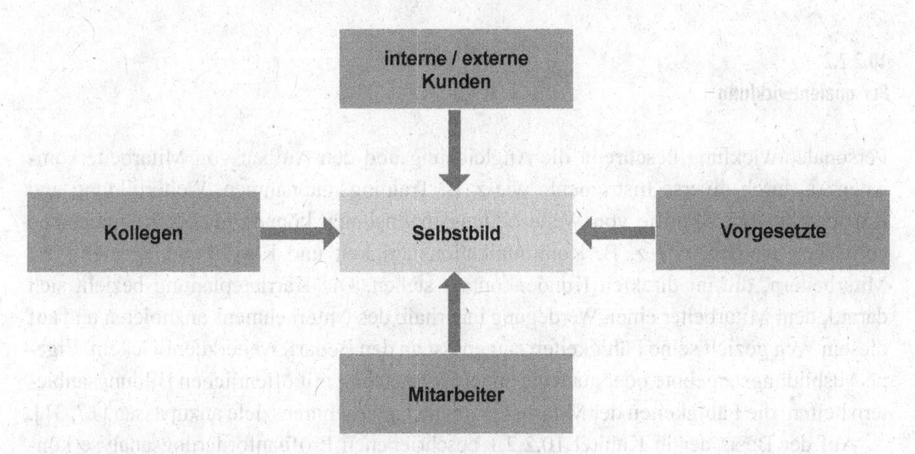

Abbildung 10.12 360° Beurteilung (eigene Darstellung)

Profilvergleichsanalyse

Im Anschluss können im Rahmen einer *Profilvergleichsanalyse* die ermittelten Anforderungsprofile sowie die Qualifikationsprofile gegenübergestellt werden. Daraus kann im folgenden Schritt der Personalentwicklungsbedarf möglichst genau definiert werden. Der so definierte Personalentwicklungsbedarf bildet damit die Grundlage für die Maßnahmen der Personalentwicklung oder der Personalakquise. Dabei ist zu berücksichtigen, dass die wesentlich kostspieligere Personalakquise nur bei nicht vorhandenem internen Entwicklungspotenzial eingesetzt werden sollte. Dies ist auf den negativen psychologischen Effekt auf bestehende Mitarbeiter zurückzuführen (Abbildung 10.13).

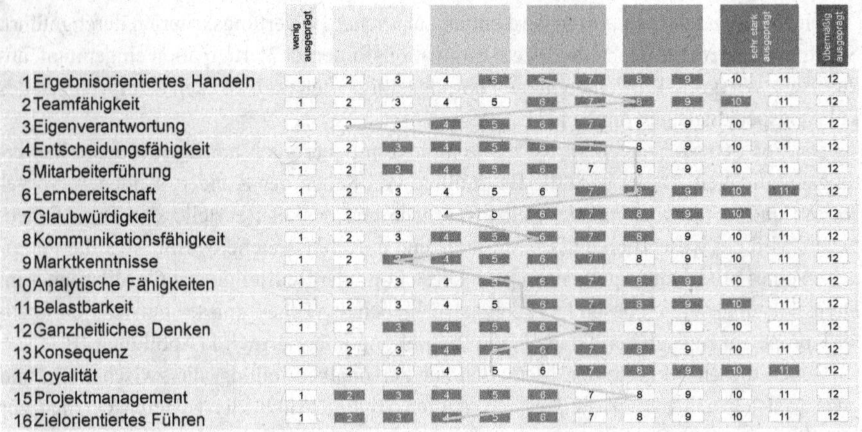

wenig ausgeprägt | sehr stark ausgeprägt | übermäßig ausgeprägt

1 Ergebnisorientiertes Handeln
2 Teamfähigkeit
3 Eigenverantwortung
4 Entscheidungsfähigkeit
5 Mitarbeiterführung
6 Lernbereitschaft
7 Glaubwürdigkeit
8 Kommunikationsfähigkeit
9 Marktkenntnisse
10 Analytische Fähigkeiten
11 Belastbarkeit
12 Ganzheitliches Denken
13 Konsequenz
14 Loyalität
15 Projektmanagement
16 Zielorientiertes Führen

Abbildung 10.13 Beispiel eines Profilvergleichs in Form einer Kompetenzmatrix (eigene Darstellung i. a. A. Heyse und Erpenbeck [34])

10.2.2.2 Personalentwicklung

Personalentwicklung beschreibt die Angleichung und den Aufbau von Mitarbeiterkompetenzen durch diverse Instrumente wie z. B. Trainingsmaßnahmen, Weiterbildung und Karriereplanung. Mithilfe von Weiterbildungsmaßnahmen können gezielt Kompetenzen entwickelt werden, wie z. B. Kommunikationsfähigkeit und Konfliktmanagement von Mitarbeitern, die im direkten Kundenkontakt stehen. Die Karriereplanung bezieht sich darauf, dem Mitarbeiter einen Werdegang innerhalb des Unternehmens anzubieten und auf diesem Weg gezielt seine Fähigkeiten, angepasst an den Bedarf, weiterzuentwickeln. Eigene Ausbildungsangebote oder auch die engere Vernetzung mit öffentlichen Bildungsanbietern helfen, die Fähigkeiten der Mitarbeiter an die Unternehmensziele anzupassen [17, 31].

Auf der Basis der in Kapitel 10.2.2.1 beschriebenen Profilanforderungsanalyse können die entsprechenden Maßnahmen der internen Personalentwicklung definiert werden. Dabei spielen auch die Beteiligung und das Bekenntnis des Managements zu einer systematischen Personalentwicklung eine wichtige Rolle, da dies eine Signalwirkung für die Mitarbeiter impliziert [35]. Gleichzeitig sind von Seiten des Managements die Rahmenbedingungen für eine gezielte Personalentwicklung wie die Bereitstellung eines entsprechenden Budgets, benötigter Hilfsmittel und einer technischen Infrastruktur zu schaffen [17].

Personalentwicklungsmaßnahmen können entsprechend dem Werdegang der Mitarbeiter über ihre Lebensarbeitszeit gegliedert werden. Für Mitarbeiter im Dienstleistungsbereich bietet sich eine Strukturierung in die Teilbereiche *Berufsausbildende Maßnahmen*, *Berufsvorbereitende Maßnahmen*, *Berufsbegleitende Maßnahmen*, *Reintegrierende Maßnahmen* sowie *Ruhestandsvorbereitende Maßnahmen* [14] an (Abbildung 10.14).

Berufsausbildende Maßnahmen können innerhalb oder auch außerhalb des Unternehmens durchgeführt werden. Hierbei sind insbesondere übergreifende Ausbildungen, die verschiedene technische Disziplinen miteinander vereinen, von Bedeutung, um den erhöhten Anforderungen an die Flexibilität der Servicemitarbeiter gerecht zu werden. Daher

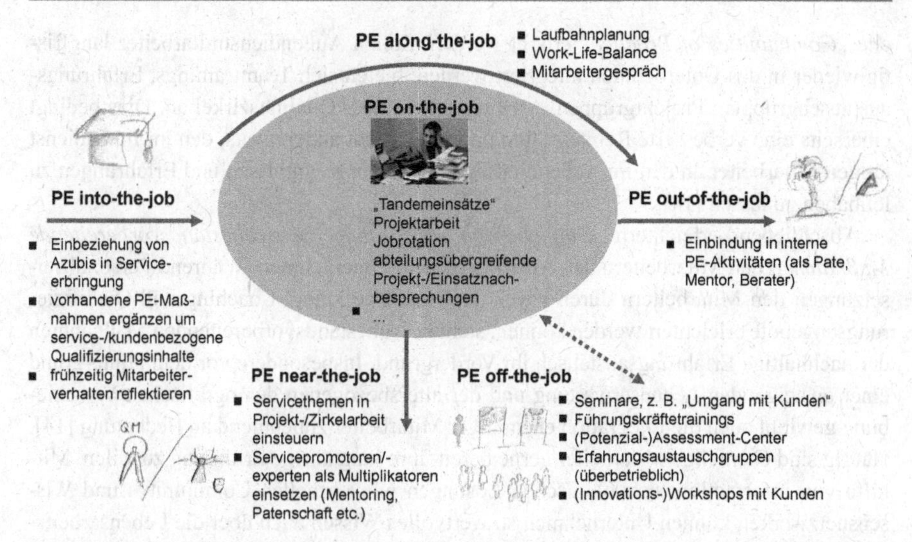

Abbildung 10.14 Übersicht der verschiedenen Personalentwicklungsmaßnahmen (eigene Darstellung i. A. a. MÜTZE [14])

können modularisierte Ausbildungsangebote, die bereits auch die Entwicklung von sozialen und persönlichen Kompetenzen berücksichtigen, eine geeignete Maßnahme für die Ausbildung der zukünftigen Servicemitarbeiter darstellen. Führungskräfte können z. B. durch attraktive Traineeprogramme für den Dienstleistungsbereich gewonnen werden [14].

Berufsvorbereitende Maßnahmen beinhalten für interne oder externe Berufseinsteiger in Bereichen mit Kundenkontakt eine Kombination aus fachlich-methodischen sowie sozialpersönlichen Aus- und Weiterbildungsmaßnahmen. Gleichzeitig ist es notwendig, den formellen und informellen Austausch zwischen erfahrenen Mitarbeitern und neu hinzugekommenen Mitarbeitern zu forcieren. So können z. B. neue Mitarbeiter während ihrer Einarbeitungsphase einen erfahrenen Mitarbeiter als Mentor zur Seite gestellt bekommen [14, 17].

Berufsbegleitende Maßnahmen dienen dazu, bereits erfahrene Mitarbeiter mit neuen Konzepten und technologischen Entwicklungen vertraut zu machen. Vor dem Hintergrund des Wandels, den Anbieter industrieller Dienstleistungen durchlaufen, müssen Anpassungen der Mitarbeiterqualifikationen meist kontinuierlich und regelmäßig durchgeführt werden. Auch ist zu beachten, dass Personalentwicklungsmaßnahmen zur empfundenen Wertschätzung der Mitarbeiter durch das Unternehmen beitragen und somit eine wichtige Grundlage für Mitarbeiterbindung und -zufriedenheit darstellen [14].

Reintegrierende Maßnahmen sind im Dienstleistungsbereich von Bedeutung, da Mitarbeiter im Außendienst häufig langfristig außerhalb des Unternehmens tätig sind und somit drohen, die Bindung zum Unternehmen zu verlieren. Daher könnten z. B. Personalentwicklungsmaßnahmen wie der systematische Arbeitsplatzwechsel in Form von „Jobrotation"-Programmen sowohl die Bindung der im Außendienst tätigen Mitarbeiter erhöhen als auch die im Innendienst tätigen Mitarbeiter für Kunden- und Dienstleistungsorientierung sensibilisieren [17]. Des Weiteren kann die Bindung der im Außendienst tätigen Mitarbeiter durch informationstechnologische Unterstützung wie durch sogenannte virtuelle „*Communities of Practice*" erhöht werden. Sollen Außendienstmitarbeiter langfristig wieder in das Unternehmen integriert werden, bieten sich Teamtrainings, Erfahrungsaustauschgruppen, Projektgruppen, Arbeitsgruppen oder Qualitätszirkel an. Dies bedingt einerseits eine verbesserte Reintegration und ermöglicht andererseits, den im Innendienst tätigen Mitarbeiter an den im Außendienst gewonnenen Kenntnissen und Erfahrungen zu teilhaben zu lassen [14].

Abschließend erleichtern *„Outplacement"-Programme* oder *ruhestandsvorbereitende Maßnahmen* den Mitarbeitern den Austritt aus dem Unternehmen. Während Personalfreisetzungen den Mitarbeitern durch psychologische Betreuung, Coaching und Qualifizierungsangebote erleichtert werden können, steht bei ruhestandsvorbereitenden Maßnahmen der nachhaltige Erfahrungsaustausch im Vordergrund. Insbesondere vor dem Hintergrund einer ansteigenden Lebenserwartung und der altersbezogenen demografischen Verschiebung gewinnt auch die Integration ehemaliger Mitarbeiter zunehmend an Bedeutung [14]. Häufig sind ehemalige Mitarbeiter gerne bereit, ihre langjährige Erfahrung zu teilen. Mithilfe von informationstechnologischen Lösungen wie virtuellen Communitys und Wissensnetzwerken können Unternehmen so wertvolles Wissen auch über die Lebensarbeitszeit der Mitarbeiter hinaus internalisieren.

Personalentwicklungsmaßnahmen

Personalentwicklungsmaßnahmen können durch eigene Experten durchgeführt werden oder es werden externe Anbieter mit dieser Aufgabe betraut. Dies steht auch in der Abhängigkeit erforderlicher Maßnahmen, denn externe Anbieter werden von Mitarbeiterseite häufig als neutraler eingeschätzt. Dies kann z. B. vor dem Hintergrund von einer durch Personalentwicklung zu unterstützenden Reorganisation des Unternehmens eher geeignet sein, als die Personalentwicklung intern durchzuführen [14]. Neben den bereits erwähnten Maßnahmen wie Jobrotation oder Communitys stehen verschiedenste Maßnahmen für die Personalentwicklung zur Verfügung. Einige ausgewählte Entwicklungsmaßnahmen werden im folgenden Abschnitt vorgestellt:

Seminare und Trainings zielen darauf ab, Sozial- und Methodenkompetenzen zu vermitteln. Sie werden meist als komprimierte, mehrtägige Veranstaltungen durch externe oder interne Anbieter abgehalten. Aufgrund der Anforderungen hinsichtlich Flexibilität und Sozialkompetenzen bei industriellen Dienstleistern sind Seminare und Trainings ein zentrales Instrument zur Personalentwicklung [31].

Coaching ist die individuelle, zeitlich begrenzte Beratung und Unterstützung von Mitarbeitern. Dabei bleiben die Inhalte, im Gegensatz zu den anderen Instrumenten der Personalentwicklung, vertraulich. Daher wird Coaching häufig durch externe Berater durchgeführt. Zentraler Bestandteil der Beratung sind Klärung und Bewältigung der Anforderungen an den jeweiligen Mitarbeiter mit dem Ziel, die Selbstwahrnehmung des Rezipienten zu verbessern. Veränderungen des Tätigkeitsfeldes, Lösung von Konfliktsituationen, persönlichkeitsbildende Maßnahmen und Hilfe bei privaten Problemen sind die Aufgabenbereiche des Coachings [31].

Teamentwicklung zielt darauf ab, die Mitarbeiter für die effektive und effiziente Zusammenarbeit in unterschiedlichen Gruppen zu befähigen. Mitglieder eines Teams sollen dabei lernen, gemeinsam Lösungen zu finden, Konflikte zu lösen und ihre Rollen innerhalb ihrer Gruppe besser zu verstehen. Teamentwicklung wird zumeist außerhalb des Unternehmens durchgeführt, wobei die Teilnehmer mithilfe von gruppendynamischen Indoor- und Outdoor-Übungen lernen, einander zu vertrauen und gemeinsam Probleme und Konflikte zu lösen. In Dienstleistungsabteilungen sollten Maßnahmen zur Teamentwicklung entlang funktionaler Einheiten durchgeführt werden. Dabei ermöglichen sie signifikante Verbesserungen in Flexibilität, Kommunikation, Koordinations- und Kooperationsverhalten.

Fachliche Schulungen dienen der Vermittlung fachlicher Kompetenzen und sind daher möglichst praxisbezogen am Arbeitsplatz zu organisieren. Die Vermittlung von Fachkompetenzen ist zwar im Dienstleistungsbereich geringer einzuschätzen, dennoch kann angesichts technologischer Entwicklungen und Änderungen des Angebotsportfolios nicht auf dieses Werkzeug verzichtet werden [31].

Das *Projektmanagement* stellt die Entwicklung der Fähigkeiten und Qualifikationen der Mitarbeiter innerhalb von Projektteams in den Vordergrund. Dabei wird ein Team mit Planung, Koordination und Durchführung eines Projekts mit einer konkreten Zielvorgabe bei Begrenzung der zu verwendenden Ressourcen betraut. Wenn das Team zudem interdisziplinär und hierarchieübergreifend zusammengesetzt ist, stellen sich schnell Erfolge hinsichtlich Wissenstransfer und innerbetrieblicher Vernetzung ein [31].

Nachwuchsförderprogramme oder Traineeprogramme dienen dazu, qualifizierte Mitarbeiter oder auch junge Universitätsabsolventen für das Unternehmen zu gewinnen und langfristig an das Unternehmen zu binden. Dabei darf der Signaleffekt, den ein gutes Nachwuchsförderprogramm oder Traineeprogramm haben kann, nicht vernachlässigt werden. Heutzutage bieten viele mittelständische Unternehmen entsprechende Programme an. Allerdings kann ein solches Programm nicht nur auf die Rekrutierung neuer Mitarbeiter ausgerichtet werden, denn die mögliche Partizipation interner Mitarbeiter verbessert sowohl Motivation und Engagement potenzieller interner Kandidaten als auch die Akzeptanz und Integration neuer Mitarbeiter [31].

Nach der Durchführung der Personalentwicklungsmaßnahmen sind diese systematisch auf ihren Erfolg hin zu kontrollieren. Daher sollten regelmäßige Feedbackgespräche zwischen den Mitarbeitern, Vorgesetzten sowie den mit den Qualifizierungsmaßnahmen betrauten Personen stattfinden. Während der und im Anschluss an die durchgeführten Qualifizierungsmaßnahmen sollten diese insbesondere vor dem Hintergrund von transferhemmenden Faktoren, wie z. B. Rückfällen in alte Lösungs- oder Rollenmuster aufgrund zeitlicher Einschränkungen, überprüft werden. Zwischen drei bis sechs Monaten nach Durchführung der Entwicklungsmaßnahme sollten die Mitarbeiter die durchgeführten Maßnahmen hinsichtlich ihres Erfolgs bewerten. Dabei sollten auch Kundenzufriedenheitsmessungen und Einschätzungen von Vorgesetzten die Gesamtbeurteilung ergänzen [14].

Insgesamt muss die Personalentwicklung als ein kontinuierlicher Kreislauf gesehen werden, da auf die Erfolgskontrolle wiederum die Personalbeurteilung erfolgt. Dabei können neue Entwicklungspotenziale und -ziele definiert werden, die wiederum durch entsprechende Maßnahmen in nutzbare Kompetenzen überführt werden können. Sollten Entwicklungsziele mit dem vorhandenen Personal nicht erreichbar sein oder reicht die Anzahl der Mitarbeiter für die bearbeitenden Aufgaben nicht aus, können mithilfe einer systematischen Personalakquise neue auf die definierten Anforderungsprofile passende Mitarbeiter für das Unternehmen gewonnen werden.

10.2.2.3
Personalakquise

Personalakquise ermöglicht einem Unternehmen, benötigte und nicht verfügbare Kompetenzen unter Berücksichtigung des Entwicklungspotenzials des vorhandenen Personals hinzuzukaufen. Dabei sind die Ermittlung des Personalbedarfs, Werbung, Auswahl, Anstellung und Einführung neuer Mitarbeiter die wesentlichen Teilaufgaben. Mithilfe von Werbung, Ausschreibungen und veröffentlichten Anforderungsprofilen kann bereits eine Vorauswahl der Bewerber getroffen werden. Hierbei ist es besonders wichtig, dass die erforderlichen Kompetenzen zuvor durch die im vorangegangenen Abschnitt dargestellten Vorgehensweise so genau wie möglich definiert wurden. Das gewonnene Anforderungsprofil kann dann unmittelbar mit dem Eignungsprofil des Bewerbers abgeglichen werden [19].

Für die Auswahl von Bewerbern bieten sich Auswahlgespräche, Assessment-Center und weitere Testverfahren an. Während Auswahlgespräche eine eher individualisierte und subjektive Evaluierung erbringen, ermöglichen Assessment-Center und Testverfahren eine umfangreiche und objektivierte Evaluierung potenzieller Mitarbeiter in psychologischen, sprachlichen, analytischen und persönlichen Kompetenzen. Im Folgenden werden Auswahlverfahren und Assessment-Center exemplarisch als Maßnahmen der Personalakquise vorgestellt.

Das *Auswahlgespräch* ist darauf auszurichten, das zuvor formulierte Anforderungsprofil mit dem Eignungsprofil der jeweiligen Bewerber zu vergleichen. Aufgrund der häufig zu beobachtenden subjektiven Entscheidungen, die auf der Grundlage von Auswahlgesprächen getroffen werden, muss das Interviewkonzept entlang klarer methodischer Standards entwickelt werden. Daher führen standardisierte Interviews, bei denen die Antworten protokolliert und skaliert werden, sowie mehrere Interviewer aus Personalabteilung und Fachabteilung teilnehmen, zu objektiveren Ergebnissen [19].

Assessment-Center können sowohl intern als auch extern gestaltet werden. In Assessment-Centern werden mehrere Bewerber von einem Team aus Personalverantwortlichen und Führungskräften möglichst wertneutral beobachtet. Die Bewerber lösen dabei bestimmte individuelle und teamorientierte Aufgaben und werden auf der Basis von Verhalten und erarbeiteten Lösungen evaluiert. Testverfahren bieten die Möglichkeit, standardisiert und relativ objektiv viele Bewerber miteinander zu vergleichen. Verschiedene Testverfahren stehen dabei zur Verfügung, um Intelligenz, Persönlichkeit und fachliche Kompetenzen der potenziellen Mitarbeiter zu ermitteln [19].

Da auch bei der bestmöglichen Auswahl von neuen Mitarbeitern eine vollständige Passung von Anforderungsprofil und Eignungsprofil eher selten bleibt, sollten die Ergebnisse der durchgeführten Personalakquise auch dafür genutzt werden, um den individuellen Personalentwicklungsbedarf zu bestimmen. Weitere Aufgabe der Personalentwicklung ist es, die akquirierten Mitarbeiter in das Unternehmen zu integrieren. So müssen diese mit den Gegebenheiten des Unternehmens, wie der organisationalen Struktur, dem Produktportfolio und den Kollegen, vertraut gemacht werden.

Literatur

1. Grant, R. M. (2005). *Contemporary strategy analysis* (5. Aufl.). Malden: Blackwell.
2. Helfat, C. E. & Lieberman, M. (2002). The birth of capabilities – Market entry and the importance of pre-history. *Industrial and Corporate Change. 11* (4). S. 725–760.
3. Freiling, J., Gersch, M. & Goeke, C. (2006). Notwendige Basisentscheidungen auf dem Weg zu einer Competence-Based Theory of the Firm. In: Burmann, C., Freiling, J. & Hülsmann, M. (Hrsg.). *Neue Perspektiven des Strategischen Kompetenz-Managements.* Wiesbaden: Deutscher Universitäts-Verlag/GWV Fachverlage GmbH. S. 3–34.
4. Sanchez, R., Heene, A. & Thomas, H. (1996). Introduction – Towards the theory and practice of competence-based competition. In: Sanchez, R., Heene, A. & Thomas, H. (Hrsg.). *Dynamics of competence-based competition – Theory and practice in the new strategic management* (1. Aufl.). Oxford: Pergamon. S. 1–35.
5. Moog, T. (2009). *Strategisches Ressourcen- und Kompetenzmanagement industrieller Dienstleistungsunternehmen – ein theoretischer und praktischer Erklärungsansatz* (1. Aufl.). Dissertation Universität Stuttgart. Wiesbaden: Gabler.
6. Freiling, J. (2002). Terminologische Grundlagen des Resource-based View. In: Bellmann, K. (Hrsg.). *Aktionsfelder des Kompetenz-Managements – Ergebnisse des II. Symposiums Strategisches Kompetenz-Management* (1. Aufl.). Wiesbaden: Deutscher Universitäts-Verlag. S. 3–28.
7. Nelson, R. R. & Winter, S. G. (1982). *An evolutionary theory of economic change* (4. [print.] Aufl.). Cambridge: Belknap Press of Harvard University Press.
8. Krüger, W. (2006). Kernkompetenzbeiträge und Rollen von Shared-Service-Centern im strategiefokussierten Konzern. In: Keuper, F. & Oecking, C. (Hrsg.). *Corporate shared services.* Wiesbaden: Gabler. S. 75–96.
9. Prahalad, C. K. & Hamel, G. (1990). The core competence of the corporation. *Harvard Business Review. 68* (3). S. 79–91.
10. Bogner, W. C. & Thomas, H. (1994). Core competence and competitive advantage – A model and illustrative evidence from the pharmaceutical industry. In: Hamel, G. & Heene, A. (Hrsg.). *Competence-based competition* (Reprinted Aufl.) Chichester: Wiley. S. 111–144.
11. Rüegg-Stürm, J. (2003). *Das neue St. Galler Management-Modell – Grundkategorien einer integrierten Managementlehre* (2. Aufl.). Bern: Haupt.
12. Teece, D. J., Pisano, G. & Shuen, A. (1997). Dynamic capabilities and strategic management. *Strategic Management Journal. 18* (7). S. 509–533.
13. Seegy, U. (2009). *Dienstleistungskompetenz im Maschinen- und Anlagenbau.* Wiesbaden: Gabler.
14. Mütze, S. (1999). Servicemitarbeiter. In: Luczak, H. (Hrsg.). *Servicemanagement mit System – erfolgreiche Methoden für die Investitionsgüterindustrie.* Berlin: Springer. S. 104–143.
15. Homburg, C., Fassnacht, M. & Günther, C. (2003). The role of soft factors in implementing a serivce-oriented strategy in industrial marketing companies. *Journal of Business to Business Marketing. 10* (2). S. 23–51.
16. Kleinaltenkamp, M. & Saab, S. (2009). *Technischer Vertrieb – Eine praxisorientierte Einführung in das Business-to-Business-Marketing.* Heidelberg: Springer.
17. Jung Erceg, P. (2005). Qualifikation für produktbegleitende Dienstleistungen. In: Lay, G. & Nippa, M. (Hrsg.). *Management produktbegleitender Dienstleistungen* (1. Aufl.). Heidelberg: Physica-Verlag. S. 155–174.
18. Holtbrügge, D. (2007). *Personalmanagement* (3., überarb. u. erw. Aufl.). Berlin: Springer.
19. Stock-Homburg, R. (2010). *Personalmanagement – Theorien – Konzepte – Instrumente* (2. Aufl.). Wiesbaden: Gabler.
20. Schein, E. H. (1980). *Organizational psychology* (3 Aufl.). Englewood Cliffs: Prentice-Hall.
21. Maslow, A. H. (1943). A theory of human motivation. *Organizational Psychology. 50* (4). S. 370–396.
22. Fiedler, F. E. (1967). *A theory of leadership effectiveness.* New York: McGraw-Hill.

23. Maier, K.-D. & Wolfrum, U. (1998). Aufbauorganisation von Dienstleistungs-Unternehmen. In: Meyer, A. (Hrsg.). *Handbuch Dienstleistungs-Marketing* (Bd. 1). Stuttgart: Schäffer-Poeschel. S. 371–375.
24. Heskett, J. L., Sasser Jr., W. E. & Schlesinger, L. A. (1997). *The service profit chain – how leading companies link profit and growth to loyalty, satisfaction, and value*. New York: Free Press – Simon & Schuster.
25. Schuh, G., Friedli, T. & Gebauer, H. (2004). *Fit for Service – Industrie als Dienstleister.* München: Hanser.
26. Schuh, G. & Gudergan, G. (2007). Innovationsfähigkeit industrieller Dienstleistungen in Organisationsformen jenseits der Hierarchie: Eine empirische Analyse *Wertschöpfungsprozesse bei Dienstleistungen.* In: Bruhn, M. & Stauss, B. (Hrsg.). *Wertschöpfungsprozesse bei Dienstleistungen.* Wiesbaden: Gabler. S. 193–214.
27. Drucker, P. F. (1954). *The practice of management* (1. Aufl.). New York: Harper & Row.
28. Odiorne, G. S. (1965). *Management by objectives: A managerial leadership*. New York: Pitman Publishing Corporation.
29. Bittel, L. R. (1964). *Management by exception; systematizing and simplifying the managerial job.* New York: McGraw-Hill.
30. Barney, J. B. (1991). Firm resources and sustained competetive advantage. *Journal of Management. 17* (1). S. 99–120.
31. North, K. & Reinhardt, K. (2005). *Kompetenzmanagement in der Praxis – Mitarbeiterkompetenzen systematisch identifizieren, nutzen und entwicklen* (1. Aufl.). Wiesbaden: Gabler.
32. Porter, M. E. (1980). *Competitive strategy – Techniques for analyzing industries and competitors* (1. Aufl.). New York: Free Press.
33. Bullinger, H.-J. & Scheer, A.-W. (2006). Service Engineering Entwicklung und Gestaltung innovativer Dienstleistungen. In: Bullinger, H.-J. & Scheer, A.-W. (Hrsg.). *Service Engineering. Entwicklung und Gestaltung innovativer Dienstleistungen* (2., vollst. überarb. u. erw. Aufl.). Berlin: Springer. S. 3–18.
34. Heyse, V. & Erpenbeck, J. (2004). *Kompetenztraining: 64 Informations- und Trainingsprogramme.* Stuttgart: Schäffer-Poeschel.
35. Nippa, M. (2005). Geschäftserfolg produktbegleitender Dienstleistungen durch ganzheitliche Gestaltung und Implementierung. In: Lay, G. & Nippa, M. (Hrsg.). *Management produktbegleitender Dienstleistungen: Konzepte und Praxisbeispiele für Technik, Organisation und Personal in serviceorientierten Industriebetrieben* (1. Aufl.). Heidelberg: Physica-Verlag. S. 1–18.

IT-Systeme für das Management industrieller Dienstleistungen

11

Günther Schuh und Philipp Stüer

Kurzüberblick

IT-Systeme helfen Unternehmen dabei, ihre industriellen Dienstleistungen effizienter zu gestalten und weiterzuentwickeln sowie die Effizienz der Dienstleistungsprozesse zu steigern. Typische IT-Systeme, die im Bereich der industriellen Dienstleistungen eingesetzt werden, sind Servicemanagementsysteme (SMS) und Customer-Relationship-Management-Systeme (CRM-Systeme).

SMS unterstützen den Anwender bei der Datenverwaltung und der Erfassung seiner Kern- und Querschnittsfunktionen. Da auf dem Markt eine Vielzahl von Service-IT-Systemen existiert, die unterschiedliche Herausforderungen adressieren, bestehen Schwierigkeiten für den Anwender, diese miteinander zu vergleichen. Anhand eines Referenzmodells werden in diesem Kapitel die möglichen Funktionen von SMS beschrieben und es wird ein Ansatz geliefert, diese zu beurteilen. Das vorgestellte Referenzmodell beschreibt den Funktionsumfang von SMS für den Service im Maschinen- und Anlagenbau.

Die Kundenbindung nimmt im Management industrieller Dienstleistungen einen hohen Stellenwert ein, da sie sich direkt auf den Erfolg eines Unternehmens auswirkt. Aufgrund der zunehmenden Globalisierung und der steigenden Transparenz der Märkte lässt sich eine abnehmende Kundenloyalität beobachten. Als Folge dessen lässt sich in Unternehmen ein Wandel von einer Prozessorientierung hin zur Kundenorientierung feststellen. Das Konzept der CRM-Systeme soll Unternehmen in die Lage versetzen, die Kundenbindung zu erhöhen und somit der Herausforderung der abnehmenden Kundenloyalität entgegenzuwirken. In diesem Kapitel

G. Schuh (✉) · P. Stüer
52074 Aachen, Deutschland
E-Mail: g.schuh@wzl.rwth-aachen.de

G. Schuh et al. (Hrsg.), *Management industrieller Dienstleistungen*,
DOI 10.1007/978-3-662-47256-9_11,

werden die grundlegenden Prinzipien und Funktionalitäten von CRM-Systemen erläutert. Das Kapitel schließt ab mit der Darstellung einer Vorgehensweise zur Auswahl von IT-Systemen.

11.1 Einführung

Informationstechnologien erfahren in den letzten Jahren eine immer größer werdende Bedeutung in modernen Unternehmen. Nie waren Informationen so detailliert und umfangreich verfügbar. Auch die Fähigkeit, Informationen gewinnbringend zu nutzen, ist im heutigen Wettbewerb ein ausschlaggebender Faktor für den Unternehmenserfolg, da sich in der Entwicklung von der postmodernen Industriegesellschaft hin zur sogenannten Informationsgesellschaft die Quantität und Qualität von Informationen maßgeblich verändert hat und auch noch weiter verändern wird. Nicht nur für die Produktion und deren Management, sondern auch im Bereich der Dienstleistungen besteht großer Bedarf an systematischer Bearbeitung von Prozessen, sei es in der Bereitstellung von Dienstleistungen oder auch im Kontakt mit Kunden und deren Betreuung. Die Fülle an Datenmengen muss dem operativen Management bedarfsgerecht bereitgestellt werden. Während früher selbst buchhalterische Tätigkeiten, die heute längst automatisiert sind, handschriftlich durchgeführt wurden, wird heute versucht, auch kundenspezifische, individuelle Prozesse wie etwa Auftragsbearbeitungen und Kundenbeziehungen mit IT-Systemen zu unterstützen. Unternehmen erfahren momentan einen bedeutenden Wandel und der Einfluss von IT-Systemen auf die Unternehmensstrukturen wie auf die gesamte Ökonomie wächst ständig.

Das Vier-Sektoren-Modell von Dostal vergleicht die drei „üblichen" Wirtschaftssektoren *Landwirtschaft*, *Produktion* und *Dienstleistung* mit dem Informationssektor [1]. Hier wird die Relevanz des Sektors *Information* transparent (Abbildung 11.1).

Im Zuge der Automatisierung von außer- und innerbetrieblichen Abläufen und der Entwicklung „intelligenter Produkte" wurde schnell klar, dass Informationen als eigenständiges Produkt bzw. selbständiger Einsatzfaktor anzusehen sind und somit als vierter Elementarfaktor in das Modell mit aufgenommen werden müssen. Der stark ansteigende Anteil von Erwerbstätigen im Informationssektor lässt darauf schließen, dass die Relevanz von IT im ebenfalls wachsenden Sektor *Dienstleistung* steigt.

Nicht nur für die Produktion, sondern auch im Bereich der industriellen Dienstleistungen werden Informationen und Informationstechnologien die Zukunft prägen. Es besteht großer Bedarf an systematischer Unterstützung von Prozessen durch IT-Systeme. Diese werden hauptsächlich zur Bereitstellung und Erfassung von Informationen bei der Auftragsabwicklung im Bereich industrieller Dienstleistungen notwendig sowie im Kontakt mit Kunden und deren Betreuung eingesetzt. IT-Systeme sind für die Arbeitsfähigkeit der Organisation an sich von entscheidender Bedeutung: „[…]jede Organisation, die ein System (im weiteren Sinne) entwickelt, wird eine Struktur entwickeln, die eine Kopie der eigenen Kommunikationsstruktur darstellt" [2].

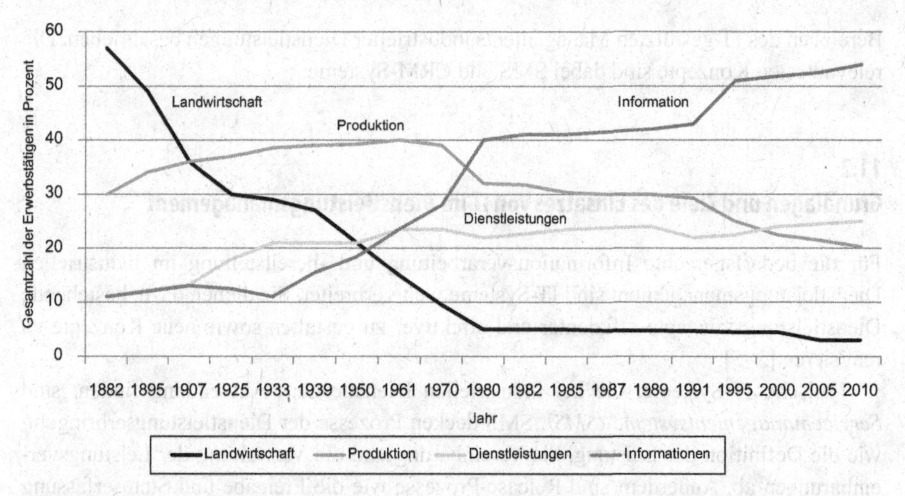

Abbildung 11.1 Anteil der vier Sektoren an der Gesamtzahl der Erwerbstätigen (in Prozent) (eigene Darstellung)

Für das Management industrieller Dienstleistungen sind insbesondere SMS und CRM-Systeme von Bedeutung. SMS decken Prozesse der Dienstleistungserbringung, die Definition der Leistung sowie die Vereinbarung und Verwaltung der Servicevereinbarungen ab. Außerdem sind Freigabeprozesse wie die Freigabe und Statuserfassung von Aufträgen mit SMS zu bearbeiten. Des Weiteren werden Prozesse des Problem- und Störungsmanagements sowie Teile der Prozesslenkung von Servicemanagementsystemen erfasst.

Durch weiterentwickelte Softwaretechnologien ergibt sich die Möglichkeit zur automatischen Überwachung von vereinbarten Leistungszusagen. Insbesondere im Bereich der industriellen Dienstleistungen besteht großes Potenzial, Prozesse bzw. deren Parameter durch die Unterstützung mittels IT-Systemen besser zu erfassen. Eine weitere Form von IT-Systemen stellen die CRM-Systeme dar, die alle Prozesse an der Schnittstelle zum Kunden umfassen und aus einer strategischen Perspektive der Steigerung der Kundenbindung dienen.

Ziel des Einsatzes von CRM-Systemen ist es, alle Prozesse an der Schnittstelle zum Kunden und alle Prozesse, die mit dem Management der Kundenbeziehung im Zusammenhang stehen, wie etwa die Dokumentation und Verwaltung von Kundenbeziehungen, systematisch zu erfassen und zu steuern. CRM-Systeme haben ihren Fokus in den letzten Jahren von der Qualitätsorientierung in Richtung der Kundenorientierung gewandelt. Daher sind die sogenannten Relationship-Prozesse mit dem Kunden zum wichtigsten Bestandteil der CRM-Systeme geworden. Die Prozesse zur Erhaltung und Förderung der Beziehungen zwischen Kunden und Dienstleistern stehen hier im Mittelpunkt. Über die Anpassung der Dienstleistungen an die Bedürfnisse der Kunden bestehen Schnittstellen zu den Kontrollprozessen des Konfigurations- und Veränderungsmanagements. An Release-Prozessen wie der Freigabe und Statuserfassung von Kundenaufträgen sind ebenfalls CRM-Systeme beteiligt. Im Folgenden werden die Ziele und typischen Funktionen von SMS und CRM-Systemen vorgestellt. Es werden die Grundlagen in den wichtigsten

Bereichen des IT-gestützten Managements industrieller Dienstleistungen beschrieben. Die relevantesten Konzepte sind dabei SMS und CRM-Systeme.

11.2 Grundlagen und Ziele des Einsatzes von IT im Dienstleistungsmanagement

Für die bedarfsgerechte Informationsverarbeitung und -bereitstellung im industriellen Dienstleistungsmanagement sind IT-Systeme weit verbreitet. Sie dienen dazu, bestehende Dienstleistungskonzepte effizienter und effektiver zu gestalten sowie neue Konzepte zu realisieren [3–5].

Typische IT-Systeme, die bei industriellen Dienstleistern Anwendung finden, sind *Servicemanagementsysteme (SMS)*. SMS decken Prozesse der Dienstleistungserbringung wie die Definition der Leistung, die Vereinbarung und die Verwaltung der Leistungsvereinbarungen ab. Außerdem sind Release-Prozesse wie die Freigabe und Statuserfassung von Aufträgen von SMS zu bearbeiten. Des Weiteren gehören Prozesse des Problem- und Störungsmanagements und der Prozesslenkung zu den Komponenten von Servicemanagementsystemen. Speziell auf SMS ausgerichtet ist das Referenzmodell für das Management von technischen Dienstleistungen, anhand dessen in Kapitel 11.3 Kernfunktionen, Querschnittsfunktionen und die für die Funktionen zu betrachtenden Daten und Parameter beschrieben werden. Neben den Prozessen der Dienstleistungserbringung werden insbesondere die Vertragsabwicklung und -einhaltung wie auch die Kundenbetreuung immer öfter durch IT-technische Erfassungs- und Steuerungsmethoden unterstützt.

Die wachsende Bedeutung von SMS geht einher mit dem Trend, dass die Bearbeitung von Aufträgen einer Serviceorganisation immer häufiger automatisiert unterstützt wird. Die Kontrolle der Vertragsabwicklung und der Einhaltung von Abmachungen sind Beispiele für Vorgänge, die im operativen Management industrieller Dienstleistungen unterstützt werden können. Während früher mit hohem Aufwand auf die Einhaltung von in Verträgen festgeschriebenen Leistungszusagen geachtet wurde, bieten sich heutzutage durch entsprechende Softwarefunktionen Möglichkeiten zur automatischen Überwachung. Insbesondere im Bereich der technischen Dienstleistungen besteht ein hohes Rationalisierungspotenzial durch die Unterstützung und Hilfe von IT-Systemen. Beispiel hierfür sind IT-Systeme für die Instandhaltung von Anlagen oder Maschinen, die für minimale Ausfallzeiten und damit kleinstmögliche Lebenszykluskosten zu sorgen. Mit aufwendigeren technischen Systemen wachsen die Ansprüche an IT-Systeme hierbei ständig. Sie sollen sowohl effiziente als auch hochqualitative Prozesse sicherstellen, indem Reparatur-, Wartungs- und Inspektionszeiten koordiniert werden (Abbildung 11.2).

Auf der anderen Seite stehen die IT-Systeme für das *Customer-Relationship-Management (CRM)* (dt. Kundenbeziehungsmanagement). Methoden wie das manuelle Führen/Abarbeiten von Listen, für das viel Zeit und personeller Aufwand nötig war, um die Kundenzufriedenheit aufrecht zu erhalten, werden dadurch ersetzt und Kosten gespart. Bei der Frage, wie der Kundenkontakt gestaltet werden soll, werden mit dem Einsatz von CRM-Systemen neue Prozesse im Umgang mit Kunden entwickelt. Ziel ist es, alle Kundenbeziehungsprozesse, wie etwa die Dokumentation und Verwaltung von Kundenbeziehungen, systematisch zu erfassen und zu steuern. Das Kundenbindungsmanagement nimmt im Management industrieller Dienstleistungen einen sehr hohen Stellenwert ein, da es sich

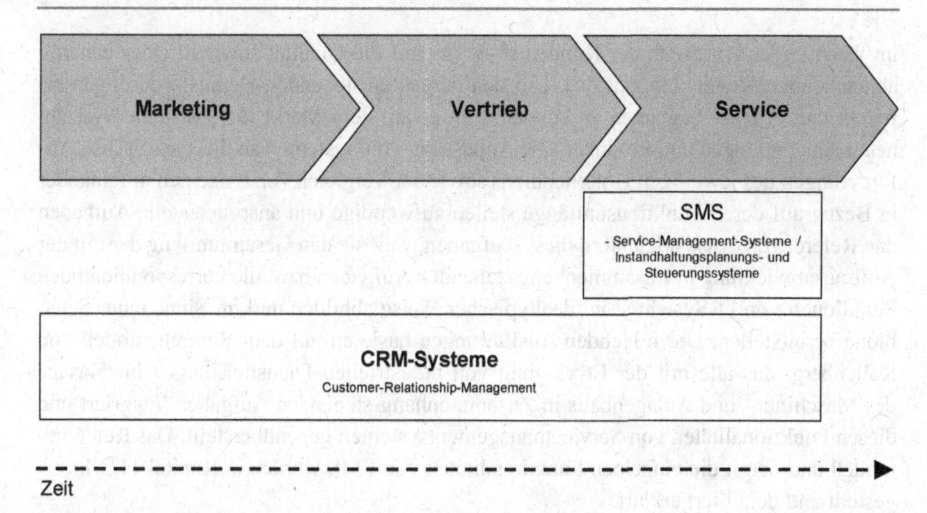

Abbildung 11.2 Einordnung von CRM-Systemen und SMS in die involvierten Unternehmensbereiche (eigene Darstellung)

direkt auf den Erfolg eines Unternehmens auswirkt. Von ihm hängen Kundenanzahl und damit Absatzmenge direkt ab, welche wiederum direkten Einfluss auf den Gewinn haben. IT-Systeme bilden für das Management von industriellen Dienstleistungen daher einen wichtigen Erfolgsfaktor. Die Tatsache, dass die Gewinnung neuer Kunden um ein vielfaches aufwendiger ist als das Kundenbindungsmanagement, bietet zusätzliche Motivation für deren Implementierung.

Customer-Relationship-Management-Systeme grenzen sich aufgrund ihrer Funktionalitäten, Komponenten und Parameter von den SMS ab. CRM-Systeme haben ihren Fokus in den letzten Jahren von der Qualitätsorientierung in Richtung Kundenorientierung verschoben. Daher sind alle Prozesse der Kommunikation und Interaktion mit dem Kunden zum wichtigsten Bestandteil der CRM-Systeme geworden. Über die Anpassung der Dienstleistungen an die Bedürfnisse der Kunden bestehen Schnittstellen zu den Kontrollprozessen des Konfigurations- und Veränderungsmanagements. An Release-Prozessen wie der Freigabe und Statuserfassung von Kundenaufträgen sind ebenfalls CRM-Systeme beteiligt.

In den Kapiteln 11.3 und 11.4. werden die notwendigen Spezifikationen zu SMS und CRM-Systemen als zwei wichtige Gruppen von IT-Systemen zum Management industrieller Dienstleistungen beschrieben. Abschließend wird ein Überblick zur Einführung von IT-Systemen für das Management industrieller Dienstleistungen vorgestellt.

11.3 Servicemanagementsysteme (SMS)

Durch die wachsende Bedeutung der industriellen Dienstleistungen sind die damit verbundenen Aufgaben in den letzten Jahren immer weiter ausgedehnt und professionalisiert worden. Ursachen für aufwendigere Prozesse und Strukturen liegen im steigenden Umfang der für die Erfüllung eines Leistungsversprechens notwendigen Teilleistungen und im wachsenden Anspruch der Kunden in Bezug auf die Qualität sowie in einer generell abnehmenden Kundenbindung [6]. Um den daraus entstehenden Herausforderungen effizient und effektiv begegnen zu können, gibt es auf dem Markt für SMS eine Vielzahl neuer Anwendungen und Produkte. Die Anpassung von Systemen an die spezifischen Anforderungen des jeweiligen Unternehmens sowie der Vergleich von Systemen miteinander in Bezug auf deren Funktionsumfänge stellen aufwendige und anspruchsvolle Aufgaben dar. Referenzprozesse erleichtern diese Aufgaben, weil sie den Gesamtumfang der mit der Auftragsabwicklung in Zusammenhang stehenden Aufgaben bzw. die korrespondierenden Funktionen von IT-Systemen in idealtypischer Weise abbilden und im Sinne einer Schablone bereitstellen. Die folgenden Ausführungen basieren auf dem Referenzmodell von Kallenberg, das alle mit der Erbringung von industriellen Dienstleistungen im Service des Maschinen- und Anlagenbaus in Zusammenhang stehenden Aufgaben integriert und diesen Funktionalitäten von Servicemanagementsystemen gegenüberstellt. Das Referenzmodell und damit die einzelnen Funktionalitäten von SMS werden in Kapitel 11.3.1 vorgestellt und detailliert erklärt.

11.3.1 Funktionalitäten von SMS

Im Referenzmodell von Kallenberg stehen die Kernfunktionen von SMS im Mittelpunkt (siehe Abbildung 11.3). Diese orientieren sich an den einzelnen Schritten des Auftragsdurchlaufs. Zudem werden die Querschnittsfunktionen betrachtet, die nicht chronologisch strukturiert sind. Abschliessend wird auf den dritten Block des Referenzmodells, die Datenverwaltung, genauer eingegangen.

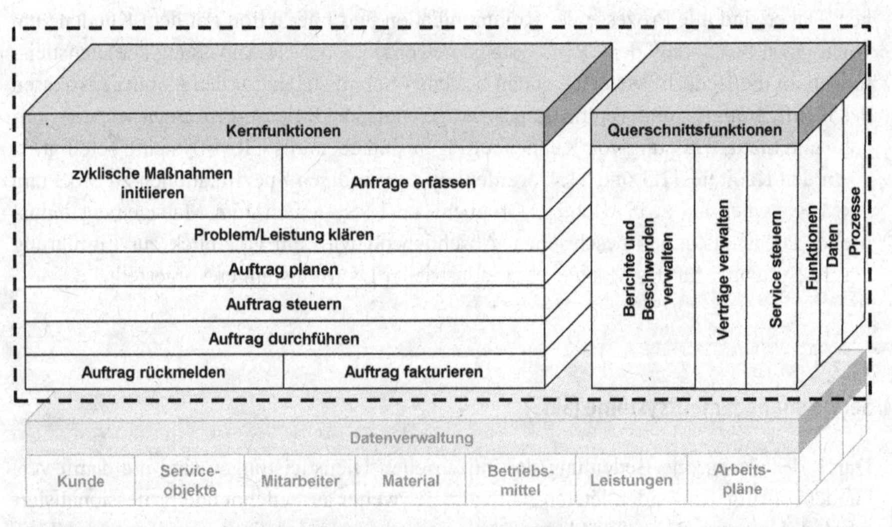

Abbildung 11.3 Kern- und Querschnittsfunktionen im Referenzmodell von Kallenberg (eigene Darstellung i. A. a. Kallenberg [7])

Kernfunktionen
Die Kernfunktionen leiten sich aus dem chronologischen Ablauf der Erbringung von Serviceleistungen ab. Hier besteht eine enge Verbindung mit der Ablauforganisation des Services innerhalb eines Unternehmens. Je nach Organisationsform können einzelne oder mehrere Elemente der Kernfunktionen von einem Mitarbeiter im Servicemanagementsystem durchgeführt werden.

- **Zyklische Maßnahmen initiieren/Anfrage erfassen**
  Die Erbringung von Serviceleistungen kann auf zwei Arten ausgelöst werden. Die Initiierung erfolgt entweder zyklisch, d. h. nach Ablauf von Zeitintervallen, oder zustandsbezogen im Falle eines bestimmten Betriebs- oder Verschleißzustands. Für die zyklische Initiierung sollten SMS die passenden Schnittstellen zur Betriebs- oder Maschinendatenerfassung bereitstellen. Daten über Maschinen, die zyklisch durchzuführenden Tätigkeiten, Verschleißzustände etc. sollten strukturiert gesammelt und analysiert werden.
  Bei regelmäßig durchzuführenden Tätigkeiten, wie der Wartung von Anlagen, sollte das IT-System diese eigenständig bei der Überschreitung vorgegebener Grenzwerte anstoßen. Die Initiierung kann auch von extern per Telefon, Fax, E-Mail, Inter- oder Intranet erfolgen. Vor allem Webservices haben sich hierbei als besonders geeignet erwiesen [8]. Diese können mittlerweile direkt auf die Zustandsdaten der Anlage zugreifen. Bei Erstanfragen ist eine wichtige Funktionalität von SMS die Erfassung der benötigten Stammdaten wie Kunde, Gerät oder Objektstandort.
- **Problem/Leistung klären**
  Nach der Erfassung der Anfrage erfolgt die Abstimmung der zu erbringenden Leistungen. Abhängig vom Servicevertrag kann die Leistung bspw. eine Telefondiagnose, die Auslösung eines Technikereinsatzes oder der Versand eines Ersatzteils sein. Gängige SMS verfügen hier über Funktionalitäten, die unterschiedliche Leistungskombinationen erstellen können – abgestimmt auf die angeboten Serviceverträge.
- **Auftrag planen**
  Diese Funktionalität betrifft die Planung und Disposition von Ressourcen zur Durchführung der Dienstleistung nach Art, Termin und Menge. Mitarbeiter müssen gemäß ihren Fähigkeiten und Arbeitszeiten Aufträgen und Maschinen zugeordnet werden. Hiermit ist die Ermittlung der zu erwartenden Auftragskosten zu verbinden. Die Auftragsplanung ist sehr eng mit der Auftragssteuerung verbunden und hat großen Einfluss auf die Qualität des Services. Daher stellt sie eine der wichtigsten Funktionalitäten im Referenzmodell dar.
- **Auftrag steuern und durchführen**
  Inhalt der Auftragssteuerung ist die Koordination der geplanten Ressourcen. Abhängig von der Art der Dienstleistung kann die Steuerung und Durchführung des Auftrags vom IT-System über eine Schnittstelle zum Kunden verbessert werden. Sind bei einem Kunden mehrere Serviceleistungen zu erbringen, können diese je nach Dringlichkeit oder Arbeitsaufwand priorisiert werden. Über eine Schnittstelle des SMS zum Kunden ist mithilfe aktueller Informationstechnologien auch die Initiierung der Leistungserbringung möglich („Teleservice“). Zur Auftragssteuerung kann des Weiteren die Ko-

ordination der Durchführung der einzelnen Leistungen gehören. Beispiel hierfür wäre die Routenoptimierung bei der Lieferung von Ersatzteilen an unterschiedliche Kunden.

- **Auftrag rückmelden und fakturieren**
  Ist die Serviceleistung beim Kunden erbracht, werden die dafür aufgewendeten Ressourcenkapazitäten in Form eines Serviceberichts an das SMS zurückgemeldet. Dies kann vom Servicetechniker online nach Abschluss der Arbeiten z. B. mithilfe von Smartphones, Tablets und insbesondere eigens dafür entwickelten Endgeräten, die in Bezug auf Robustheit und Funktion den speziellen Einsatzbedingungen des Services insbesondere gerecht werden, durchgeführt werden. Auf Basis der zurückgemeldeten Daten erfolgt im Anschluss die Fakturierung der Serviceleistungen. Diese werden ggf. automatisiert dem Kunden in Rechnung gestellt. Weiterhin sollten gewonnene Daten erfasst und ausgewertet werden, um einen ständigen Verbesserungsprozess voranzutreiben.

Querschnittsfunktionen

Die in diesem Bereich des Referenzmodells betrachteten Anforderungen an Funktionalitäten von Servicemanagementsystemen sind im Gegensatz zu den Kernfunktionen abstrahiert aus aufbauorganisatorischen Ausprägungen des Unternehmens. Sie können sich gleichzeitig auf mehrere Serviceaufträge beziehen und betreffen eher administrative Aufgaben des Servicemanagements.

- **Berichte und Beschwerden verwalten**
  Die Verwaltung und Analyse von Berichten und Beschwerden liefert einen wichtigen Beitrag im Regelkreis des Servicemanagements. Abhängig vom Inhalt der Dokumente können aktuell durchgeführte Dienstleistungen verbessert oder das Dienstleistungsangebot angepasst werden. Verantwortliche Personen können über eine Wiedervorlage- oder Eskalationsfunktion des SMS abgeleitete Maßnahmen überwachen. Der Ablauf der Maßnahmen kann analog zur regulären Leistungserbringung mithilfe der bereits beschriebenen Kernfunktionen durchgeführt werden.
- **Verträge verwalten**
  In den Serviceverträgen sind die Voraussetzungen für die Initiierung der Kernfunktionen (Ablauforganisation) des Referenzmodells von Kallenberg festgelegt. Die vertraglich geforderte Leistungsbereitschaft der Serviceorganisation muss durch das SMS unterstützt werden. Für die Einsteuerung von zyklischen Aufträgen z. B. bilden die Verträge die Grundlage. Daher ist die Verwaltung und Überwachung der Serviceverträge eine wichtige Funktionalität eines Servicemanagementsystems.
- **Service steuern**
  Eine weitere Querschnittsfunktion ist die Steuerung des Services. Diese ist übergreifend über das gesamte Servicegeschäft zu sehen. In der Praxis wird diese Funktion durch das Aufstellen eines ganzheitlichen Serviceplans mit Zielen, die Aufbereitung von Serviceinformationen und deren Bewertung hinsichtlich der Zielerreichung erfüllt.

11.3.2 Datenverwaltung

In der Datenverwaltung können alle relevanten Komponenten und Parameter für die Beurteilung der Serviceorganisation dargestellt werden. In diesem dritten Teil des Referenzmodells von Kallenberg werden die Informationsobjekte betrachtet, die innerhalb eines Servicemanagementsystems gehandhabt werden. Hier ist zu unterscheiden zwischen der Verwaltung von Stammdaten, die das statische Umfeld für den Service beschreiben (z. B. Kunde, Serviceobjekte, Mitarbeiter) und der Verwaltung von Bewegungsdaten, die unmittelbar mit der Auftragsabwicklung zusammenhängen und daher einer Dynamik unterliegen (z. B. Material, Betriebsmittel, Leistungen). Allgemein können diese Daten auch als Ressourcendaten bezeichnet werden. Hilfreich ist es auch, Budgetplanungen in ein SMS einzubeziehen. Alle nachfolgenden Funktionalitäten sollten auch monetär erfasst werden, damit man Kostentreiber und nicht-lohnenswerte Objekte schnell erkennen und angemessen darauf reagieren kann (Abbildung 11.4).

- **Kunde**
  Informationen über den Kunden spielen für die Dienstleistungserbringung im Hinblick auf die Durchführung der Kernfunktionen eines IT-Systems eine zentrale Rolle. Durch IT-Servicemanagement soll die Leistungserstellung besser auf die Anforderungen der Kunden ausgerichtet und ihre Leistungen transparenter gestaltet werden [6]. Um im direkten Kundenkontakt auf die Bedürfnisse des Kunden optimal eingehen zu können, ist hier die Datenqualität äußerst wichtig. Für die meisten SMS sind die Verwaltung von Kundenadressen oder von Vertragsinhalten wie Liefer- oder Zahlungsbedingungen erforderliche Funktionalitäten. Diese können auch von „angrenzenden" Systemen wie Customer-Relationship-Management-Systemen verwaltet oder importiert werden.

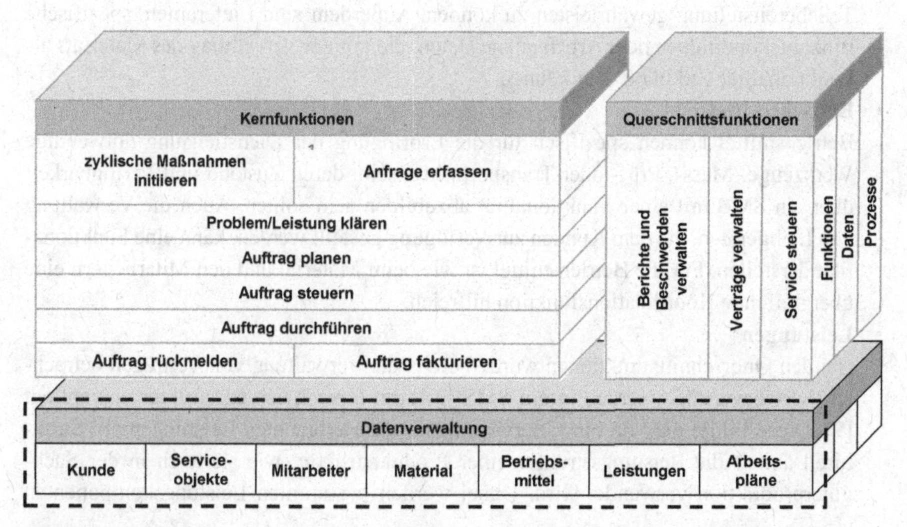

Abbildung 11.4 Datenverwaltung im Referenzmodell von Kallenberg (eigene Darstellung i. A. a. Kallenberg [7])

- **Serviceobjekte**
  Für die Erbringung industrieller Dienstleistungen spielt ebenfalls die Qualität der Daten zu den jeweiligen Serviceobjekten eine wesentliche Rolle. Anwenderfreundlich gestaltete Systeme bieten bezüglich der Serviceobjekte Funktionalitäten zur übersichtlichen Strukturierung und Detaillierung der Objektdaten. Die Strukturierung ist bspw. bei komplexeren Maschinen oder Anlagen zum einfachen Auffinden der Serviceobjekte notwendig. Die Detaillierung der Objektdaten ist je nach Art der zu erbringenden Serviceleistung zu gestalten. Hierbei können Daten wie die Teilenummern, geplante Laufzeittermine, Informationen über Störungen an Bauteilen oder eine Historie der durchgeführten Servicemaßnahmen relevant sein. Des Weiteren ist eine Schnittstelle für anlagenbezogene Zustandsdaten möglich. Vorgaben aus Serviceverträgen sowie gesetzliche oder von Normen vorgegebene Richtlinien liefern Anhaltspunkte zu relevanten Daten hinsichtlich der Serviceobjekte im SMS.
- **Mitarbeiter**
  Die Funktionalitäten eines SMS hinsichtlich der Servicemitarbeiter sind vor dem Hintergrund des Datenschutzes sensibel zu behandeln. Die Verfügbarkeit der richtigen Mitarbeiter am richtigen Ort ist für die Ressourcenplanung allerdings äußerst wichtig. Das Servicemanagement muss aus diesem Grund das Planungsdilemma zwischen bereitzustellenden Kapazitäten und Leerkosten auflösen helfen. [6]. Deshalb sind neben der Datenerfassung zur Identifikation auch die Erfassung und Verarbeitung von klassifizierenden Daten wie Qualifikation oder örtlicher Einsetzbarkeit und Verfügbarkeit wichtige Funktionalitäten von SMS.
- **Material**
  Für den Einkauf, die Lagerung und die Bereitstellung sind in einem SMS Funktionalitäten hinsichtlich der Verwaltung von Materialien notwendig. Die Strukturierung der Daten sollte die Koppelung von Material oder Ersatzteil und Serviceobjekt ermöglichen, um z. B. für eine laufzeitbezogene präventive Instandhaltung eine effiziente Teilebereitstellung gewährleisten zu können. Außerdem sind Lieferanten, spezifische Einkaufskonditionen oder Arbeitspläne Daten, die mit der Verwaltung des Materials als Funktionalität verknüpft sein können.
- **Betriebsmittel**
  Betriebsmittel können spezifisch für die Erbringung der Dienstleistung notwendige Werkzeuge, Mess-, Prüf- oder Transportmittel sein, deren Zustand und Verfügbarkeit über ein SMS mit einer Funktionalität abzubilden sein sollten. Auch die Verwaltung von Leihgeräten, die dem Kunden zur Verfügung gestellt werden, kann eine Funktionalität darstellen. Für die Betriebsmittel ist wie beim Material und den Mitarbeitern eine übergreifende Koordinationsfunktion hilfreich.
- **Leistungen**
  Bei den Querschnittsfunktionen wurde bereits die Verwaltung von Verträgen betrachtet. Serviceverträge werden in ein SMS in Form einer Leistungsstruktur eingepflegt [9]. Diese bildet die von einer Serviceorganisation erbrachten Leistungen ab. Strukturell ähnelt die Leistungsstruktur einer Produktstruktur, wie sie auch in der Sachgüterproduktion verwendet wird. Dabei werden bestimmten Leistungskomponenten

spezifische Konditionen zugeordnet, die in die Fakturierung einer Serviceleistung mit einfließen.

- **Arbeitspläne**
  Die im Bereich Datenverwaltung des Referenzmodells aufgelisteten Funktionalitäten werden durch Daten mit Bezug auf die Arbeitspläne vervollständigt. Bei der Strukturierung der Leistungen können diese direkt mit einer möglichst detaillierten Aufstellung von Teilaktivitäten verbunden werden. Zum Abruf der Dienstleistung werden dann auftragsspezifisch die Einzelkomponenten zusammengestellt. Auch die Arbeitspläne sind für die ganzheitliche Planung aller für die Dienstleistungserbringung notwendigen Ressourcen bedeutend. Des Weiteren helfen verständliche und aktuelle Arbeitspläne ungeübten Mitarbeitern bei der eigenständigen Durchführung von Servicetätigkeiten.

Zur Sicherstellung einer korrekten Durchführung der in Kapitel 11.3.1 genannten Funktionalitäten müssen geeignete Parameter gefunden werden, welche die wichtigsten Daten für das Servicemanagement erfassen und in das System eingespeist werden. Anhand von Kostenkalkulationen können Aufträge überwacht werden und das Management kann dann auf Grundlage dieser Datenbasis eine Bewertung der Prozessqualität durchführen und ggfs. Änderungen im Prozessverlauf initiieren. Bei der industriellen Fertigung, in der Ausfallzeiten vermieden werden und eine bedarfsgerechte Verfügbarkeit des Produktionsprozesses gewährleistet werden soll, werden ganz spezifisch diese Daten für jede Anlage bzw. deren einzelnen Baugruppen erhoben. So kann auf Dauer die Zuverlässigkeit aller Subsysteme einer Produktion sichergestellt werden.

11.4 Customer-Relationship-Management-Systeme (CRM-Systeme)

Paradigmenwechsel zur Kundenorientierung

Customer-Relationship-Management-Systeme (CRM-Systeme) bilden die IT-technische Grundlage für das CRM-Konzept. Um dieses Konzept zu verwirklichen, ist zunächst ein Paradigmenwechsel in der Unternehmensstrategie notwendig gewesen (siehe Abbildung 11.5). Dieser Wechsel vollzog sich, beginnend mit der Qualitätsorientierung in den 1980er Jahren, über die Prozessorientierung der 1990er Jahre bis zum Paradigma der Kundenorientierung im neuen Jahrtausend [10]. Insbesondere die zunehmende Globalisierung und die steigende Transparenz der Märkte durch neue Medien führten zu einer Individualisierung des Kundenverhaltens. Durch die abnehmende Loyalität der Kunden sind die Unternehmen gezwungen, den Stellenwert der Kundenbeziehungen zur obersten Priorität zu machen. Für jedes Unternehmen bedeutet dies, seine Kundenbeziehungen als erfolgskritischen Faktor zu verstehen und in seine Strategie zu integrieren [10].

Prinzipien des CRMs

CRM umfasst den Aufbau, die kontinuierliche Verbesserung und den Erhalt dauerhafter und gewinnbringender Kundenbeziehungen [11]. Folgende Ziele werden durch den CRM-Ansatz verfolgt [11]:

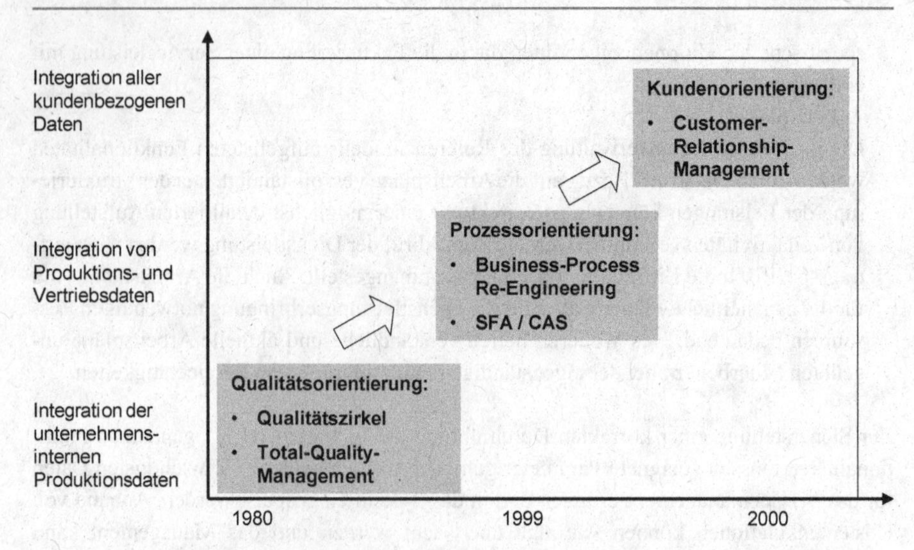

Abbildung 11.5 Entwicklung zur Kundenorientierung (eigene Darstellung i. A. a. FRÖSCHLE [10])

- **Integration**
  Im Sinne des One-Face-to-the-Customer-Prinzips müssen alle kundenorientierten Geschäftsprozesse in das CRM-Konzept eingebunden und durch das CRM-System unterstützt werden [12].
- **Langfristigkeit**
  Das CRM-Konzept zielt auf langfristige Kundenbindungen, da die Rentabilität eines Kunden langfristig ansteigt. Das CRM-System unterstützt dabei, das Wissen über die Kunden konsistent zu sichern. Außerdem sind die Kosten, um einen bestehenden Kunden zu halten, deutlich niedriger als die Kosten, einen neuen Kunden zu gewinnen [13].
- **Profitabilität**
  Das Unternehmen will mittel- bis langfristig nur profitable Kunden betreuen. Kunden mit einem negativen Gewinnbeitrag sollen durch das CRM-System identifiziert werden [14].
- **Differenzierung**
  Durch die Segmentierung der Kunden können die Aktivitäten des Unternehmens an die Bedürfnisse der Kundengruppen angepasst werden. Das CRM-System kann dabei bspw. auch Strategien wie Mass-Customization unterstützen [15].
- **Datenintegration**
  Die IT-Unterstützung der einzelnen CRM-Aufgaben erfolgt über das CRM-System. Alle Kundeninformationen werden zentral zusammengeführt und verwaltet. Die unterschiedlichen Komponenten des CRM-Systems sind die Datenbasis für die beteiligten Bereiche.

CRM-Systeme bilden zusammen mit den Mitarbeitern und den Unterstützungsprozessen die Basis des CRMs [16]. Die Unterstützungsprozesse sichern die erforderliche Qualität der Daten in Bezug auf Zuverlässigkeit und Aktualität sowie erstellen und verteilen das CRM-relevante Wissen. Die Mitarbeiter mit ihren Fähigkeiten spielen eine besondere Rolle, da diese den direkten Kundenkontakt pflegen und somit die meisten, häufig auch versteckten kundenrelevanten Daten in das Konzept einbringen können [16].

11.4.1 Funktionalitäten

CRM-Systeme unterstützen mit ihren Funktionalitäten den CRM-Prozess durch die Bereitstellung von Datenbanken und Systemmodulen [16]. In Abbildung 11.6 sind die wichtigsten Grundfunktionalitäten eines CRM-Systems zusammengefasst. Eine vollständige Auflistung aller Funktionalitäten, die aktuell verfügbare CRM-Systeme bieten, ist nicht möglich, da durch die sich immer schneller entwickelnden Informationstechnologien die Digitalisierung von Prozessen und sich verändernder Medien und Kommunikationsformen (Communitys im geschäftlichen Kontext sowie Facebook, Twitter oder Xing im privaten Bereich) neue Funktionalitäten hinzukommen und andere wegfallen werden. Die

Marketing	Verkauf	Service	Führung und Unterstützung
Kampagnenmanagement	Account-Management	Problemlösungsmanagement	(Gruppen-)Kalender (-Integration)
Kundenselektion	Contact-Management	Callcenter-Management	E-Mail-Integration
Marketing-Enzyklopädie	Opportunity-Management	Serviceanalyse	Berichtswesen (Reporting)
Marketinganalysen	Activity-Management	Management Serviceverträge	Workflow-Management
Marktsegmentierung	Informationen zu Verkaufsvorgängen	Self-Service (z.B. Internet)	Dokumenten-Management
Kundenprofilverwaltung	Informationen zu Wettbewerbern	Außendienst (Field-Service)	Suchmaschinen
Abwicklung von Marktuntersuchungen	Angebotserstellung, Preisfindung und Auftragserfassung		Monitoring und Frühwarnfunktion
Management des Produktportfolios	Produktkonfigurator		
	Vertriebsplanung		
	Vertriebsanalyse		
	Mobile Sales		

Abbildung 11.6 Funktionalitäten von CRM-Systemen (eigene Darstellung i. A. a. Bach [16])

Grundfunktionalitäten von CRM-Systemen bilden dabei die Grundidee und das Konzept des CRM-Systems ab und werden im Folgenden dargestellt.

Alle Funktionalitäten der CRM-Systeme sollen den folgenden grundlegenden Anforderungen genügen [16]:

- **Ausrichtung auf Prozesse**
  CRM-Systeme sollen sowohl auf die Kundenprozesse (bei direkter Nutzung durch den Kunden) als auch auf die internen CRM-Prozesse (bei Nutzung durch Mitarbeiter) ausgerichtet sein.
- **Multikanalfähigkeit**
  CRM-Systeme sollen alle möglichen Kontaktkanäle (bspw. stationäre Verkaufsmitarbeiter, Außendienstmitarbeiter, Callcenter) und Medien (bspw. Mobiltelefon, E-Mail, Web 2.0) einschließen.
- **Multimedia**
  CRM-Systeme sollen multimediale Dokumente und strukturierte Daten verwalten können. Dies können bspw. Texte, Bilder, Präsentationen, Audios oder Videos sein.
- **Personalisierung**
  CRM-Systeme sollen verschiedene Sichtweisen abbilden können. Dazu sollen zum einen die unterschiedlichen Sichtweisen der Mitarbeiter (bspw. Vertrieb, Marketing), zum anderen aber auch die unterschiedlichen Sichtweisen der Kundensegmente abgebildet werden.
- **Skalierbarkeit**
  CRM-Systeme sollen eine hohe Performance umfassen, die auch mit großen Datenmengen bei vielen Nutzern zurechtkommt. So kann bspw. bei einem Zugriff vieler Mitarbeiter während einer Verkaufsveranstaltung die weitere Nutzung gewährleistet werden.
- **Integration**
  CRM-Systeme sollen die Schnittstelle zu anderen Datensätzen sicherstellen. Die Zusammenführung von Daten aus unterschiedlichen Systemen (bspw. ERP, PDM) wird benötigt, um das Wissen aller Bereiche zu integrieren.

Umso besser die einzelnen Anforderungen an das CRM-System erfüllt werden, desto besser kann eine umfassende CRM-Strategie umgesetzt werden. In welchem Maße die Funktionalitäten dabei zum Einsatz kommen, hängt von der einzelnen Strategie und den Bedingungen des jeweiligen Unternehmens ab. Eine individuelle Anpassung der CRM-Systeme ist bei jedem größeren Projekt nötig.

11.4.2 Komponenten

CRM-Systeme vereinen die Systemlandschaft der einzelnen, historisch gewachsenen IT-Systeme [17]. Dieses können bspw. Computer-aided Selling, Helpdesks, Callcenter, Marketingsupport, Analysesysteme oder Webanwendungen sein. Diese Einzelsysteme verhindern, den Kunden ganzheitlich zu betrachten, und führen zu inkonsistentem Wissen über denselben. CRM-Systeme führen die Einzelsysteme zusammen und ermöglichen es zusätzlich, eine Schnittstelle zu bestehenden ERP- oder SCM-Systemen zu bilden. Daraus resultiert ein einheitliches Wissen über den Kunden und somit eine einheitliche Basis an Informationen über den Kunden. Alle angeschlossenen Unternehmensbereiche können auf die gleiche Datenbasis zurückgreifen und den Kunden ganzheitlich bedienen [17].

Um das CRM-Konzept in einem CRM-System umzusetzen, sind verschiedene Komponenten nötig, die sich nach den Aufgabenbereichen in analytisches, operatives und kommunikatives CRM unterteilen lassen (siehe Abbildung 11.7). Das analytische CRM beschäftigt sich mit der systematischen Aufzeichnung von Kundenkontakten und Kundenreaktionen (Customer-Data-Warehouse) sowie mit der Auswertung von kundenbezogenen Geschäftsprozessen [18]. Das operative CRM sowie das kommunikative CRM zielen dagegen direkt auf die Unterstützung kundenbezogener Geschäftsprozesse ab. Das operative CRM beinhaltet sowohl die operative IT (Operative Kundendatenbank, Content-Management-System) als auch das Front-Office mit den direkten Customer-Touchpoints. Die Customer-Touchpoints bestimmen darüber hinaus im kommunikativen CRM die Kanäle, über die mit dem Kunden kommuniziert werden kann. Diese durch den technischen Fortschritt immer weiter gefächerten Kanäle müssen gesteuert und zielgerichtet eingesetzt werden [18].

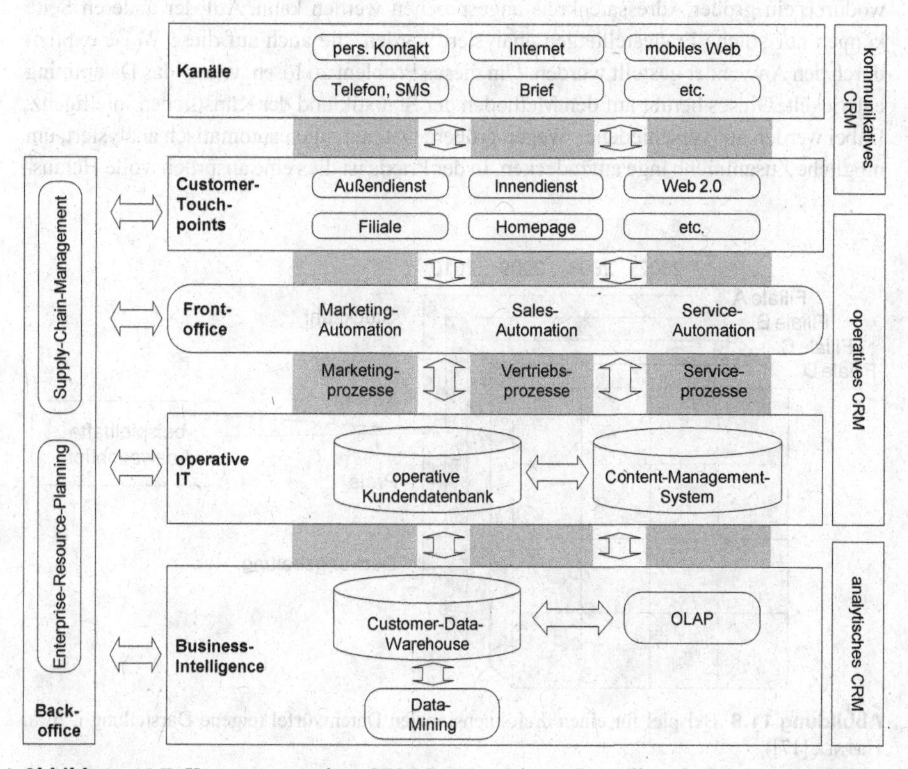

Abbildung 11.7 Komponenten eines CRM-Systems (eigene Darstellung i. A. a. Hippner [17])

Das CRM-System unterstützt den Marketing-, den Vertriebs- und den Serviceprozess in allen drei Aufgabenbereichen (Analytisches, Operatives und Kommunikatives CRM). Im Folgenden werden die verschiedenen Komponenten des CRMs weitergehend detailliert:

Komponenten des analytischen CRMs – Data-Warehouse/OLAP und Datamining

Die Grundlage des analytischen CRMs wird durch eine Analysedatenbank realisiert. Das Data-Warehouse ist die Komponente des CRMs, in der alle kundenbezogenen Informationen aus den beteiligten Abteilungen zusammengeführt und für die weitere Datenanalyse aufbereitet werden [17]. Diese Datenbank ist bewusst von den operativen Systemen abgekoppelt, um nicht durch fehlende Rechnerkapazitäten das Tagesgeschäft zu beeinflussen. Um die Entscheidungsprozesse im Unternehmen weitergehend mit Kennzahlen zu unterstützen, sind spezielle Anwendungen nötig. Hierfür wurde das Konzept Online-Analytical-Processing (OLAP) entwickelt. Dieses zeichnet sich dadurch aus, dass relevante betriebswirtschaftliche Größen (bspw. Absatz, Kosten, Deckungsbeitrag etc.) nach verschiedenen Dimensionen (bspw. Produktgruppe, Kundengruppe, Kanäle etc.) geclustert werden. So entsteht ein multidimensionaler Datenwürfel, der hinsichtlich unterschiedlicher Fragestellungen runtergebrochen werden kann (siehe Abbildung 11.8). Im Gegensatz zu zweidimensionalen Tabellen können so Zusammenhänge aufgedeckt werden, die sonst unentdeckt blieben. Auf der einen Seite lassen sich OLAP-Tools intuitiv bedienen, wodurch ein großer Adressatenkreis angesprochen werden kann. Auf der anderen Seite können nur solche Fragestellungen analysiert werden, die auch auf diese Weise explizit durch den Anwender gestellt wurden. Um dieses Problem zu lösen, wurde das Datamining entwickelt. Dieses beruht auf den Methoden der Statistik und der Künstlichen Intelligenz. Dabei werden auf verschiedenen Wegen größere Datenmengen automatisch analysiert, um mögliche Zusammenhänge aufzudecken. In der Praxis ist dies eine anspruchsvolle Heraus-

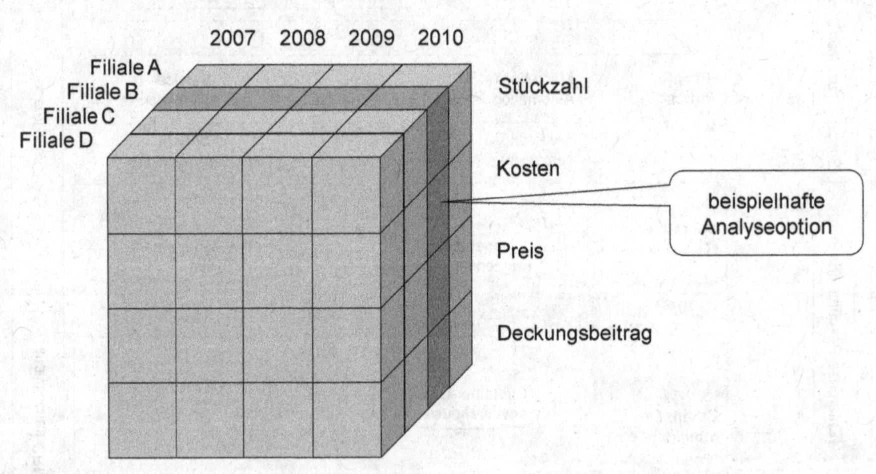

Abbildung 11.8 Beispiel für einen dreidimensionalen Datenwürfel (eigene Darstellung i. A. a. HIPPNER [17])

forderung für den Analysten, da sowohl methodische Kenntnisse als auch ein betriebswirtschaftlicher Hintergrund nötig sind [17].

Komponenten des Operativen CRMs – Marketing, Service und Sales-Automation
Das Operative CRM basiert auf der operativen Kundendatenbank und dem angeschlossenen Content-Management-System (CMS). Während die operative Datenbank Informationen aus dem Tagesgeschäft aufnimmt und für dieses bereitstellt, ermöglicht das CMS einen gemeinsamen Zugriff auf die Datenbank sowie die Verwaltung durch mehrere Nutzer [19]. Auf dieser Grundlage arbeiten die drei operativen Komponenten des CRMs (Marketing, Service und Sales-Automation). Diese werden durch das CRM-System u. a. bei folgenden Aufgaben unterstützt [18]:

- **Marketing-Automation**
  Unterstützt Aufgaben wie Kampagnenmanagement, Kampagnenplanung, Kampagnensteuerung, Kundensegmentierung, Kundensourcing oder Materialienverwaltung.
- **Sales-Automation**
  Unterstützt Aufgaben wie Kundenkontaktmanagement, Sales-Cycle-Analyse, Lost-Order-Analyse, (Online-)Produktkonfigurator, (Online-)Produktkatalog oder (Online-) Auftragserfassung.
- **Service-Automation**
  Unterstützt Aufgaben wie Kundenkontaktpflege, Cross- und Up-Selling, Beschwerdemanagement oder Helpdesk.

Komponenten des Kommunikativen CRMs – Customer-Touchpoints und Kanäle
Das Kommunikative CRM wird heute zunehmend durch ein Customer-Interaction-Center (CIC) realisiert [8]. Durch dieses können die verschiedenen Kanäle, über die mit dem Kunden kommuniziert wird, in den Prozess integriert und alle Customer-Touchpoints ganzheitlich betrachtet werden. Folgende Kommunikationskanäle haben heute neben dem persönlichen Kontakt, der hauptsächlich durch das operative CRM unterstützt wird, einen hohen Stellenwert in Unternehmen [19]:

- **Callcenter**
  Das CRM-System unterstützt dabei Aufgaben wie Interactive-Voice-Response, Workflowsysteme, Auftragstracking oder Automatic-Call-Distribution.
- **(Mobiles) Internet**
  Das CRM-System unterstützt dabei Aufgaben wie Informationsbereitstellung für Kunden, Online-Produktkonfiguratoren, Auftragstracking durch den Kunden oder Kundencommunitys.

Mögliche Customer-Touchpoints können in diesem Zusammenhang der Außendienst, der Innendienst, die Filiale, die Homepage oder heute im Besonderen auch das Web 2.0 sein. Die fortschreitende Digitalisierung und Integration der Kanäle führt in der Zukunft zu einer Weiterentwicklung des CRMs, in der vor allem die Rolle von Communitys immer wichtiger wird.

11.4.3
Kategorien von CRM-Systemen

Der CRM-Markt lässt sich in drei Kategorien von CRM-Systemen unterteilen (siehe Abbildung 11.9). Obwohl der Markt grundsätzlich relativ heterogen ist, lassen sich die Lösungen in diesen drei Anwendungsbereichen wiederfinden [19].

Integrierte Lösungen umfassen alle notwendigen CRM-Komponenten [19]. Auf der einen Seite existieren eigenständige CRM-Systeme, die unabhängig von der restlichen IT-Struktur im Unternehmen agieren. Diese zeichnen sich durch eine große Funktionalität, aber auch einen hohen Anpassungsaufwand aus. Der hohe Aufwand ist der kundenindividuellen Systemanpassung geschuldet. Auf der anderen Seite existieren durch CRM-Systemfunktionalitäten erweiterte ERP-Systeme, die sich in die bestehende IT-Landschaft einfügen. Dabei entsteht eine hohe Effizienz bei der Integration in das vorhandene ERP-System und einer Fokussierung der im ERP-System hinterlegten Geschäftsprozesse [19].

Eine funktionale Teillösung konzentriert sich auf ausgewählte Komponenten des CRM-Systems [19]. Hierbei spielt vor allem die Schnittstellenproblematik zwischen den einzelnen Komponenten eine entscheidende Rolle. Durch serviceorientierte Architekturen (SOA) [20] des Systems kann sichergestellt werden, dass die voneinander unabhängigen Komponenten ohne Datenverluste miteinander kommunizieren können. Funktionale Teillösungen finden hauptsächlich in operativen und in analytischen CRM-Systemen Anwendung [20].

Eine Branchenlösung bietet ein standardisiertes CRM-System für eine bestimmte Branche [19]. Dabei sind je nach Branche einzelne Komponenten mehr oder weniger stark ausgeprägt. Der Fokus bei der standardisierten Lösung liegt dann bspw. auf der Ausgestaltung des Außendienstes, weil dieser eine bedeutende Rolle spielt [19].

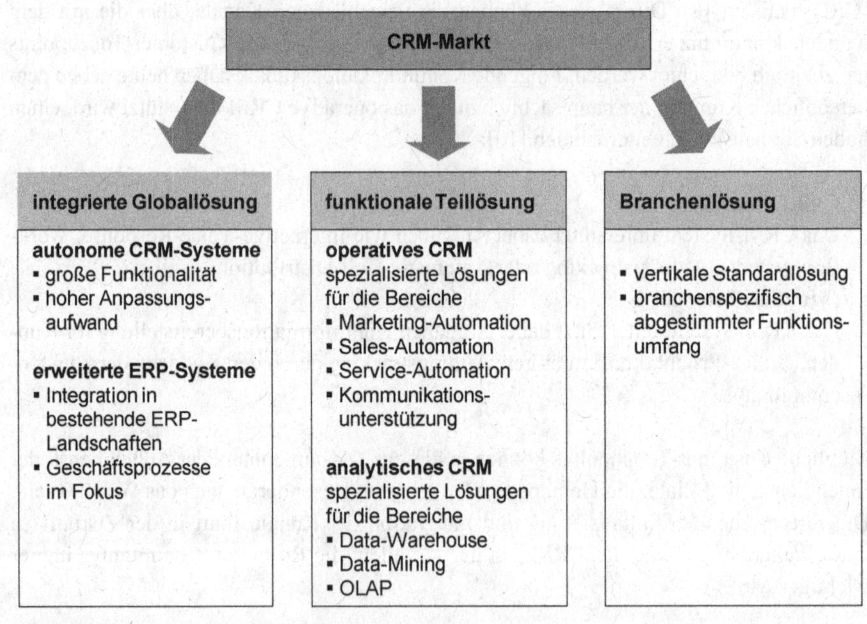

Abbildung 11.9 Anwendungsbereiche von CRM-Systemen (eigene Darstellung i. A. a. Hippner [19])

11.5 Auswahl von IT-Systemen für industrielle Dienstleistungen

Die Ursachen der Initiierung eines Auswahlprozesses für IT-Systeme im Management industrieller Dienstleistungen können vielfältig sein. In der Praxis sind diese bspw. Änderungen der Prozesse zur Dienstleistungserbringung eines Unternehmens, organisatorische Veränderungen innerhalb eines Unternehmens durch In- bzw. Outsourcing oder die ganzheitliche Reorganisation der IT-Strukturen von Unternehmen aus unterschiedlichsten Gründen. Bei der Auswahl der passenden Software für eine Serviceorganisation sind diese Ursachen unbedingt zu berücksichtigen, um Ineffizienzen zu vermeiden.

Die Vielfalt von Systemlösungen, unterschiedliche Systemgrenzen und steigende Komplexität der Software erschwert die Auswahl von IT-Systemen im Service für viele Unternehmen. Hinzu kommt eine steigende Anzahl von Anbietern mit unterschiedlich adaptierbaren Produkten am Markt. Daher ist eine strukturierte Vorgehensweise bei der Systemauswahl notwendig, die individuelle Anforderungen des Unternehmens erfasst und darauf ausgerichtet passende Systeme identifiziert. In den folgenden Abschnitten wird ein Konzept vorgestellt, das anhand von drei Phasen solch eine strukturierte Vorgehensweise beschreibt. Das am Forschungsinstitut für Rationalisierung (FIR) an der RWTH Aachen entwickelte 3-Phasen-Konzept hat sich bereits in über 250 Auswahlprojekten für IT-Systeme bewährt. Die erste Phase des Konzepts hält die Organisation mit ihren Prozessen und Strukturen fest, für die das System ausgewählt werden soll. Aus dem hier entstandenen Anforderungsbild wird in der zweiten Phase – der Vorauswahl – der Markt betrachtet. Hier erfolgt ein erster Abgleich zwischen den Anforderungen des Unternehmens und den Funktionalitäten der Systeme am Markt. Die dritte Phase des Konzepts – die Endauswahl – sieht die Prüfung der infrage kommenden Systeme mithilfe von Systemtests vor. Als Ergebnis entsteht hier eine Entscheidungsvorlage für die Auswahl. Im Folgenden werden die drei Phasen ausführlich dargestellt:

11.5.1 Organisationsanalyse

Hohe Komplexitäten in Prozessabläufen von industriellen Anlagen verursachen große Probleme für die Instandhaltung. Im Laufe der Zeit wird es immer aufwendiger, alle Anlagenbauteile und deren Komponenten im Überblick zu behalten, um darauf basierend eine geeignete Instandhaltungsstrategie entwickeln zu können. Die Frage, die es zu beantworten gilt, lautet: Wie sehen die grundlegenden organisatorischen Zusammenhänge und Abläufe der Prozesse und Strukturen aus?

Die Analyse der Organisation eines Unternehmens mit all dessen Prozessen ist ausschlaggebend für die späteren Entscheidungen über die zu implementierenden IT-Systeme. Die Darstellungen aller in einem Unternehmen auftretenden Abläufe und Subsysteme benötigt viel Zeit. Erst wenn die komplette Struktur, etwa der Materialwirtschaft oder Anlagenverwaltung, erfasst ist, können erste Kriterien für die Wahl des passenden IT-Systems ermittelt werden. Hierzu können weitere Softwareprodukte wie z. B. Bonaparte zur detaillierten Prozessmodellierung herangezogen werden. Je genauer das System Daten über die Maschinenelemente aufnehmen soll, desto klarer muss im Vorhinein die Prozessorganisation analysiert sein.

Der wichtigste Betrachtungsbereich des einzusetzenden IPS-Systems muss genau definiert werden, damit das IT-System in genau den Prozessen greift, in denen es benötigt wird. Insbesondere bei Erstanwendern muss diese Analyse sehr sorgfältig durchgeführt werden. Ansonsten können später tiefgreifende Fehler entstehen, die hohe Folgekosten in der nachträglichen Anpassung des Systems verursachen (siehe z. B. [21]).

Das Hauptziel der Organisationsanalyse liegt in der Bewertung der im System auftretenden Schwachstellen. Das Erkennen der Ursachen und das Aufdecken von Verbesserungspotenzialen bieten die Möglichkeit zur Optimierung des Prozesses. Zu beachtende Punkte in der Analyse sind sowohl abteilungsinterne als auch abteilungsübergreifende Prozesse.

Die Prozessmodellierung kann je nach Komplexität mit unterschiedlichen Softwares dargestellt werden. Zu detaillierte Konzepte schränken möglicherweise bei der Softwareauswahl die Standardfunktionalitäten zu sehr ein.

Für die Konzeption optimierter dispositiver Abläufe im Rahmen der Produktionsplanung und -steuerung ist oftmals eine Analyse der Produktstrukturen erforderlich. Es müssen z. B. die Gesamtanzahl der Haupt- und Unterbaugruppen der Strukturstufen in den Stücklisten und auch der Anteil der Eigen- und Fremdfertigungsteile bestimmt werden. Ebenso relevant sind die Dispositionsstufen des Materialbedarfs. So entsteht ein grobes PPS-Datengerüst, in dem Informationen über Stammdaten des Unternehmens wie auch Bewegungsdaten sowohl auftragsneutraler als auch auftragsspezifischer Daten integriert sind. Um einen umfassenden Gesamtzusammenhang der organisatorischen Auftragsabwicklungsprozesse zu berücksichtigen, gilt es, die bestehenden Prozessketten umfassend zu analysieren. Daraufhin werden alle relevanten Teilprozesse betrachtet. Für die graphische Darstellung der Gesamtzusammenhänge eignen sich Flussdiagramme. In der Darstellung müssen alle Prozesse und Arbeitsschritte sowie deren logische Verknüpfungen und die einzelnen Aktivitäten zu erkennen sein. Es werden alle Eingangs- und Ausgangsdaten für eine vollständige Beurteilung des Systems benötigt. Wichtige Kernprozesse mit großem Optimierungspotenzial werden in einem weiteren Schritt einer ausführlichen Analyse unterzogen. In der Prozessanalyse ist eine Durchlaufzeitanalyse integriert. Lange Durchlaufzeiten der Aufträge stellen häufig Schwachstellen in Unternehmen dar. Somit besteht in diesem Bereich oft ein großes Optimierungspotenzial.

Nach dem Einholen aller Informationen kann die Organisationsleitung eine Zielsetzung erarbeiten. Aus der neu entstandenen Soll-Konzeption wird ermittelt, welche Punkte für das System Prioritäten darstellen.

11.5.2 Vorauswahl

Bei der Vorauswahl muss der Rahmen der auf dem Markt existierenden Programme eingegrenzt werden und die nicht infrage kommenden Softwareprodukte müssen ausgeschlossen werden. Es muss eine funktionsanalysierte Nutzwertanalyse durchgeführt werden. Der Betreiber einer Anlage muss unter Berücksichtigung aller relevanten Randumstände entscheiden, welche Systemfunktionalität wie wichtig für seinen Prozess ist [8].

In Befragungen der Verantwortlichen zu den Projektzielen treffen die Unternehmen individuell Entscheidungen, in welchen Bereichen deren Prioritäten liegen. So kann damit

z. B. besonderer Wert auf die „Dokumentation aller Instandhaltungsaktivitäten" oder auf die „Reduzierung der Instandhaltungskosten" gelegt werden. Auf der anderen Seite kann aber auch die Senkung der Komplexität der IT oder auch deren bessere Performance im Vordergrund stehen. „Ergebnis dieser Phase ist eine Prozess-/Informations-/IT-Landkarte des Untersuchungsbereichs, die als Grundlage für die weiteren Arbeiten genutzt werden kann." [8].

Für die Vorauswahl dienen zunächst die Ergebnisse der Organisationsanalyse. Die Anforderungen des Unternehmens werden formuliert und mit den Eigenschaften der auf dem Markt existierenden Softwareprodukte verglichen. Die Ermittlung und Gewichtung der Anforderungen ist fundamentaler Bestandteil der Vorauswahl. Es wird unterschieden zwischen Merkmalen, die sehr wichtig für das Unternehmen sind, und so genannten „Nice-to-have"-Kriterien.

Wichtig bei der Vorauswahl ist auch die Analyse des Marktangebots. Dem Kunden muss klar sein, welche angebotenen Softwarelösungen welche Eigenschaften vorweisen und inwieweit sie mit den Anforderungen des Unternehmens korrelieren.

Als letzter Punkt der Vorauswahl im 3-Phasen-Konzept gilt die Evaluierung der Anforderungserfüllung. Die Anzahl der zur Auswahl stehenden Systeme soll auf drei bis fünf reduziert werden, um die Endauswahl detailliert genug durchführen zu können. Die Analyse der strategischen und funktionalen Anforderungserfüllung reduziert die Anzahl bereits stark. Des Weiteren wird zwischen den Auswahlgegenständen „System" und „Anbieter/Systemhaus" unterschieden. Jeder dieser Auswahlgegenstände hat sowohl eine leistungsbezogene als auch eine strategische Dimension.

Mit der Kombination aller Auswahlparameter werden die Systeme aus allen Perspektiven miteinander verglichen und beurteilt – die Vorentscheidung kann getroffen werden. Die ausgewählten Systeme werden im nächsten Schritt, der Endauswahl, weiter untersucht.

11.5.3 Endauswahl

Im dritten Schritt, der Endauswahl des passenden IT-Systems für die innerbetriebliche Serviceleistung, liegt der Fokus auf der Implementierung des geeigneten Systems. Es muss schrittweise und funktionsorientiert eingeführt werden, sodass alle Funktionalitäten effektiv zum Einsatz kommen. Zunächst wird das ausgewählte System jedoch auf die speziellen Anforderungen des jeweiligen Unternehmens angepasst (Customising). Die Erfahrung hat gezeigt, dass kein System ohne Spezifizierungen hinsichtlich der individuellen Anforderungen einer Serviceorganisation implementiert werden kann. Ein wesentlicher Bestandteil der Einführung besteht im Überführen von bereits existierenden, alten Daten aus vorhergehenden Systemen in das neue IT-System. Zusätzlich müssen Fachkräfte, die später als Systemanwender fungieren, in Schulungen alle speziellen Eigenschaften des Systems nahegelegt bekommen. Die Inbetriebnahme, die der Endauswahl folgt, kann auf verschiedene Arten erfolgen. Das System wird entweder in einem Schritt implementiert oder schrittweise eingeführt. Die sukzessive Einführung kann sowohl modulweise als auch durch die Übernahme von einzelnen Aufträgen oder Produkten in das neue System durchgeführt werden (Abbildung 11.10).

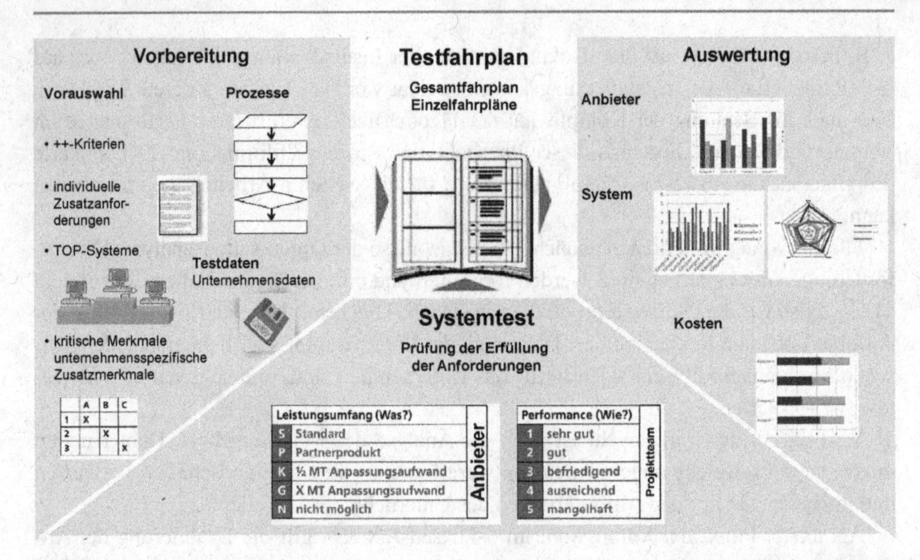

Abbildung 11.10 Testfahrplan – Basis für eine strukturierte Endauswahl (eigene Darstellung)

Die Basis für eine strukturierte Endauswahl besteht aus vier Hauptpunkten:

Zunächst wird ein Testfahrplan erstellt, in den alle Informationen der Vorbereitung einfließen. Vorauswahl, Prozesse und Testdaten der Unternehmen gelten hier als wichtigste Einflussgrößen. Die Systemtests liefern Informationen darüber, inwieweit die Anforderungen der Serviceorganisation erfüllt werden. Die Testfahrpläne werden auf die noch infrage kommenden Anbieter angewendet und ausgewertet.

Auch geht es darum, einen persönlichen Eindruck sowohl von der Kompetenz der Serviceanbieter als auch vom Umgang mit der neuen Softwarelösung zu gewinnen. Sie muss kritisch hinsichtlich der Unterstützung relevanter Geschäftsprozesse überprüft werden und die Ergebnisse sollten eine solide Grundlage für die nachfolgenden Vertragsverhandlungen bieten.

Die drei Phasen einer Systemauswahl werden durch Meilensteine voneinander getrennt, um das Projekt übersichtlicher zu gestalten. So kann die Unternehmensleitung wesentliche Entscheidungen in den gesamten Prozess einbringen.

Literatur

1. Dostal, W. (2001). Demografie und Arbeitsmarkt 2010 – Perspektiven einer dynamischen Erwerbsgesellschaft. In: Bullinger, H. J. (Hrsg.), *Zukunft der Arbeit in einer alternden Gesellschaft.* Stuttgart: Fraunhofer-IRB-Verlag. S. 32–47.
2. Melzer, I. (2010). *Service-orientierte Architekturen mit Web Services. Konzepte – Standards – Praxis*. Heidelberg: Spektrum, Akad. Verl.
3. Kurbel, K., Szulim, D. & Teuteberg, F. (1999). Internet-Unterstützung entlang der Porterschen Wertschöpfungskette – innovative Anwendungen und empirische Befunde. *HMD – Praxis der Wirtschaftsinformatik. 207. S.* 78–94.

4. Hermes, P. (1999). *Entwicklung eines Customer Self-Service-Systems im Technischen Kundendienst des Maschninenbaus*. Dissertation Universität Stuttgart, Heimsheim.
5. Westkämper, E. & Wieland, J. (1998). Neue Konzepte für den Teleservice und Telemanufacturing. Der Maschinen- und Anlagenbau bietet seinen Kunden zunehmend Mehrwertdienste an. *Industrie Management. 14* (3). S. 9–12.
6. Borrmann, A. (2003). Service-Controlling für produzierende Unternehmen. In: Klocke, F., Schmitt, R., Schuh, G. & Brecher, C. (Hrsg.). *Berichte aus der Produktionstechnik*. Aachen: Shaker. Zugl.: Dissertation Techn. Hochsch. Aachen.
7. Kallenberg, R. (2002). *Ein Referenzmodell für den Service in Unternehmen des Maschinenbaus*. Aachen: Shaker Verlag.
8. Schuster, E. & Oswald, O. (2005). Erstellung einer Serviceorientierten IT-Strategie für heterogene IT-Landschaften. *ERP-Management. 2005* (2). S. 37–40.
9. Böhmann, T. & Kremar, H. (2004). Grundlagen und Entwicklungstrends im IT-Servicemanagement. *HMD – Praxis der Wirtschaftsinformatik. 237* (41). S. 7–21.
10. Fröschle, H.-P. (2001). CRM – Unterstützungspotentiale. *HMD – Praxis der Wirtschaftsinformatik. 38* (221). S. 5–12.
11. Hippner, H., Martin, S. & Wilde, K. (2001). CRM-Systeme – Eine Marktübersicht. *HMD – Praxis der Wirtschaftsinformatik. 38* (221). S. 27–36.
12. Cummings, G. T. & Worley, C. G. (2009). *Organization development & change* (9 student edition Aufl.). Australia: South-Western/Cengage Learning.
13. Bruhn, M. & Homburg, C. (Hrsg.). (2008). *Handbuch Kundenbindungsmanagement: Strategien und Instrumente für ein erfolgreiches CRM* (6., überarb. und erw. Aufl.). Wiesbaden: Gabler Verlag.
14. Hippner, H. (2006). CRM – Grundlagen, Ziele und Konzepte. In: Hippner, H. & Wilde, K. (Hrsg.). *Grundlagen des CRM Konzepte und Gestaltung* (2. erw. und überab. Aufl.). Wiesbaden: Gabler. S. 15–44.
15. Piller, F. T. (Hrsg.). (2006). *Mass customization: ein wettbewerbsstrategisches Konzept im Informationszeitalter* (4. überarb. und erw. Auflage Aufl.). Wiesbaden: Dt. Univ.-Verl.
16. Bach, V. & Österle, H. (Hrsg.). (2001). *Customer Relationship Management in der Praxis: erfolgreiche Wege zu kundenzentrierten Lösungen*. Berlin: Springer.
17. Hippner, H. & Wilde, K. D. (Hrsg.). (2004). *IT-Systeme im CRM – Aufbau und Potenziale* (1. Aufl.). Wiesbaden: Gabler.
18. Helmke, S. (2003). *Effektives Customer Relationship Management: Instrumente – Einführungskonzepte – Organisation* (3., überarb. und erw. Aufl.). Wiesbaden: Gabler.
19. Hippner, H. & Wilde, K. (Hrsg.). (2006). *Grundlagen des CRM – Konzepte und Gestaltung* (2. erw. und überab. Aufl.). Wiesbaden: Gabler.
20. Heutschi, R. (2007). Serviceorientierte Architektur. Architekturprinzipien und Umsetzung in die Praxis. In *Serviceorientierte Architektur.* Berlin: Springer. S. 362–381.
21. Tiemeyer, E. & Bachmann, W. (2011). *Handbuch IT-Management. Konzepte, Methoden, Lösungen und Arbeitshilfen für die Praxis* (4. Aufl.). München: Carl Hanser Verlag GmbH & Co. KG

Kultur im Management industrieller Dienstleistungen

12

Günther Schuh, Thomas Hirsch und Gerhard Gudergan

Kurzüberblick
Im Rahmen des Wandels vom Produzenten zum produzierenden Dienstleister spielt eine am Kunden ausgerichtete Dienstleistungskultur im Unternehmen eine entscheidende Rolle. Vor diesem Hintergrund wird das vorliegende Kapitel darauf eingehen, wie Unternehmen eine Dienstleistungskultur erfolgreich gestalten können. Dafür werden in einem ersten Schritt die Grundzüge einer Unternehmenskultur kurz erläutert. Darauf aufbauend erfolgen eine anwendungsnahe Beschreibung der konstituierenden Merkmale einer Dienstleistungskultur sowie eine Darstellung der Gestaltungsfelder und Aufgaben, die von ihr im Unternehmen übernommen werden. Am Ende des Kapitels werden Instrumente und Vorgehensweisungen vorgestellt, die eine Gestaltung einer Dienstleistungskultur ermöglichen.

12.1 Grundlagen der Kultur im Management industrieller Dienstleistungen

Die Unternehmenskultur beschreibt ein soziales, überindividuelles Phänomen innerhalb eines Unternehmens. Sie dient als Integrationsinstrument von Menschen und Organisationen und verleiht Unternehmen ihren individuellen Charakter. Der so definierte Begriff der Unternehmenskultur hielt bereits in den 1970er Jahren erst in den USA und anschließend auch in Westeuropa Einzug in die Managementlehre und trat darüber hinaus auch seinen Siegeszug in der unternehmerischen Praxis an. Der Grund dafür lag vor allem in der zunehmend spürbar werdenden Wettbewerbsstärke japanischer Unternehmen. Eine Analyse ihres Erfolgs führte zu der Erkenntnis, dass nicht nur sogenannte „harte Faktoren", sondern

G. Schuh (✉) · T. Hirsch · G. Gudergan
52074 Aachen, Deutschland
E-Mail: g.schuh@wzl.rwth-aachen.de

G. Schuh et al. (Hrsg.), *Management industrieller Dienstleistungen*,
DOI 10.1007/978-3-662-47256-9_12, © Springer-Verlag Berlin Heidelberg 2016

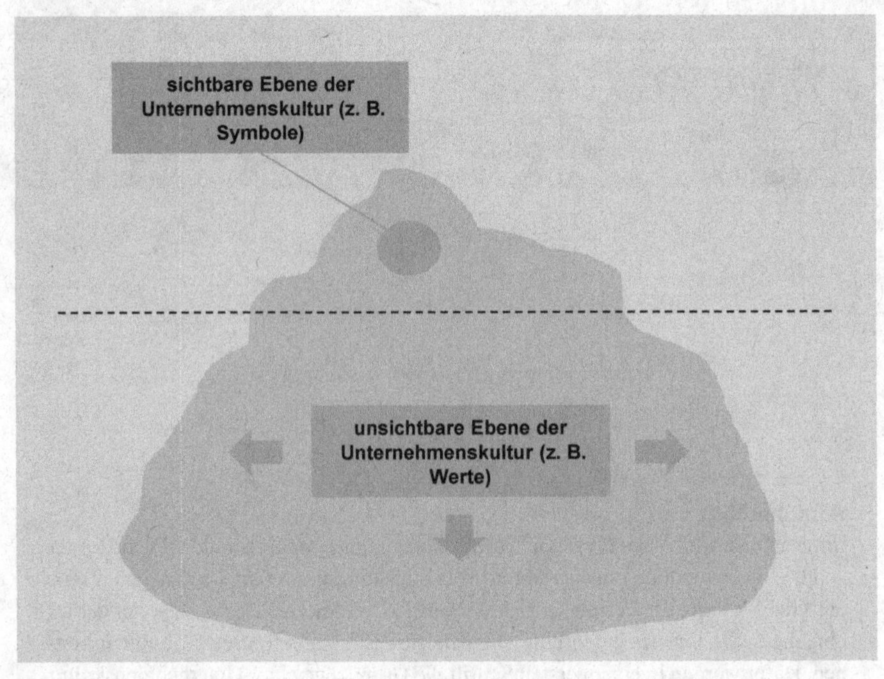

Abbildung 12.1 Das Eisbergmodell (eigene Darstellung i. A. a. Daft [4])

auch „weiche Faktoren“ für den wirtschaftlichen Erfolg von Unternehmen eine bedeutende Rolle spielen. Zu diesen weichen Faktoren gehören in erster Linie spezifische Regeln, Routinen, Normen sowie bestimmte Rituale und sichtbare Symbole. Deutlich wurde, dass diese kulturellen Aspekte einen großen Einfluss auf das Handeln von Mitarbeitern sowie die Entwicklung von Unternehmen haben und darüber hinaus maßgeblich über Erfolg oder Misserfolg entscheiden [1].

Um dem stetigen Wandel unternehmerischer Rahmenbedingungen und Herausforderungen gerecht zu werden, muss sich die Kultur eines Unternehmens ständig anpassen können [2]. Die Wandelbarkeit der Unternehmenskultur verleiht dem Unternehmen einen individuellen Charakter und schafft eine eigene, nach innen und außen wahrnehmbare Identität. Dabei bleibt der größte Teil der Unternehmenskultur in den komplexen Tiefenstrukturen einer Organisation verborgen, während nur ein kleiner Teil als „sichtbare und greifbare“ Oberflächenstruktur zutage tritt. Unternehmenskultur ist somit mit einem Eisberg vergleichbar, dessen Großteil unsichtbar unterhalb der Wasseroberfläche verbleibt und lediglich die Spitze sichtbar hervorragt. Im übertragenen Sinne spiegelt sich die Unternehmenskultur in Symbolen wie dem Firmenlogo oder Ritualen wie gemeinsamen Sommerfesten oder der Arbeitskleidung der Mitarbeiter wider und wird einzig über diese greifbaren Zeichen für alle wahrnehmbar. Jedoch sind die grundlegenden Werte, Einstellungen, Erwartungen und Überzeugungen, die die Mitglieder eines Unternehmens miteinander verbindet, von außen nur bedingt wahrnehmbar [3]. Abbildung 12.1 stellt den hier beschriebenen Vergleich zwischen der Unternehmenskultur und dem Eisberg noch einmal grafisch dar.

12.1.1 Funktion der Unternehmenskultur

In ihrer Funktion als strukturierendes Element in dem für das Management industrieller Dienstleistungen gewählten Ordnungsrahmen stellt die Unternehmenskultur einen wichtigen Koordinationsmechanismus dar. Diese soll die Ausrichtung des Unternehmens an neuen Leitsätzen wie bspw. einer stärkeren Orientierung an den Wünschen und Bedürfnissen des Kunden erleichtern. Die Ausgestaltung der Unternehmenskultur wird dabei durch eine übergreifende Unternehmensstrategie, die sich auf der Ebene der Unternehmensentwicklung eingliedert, festgelegt und beeinflusst. Richtungsweisende Veränderungsprozesse wie die Entwicklung vom reinen Produzenten hin zum produzierenden Dienstleister werden innerhalb der Strategie definiert und gelangen über einen entsprechenden Wandel der Kultur sowie der anderen Strukturelemente in die Umsetzung [5].

Dabei besteht die Stärke der Unternehmenskultur darin, das Verhalten der Mitarbeiter im Unternehmen zu beeinflussen und bis zu einem bestimmten Grad zu steuern. Zudem erfüllt sie über die Unternehmensgrenzen hinaus eine wichtige Signalfunktion in Richtung der relevanten Anspruchsgruppen, wie den Kunden, den Wettbewerbern und den Lieferanten. Darüber hinaus nimmt die Unternehmenskultur eine Querschnittsfunktion ein, die alle im Unternehmen ablaufenden Prozesse – wie z. B. die Entwicklung neuer Geschäftsmodelle und die Ausgestaltung neuer Dienstleistungskonzepte – unterstützt und zu deren Optimierung maßgeblich beiträgt.

12.1.2 Ziele der Unternehmenskultur

Die Unternehmenskultur basiert auf allen grundlegenden gemeinsamen Überzeugungen, die das Denken, Handeln und Empfinden aller Akteure einer Unternehmung maßgeblich beeinflussen. Darüber hinaus geht der Grundgedanke unternehmerischer Kultur von der Existenz kollektiver Gewohnheiten der Mitglieder innerhalb der Grenzen eines Unternehmens aus, die in alle Bereiche des Managements hineinwirken [1]. Dadurch macht die Kultur die Dinge, für die das Unternehmen steht, für alle internen wie externen Stakeholder des Unternehmens sichtbar. Entscheidend für den Erfolg des Konzepts der Unternehmenskultur ist ihre Gestaltbarkeit. Zwar existiert die Sichtweise, dass Kultur historisch gewachsen ist und demnach nur eingeschränkt Raum lässt für eine proaktive Gestaltbarkeit. Jedoch ordnet die moderne Managementforschung die Kultur mittlerweile in eine Reihe mit anderen Variablen ein, die im Hinblick auf ein definiertes Unternehmensziel optimiert werden können.

Dabei hat die Bedeutung der Unternehmenskultur als Instrument der Zieloptimierung in den letzten drei Jahrzehnten stetig zugenommen. Zunehmende Marktverflechtungen, verkürzte Produktlebenszyklen sowie der Wandel produzierender Unternehmen hin zu produzierenden Dienstleistern fordern von den Führungskräften wie auch von allen weiteren Mitarbeitern des Unternehmens, auch in dynamischen und unsicheren Situationen, Entscheidungen eigenständig zu treffen und darüber den Unternehmenserfolg insgesamt zu erhöhen. Das Konzept der Unternehmenskultur verspricht dabei eine implizite Verhaltenssteuerung und -kontrolle. In diesem Zusammenhang kann die Unternehmensführung die Vermittlung der Unternehmenskultur an die Mitarbeiter ausgestalten, indem sie Rituale, Normen und Symbole strategisch auf die Unternehmensziele ausrichtet und für alle relevanten Akteure öffentlich sichtbar kommuniziert [3]. Darüber avanciert die Unternehmenskultur zu einem mächtigen Instrument des modernen strategischen Managements.

12.2 Struktur und Aufgaben einer Dienstleistungskultur

Die Dienstleistungskultur repräsentiert eine spezifische Ausprägung der Unternehmenskultur. Diese besondere Ausprägung der Kultur äußert sich in einer starken Ausrichtung der Werte, Normen und Basisannahmen des Unternehmens auf den Kunden. Dabei muss sich diese starke Kundenorientierung im Verhalten der Mitglieder sowie im gesamten Erscheinungsbild des Unternehmens wiederfinden und für den Kunden ersichtlich sein. Da der vorliegende Band den Wandel vom Produzenten hin zum produzierenden Dienstleister fokussiert, wird im weiteren Verlauf auf die konstituierenden Charakteristika einer Dienstleistungskultur detailliert eingegangen. Dabei wird das Kulturebenenmodell von Schein zur Illustration der einzelnen Charakteristika herangezogen, wobei die spezifischen Besonderheiten einer Dienstleistungskultur nochmals gesondert erläutert werden [6].

Im Rahmen des 3-Ebenen-Modells nach Schein (auch Kulturebenenmodell genannt) sind die Elemente einer Unternehmens- respektive einer Dienstleistungskultur drei unterschiedlichen Bewusstseinsebenen zugeordnet. Auf der dritten Ebene sind die Basisannahmen, die auch als Grundannahmen bezeichnet werden, angesiedelt. Die Basisannahmen stellen einen Fundus grundlegender Orientierungs- und Vorstellungsmuster dar, die die Wahrnehmung und das Handeln der einzelnen Akteure des dienstleistenden Unternehmens leiten. Bei diesen Orientierungspunkten handelt es sich meist um historisch gewachsene Annahmen, die i. d. R. nach außen hin unsichtbar existieren sowie innerhalb des Unternehmens ebenso unbemerkt befolgt und gelebt werden [7]. Die Basisannahmen ordnen sich in der Regel den folgenden fünf thematischen Kategorien zu: *Umwelt des Unternehmens*, *Vorstellungen über Wahrheit und Zeit*, *die menschliche Natur*, *Natur des menschlichen Handelns* und *Annahmen bezüglich zwischenmenschlicher Beziehungen*. Auf der zweiten Ebene des Modells ordnen sich die Werte, Normen und Einstellungen, die durch die Mitglieder des Unternehmens innerhalb der Unternehmensgrenzen gemeinschaftlich vertreten werden. Diese Wertvorstellungen und Verhaltensstandards werden häufig auch als das „Weltbild" eines Unternehmens bezeichnet, das teils sichtbar, aber teils noch unbewusst das Handeln der Unternehmensakteure prägt. Bezogen auf die Dienstleistungskultur wird auf dieser zweiten Ebene die Art und Weise des Verhaltens vorgezeichnet, das im Rahmen der Interaktion zwischen den internen Unternehmensakteuren und den Kunden dominieren soll. Auf der letzten und obersten Ebene des Modells sind mit den Verhaltensweisen und Artefakten die sichtbaren Elemente der Kultur abgebildet, die in manchen Quellen auch als Symbole und Zeichen benannt werden. Zu den Verhaltensweisen zählen bspw. gepflegte Traditionen wie Rituale oder gängige Umgangsformen. Hinter dem Begriff der Artefakte verbergen sich vom Unternehmen künstlich geschaffene Systeme, Strukturen und Symbole. Den Elementen der obersten Modellebene kommt dabei die Aufgabe zu, den schwer greifbaren Komplex von Basisannahmen und Wertvorstellungen der beiden unte-

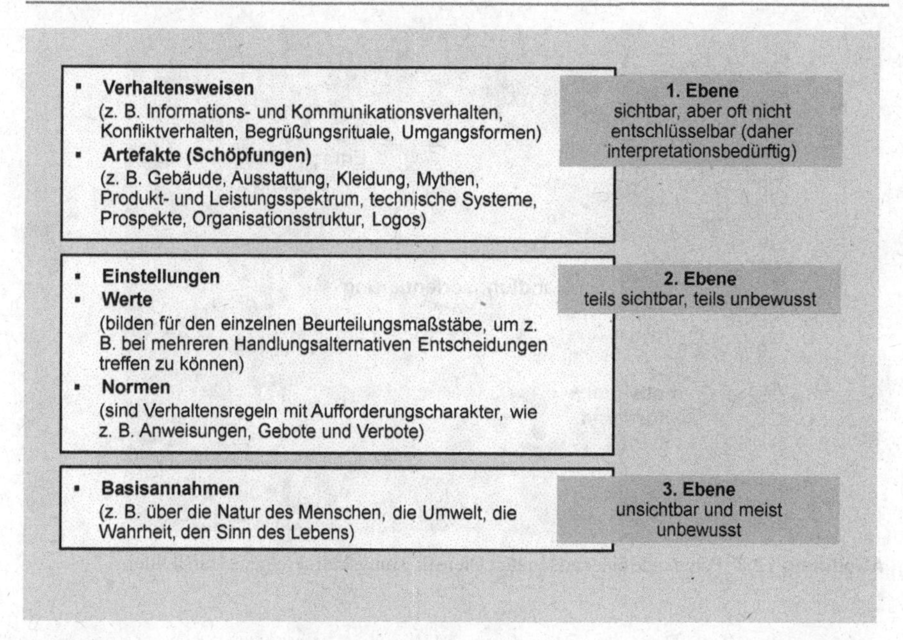

Abbildung 12.2 Elemente einer Dienstleistungskultur (eigene Darstellung i. A. a. MÜTZE U. SCHEIN [6, 8])

ren Ebene lebendig zu erhalten und an alle neuen Mitglieder sowie an externe Stakeholder des Unternehmens weiterzugeben [7]. Die einzelnen Ebenen des Kulturmodells sind in Abbildung 12.2 nochmals dargestellt.

Zusammengefasst schlägt sich die Dienstleistungskultur eines Unternehmens sowohl in harten als auch in weichen Faktoren nieder. Sie findet sich in der Ausgestaltung des Firmensitzes sowie der Kleidung der Mitarbeiter wieder und beeinflusst das Informations- und Kommunikationsverhalten, ist in der Art der kundenorientierten Mitarbeiterführung sowie im Umgang mit den Kunden generell wahrnehmbar. Über ein kulturell motiviertes Verhalten der Unternehmensmitglieder werden innerhalb und außerhalb des Unternehmens Signale versendet, die Beobachtern ein bestimmtes Bild der Unternehmung vermitteln. Ebenso können spezifische Artefakte wie bspw. die Ablauforganisation oder das Entlohnungssystem eines Unternehmens als Vermittler von Signalen auftreten und die firmenspezifische Kultur nach außen transportieren.

Die Interpretation der Kultursignale obliegt dabei dem Beobachter und seinen individuellen Bewertungsmaßstäben. Da somit eine Vielzahl von Empfängern kultureller Signale existiert, ergibt sich daraus die Schwierigkeit, eine Dienstleistungskultur derart auszugestalten, dass ihre Wirkungsweisen von jedem Empfänger in gleicher Weise interpretiert werden [8]. Aufgrund dieser Problematik und der Forderung, die Kultur produzierender Dienstleister zusätzlich auf den Kunden auszurichten, ist es letztlich nicht uneingeschränkt möglich, eine konkrete Bestimmung der Verhaltensweisen und Artefakte vorzunehmen, die eine erfolgreiche Ausgestaltung der Dienstleistungskultur verspricht.

Der Aufbau einer erfolgreichen Dienstleistungskultur ist für die Etablierung einer Dienstleistungsmentalität im Unternehmen und damit für den Wandlungsprozess vom

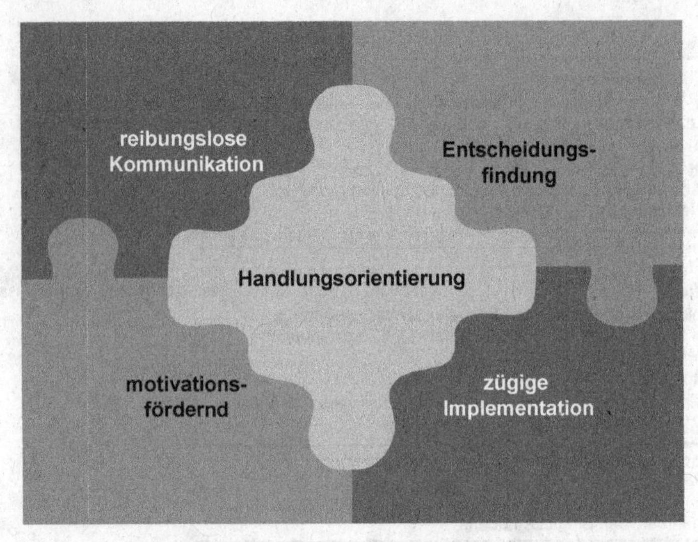

Abbildung 12.3 Potenziale einer adäquaten Dienstleistungskultur (eigene Darstellung)

Produzenten hin zu einem produzierenden Dienstleister insgesamt von herausragender Bedeutung. Im Rahmen dieses Wandlungsprozesses übernimmt die Kultur zahlreiche Funktionen und Aufgaben, die in Abbildung 12.3 gebündelt dargestellt und im weiteren Verlauf erläutert werden.

Wie an anderen Stellen bereits erläutert, charakterisiert sich eine Dienstleistungskultur in erster Linie durch ein hohes Maß der Orientierung am Kundennutzen und dessen Werten, die in alle drei Ebenen der Unternehmenskultur hineindiffundiert. Die Dienstleistungskultur stellt dabei einen impliziten Steuerungsmechanismus dar, der die Umsetzung der Kundenorientierung im unternehmerischen Alltag gewährleistet und darüber einen wesentlichen Beitrag zur Zufriedenheit der Kunden beisteuern soll. Dabei zielt die Fokussierung des Prinzips der Kundennutzenorientierung über die Dienstleistungskultur darauf ab, sämtliche Unternehmungsaktivitäten sowie Handlungen der Mitarbeiter primär auf den Kunden, seine spezifischen Bedürfnisse und Probleme auszurichten. Der Dienstleistungskultur kommt somit die Aufgabe respektive die Funktion der Handlungsorientierung zu [9]. Die einheitliche Orientierung und Ausrichtung am Kunden sorgt dabei für einen schnelleren Transfer sowie eine vereinfachte Interpretation ausgesendeter Signale zwischen den Mitarbeitern untereinander, aber auch zwischen den Mitarbeitern und den Kunden. Die Dienstleistungskultur gewährleistet demnach auch einen reibungslosen Ablauf von Kommunikationsprozessen, die gerade bei der Erbringung von Dienstleistungen an der Schnittstelle zum Kunden von herausragender Bedeutung sind.

Die Festlegung einer im Unternehmen nach innen und außen anerkannten Vision respektive anerkannter gemeinschaftlich vertretender Ziele ist ein elementarer Schritt bei der Etablierung einer Dienstleistungskultur. Diese Vision wird durch ein Symbolsystem nachhaltig verankert und transportiert. Eine im Symbolsystem festgelegte, gemeinsame Sprache ist dabei ausschlaggebend, schnelle Einigungen im Unternehmen zu erzielen und im Konfliktfall tragfähige Kompromisse herbeizuführen. Entscheidungs- sowie Problemlösungsprozesse werden somit beschleunigt und die dadurch entstehenden Kosten verringert. Die Qualität der Dienstleistungsentwicklung und ihrer Erbringung beim Kunden werden gesteigert. Eine weitere Funktion der Dienstleistungskultur liegt demnach in der Optimierung der Entscheidungsfindung.

Ein langfristiges und erfolgreich angelegtes Dienstleistungsangebot erfordert eine ständige Anpassung des eigenen Dienstleistungsportfolios an die Ansprüche der Kunden. Deshalb müssen ständig neue Ideen und Pläne entwickelt und umgesetzt werden, um die Kunden dauerhaft an das eigene Unternehmen zu binden. Ein derart fortlaufender Anpassungsprozess kann nur gelingen, wenn die Mitarbeiter diesen mittragen und ihre Akzeptanz uneingeschränkt gewährleistet ist. Ein in der Dienstleistungskultur fest verankertes Leitbild dient den Mitarbeitern in diesem Zusammenhang als Orientierungsmuster, um sich in Phasen fortlaufender Veränderungsprozesse zurechtzufinden. Der Dienstleistungskultur fällt in diesem Zusammenhang die Aufgabe zu, in Phasen der Veränderung und Implementierung neuer Herangehensweisen den Mitarbeitern über ein Leitbild Orientierung zu geben.

Neben der orientierungsstiftenden Funktion der Dienstleistungskultur bildet sie gleichzeitig das Wertefundament, auf das sich vor allem die Mitarbeiter des Unternehmens gemeinschaftlich verpflichten. Der Wertekanon einer Unternehmung birgt dabei ein hohes Maß an Identifikationspotenzial, das den einzelnen Mitarbeiter emotional mit seiner Organisation sowie mit seinen Kollegen verbindet. Das dadurch entstehende Zugehörigkeitsgefühl zum Unternehmen wirkt sich auf die Motivation des Einzelnen aus und treibt ihn zu hohem Engagement im gesamten Arbeitsprozess. Die Dienstleistungskultur spielt somit eine entscheidende Rolle im Rahmen der Motivation von Mitarbeitern und leistet damit bei der Erbringung von Leistungen an der Schnittstelle zum Kunden einen wichtigen Beitrag zum Erfolg mit Dienstleistungen [7].

12.3 Gestaltungsziele einer Dienstleistungskultur

Die Kultur eines Unternehmens ist ein komplexes Gefüge aus zahlreichen Einflüssen, die in einem stetigen Wandlungsprozess begriffen sind. Mit jedem neuen Unternehmensmitglied oder mit jeder marginalen Anpassung auf Struktur- respektive Prozessebene kommen neue Einflussfaktoren hinzu, die die Kultur verändern. Jedoch vollziehen sich derartige kleinschrittige Veränderungen eher langsam und nur selten merklich. Anders ist dies bei radikalen Veränderungsmaßnahmen im Unternehmen wie dem Wandel vom Produzenten hin zum produzierenden Dienstleister. Diese erfassen mit der Unternehmensführung, der Mitarbeiter- und der Kundenseite das gesamte Unternehmen und werden somit von allen Akteuren wahrgenommen [10]. Neben notwendigen Anpassungen auf der Struktur- und auf der Aktivitätenebene sind dabei Änderungen des Verhaltens aller Unternehmensakteure notwendig, die über die Kultur respektive über eine entstehende Dienstleistungskultur kanalisiert werden müssen. Die Gestaltungsfelder einer Kultur respektive einer entstehenden Dienstleistungskultur sind in Abbildung 12.4 dargestellt.

Wesentliche Gestaltungsziele einer Dienstleistungskultur sind die Veränderung des Verhaltens von Mitarbeitern sowohl auf der Ebene des Managements als auch in allen ope-

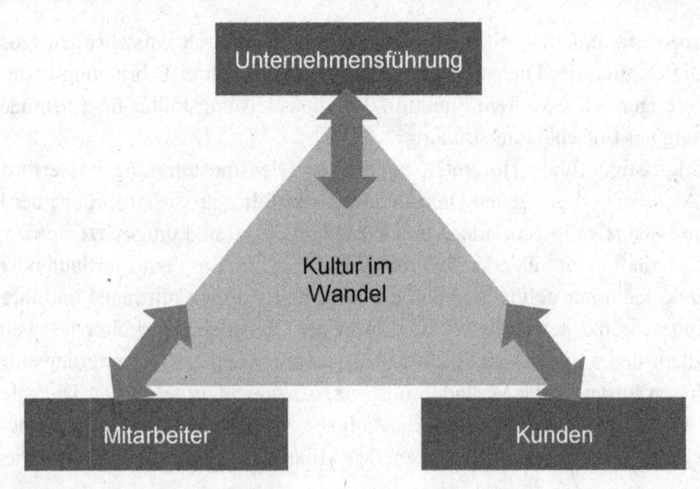

Abbildung 12.4 Die Gestaltungsfelder einer Dienstleistungskultur im Unternehmen eines produzierenden Dienstleisters (eigene Darstellung)

rativen Bereichen [11]. Um eine Veränderung des Verhaltens zu bewirken, muss im ersten Schritt ein Dienstleistungsbewusstsein im Unternehmen etabliert werden. Dies beginnt mit der Wahrnehmung der Dienstleistungen auf der Ebene des Managements. Hierzu ist es notwendig, dass das Management die ökonomischen Potenziale von Dienstleistungen erkennt. Dafür bedarf es jedoch häufig eines radikalen Bruchs mit etablierten Verhaltensweisen. So ist es für Manager aus produzierenden Unternehmen, welche über einen langen Zeitraum gewohnt waren, hochpreisige Investitionsgüter zu verkaufen, extrem schwierig, den möglichen Gewinnbeitrag einer Installationsdienstleistung oder einer Wartungsdienstleistung zu erkennen. Leider existiert häufig auch heute noch die Perspektive, dass im Sinne einer Vertriebsunterstützung die Dienstleistungen dazu beitragen, das Sachgut zu verkaufen. Eine derartige Denkhaltung wiederspricht den zu Beginn dieses Bandes aufgezeigten Perspektiven der Entwicklung hin zu einem Problemlöser für Kundenprobleme und wirkt der Transformation vom Produzenten zum Lösungsanbieter entgegen. Aus diesem Grund muss diese traditionelle Denkweise zugunsten einer am Kundennutzen und dessen Werten ausgerichteten Denkweise abgelöst werden. Nur wenn dies als Voraussetzung stattgefunden hat, rückt für das Management das wirtschaftliche Potenzial von Dienstleistungen in das Bewusstsein und es richtet seine Handlungen danach aus. Anschließend müssen Dienstleistungen als wesentlicher Bestandteil der Problemlösung etabliert werden. Dem Kunden wird der Wert der Dienstleistung transparent gemacht, sodass darauf aufsetzend eine gezielte Kommerzialisierung möglich ist. Diese gezielte Kommerzialisierung bewirkt, dass die Dienstleistungen nicht den Produktverkauf als Marketinginstrument unterstützen, sondern dass sie direkten Umsatz und Gewinn generieren. In der Folge ist sicherzustellen, dass das Dienstleistungsbewusstsein auch auf der Ebene der Mitarbeiter weitergetragen wird. Es ist mit ähnlichen Hindernissen wie auf der Managementebene zu rechnen. Entwickeln Mitarbeiter ein Verständnis für den Sinn einer an Kundennutzen orientierten Dienstleistung, erleichtert dies Mitarbeiterschulungen wesentlich. Das Vermögen von Mitarbeitern, Dienstleistungen aktiv zu vermarkten und den Kunden vom Nutzen einer Lösung bzw. eines Angebots zu überzeugen, steigt ebenfalls.

Das Schaffen eines ausgeprägten und auf den Kundennutzen ausgerichteten Dienstleistungsbewusstseins auf der Ebene des Managements ist der Anfang und kann als Ausgangspunkt für den Ausbau der Dienstleistungen angesehen werden. Das alleinige Motivieren und Initiieren des Ausbaus der Dienstleistungen schafft einen kurzfristigen Schub. Mittel- und langfristig bedarf es jedoch neben der eigentlichen Motivation der Mitarbeiter auch einer professionellen Unterstützung der Mitarbeiter durch das Management. Um dies gewährleisten zu können, muss sich das Rollenverständnis des Managements verändern. Manager sollten sich nicht als Leiter eines Cost-Centers für technische Dienstleistungen verstehen, sondern als Leiter einer separaten Geschäftseinheit mit Ergebnisverantwortung. In dieser Führungsrolle müssen sie den Auf- und Ausbau von Dienstleistungen professionell gestalten und mit entsprechenden Ressourcen fördern, ihn mit Methoden und Tools unterstützen und ganzheitlich steuern.

Gerade die Erkenntnis, dass ein professionelles Dienstleistungsgeschäft auch entsprechender Ressourcen bedarf, ist in vielen produzierenden Unternehmen noch wenig verbreitet. Insbesondere aufgrund mangelnder Ressourcen können die mit dem Aufbau des Dienstleistungsgeschäfts ursprünglich anvisierten Ziele nicht erreicht werden. Ursächlich für die unzureichenden Ressourcen ist, dass das Bewusstsein für deren Notwendigkeit und die damit einhergehenden Investitionen in traditionell produkt- und produktionszentrierten Betrieben beim Management nicht ausgeprägt ist. Für den Erfolg der Transformation ist es deswegen notwendig, das Rollenverständnis des Managements weg von einer Kostenverantwortung hin zu einer Führungskraft für eigenständige Geschäftstätigkeit zu entwickeln.

Ähnlich wie beim Dienstleistungsbewusstsein muss auch das Rollenverständnis auf die Ebene der Mitarbeiter übertragen werden. Während auf der Ebene des Managements die Veränderung des Rollenverständnisses als Wandel vom Verantwortlichen für ein Cost-Center zum Business-Manager umschrieben wurde, kann die Veränderung auf der Ebene der Mitarbeiter als Wandel vom Produktverkäufer zum Problemlöser beschrieben werden. In der Rolle des Produktverkäufers betrachten die Mitarbeiter das Produkt als Kernelement der Kundenlösungen und richten die Anstrengungen danach aus. Im Rollenverständnis eines Problemlösers erkennen die Mitarbeiter, dass das Produkt nur ein Teil der Lösung ist. Die Mitarbeiter streben dann an, das eigentliche Kundenproblem durch die Kombination von Produkten und Dienstleistungen im Sinne eines Leistungssystems am besten zu lösen.

Ein ausgeprägtes Dienstleistungsbewusstsein auf der Managementebene und auf der Mitarbeiterebene sowie das veränderte Rollenverständnis auf Management- und Mitarbeiterebene sind vier Gestaltungsdimensionen, die sich gegenseitig beeinflussen und verstärken. Sie müssen zueinander konsistent gestaltet und ausgeprägt werden. Ein hohes Dienstleistungsbewusstsein auf der Ebene des Managements initiiert eine Veränderung des Dienstleistungsbewusstseins auf der Ebene der Mitarbeiter. Die Veränderung des Dienstleistungsbewusstseins auf der Ebene des Managements fördert das Rollenverständnis der Manager im Sinne eines ganzheitlichen Managements der Dienstleistungen. Für den Fall, dass sich auf der Ebene des Managements der Gedanke eines professionellen Dienstleistungsmanagements durchsetzt, werden ebenfalls die Mitarbeiter durch entsprechende Tools und Ressourcen unterstützt. Diese Unterstützung verankert das Dienstleistungsbewusstsein auf der Ebene der Mitarbeiter. Das heißt, die Veränderung des Dienstleistungsbewusstseins auf der Ebene der Mitarbeiter bedarf einerseits der Motivation durch das Management. Andererseits ist es notwendig, das Dienstleistungsbewusstsein durch eine angemessene Unterstützung des Managements nachhaltig zu verankern.

12.4 Methoden zur Gestaltung der Dienstleistungskultur

Die Entwicklung zum industriellen Dienstleister erfordert eine starke Fokussierung der Entwicklung eines ausgeprägten Dienstleistungsbewusstseins auf der Managementebene und auf der Mitarbeiterebene sowie eines Rollenverständnisses auf Management- und Mitarbeiterebene. Dazu benötigen Unternehmen weitreichende Gestaltungsmethoden, die dazu beitragen, eine Dienstleistungskultur nachhaltig im Unternehmen zu etablieren und zu pflegen [11].

Im Rahmen der Gestaltbarkeit einer Dienstleistungskultur soll an dieser Stelle darauf hingewiesen werden, dass eine allgemeingültige Vorgehensweise zum Aufbau und zur Pflege einer Dienstleistungsmentalität nicht existieren kann. Die Gründe hierfür sind vielseitig und liegen in der generellen Schwierigkeit einer allgemeinen Bestimmung von Kulturelementen der Unternehmen begründet. Die Definition von relevanten Werten und Anforderungen muss unternehmensspezifisch erfolgen und sich dabei an den Kunden des Unternehmens ausrichten. Des Weiteren sind die anzuwendenden Gestaltungsmethoden bei der (Weiter-)Entwicklung einer Dienstleistungskultur von der vorherrschenden, spezifischen Struktur des Unternehmens abhängig. Auch wenn ein allgemeingültiges Konzept fehlt, so existieren dennoch unterschiedliche Ansätze, die eine Steuerung respektive Beeinflussung der Kultur ermöglichen. Bei der Auswahl der möglichen Gestaltungsansätze steht die Frage im Raum, auf welcher Ebene diese Aktivitäten ansetzen sollen. Einen Kulturentwicklungsprozess allein über die Gestaltung der meist unbewusst wahrgenommenen Basisannahmen anzustoßen, ist in der Regel wenig erfolgversprechend. Allerdings lassen sich die sichtbaren Kulturelemente der obersten Ebene des in Kapitel 12.2 eingeführten Kulturebenenmodells nach Schein wiederum nur variieren und gestalten, wenn die Basisannahmen, Werte und Normen, die das Verhalten der Unternehmensakteure bestimmen, Anpassungen unterzogen werden [8]. Es stellt sich die Frage, an welchem Punkt die Gestaltung einer Dienstleistungskultur ansetzen kann.

Die Mitarbeiter dienstleistender Unternehmen nehmen bezüglich des unternehmerischen Erfolgs bei der Erbringung von Dienstleistungen eine Schlüsselrolle ein. Sind die Mitarbeiter darauf eingeschworen, dem Kunden einen hohen Nutzen und Mehrwert zu bieten, dann ist diese Einstellung ein Kernkriterium für einen langfristigen Erfolg mit Dienstleistungen und bildet die Basis dafür, dass sich sowohl auf Ebene des Managements als auch auf Ebene der Mitarbeiter das Bewusstsein sowie das Rollenverständnis verändern können. Vor diesem Hintergrund und unter Berücksichtigung der im vorherstehenden Abschnitt diskutierten Gestaltungsziele müssen Gestaltungsmethoden letztendlich an der Dienstleistungsmentalität eines Unternehmens ansetzen, die auf der zweite Ebene des Schein'schen Modells angesiedelt ist. Im weiteren Verlauf werden deshalb drei wesentliche Gestaltungsmethoden vorgestellt, die dazu beitragen, eine Dienstleistungsmentalität aufzubauen respektive zu gestalten: die Leitbildentwicklung, das kundenorientierte Führungsverhalten sowie das Empowerment (siehe Abbildung 12.5).

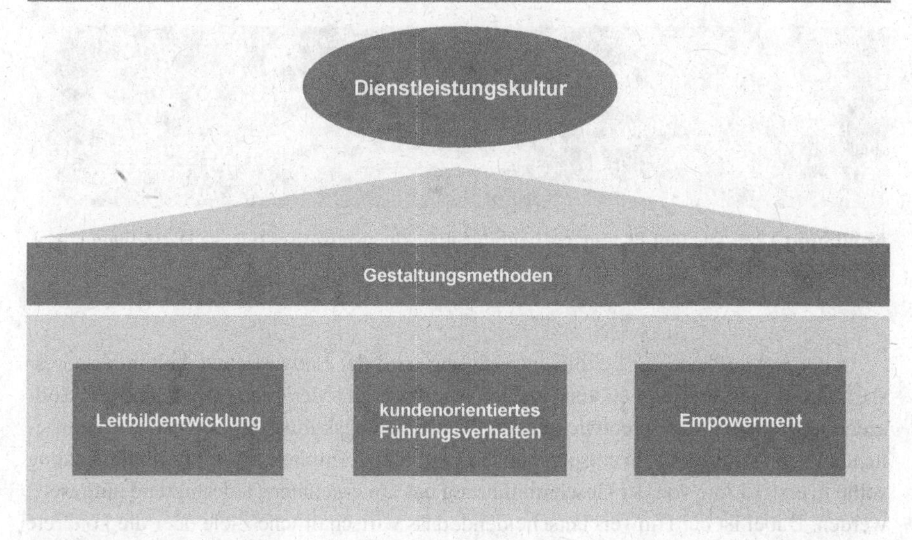

Abbildung 12.5 Methoden zur Gestaltung und Pflege der Dienstleistungskultur (eigene Darstellung)

12.4.1 Leitbildentwicklung

Die Leitbildentwicklung nimmt bei der Entwicklung der Dienstleistungsmentalität eine zentrale Stellung ein. Ein Leitbild enthält Grundsätze und Werte, die der Orientierung für das Verhalten der einzelnen Organisationsmitglieder dienen. Sie sollen Handlungsmaximen wiedergeben, die in der jeweiligen Organisation von Bedeutung sind und die Richtung vorgeben, in die sich die jeweilige Organisation entwickeln will [12]. Im Rahmen des hier vorgeschlagenen Leitbildentwicklungsprozesses besteht der erste Schritt in der Formulierung von Leitlinien, die die Soll-Kultur beschreiben. Es gilt also ein Leitbild zu entwickeln, in dem die gewünschte, durch den Dienstleistungsgedanken geprägte Dienstleistungskultur zum Ausdruck kommt. Viele Unternehmen benutzen Leitbilder in erster Linie als Instrument der Öffentlichkeitsarbeit. Derartige Leitbilder, die meist ohne Beteiligung der Mitarbeiter von der obersten Führungsebene erstellt werden, stoßen innerhalb der Unternehmen häufig auf Unverständnis und können unter Umständen Unzufriedenheit oder Resignation hervorrufen [12]. Auch das hier angesprochene Leitbild für die Dienstleistungskultur kann und soll selbstverständlich zur Außendarstellung genutzt werden – allerdings erst dann, wenn es unternehmensintern bekannt und als gemeinsame Richtschnur von allen Unternehmensakteuren mitgetragen und weitestgehend akzeptiert wird. Vor diesem Hintergrund muss darauf geachtet werden, dass der Soll-Anspruch, der in den Leitlinien zum Ausdruck kommen soll, nicht zu weit von der Realität des Unternehmens entfernt ist.

Für den erfolgreichen Einsatz von Leitbildern als Instrument zur Einleitung von Kulturveränderungsprozessen sind insgesamt fünf Phasen, die in Abbildung 12.6 dargestellt werden, von herausragender Bedeutung [8]:

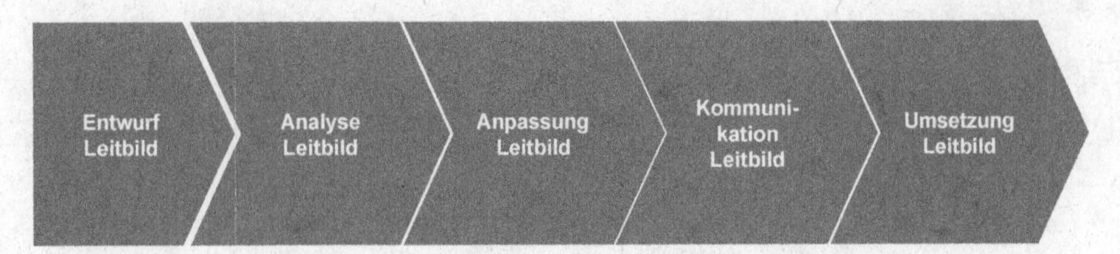

Abbildung 12.6 Die fünf Phasen des Leitbildentwicklungsprozesses (eigene Darstellung i. A. a. Mütze [8])

In der ersten Phase der Leitbildentwicklung wird der Entwurf eines Leitbildes adressiert. Dabei wird im Rahmen von (idealerweise extern moderierten) Workshops ein Sollszenario bezüglich der zu entwickelnden Dienstleistungskultur aufgebaut. Die so entstehende Vision wird zudem in entsprechenden Leitlinien formuliert. Dieser Leitlinienkatalog sollte in erster Linie von der Geschäftsführung des Unternehmens federführend aufgesetzt werden. Dabei ist der Hinweis entscheidend, dass wirtschaftliche Ziele oder die konkrete Ausgestaltung des Leistungsspektrums nicht Bestandteil der Leitlinien sind. Untenstehend ist ein beispielhafter Entwurf eines Leitlinienkatalogs aufgeführt (Abbildung 12.7).

In der zweiten Phase der Leitbildentwicklung wird der in Phase eins aufgesetzte Leitbildentwurf analysiert. Dabei werden die formulierten Leitlinien kritisch hinterfragt und mit den Elementen der bestehenden Kultur des Unternehmens abgeglichen. Dieser Abgleich soll bei der Beantwortung der Frage helfen, inwieweit die auf dem Leitbildentwurf basierende Soll-Kultur überhaupt realisiert werden kann. In einem weiteren Schritt wird erarbeitet, welche konkreten Schritte für die Erreichung der Soll-Kultur eingeleitet werden müssen. Wichtig bei diesem Entwicklungsschritt ist, dass die Analyse und die darauf aufbauenden Diskussionen nicht allein auf der Ebene des Managements geführt werden. Abteilungsübergreifende Arbeitsgruppen garantieren hierbei eine möglichst weitreichende Integration der Belegschaft in den Leitbildentwicklungsprozess.

Die dritte Phase fokussiert die Überarbeitung des Leitbildes. Diese Aufgabe fällt wiederum dem Management zu, da hierbei die Auswertung der Arbeitsgruppenergebnisse fokussiert wird. Gemäß dieser Auswertung muss der Leitbildentwurf in entsprechendem Umfang überarbeitet und angepasst werden. Je nach Anpassungsbedarf empfiehlt es sich, den angepassten Entwurf erneut durch die Arbeitsgruppen überprüfen zu lassen.

Aus Effizienzgründen ist es ratsam, nur einen repräsentativen Teil der Belegschaft an der Leitbildentwicklung zu beteiligen. Vor diesem Hintergrund müssen die nichtbeteiligten Mitarbeiter über den Stand der Entwicklung fortlaufend informiert werden. Bei der unternehmensinternen Kommunikation entsprechender (Zwischen-)Ergebnisse können Informationsveranstaltungen (z. B. Gruppen- und Einzelgespräche) initiiert werden, aber auch Aushänge und Broschüren zum Einsatz kommen.

Im Rahmen der fünften und letzten Phase erfolgt die Umsetzung des entworfenen Leitbildes, womit der Prozess der eigentlichen Kulturentwicklung beginnt. Im Rahmen eines ganzheitlichen Umsetzungsprozesses werden Workshops mit den Mitarbeitern durchgeführt, in denen Themen der Kundenorientierung – wie bspw. Konfliktvermeidungsstrategien an der Schnittstelle zum Kunden – adressiert werden. Zudem gilt es, die erarbeiteten Leitlinien in die Zielvereinbarungen auf der Mitarbeiterebene zu implementieren [8].

Beispiel eines Leitbildentwurfs

- Der Kunde stellt den Mittelpunkt unseres Unternehmens dar.
- Alle unsere Bemühungen fokussieren den Kunden, da er die Grundlage unserer Existenz darstellt.
- Wir sehen unseren Kunden als Partner, den wir über exzellente Leistungen dauerhaft für uns gewinnen möchten.
- Jeder einzelne Mitarbeiter sieht sich persönlich für die Qualität erbrachter Leistungen verantwortlich.
- Wir fördern die externe Kommunikation mit dem Kunden als Basis einer erfolgreichen Kooperation und haben dabei immer ein offenes Ohr für dessen Anliegen und Wünsche.
- Auch untereinander unterstützen wir uns gegenseitig und begegnen uns mit Respekt.
- Die Zufriedenheit des Kunden ist unser höchstes Ziel und der Maßstab unseres Erfolgs.

Abbildung 12.7 Ein beispielhafter Entwurf eine Leitlinienkatalogs (eigene Darstellung i. A. a. Mütze [8])

Der gesamte Prozess der Leitbildentwicklung muss von Phase 1 bis 5 durch das Management überwacht werden, um ggfs. Kurskorrekturen vorzunehmen und Unzufriedenheit sowie einem Mangel an Akzeptanz auf der Mitarbeiterebene kurzfristig begegnen zu können.

Fallbeispiel: Entwicklung eines Leitbildes am Beispiel der Firma Hilti
Die Hilti AG steht seit Jahren für hochqualitative Werkzeuge wie Bohrmaschinen und Bohrhämmer in der industriellen Bauindustrie. Ein wesentlicher Faktor für den Erfolg des Unternehmens ist das gemeinsame Leitbild, in dem sich Aussagen wie „Wir wollen die Besten sein", „Wir sind ein Team", „Wir leben gemeinsame Werte", „Integrität, Selbstverantwortung, Vertrauen, Toleranz" finden. Allerdings ist dies bei Hilti nicht wie so oft nur ein Lippenbekenntnis, sondern die Umsetzung der formulierten Werte wird durch gezielte Seminare und Trainings auf allen Ebenen des Unternehmens unterstützt. Zielsetzung dieser zum Teil sehr herausfordernden Seminare und Trainings ist es, eine offene, kreative und problemlösungsorientierte Kultur zu etablieren. Das Hilti-Leitbild, das in seinen Grundzügen 1962 entwickelt wurde, vermittelt den Mitarbeitern unternehmerisches Denken, dadurch, dass sie als Partner im eigenen Unternehmen sind und aus eigenem Antrieb und Willen Innovationen entwickeln.

Das Beispiel Hilti zeigt, wie eine Unternehmenskultur zu einem entscheidenden Wettbewerbsfaktor werden kann. Denn gerade die Lösungsorientierung schlägt sich auch in den innovativen Produkten und im Besonderen bei den angebotenen Dienstleistungen nieder. Denn heute verkauft die Hilti AG mehr denn je komplette Systemlösungen und bietet seinen Kunden so anstatt einzelner Baugeräte Systemlösungen, die über eine monatliche Gebühr verrechnet werden und eine Garantie beinhalten, dass bei Geräteausfall schnellstmöglich Ersatz zur Verfügung gestellt wird.

12.4.2 Kundenorientiertes Führungsverhalten

Neben der Leitbildentwicklung spielt das Führungsverhalten als Gestaltungsmethode der Dienstleistungskultur eine herausragende Rolle. Dabei stellt die Personalführung in Dienstleistungsprozessen generell und das Vorleben einer Dienstleistungskultur im Besonderen eine große Herausforderung für das Management dar. Führungskräfte im Dienstleistungsbereich sehen sich mit der Frage konfrontiert, wie sie Mitarbeiter führen können, obwohl diese häufig nicht im Unternehmen, sondern vor Ort beim Kunden sind. Im Dienstleistungsbereich arbeiten die Mitarbeiter damit häufig autonom und entziehen sich der direkten Kontrolle durch die zuständige Führungskraft. Den Führungskräften muss es auch vor dem Hintergrund dieser erschwerten Umstände gelingen, die Einstellungen und das Verhalten der Mitarbeiter derart zu beeinflussen, dass diese im Sinne vereinbarter Zielvereinbarungen handeln. Der Dienstleistungskultur sowie einer gegebenen Dienstleistungsmentalität kommt hierbei eine Schlüsselrolle zu [7].

Im Dienstleistungsbereich an der Schnittstelle zum Kunden liegt die Führungsaufgabe prinzipiell darin, die notwendigen Rahmenbedingungen zu schaffen, die dem Mitarbeiter in allen Situationen ein kundenorientiertes Handeln ermöglichen. Moderne Führungskonzepte wählen, bezogen auf die Art und Weise der Beeinflussung der Mitarbeiter, den Ansatz, Werte, Ziele und Leitlinien nicht mehr vorzugeben, sondern vorzuleben. Dabei ist es im Sinne eines kundenorientierten Führungsverhaltens von höchster Relevanz, dass die Führungsperson ihr eigenes Verhalten dahingehend prüft, inwiefern dieses den Leitlinien und Werten der im Unternehmen angestrebten Dienstleistungskultur entspricht. Die vorherrschende Führungskultur muss demnach mit der gültigen Dienstleistungskultur übereinstimmen und über alle Unternehmensebenen hinweg gelebt werden. Dabei reicht es nicht aus, die geltenden Werte und Leitlinien einfach „von oben herab" zu verkünden. Vielmehr müssen sich eine Dienstleistungsmentalität sowie eine gelebte Kundenorientierung im Führungsstil der Managementebene niederschlagen. Ein Führungsstil im Sinne einer kundenorientierten Kultur erfordert dabei ein hohes Maß an Transparenz bezüglich der Entscheidungsfindung sowie eine gepflegte Feedbackkultur, die dem Mitarbeiter die Möglichkeit gibt, Fragen zu stellen und gleichsam Rückmeldung bezüglich der eigenen Arbeit zu erhalten.

Über das Vorleben der Dienstleistungsmentalität hinaus, impliziert ein kundenorientiertes Führungsverhalten die Ausrichtung der Mitarbeiterziele an den Kundenbedürfnissen. Der Mitarbeiter erfährt dadurch ein höheres Maß an Sicherheit, da er selbständig auf die getroffenen Zielvereinbarungen hinarbeiten kann und dabei die Kundenorientierung nicht aus den Augen verliert. Einer Steigerung der Dienstleistungsmentalität ist es ebenfalls zuträglich, wenn herausragendes kundenorientiertes Verhalten von Mitarbeitern auch durch das Management belohnt wird. Der Mitarbeiter erfährt dadurch Anerkennung und einen motivierenden Reputationsgewinn. Wird sein Engagement öffentlich kommuniziert, so findet es zudem noch Nachahmer auf der Mitarbeiterebene [13].

Die vorangegangenen Aufführungen zeigen, wie wichtig ein Führungsstil ist, der sich an den Grundsätzen von Kundenorientierung und Dienstleistungsmentalität ausrichtet, um die Dienstleistungskultur eines Unternehmens erfolgreich zu fördern. Die Unternehmensführung spielt dabei nicht nur eine wichtige Rolle beim Vorleben der kundenorientierten Werte, sondern auch beim Aufbau einer offenen, vertrauensvollen Beziehung zu den Mitarbeitern, um sie für eine optimale Dienstleistungserbringung zu motivieren.

12.4.3 Empowerment

Neben der Leitbildentwicklung und dem kundenorientierten Führungsverhalten stellt das Empowerment eine dritte, entscheidende Gestaltungsmethode einer Dienstleistungskultur dar. Unter dem Begriff Empowerment wird dabei die Kompetenzerweiterung, d. h. eine Verlagerung von Entscheidungsrechten sowie die Übertragung autonomer Handlungsspielräume von der Managementebene auf Mitarbeiter aller Hierarchieebenen, verstanden [11]. Ziel des Empowerments ist es, die Kundenzufriedenheit zu steigern, indem bereits der erste Ansprechpartner des Kunden in der Lage ist, Entscheidungen selber zu treffen und darüber das Problem des Kunden schneller zu lösen. Diese Kompetenzerweiterung der Mitarbeiter trägt damit gezielt zur Effektivität der kundenorientierten Unternehmenskultur bei und stellt eine wesentliche Komponente in der Ausbildung eines neuen Rollenverständnisses dar.

Über das Empowerment erfolgt letztlich eine Dezentralisierung der Handlungskompetenzen im dienstleistenden Unternehmen. In erster Linie sollen darüber Mitarbeiter an der Schnittstelle zum Kunden mehr Handlungs- und Entscheidungsspielraum erhalten. Sinnvoll erscheint dabei bspw. eine deutlichere Übertragung der Verkaufskompetenzen an den oder die entsprechenden Kundenkontaktmitarbeiter. Diese kennen ihren Kunden am besten und sind genauestens darüber auskunftsfähig, welche Dienstleistungen der Kunde im Augenblick benötigt und für welche Leistungen er bereit ist zu zahlen. Neben dem Verkaufsargument verkürzen sich über eine Kompetenzübertragung insgesamt die Entscheidungs- und Reaktionszeiten. Hat der Kunde eine konkrete Fragestellung respektive einen konkreten Wunsch, so kann der entsprechende Kundenkontaktmitarbeiter eigenmächtig und souverän auf den Kunden eingehen. Das Empowerment trägt damit zu einer deutlichen Steigerung der Kundennähe bei und leistet darüber einen wesentlichen Beitrag zu einer Erhöhung der Kundenzufriedenheit. Über den Effekt der erhöhten Kundenzufriedenheit hinaus führt die Kompetenzerweiterung zu einer „Verbesserung in verschiedenen Kundenprozessen […] (z. B. einer schnelleren Problemlösung in Beschwerdesituation)“ [13] und steigert darüber maßgeblich die Loyalität des Kunden zum dienstleistenden Unternehmen.

Ein weiterer Grund für den Einsatz des Empowerments im Rahmen der Dienstleistungserstellung ist der Erstellungsprozess der Dienstleistung selbst. Dienstleistungen werden in Kooperation mit dem Kunden entwickelt und erstellt [14]. Dies geschieht demnach in der Regel vor Ort beim Kunden selbst. Für den Kunden ist der zugeteilte Kundenkontaktmitarbeiter gleichzeitig erster Ansprechpartner und „Mann des Vertrauens“. Für eine erfolgreiche Dienstleistungsentwicklung und deren Erbringung ist es unabdingbar, die Kompetenzen des Kundenkontaktmitarbeiters insoweit zu erhöhen, dass er autonom den Dienstleistungserstellungsprozess von Anfang bis zum Ende beim Kunden betreut. Eine etablierte Dienstleistungskultur hilft dabei dem Kundenkontaktmitarbeiter, einerseits autonom zu handeln und dabei andererseits die an der Kundenorientierung ausgerichteten Zielvereinbarungen nicht aus den Augen zu verlieren.

Innerhalb des Empowerments können zwei wesentliche Erscheinungsformen differenziert werden, die sich durch den Autonomiegrad respektive die Breite des eingeräumten Handlungsspielraums der Mitarbeiter unterscheiden: das strukturierte Empowerment und das flexible Empowerment. Das strukturierte Empowerment zeichnet sich durch klar spezifizierte Richtlinien aus und „räumt dem Kundenkontaktpersonal die Möglichkeit ein,

zwei wesentliche Erscheinungsformen des Empowerments

strukturiertes Empowerment	flexibles Empowerment
▪ klar spezifizierte Richtlinien ▪ räumt dem Kundenkontaktpersonal die Möglichkeit ein, bestimmte Lösungen eigenständig vorzuschlagen bzw. zu ergreifen oder zwischen angegebenen Varianten zu entscheiden	▪ weitgefasste, kreative und flexible Richtlinien und Aufforderungen ▪ können von den Mitarbeitern mitkreiert oder konkretisiert werden

Abbildung 12.8 Die Erscheinungsformen des Empowerments (eigene Darstellung)

bestimmte Lösungen eigenständig vorzuschlagen bzw. zu ergreifen oder zwischen angegebenen Varianten zu entscheiden" [13]. Im Gegensatz zu den streng gefassten Richtlinien des strukturierten Empowerments zeichnet sich das flexible Empowerment durch weitgefasste, kreative und flexible Richtlinien und Aufforderungen aus, die von den Mitarbeitern mitkreiert oder konkretisiert werden können [13]. Abbildung 12.8 stellt diese Unterscheidung bezüglich des Empowerments nochmals gebündelt dar.

Literatur

1. Rathje, S. (2009). Organisationskultur – Ein Paradigmenwechsel. In: Bolten, J. & Barmeyer, C. (Hrsg.). *Interkulturelle Personal- und Organisationsentwicklung. Methoden, Instrumente und Anwendungsfälle.* Sternenfels: Wissenschaft und Praxis. S. 15–30.
2. Zink, K. J. (2009). *Personal- und Organisationsentwicklung bei der Internationalisierung von industriellen Dienstleistungen.* Heidelberg: Physica-Verlag.
3. Hofstede, G. (1991). *Cultures and organizations: Software of the mind.* London: McGraw-Hill.
4. Daft, R. L. (2001). *Organization theory and design* (7. international student edition Aufl.). Mason: Thomson/South-Western.
5. Rüegg-Stürm, J. (2003). *Das neue St. Galler Management-Modell: Grundkategorien einer integrierten Managementlehre: Der HSG-Ansatz* (2., durchgesehene Aufl.). Bern: Verlag Paul Haupt.
6. Schein, E. H. (1990). Organizational culture. *American Psychological Association. 45* (2). S. 109–119.
7. Steinmann, H. & Schreyögg, G. (2005). *Management – Grundlagen der Unternehmensführung. Konzepte – Funktionen – Fallstudien* (6. Aufl.). Wiesbaden: Gabler.
8. Mütze, S. (1999). Servicekultur. In: Luczak, H. (Hrsg.). *Servicemanagement mit System – erfolgreiche Methoden für die Investitionsgüterindustrie.* Berlin: Springer. S. 45–61.
9. Johnston, R. & Clark, G. (2005). *Service operations management: Improving service delivery.* Harlow: Pearson Education Limited.
10. Krallmann, H., Aier, S., Dietrich, J. & Schoenherr, M. (2004). Transformation einer industriell geprägten Unternehmensstruktur zu einer service- und wissensbasierten Organisation. In: Luczak, H. (Hrsg.). *Betriebliche Tertiarisierung – Der ganzheitliche Wandel vom Produktionsbetrieb zum dienstleistenden Problemlöser.* Wiesbaden: Deutscher Universitäts-Verlag. S. 259–291.

12

11. Schuh, G.; Friedli, T. & Gebauer, H. (2004). *Fit for Service – Industrie als Dienstleister*. München: Hanser.
12. Belz, C., Tomczak, T. & Weinhold-Stünzi, H. (Hrsg.). (1997). *Industrie als Dienstleister*. St. Gallen: Thexis Verlag.
13. Meffert, H. & Bruhn, M. (2006). *Dienstleistungsmarketing – Grundlagen – Konzepte – Methoden* (5. Aufl.). Wiesbaden: Gabler.
14. Corsten, H. & Gössinger, R. (2007). *Dienstleistungsmanagement* (5., vollst. überarb. u. wes. erw. Aufl.). München: Oldenbourg.

Sachverzeichnis

G. Schuh et al. (Hrsg.), *Management industrieller Dienstleistungen*,
DOI 10.1007/978-3-662-47256-9, © Springer-Verlag Berlin Heidelberg 2016

Printed in the United States
By Bookmasters